焦作黄河志

焦作黄河河务局　编

黄河水利出版社
·郑州·

图书在版编目(CIP)数据

焦作黄河志／焦作黄河河务局编. —郑州:黄河水利
出版社,2021.3

ISBN 978 - 7 - 5509 - 2952 - 4

Ⅰ. ①焦…　Ⅱ. ①焦…　Ⅲ. ①黄河 - 水利史 - 焦作
Ⅳ. ①TV882.1

中国版本图书馆 CIP 数据核字(2021)第 051999 号

出版社:黄河水利出版社　　　　　　　　网址:www.yrcp.com
　　地址:河南省郑州市顺河路黄委会综合楼 14 层　　邮编:450003
发行单位:黄河水利出版社
　　发行部电话:0371 - 66026940、66020550、66028024、66022620(传真)
　　E - mail:hhslcbs@126.com
承印单位:河南瑞之光印刷股份有限公司
开本:787 mm × 1 092 mm　1/16
印张:26.5　　　　　　　　　　　插页:12
字数:488 千字　　　　　　　　　　印数:1—2 000
版次:2021 年 3 月第 1 版　　　　　印次:2021 年 3 月第 1 次印刷

定价:200.00 元

《焦作黄河志》编纂委员会

焦作市黄（沁）河防洪图

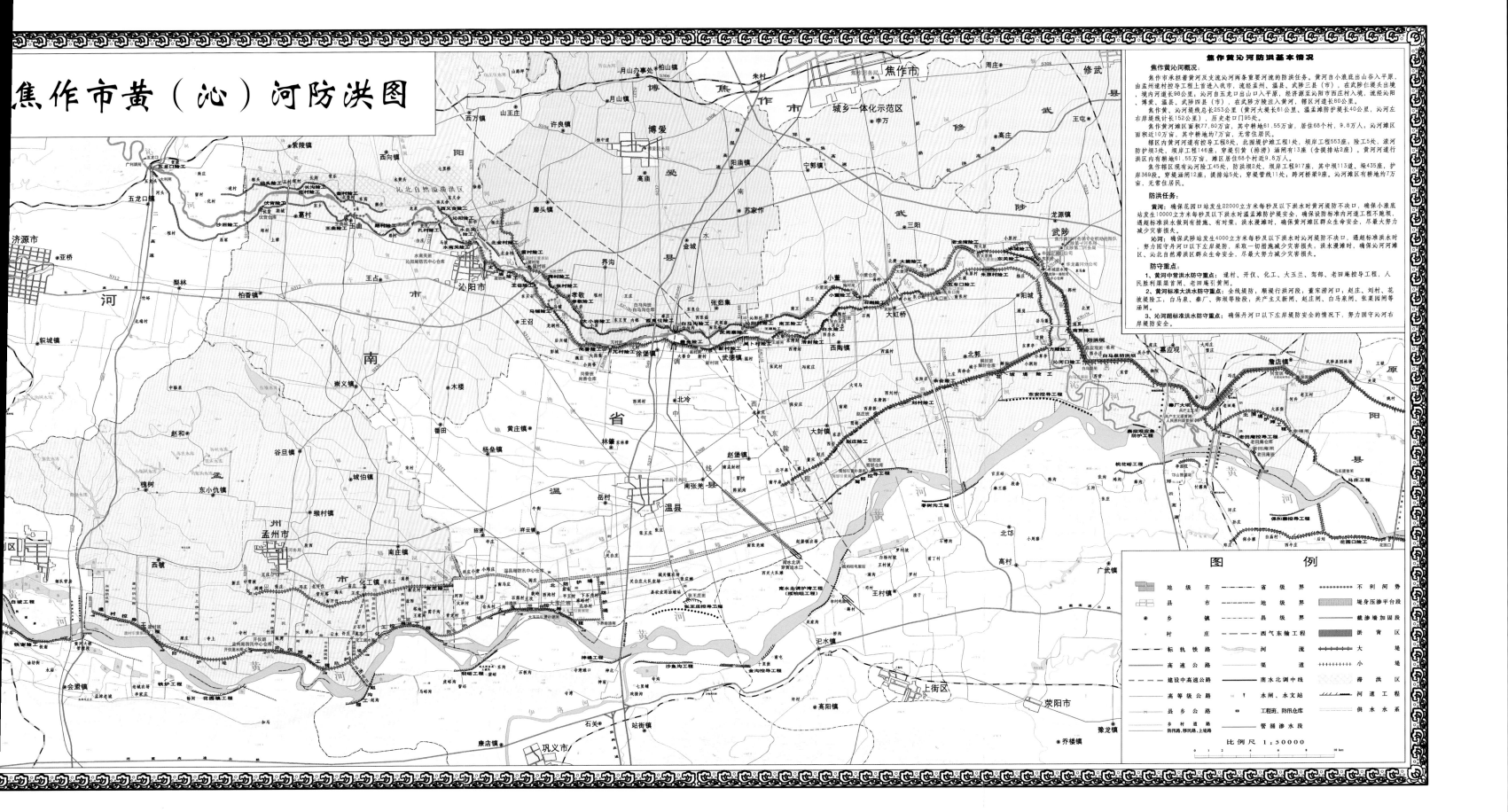

焦作黄沁河防洪基本情况

焦作黄沁河概况

焦作市承担着黄河及支流沁河两条重要河流的防洪任务。黄河自小浪底出山谷入平原，由孟州进村控导工程上首进入我市，流经孟州、温县、武陟三县（市），在武陟石碑头出境，境内河道长98公里。沁河自五龙口出山口入平原，经济源至沁阳市西庄村入境，流经沁阳、博爱、温县、武陟四县（市），在武陟方陵汇入黄河，辖区河道长80公里。

焦作市黄河、沁河堤防总长253公里（黄河大堤长61公里、温孟滩防护堤长40公里，沁河左右岸堤线计长152公里），历险老口门95处。

焦作黄河滩区面积77.80万亩，其中耕地61.55万亩，居住68个村，9.8万人，沁河滩区面积近10万亩，其中耕地约7万亩，无常住居民。

辖区内黄河河道控导导工程8处，北图防护滩工程1处，坝厢工程553座，险工5处，滚河防护堤3处，坝厢工程146座，穿堤引黄（排涝）涵闸有13座（含提排站2座）。黄河河道行洪区河内有耕地61.55万亩，滩区居住68个村近9.8万人。

焦作辖区现有黄河险工45处，防洪堤2处，坝厢工程917座，其中坝113道、垛435座、护岸369段。穿堤涵闸12座，提排站5处，穿堤管线11处，跨河桥梁9座。沁河滩区有耕地约7万亩，无常住居民。

防洪任务：

黄河：确保花园口站发生22000立方米每秒及以下洪水时黄河堤防不决口，确保小浪底站发生10000立方米每秒及以下洪水时温孟滩防护堤安全，确保设防标准内河道工程不漫溢，遇超标准洪水做到有措施、有对策，洪水漫滩时，确保黄河滩区群众生命安全，尽最大努力减少灾害损失。

沁河：确保武陟站发生4000立方米每秒及以下洪水时沁河堤防不决口，遇超标准洪水时，努力固守丹河口以下左岸堤防，采取一切措施减少灾害损失。洪水漫滩时，确保沁河滩区、沁北沁河滩区群众生命安全，并努力减少灾害损失。

防守重点：

1、黄河中常洪水防守重点：逯村、开仪、化工、大玉兰、驾部、老田庵控导工程，人民胜利渠果园闸、老田庵引黄闸。

2、黄河标准大洪水防守重点：全线堤防，顺堤行洪河段，董宋涝河河段，赵庄、刘村、花坡坡险工、白马泉、秦厂、衡堤等险段处，共产主义新村、赵庄闸、白马泉闸、张菜园闸等涵闸。

3、沁河超标准洪水防守重点：确保丹河口以下左岸堤防安全的情况下，努力固守沁河右岸防堤安全。

图 例

地级市	省级界	不利河势	
县 市	地级界	堤身压渗平台段	
乡 镇	县级界	截渗墙加固段	
村 庄	西气东输工程	洪育区	
标轨铁路	河 流	大 堤	
高速公路	堤 道	小 堤	
建设中高速公路	南水北调中线	滞洪	
高等级公路	水闸、水文站	河道工程	
县 乡 公路	工程班、防汛仓库	供水水系	
乡村 道路	管涌渗水段		
防汛路、移民路、上堤路			

比例尺 1:50000

黄河堤防

黄河堤防行道林

黄河堤防前戗

黄河左岸堤防零公里

黄河堤顶道路

黄河险工

孟州开仪控导工程

孟州逯村控导工程

孟州化工控导工程

温县大玉兰控导工程

武陟驾部控导工程　　　　　　　　武陟老田庵控导工程

武陟东安控导工程

人民胜利渠渠首

张菜园穿堤闸

共产主义老闸

白马泉泵站

1958年黄河花坡堤抢险

1982年沁河五车口段打子埝

1982年沁河出现超设防
标准洪水

1983年8月，黄河北围堤抢险现场

2003年8月，沁河马铺险工抢险现场

大樊堵口合龙现场

杨庄改道工程

1984 年沁河杨庄改道获国家
质量奖

机淤固堤

截渗墙施工

驾部控导班组

大玉兰控导班组

逯村控导班一角

老田庵控导班组

黄河 744 型打锥机

装配式橡塑养水盆

双向出料式泥土装袋机

堤坡遥控割草机

雍正亲书"御坝"碑

孟州锁水阁

万里黄河第一观：嘉应观

共享太极

黄河号子老照片

古阳堤遗址

黄河文化苑

古怀城遗迹妙乐寺塔

焦作段黄河

河水退去后露出河底平铺的卵石

河工雕塑园

八卦苑

序

  黄河是中华民族的母亲河,她孕育了灿烂的华夏文明,造就了肥沃的华北大平原。焦作位于华北平原冲积扇的顶点部位,黄河与焦作利害攸关,黄河治理对焦作历来具有举足轻重的作用。

  焦作历史悠久,文化源远流长,是华夏民族早期活动的中心区域之一。有女娲补天、愚公移山、黄帝祈天、帝尧巡猎、大禹治水等美丽传说。《尚书·禹贡》说大禹治水始于壶口、梁地、岐地,接下来"既修太原,至于岳阳;覃怀厎绩,至于衡漳"。其中的"覃怀"指的就是今日之焦作地区。

  焦作河段是典型的游荡性河段,"地上悬河"始于武陟沁河口。洪水突发性强,预见期短,防守周旋余地小,历史上决口改道频繁。境内沁河是黄河众多支流中唯一纳入国家统一规划治理的支流,黄河发生大洪水时,可沿沁河倒灌至武陟老龙湾。如果黄沁河在老龙湾以下决口,将淹没华北3.3万平方千米,是黄河决口淹没范围最大处。因此,焦作段黄河水患治理历来是黄河下游治理的重中之重,"黄河宁,天下平"成为沿黄人民梦寐以求的愿望。

  1948年11月武陟解放后,人民政府迅速组织堵复了沁河大樊决口,以此为起点,焦作进入人民治黄时代。人民治黄以来,黄沁河治理取得巨大成就,有力支撑了焦作经济社会发展。黄沁河堤防经过三次大修堤,防洪能力得到很大提升。在第三次大修堤期间,成功实施沁河杨庄改道工程。工程将木栾店卡口处由330米展宽到800米,避开了原河道内阻水的水泥拱桥。1982年8月2日,沁河发生4130立方米/秒超防御标准洪水,杨庄改道工程两岸堤防的竣工正逢其时,发挥了巨大的工程效益。又相继对黄沁河堤防进行加高培厚,开展放淤固堤,消除堤防险点,实施堤顶硬化。21世纪以来,开展黄河标准化堤防建设,改建黄河险工,开展黄河河道整治工程,实施沁河下游防洪治理工程,有效提高了黄沁河防洪能力。依靠工防和人防战胜了历次黄沁河洪水,赢得了岁岁安澜,扭转了黄沁河频繁决口改道的险恶局面。

  盛世修志是中华民族的优良传统。2020年初,焦作河务局启动《焦作黄河志》编修工作。经过全体编撰人员的不懈努力,《焦作黄河志》即将出版,这是焦作人民治黄事业与黄河史志编修工作的一项重大成果。

  《焦作黄河志》以焦作黄河治理开发为中心,采用丰富翔实的资料,详尽客观地反映了焦作黄河治理开发与管理及流域经济社会发展的历史与现状，记述了焦作人民认识黄河、研究黄河、开发治理黄河的艰苦奋斗历程，汇集了焦作治黄的成果，是一部实用性较强的志书。《焦作黄河志》是第一部通观焦作黄河历史、文约事丰的存史、资治之书。

尽管我们付出了很大努力，但由于水平有限，资料收集困难，书中疏漏和不足之处在所难免，恳请各级专家领导不吝赐正。

《焦作黄河志》编纂委员会

2021 年 3 月

凡　例

一、本志以马列主义、毛泽东思想、邓小平理论、"三个代表"重要思想、科学发展观和习近平新时代中国特色社会主义思想为指导,坚持辩证唯物主义和历史唯物主义的立场、观点与方法,按照中国地方志指导小组《地方志书质量规定》要求,全面客观地记述焦作黄河治理开发与管理的全过程,力求达到思想性、科学性、资料性相统一。

二、本志断限:上限力求上溯事物的发端,以阐明历史演变过程;下限断至2019年。为保持事件资料的完整性,个别事件记述适当下延。按照略古详今、略远详近的原则,重点记述1949年中华人民共和国成立以后焦作黄河治理开发与管理事业的发展状况。

三、本志为专业志,兼有部门志性质。记述地域范围以2019年焦作市行政区划为界,对境内沿黄治河机构曾属新乡修防处管辖期间的治黄业务照录,管理、党群工作则主要记述焦作河务局成立以后情况。沁河是黄河的重要支流,归属焦作河务局管理,因2009年出版有《沁河志》,故本志对沁河治理发展演变状况予以从简从略记述。

四、本志体例:采用篇章节体叙事,横排门类、纵述始末。志为主体,辅以述、记、传、图、表、录等体裁。篇章节下设无题序言,简要反映事物发展脉络;节以下次第序码为四级,即一、(一)1.(1);各级标题力求简明、规范,能准确涵盖所描述的内容。大事记采用编年体结合纪事本末体编纂方法。

五、语言文字:本志采用规范的语体白话文记述,语言力求准确、朴实、简洁、流畅,述而不论,寓褒贬于事物的记述之中;除特殊情况必须用繁体字外,一律使用中国文字改革委员会1986年10月公布的《简化汉字表》的简化字书写;标点符号按《中华人民共和国国家标准标点符号用法》(GB/T 15834—2011)规定执行。

六、名称使用:一般不用简称、俗称。各种机构、文件、会议、著作等名称使用全称。若名称过长,可在首次出现时用全称并括注简称,以后使用简称。地名用当时名称,并括注志书下限时的名称。译名按新华社通译为准。

七、书中注释,采用文内注。文中图表用所在篇、章和排列序号三个数字编码。数字使用执行1995年12月国家技术监督局发布的《出版物数字用法的规定》。计量单位以《中华人民共和国法定计量单位》的规定为准,计量单位名称用汉字表示,如千米、立方米等;历史计量单位照实转录。

八、资料来源主要为焦作河务局机关档案、治河文献,有关志书、图书、文物等,以及调查资料。数据资料以统计部门提供为主,以主管部门和有关单位提供为辅。所引资料出处一般不予注明。

目　录

第三篇　防　洪

第四篇　水资源开发利用

第五篇　工程建设与工程管理

第六篇　机构　人物

第七篇　河政管理

第八篇　　党群工作与文化遗存

综　述

一

黄河是中国第二大河,发源于青海省巴颜喀拉山北麓海拔4500米的约古宗列盆地,流经青海、四川、甘肃、宁夏、内蒙古、陕西、山西、河南、山东9省(区),在山东省垦利县注入渤海,干流全长5464千米。

焦作位于黄河中下游结合部。据地质学家研究,如今肥沃的华北大平原,是远古以来由黄河冲积而成的,焦作就位于这个巨大冲积扇的顶点部位。黄河与焦作利害攸关,从古至今与焦作经济社会发展关系重大,因此黄河治理对焦作有举足轻重的作用。

焦作是华夏民族早期活动的中心区域之一,境内裴李岗文化、仰韶文化和龙山文化遗址众多。焦作古称覃怀,又称河内,记载大禹治水传说的《尚书·禹贡》所称"覃怀厎绩"指的便是此地。商代属畿内地。周武王孟津誓师,在此修兵厉武,最终伐纣成功。晋文公重耳以此"南阳"为依托,成就春秋霸业。西汉以怀县为河内郡治所,管辖十八县。东汉开国皇帝刘秀曾说:"河内完富,吾将因是而起。"以此为根据地,光复了汉室。唐代以后的怀州、怀庆路、怀庆府因经济发达,被称作"小江南"。

焦作经济发达、文化昌盛,得益于优越的自然地理环境。焦作气候温和,土地肥沃,水利发达,在博爱县发现了距今4000多年前的小麦、大豆等农作物遗存。《左传》记载:"隐公三年四月,郑祭足帅师取温之麦。"焦作出土的7层、总高1.99米彩色陶仓楼是我国迄今发现的层级最高、体量最大、保存最完整、最具代表性的汉代建筑明器,是汉代粮仓的生动写照,是焦作种粮历史悠久、盛产粮食的佐证,也是研究汉代储粮的活教材。目前,焦作是全国著名粮食高产区和优良小麦种子繁育基地,1998年成为中国北方第一个吨粮市,获"中国优质小麦都"殊荣。怀山药、怀地黄、怀牛膝、怀菊花"四大怀药"以药材地道、疗效神奇成为中华医药的瑰宝。

黄河自孟津县出山谷入平原进入焦作境内,流经焦作市管辖的孟州、温县、武陟3县(市)15个乡(镇),由武陟仁堤头入新乡原阳境,其间有伊洛河、沁河两大支流汇入。焦作境内黄河河道长98千米,河道平均纵比降0.25‰。

沁河在焦作境内流经沁阳、博爱、温县、武陟4县(市),在武陟白马泉注入黄河,境内河道长80千米。

焦作黄(沁)河堤防总长253.82千米,其中黄河堤防61.01千米,温孟滩防护堤39.969千米,沁河堤防151.84千米。丹河口以下59千米沁河左堤和沁河口以下22千米黄河左堤,是国家防汛抗旱总指挥部(简称国家防总)明确的确保堤段。河道工程64处,其中险工50处(黄河5处,沁河45处),防洪坝5处(黄河3处,沁河2处),坝、垛、护岸1617座,控导工程8处,北围堤护滩工程1处。

焦作滩地面积77.80万亩❶(其中耕地面积61.55万亩),涉及孟州、温县、武陟3县(市)19个乡(镇、办事处),278个村,49.53万人。区内有行政村庄68个,9.66万人,其中温孟滩移民村32个,4.48万人(孟州19个,3.10万人;温县13个,1.38万人)。沁河滩区有耕地5.5万亩,无居住人口;沁北自然溢滞洪区居住人口5.4万人。孟州黄河湿地国家级自然保护区面积11.25万亩,草肥水美,随着生态环境改善,这片湿地已成为候鸟的重要中转地和栖息地。

万里黄河,险在河南;决口影响,焦作为最。焦作黄河河段泥沙淤积严重,黄河下游悬河始于沁河口一带。河床宽、浅、散、乱,主流摆动频繁,河势游荡多变,易生横河、斜河,直接威胁堤防安全;洪水突发性强,预见期短,防守任务艰巨;滩区面积大,人口多,遇大洪水防护任务繁重。

焦作防洪之险,不仅在黄河,更因为有沁河。沁河素有"小黄河"之称,是黄河众多支流中唯一纳入国家统一规划治理的支流。同样是地上悬河的沁河,河床高出两岸地面最多达7米,黄河发生大洪水时,可沿沁河倒灌15千米至武陟老龙湾。如果黄沁河在老龙湾以下决口,将淹没华北3.3万平方千米,是黄河下游决口淹没范围最大处。

20世纪80年代以后,受上中游来水量减少和用水量增加及干支流水库蓄水影响,焦作黄河径流量下降,主河槽萎缩。黄河上中游来水量偏少和沿黄用水量的增加,造成了黄河山东河段及河南濮阳河段频繁断流。1972—1999年的28年间,有22个年份黄河下游发生断流,断流总天数为1092天,其中最严重的1997年有226天断流,断流河段最长700余千米,一度上延至开封附近。黄河严峻的断流形势,引起了党和国家及社会各界的广泛关注。1998年国家发展计划委员会和水利部联合下发了《黄河可供水量年度分配及干流水

❶　1亩＝1/15公顷,全书同。

量调度方案》和《黄河水量调度管理办法》。1999 年黄河水利委员会（简称黄委）根据《黄河水量调度管理办法》和河南、山东两省的用水要求，按照"总量控制，以供定需，分级管理，分级负责"及"枯水年同比例缩压"的原则对黄河水量实施统一调度。2000 年，焦作黄河正式实施取水许可制度。此后，虽然时常发生旱情，但由于实施了水量统一调度并加强了用水监督管理，焦作沿黄城乡生活用水、工业用水、农业用水和生态用水得到保障，同时，实现了焦作辖区引水总量不超过黄委下达的引水指标，确保了黄河达到黄委调度指令要求的流量。

二

焦作河务局成立于 1986 年，为黄河水利委员会河南河务局派驻焦作区域的黄（沁）河水行政主管机关，负责焦作市境内黄（沁）河的治理、开发与管理工作，肩负着焦作市黄（沁）河防汛、防洪工程建设及管理、水行政管理、水利国有资产监管和运营等职责。

历史上，由于社会制度和生产力水平的限制，虽经大力治理，黄河下游决溢改道依然频繁。人民治黄以前的 2500 多年间，黄河决口达 1500 余次。焦作尽管处于黄河中下游结合部，境内黄河自唐贞观十一年至 1948 年也发生过64 次决溢，沁河自东汉末年至 1948 年发生决溢 293 次。黄沁河决溢给焦作人民带来过沉重的灾难。

从大禹治水传说开始，历朝历代都为治理黄河水患进行了不懈探索，以贾让三策、王景治河、潘季驯"束水攻沙"为代表，涌现出了许多治水名人，创造了很多治河方略。然而，黄河"三年两决口，百年一改道"的局面始终未能得到根本扭转。

1948 年 11 月武陟解放后，人民政府迅速组织堵复了沁河大樊决口，以此为起点，焦作进入人民治黄时代。1951 年 3 月，引黄灌溉济卫工程全面开工，1952 年 4 月 12 日工程竣工后，被命名为"人民胜利渠"。1952 年 10 月 30 日至 31 日，中华人民共和国主席毛泽东视察黄河，他亲自摇开渠首闸的闸门。在这次视察中，毛主席发出了"要把黄河的事情办好"的伟大号召。

中华人民共和国成立以来，党和国家始终把黄河防洪治理摆在十分重要的位置。在毛主席与周恩来总理的关怀下，1955 年 7 月第一届全国人民代表大会第二次会议通过了《关于根治黄河水害和开发黄河水利的综合规划的决议》。从 20 世纪 50 年代的"宽河固堤""蓄水拦沙"，到七八十年代的"上拦下排,两岸分滞",治黄方略不断发展提高。

2002年7月,国务院正式批复《黄河近期重点治理开发规划》,明确把"'上拦下排,两岸分滞'控制洪水;'拦、排、调、放、挖'处理和利用泥沙"作为治理黄河下游的重要指导思想,并提出"堤防不决口、河道不断流、污染不超标、河床不抬高"的治理目标,实施了调水调沙、水量调度和标准化堤防建设,逐步形成了"维护黄河健康生命"的黄河治理理念。党的十八大以来,党中央着眼于生态文明建设全局,明确了"节水优先、空间均衡、系统治理、两手发力"的治水思路。2019年9月18日,中共中央总书记、国家主席、中央军委主席习近平在郑州主持召开黄河流域生态保护和高质量发展座谈会并发表重要讲话。讲话要求从五个方面着眼黄河治理:第一,加强生态环境保护;第二,保障黄河长治久安;第三,推进水资源节约集约利用;第四,推动黄河流域高质量发展;第五,保护、传承、弘扬黄河文化。

人民治黄以来,历经几十年的艰苦奋斗,黄沁河治理取得了巨大成就,有力支撑了焦作经济社会发展。

黄沁河堤防工程体系日趋完善。焦作黄沁河堤防经过三次大修堤,防洪能力得到很大提升。在第三次大修堤期间,成功实施沁河杨庄改道工程。工程将木栾店卡口处由330米展宽到800米,避开了原河道内阻水严重的双曲拱桥。1982年8月2日,沁河发生4130立方米/秒超防御标准洪水,杨庄改道工程两岸堤防的竣工正逢其时,发挥了巨大的工程效益。随后相继对黄沁河堤防加高培厚,开展放淤固堤,清除堤防险点,实施堤顶硬化。21世纪以来,建成标准化堤防,实施了沁河下游防洪治理工程,被时任黄委主任的李国英称赞扛起了标准化堤防建设的旗帜。

在黄河下游防洪体系中,上拦工程包括三门峡水库、小浪底水库和支流沁河河口村水库、伊河陆浑水库、洛河故县水库。三门峡控制黄河流域91.5%的面积。小浪底水利枢纽是黄河干流三门峡以下唯一能够取得较大库容的控制性工程,既可较好地控制黄河洪水,又可利用其淤沙库容拦截泥沙,进行调水调沙,减缓下游河床的淤积抬高。1994年9月主体工程开工,1997年10月截流,2000年1月首台机组并网发电,2000年底主体工程全面完工。2011年4月,河口村水库主体工程开工,当年10月19日成功截流,2015年底主体工程基本完成,2016年10月完成全部工程建设任务。投入运行后,河口村水库与小浪底水库、三门峡水库、陆浑水库、故县水库实现五库联合调度,对提高黄河下游的防洪安全起到重要作用。同时,可将沁河下游防洪标准由20年一遇提高到100年一遇。

党和国家高度重视黄河防汛工作,要求确保黄河防汛安全,做到万无一失。焦作沿河各级党委、政府及河务部门认真贯彻"安全第一,常备不懈,以防为主,全力抢险"的方针,立足于防大汛、抗大洪、抢大险,做好防汛工作,战胜了1958年、1982年洪水,赢得黄河岁岁安澜。1987年,焦作全面推行以行政首长负责制为核心的各项防汛责任制,并通过认真贯彻落实《中华人民共和国防洪法》,不断加强防汛正规化、规范化建设,逐步建立了一支过硬的专业防汛队伍和军民联防组织。依靠现有工程,实行军民联防,战胜了1996年的较大洪水和2003年的较大险情,确保了黄沁河安全度汛,保证了沿河人民安居乐业和焦作市改革开放与经济建设的顺利进行。

焦作河务局是全国文明单位、全国水利文明单位(六个局属单位均为省级文明单位),被水利部授予"水利安全生产标准化一级单位"称号,多次被黄委授予"先进集体"称号,连年被河南河务局授予"先进集体"称号,被河南省普法教育工作领导小组授予"全省'七五'普法中期工作先进单位"称号,被河南省绿化委员会授予"河南省绿化模范单位"称号(武陟第一河务局被全国绿化委员会授予"全国绿化模范单位"称号),被河南省爱国卫生委员会授予省级卫生先进单位。2018年,"河小清助力河长制"志愿服务项目获得河南青年志愿服务大赛银奖,2019年12月,焦作黄河法治文化带被司法部确定为"全国法治文化教育基地"。

三

焦作治黄科技遵循"应用为主,服务治黄"的原则,坚持开展科技攻关。自1951年起,武陟县黄沁河堤防普遍开始人工锥探,在锥眼内灌沙,后改为灌泥浆。1974年4月,温陟黄河沁河修防段职工曹生俊、彭德钊带领技术人员,成功改制出"黄河744型打锥机",其工效是人工打锥机的10倍。这一机械的发明,使得锥探灌浆成为20世纪后期黄河堤防消除隐患、增强抗洪能力的主要措施之一。水电部及时把这项成果推广到长江、淮河、汉江等大江大河的堤防上,中国援建斯里兰卡的金沙堤防加固工程项目也使用了这一成果。1958年建成的共产主义闸运行多年后,部分渗压管堵塞给测流带来不便,1986年4月,张菜园闸管理段职工设计、制作了清污器,有效解决了渗压管堵塞问题,该项目被全河推广应用。

在大规模放淤固堤过程中,科技人员研发了大小组合泥浆泵抽吸加压放淤技术,改进了绞吸挖泥船和冲吸挖泥船,解决了远距离输沙技术难题。该技术除广泛应用于黄河堤防加固、消除背河潭坑外,还成功地运用于温孟滩移民安置区改土造田工程,取得了较好的经济效益和社会效益。

2000年以来,焦作河务局围绕防洪抢险与工程养护,相继研制了YBZ拔桩器、集成式多功能移动维修养护工作站、KG-60一体化栽树机、抢险加固抛石机、木桩加工一体机、MCT-130全液压割草机、HH-1黄河泥沙筛分机、多功能钻机等项目。为解决机械化装袋、运袋,方便抗洪抢险及水利工程建设,焦作河务局相继研制出组合式装袋机、双向出料式泥土装袋机及装输系统、防汛抢险系列装备。1986—2019年,焦作河务局共获科技成果奖424项,其中,黄委科技进步奖15项。

焦作黄河防汛专用通信设施发展迅速,人民治黄后电话架通到修防段,20世纪60年代电话线路延伸到班组,70年代河南河务局开通载波机,随后又兴起了无线通讯。进入21世纪后,从磁石交换机发展到数字程控交换和移动通信,同时计算机开始广泛应用到焦作治黄工作中,至2019年,焦作河务局建设信息采集点298个,建有电子政务、大疆无人机等9套系统,开通水情各类应用系统28个,办公自动化水平大大提高。

焦作河务局从20世纪80年代起兴办过养殖、种植和工程施工等产业经济,经过多年发展、调整,至2019年底,焦作河务局共有各类企业3个,拥有总资产3.369亿元。全局经济收入达到6亿元,经营项目涉及水利水电、公路交通、桥涵施工、工程维修养护、土地开发、水费征收、采砂经营及信息化等多个领域。

治黄事业的发展,造就了一支具有黄河特色、管理门类齐全的治黄专业队伍。截至2019年底,焦作河务局在职职工1022人,其中处级干部12人,正科级干部75人,副科级干部63人(实职干部);正高级职称1人,高级职称46人,中级职称252人;高级技师22人,技师159人。获得省部级劳动模范、先进生产(工作)者10人次,获得黄委劳动模范、先进生产(工作)者79人次。

四

黄河安危,事关大局。由于地理位置、水文特点等方面原因,黄沁河治理开发在焦作的社会经济发展中处于举足轻重的地位。人民治黄以来黄沁岁岁安澜,在焦作经济建设中发挥了重要作用。在中国社会科学院发布的2018年中国城市竞争力排名中,焦作经济竞争力位居河南第三,入围全国百强。2019年,焦作市地区生产总值2761.1亿元,比2018年增长8.0%。全市工业经济增速累计同比增长 8.7%,高于全省平均增速 0.9 个百分点。

交通是促进地区经济发展的重要基础设施。焦作处在我国南北交汇点、东西结合部,有焦枝、焦太、焦新、月侯 4 条铁路,郑焦城际铁路和焦作直达北京、上海、深圳的高铁均已开通运营,太焦铁路和呼南高铁、焦济洛城际铁路等正在快速推进。高速公路与京港澳、连霍、二广等国家干线高速连通。目前,境内跨黄河桥梁 5 座,其中铁路桥 1 座,已通车公路桥 3 座,在建公路桥 1 座。

水是农业经济的命脉。中华人民共和国成立之初,黄河下游第一引黄灌溉渠——人民胜利渠的建成,结束了"黄河百害,唯富一套"的历史,拉开了开发利用黄河水沙资源的序幕。目前,灌区内每公顷土地年均粮食和棉花产量分别为开灌前的 10.7 倍、5 倍,使豫北平原一跃成为全国闻名的商品粮生产基地。同时,焦作境内陆续改建扩建的各类引黄、引沁工程为武陟、温县、孟州、博爱、沁阳提供着生态用水和工业用水。焦作黄沁河在改善流域生态环境、防止土地荒漠化、提供客水补充等方面日益发挥着举足轻重的作用。

焦作特殊的地理位置,孕育出灿烂独特的治河文化。典型的有非物质文化遗产黄河号子、黄河下游左岸堤防起点 0 公里、见证沁河决口改道的妙乐寺塔、百姓祈求黄河安宁的锁水阁,以及万里黄河第一观——嘉应观,古老的黄河堤防古阳堤、十里钦堤和御坝等,历史文化遗迹丰富。2013 年,武陟县荣获全国首家"黄河文化之乡"称号。

武陟沁河大樊堵口碑记录着人民治黄的首次堵口;温孟滩移民安置区开创了"搬得来,住得下,安得稳,富得快"的开发性移民新模式;超前谋划、主体工程完工即发挥抗洪效益的杨庄改道工程,被喻为治河史上的"神来之笔";"土牛搬家"修筑子堤的创举,抗御了沁河 1982 年超标准洪水;1983 年的黄河北围堤军民大抢险在抢险历时、投资规模上均创中华人民共和国成立后的最高纪录。

黄河是世界上最复杂难治的河流,许多自然规律尚未被人们认识和掌握。黄河洪水威胁、水资源短缺、河道治理等问题尚未得到根本解决,黄沁河治理事业依然任重道远。面对新的形势和任务,焦作人民将以习近平总书记 2019 年 9 月 18 日在黄河流域生态保护和高质量发展座谈会上的重要讲话为指导,努力把黄河打造成为造福人民的幸福河。

第一篇　焦作黄河概况

第一章　干支流形势

焦作河段位于黄河中下游结合部、黄沁河交汇处。黄河由洛阳孟津县进入焦作市辖区,流经孟州、温县、武陟三县(市),由武陟仁堤头入新乡原阳境。河道长 98 千米,河道宽浅散乱、游荡多变。61.01 千米的黄河堤防、39.969 千米的温孟滩防护堤与清风岭高地,共同构成了焦作黄河的防洪屏障。

第一节　河道地形

黄河流域依地势分为三个阶梯。第一阶梯是青藏高原区,平均海拔 4000 米以上。青藏高原以东,太行山以西为第二阶梯,海拔 1000 ~ 2000 米。第三阶梯是黄河下游冲积平原区,位于太行山以东至滨海,海拔多在 100 米以下,平原冲积扇的顶部位于武陟沁河口一带。

焦作位于黄河左岸,与洛阳、郑州隔河相望。黄河在焦作境内流向自西向东,横跨黄河中下游和黄河二、三两个阶梯,为强力堆积的冲积性平原河流。河道纵比降为 0.25‰;一般河道宽度 5 ~ 10 千米,河面宽阔,淤积严重,沙洲出没无常。逯村以下河床变化不定,主流摆动频繁,属于典型的游荡性河道。河道最窄处在共产主义渠首闸与对岸邙山提灌站之间,为 4.5 千米。河道断面为复式断面,堤距 4.5 ~ 11.5 千米,河槽 1 ~ 3 千米,主槽 1 ~ 2 千米。滩地面积 77.80 万亩(其中耕地面积 61.55 万亩),涉及孟州、温县、武陟三县(市) 19 个乡(镇、办事处)。有 68 个自然村庄,9.66 万人。其中,温孟滩移民村 32 个,4.48 万人(孟州 19 个,3.10 万人;温县 13 个,1.38 万人)。武陟滩面高出背河地面 4 ~ 7 米,沁河口滩面比新乡市地面高出 24 米。

现河道是在不同历史时期内形成的,沁河口以上原是禹王故道,有史以来即为黄河所流经。南岸为绵延的山丘,高出水面 100 ~ 150 米。北岸为清风岭,断续的黄土低崖高出水面 10~40 米。沁河口以下原是明清故道,距今有530 多年的历史,该河段全靠堤防约束,为典型的游荡型河道,是黄河下游防洪的确保河段,也是黄河下游河道整治的重点河段。

第二节　水沙特征

一、洪水特征

焦作黄河洪水的发生时间与暴雨出现时间一致,主要是每年的 7—10 月,通常称为"主汛期"。洪水来源可分为 4 个区间,即上游区,中游的河口镇—龙门区间(简称河龙间)、龙门—三门峡区间(简称龙三间)和三门峡—花园口区间(简称三花间)。影响最大的是中游三个区域的来水。从现有资料看,中游三区经常出现的洪水有三种情况:一是河龙间与龙三间洪水相遇,形成三门峡以上大洪水和特大洪水,与此相应的三花间洪水很小,这就是常说的以三门峡以上来水为主的"上大型洪水",如 1843 年和 1933 年洪水为"上大型"典型洪水。这类洪水具有洪峰高、洪量大、含沙量大的特点,对黄河下游威胁严重。二是三花间出现大洪水或特大洪水与三门峡以上一般洪水遭遇,称为"下大型洪水",如 1761 年和 1958 年洪水即为"下大型"典型洪水,其特点是洪水涨势猛、洪峰高、含沙量小、预见期短,对黄河下游防洪威胁最大。三是龙三间与三花间洪水遭遇。对花园口来说,三门峡上下的洪水各占 50% 左右,简称为"上下较大型洪水",对下游防洪也有威胁。据历史调查的最大洪水发生在 1843 年,陕县站洪峰流量为 36000 立方米/秒,实测最大洪水发生在 1958 年,花园口站洪峰流量 22300 立方米/秒。

焦作黄河河道槽滩宽阔,且滩地植物多,糙率大,漫滩洪水流速小,因而槽蓄量较大,削减洪峰显著,向下游推进缓慢。然而洪水自小浪底水库到达孟州逯村控导仅需两个多小时,温县大玉兰对岸有伊洛河汇入,武陟驾部上首滩区有新蟒河汇入,花坡堤头滩区有老蟒河汇入,又有沁河汇入,形成了复杂的洪水组成条件,因此洪水具有突发性强、形成快、来势猛、预见期短等特点。另外,出现高含沙量洪水时,除有揭底冲刷外,还有异常高洪水位及洪水过程中的水位流量暴涨暴落等现象。如 1977 年汛期,花园口站出现两次高含沙洪水,一次是 7 月 8—11 日,另一次是 8 月 7—12 日,前者产生揭底冲刷,后者出现水位流量骤然升降的异常现象,1996 年 8 月高含沙洪水,也出现了水位异常偏高现象。

表 1-1-1　焦作河段洪水传播时间预估

区间	河道长（千米）	传播时间（小时）		
		最小	最大	一般
小浪底—逯村	32	2.10	2.90	2.50
逯村—开仪	11	0.70	1.00	0.80
开仪—化工	9	0.60	0.80	0.70
化工—大玉兰	13	0.90	1.20	1.00
大玉兰—张王庄	8	0.70	1.00	0.80
张王庄—驾部	16	1.20	1.60	1.50
驾部—东安	10	0.70	1.10	1.00
东安—老田庵	16	1.10	1.60	1.40
老田庵—花园口	13	0.60	1.70	0.90

二、泥沙特征

（一）黄河来水来沙异源

进入黄河下游的水沙主要来自三个区间，一是河口镇以上，水多沙少，水流较清。河口镇多年平均年水量占三门峡、黑石关、小浪底水文站（简称三黑小）的56.2%，而年沙量仅占9.8%。二是河口镇至三门峡区间（简称河三间），水少沙多，水流含沙量高。三是伊洛河和沁河，为黄河又一清水来源区，两条支流合计，多年平均年水量占三黑小的9.6%左右，而年沙量仅占1.9%。

（二）水沙量年际、年内分布不均

水沙量年际间分布不均。三黑小水文站最大年沙量为1933年的37.63亿吨（按水文年，下同），为最小年沙量1.85亿吨（1961年）的20.34倍；最大年水量为753.7亿立方米（1964年），为最小年水量178.7亿立方米（1991年）的4.2倍。花园口站最大年来沙量为27.8亿吨（1958年），为最小年来沙量2.48亿吨（1987年）的11.2倍。由于水少沙多，遇到来沙高度集中的洪水时，往往引起河床的强烈冲淤，河势剧变，出现"横河""斜河"。

水沙量年内分布不均，主要集中于汛期。三黑小多年平均汛期水量占全年水量的55.9%，汛期沙量占全年沙量的87.7%。

（三）近三十多年水沙变化特点

1986—1999年下游的年平均水量为275.2亿立方米，仅占1950—1999年长系列来水量的 67.6%,汛期水量减少尤其突出,仅为长系列的 56.6%;20 世纪 80 年代和 90 年代沙量分别为 8 亿吨、9.52 亿吨,也比长系列减少。水量减少主要是由于黄河处于相对枯水期,同时工农业用水增加迅速;沙量减少主要是由于中游地区暴雨强度和频次减少,水土保持也起到了一定作用。由于龙羊峡水库、刘家峡水库联合调节使用,进入黄河下游汛期洪峰基流减少 2000 ~ 3000 立方米/秒。水沙量及年内分配变化和三门峡入库水沙变化类似,汛期来水比例减少。

1999 年 10 月小浪底水库蓄水运用,2000 年至 2019 年,进入下游的年平均水沙量分别为 267.56 亿立方米和 1.1 亿吨,分别为 1950—2015 年长系列的 71.7% 和 13.1%。由于水库的调节和拦沙作用,汛期来水比例进一步减少,仅为全年水量的 38.8%,而沙量主要集中在汛期,汛期沙量占全年的 88.2%。

三、河道冲淤与调水调沙

(一) 河道冲淤

黄河焦作段河道两岸堤距 4.5 ~ 11.5 千米,河槽宽 1.0 ~ 3.0 千米。由于堤距较宽,溜势分散,泥沙易于淤积,加之主流摆动频繁,新淤滩岸抗冲能力弱,主溜冲滩岸坐弯后,易形成"横河""斜河"顶冲大堤,威胁堤防安全。

此段河道属于多泥沙平原堆积性河道,水流作用于河床,引起滩化;滩槽的变化又改变了对水流的约束条件,使水流发生相应的变化。来水量及其过程可以改变水流在河床中的运动形式;来沙量及其过程影响着滩槽的冲淤,也将改变河势;高含沙水流通过时,又会塑造相应的断面形态。因此,河势处于永不休止的变化过程中。

沁河口以下河段是黄河淤积的主要河段,河道整体表现为"地上悬河"——泥沙淤积严重,河道高悬地上。大水淤滩刷槽,小水淤槽不刷滩。黄河河道的冲淤变化主要取决于来水来沙条件、河床边界条件以及河口侵蚀基准面。其中,来水来沙是河道冲淤的决定因素。每遇暴雨,来自黄河中游的大量泥沙随洪水一起进入下游,使河道发生严重淤积,尤其是遇到高含沙洪水,河道淤积更为严重。由于来水来沙年际间变化较大,河道冲淤年际间变化也较大。整体上,黄河河道呈现"多来、多淤、多排"和"少来、少淤(或冲刷)、少排"的特点。

据统计,铁谢至花园口河段 1950 年 7 月至 1960 年 6 月全断面淤积 0.62 亿吨;1961—1963 年,由于三门峡水库蓄水拦沙运用,全断面冲刷;1964 年 11

月至 1980 年 10 月,由于三门峡水库改变运用方式,滞洪排沙、蓄清排浑,全断面淤积 0.73 亿吨;1980 年 11 月至 1985 年 10 月,由于黄河为丰水期,全断面冲刷 0.36 亿吨。1986—1998 年,由于龙羊峡水库的投入运用,进入下游的水沙条件发生了较大变化,主要表现为汛期来水比例减少、非汛期来水比例增加、洪峰流量减小、枯水历时增长等特点。该时期由于枯水历时较长,前期河槽较宽,主槽淤积严重。

1999 年 10 月以后,由于小浪底水库蓄水拦沙,水库基本是清水下泄,下游河道自上而下发生了一定的冲刷。2001 年小浪底水库正式投入使用,使规模性调水调沙的水库条件具备。

(二) 调水调沙

调水调沙,就是通过水库调节水沙过程,尽可能发挥水流挟沙能力,减轻下游河道淤积。2002 年 7 月,利用小浪底水库开展了首次调水调沙试验,截至 2020 年 4 月,调水调沙历经 18 年 21 次(2002—2004 年,黄河防总连续 3 年成功地进行了调水调沙试验,在此基础上,2005 年调水调沙由试验正式转入生产运用,2016 年、2017 年未进行调水调沙,2018 年、2019 年改为防洪运行)。试验运行次数、时间、流量、含沙量等数据见表 1-1-2。

2002 年的第一次调水调沙试验是单库调度试验,即利用小浪底水库进行调水调沙试验。首先利用黄河实体模型和数学模型进行模拟试验和虚拟试验,在充分认识并掌握了一定规律后,2002 年 7 月 4 日,第一次运用小浪底水库单库进行调水调沙,历时 11 天,取得了预期的成果。

2003 年调水调沙试验是在小浪底水库上游发生洪水,下游伊洛河、沁河也发生洪水之际,实施不同来源区水沙对接调度的试验。9 月 6 日,利用小浪底水库、陆浑水库和故县水库进行水流对接调水调沙,历时 12 天。在调度过程中,实现了既排出小浪底水库的库区泥沙,又使小浪底至花园口"清水"不空载运行,同时使黄河下游河道达到不淤积的目的。

2004 年调水调沙试验是利用万家寨、三门峡和小浪底 3 座骨干水库联合调水调沙的试验。6 月 19 日实施调水调沙,历时 24 天。这次实施的调水调沙也取得了成功,积累了在上下游无洪水情况下照样可以调水调沙的重要经验,填补了调水调沙类型中的一项空白,使黄河可以在常见气象及水情条件下调水调沙。

在总结三次调水调沙试验经验的基础上,从 2005 年起,黄委将三次试验、三种类型年份、三种调度运行方式分别运用到以后的调水调沙生产运行中,使之成为水库调度常态。

表 1-1-2　2002—2019 年调水调沙基本参数统计

次数	时间		流量（立方米/秒）		含沙量（千克/立方米）		出险次数
	年	月-日	最大	一般	小浪底	花园口	
1	2002	07-04—07-15	3080	2600	较低	较低	220
2	2003	09-06—09-18	2720	2400			
3	2004	06-19—07-13	2970				
4	2005	06-16—07-01	3550	2900	11.7	5.52	161
5	2006	06-10—07-01	3920	3400	57.7	25.0	75
6	2007	06-19—07-04	42.90		97.8	59.6	88
7	2007	07-29—08-04	4160	3600			34
8	2008	06-19—06-29	4160		154.0	101.0	105
9	2009	06-19—07-07	4170		12.7	5.01	90
10	2010	06-19—07-08	6680		288.0	152.0	96
11	2010	07—08					
12	2010	08-11—08-21					
13	2011	06-19—07-09	4100		263.0	79.6	50
14	2012	06-19—07-12	4320		398	61.0	51
15	2013	06-19—07-11	4310		116.0	31.9	86
16	2014	06-29—07-10	4000		13.3	3.85	86
17	2015	06-29—07-14	3520			1.83	5
18	2018	07-03—07-27	4360		369	83.6	121
19	2019	06-20—08-04	4290		266	53.4	26

在小浪底水库拦沙与调水调沙的共同作用下，黄河下游主槽得到全线冲刷，黄河下游行洪能力和过沙能力普遍提高，河槽形态得到调整。2002 年前，花园口控制站警戒流量为 4000 立方米/秒，警戒水位 93.83 米；2020 年花园口控制站警戒流量为 7200 立方米/秒，警戒水位 93.85 米，水位基本相同的情况下河道过洪能力明显增大。小浪底水库运用后焦作黄河深水河槽展宽与下切情况见表 1-1-3。

表 1-1-3　小浪底水库运用后(1999—2019 年)焦作黄河深水河槽展宽与下切统计

（单位：米）

断面		铁谢	下古街	花园镇	裴峪	孤柏嘴	罗村坡	官庄峪	秦厂	花园口
比较水位		118	116	114	110.5	104	102.5	100	98	94
1999 年	深槽河宽	753	550	665	711	1223	996	416	945	1130
	平均河底高程	115.07	113.26	111.99	108.61	102.45	100.98	98.52	96.59	93.08
2002 年	深槽河宽	745	765	1190	680	995	840	1130	1400	
	平均河底高程	113.91	112.7	111.9	106.9	101.1	99.35	98.32	95.68	
	深泓点 7月	109.72	111.1	105.71	101.15	98.46	97.36	95.69	91.83	
2014 年	深槽河宽	745	848	760	1065	1020	1070	1095	2060	1620.0
	平均河底高程	114.2	113.1	109.2	103.7	98.5	97.1	95.1	93.7	92.0
	深泓点 1月	109.29	103.50	102.97	100.88	93.90	91.81	92.18	90.06	87.75
2019 年	深槽河宽	1120	845	720	1670	1160	1240	810	2010	1520
	平均河底高程	113.7	107.1	104.2	104.8	99.4	98	95.8	94.5	90.6
	深泓点 4月	110	104.4	100.7	101.4	94.8	93	93.2	88.2	88.9
1999— 2014 年	深槽展宽	−8	298	95	354	−203	74	679	1115	490
	深槽下切	0.9	0.2	2.8	4.9	4.0	3.9	3.4	2.9	1.1
2002— 2014 年	深槽展宽	0	83	−430	385	25	230	−35	660	1620
	深槽下切	0.4	7.6	2.7	0.3	4.6	5.6	3.5	1.8	
2002— 2019 年	深槽展宽	375	80	−470	990	165	400	−320	610	390
	河槽下切	−0.28	6.7	5.01	−0.25	3.66	4.36	2.49	3.63	−1.16

第三节 焦作黄河支流

一、沁河

沁河是黄河重要支流之一,发源于山西省沁源县霍山东麓的二郎神沟,经安泽、沁水、阳城、泽州,进入河南,又经济源、沁阳、博爱、温县至武陟白马泉(左岸)汇入黄河,全长485千米,落差1844米,流域面积13532平方千米。

沁河流域边缘山岭海拔多在1500米以上,中部山地海拔约1000米。流域内石山林区占流域面积的53%,土石丘陵区占35%,河谷盆地占10%,冲积平原区占2%。冲积平原分布于济源五龙口以下,既有灌溉之利,也有洪灾威胁。

五龙口至沁河口长90千米,为下游河段。河道流经冲积平原,两岸筑有大堤,河床高出两岸地面2~4米,最高达7米。与黄河干流下游河道相似,沁河下游也是"地上河",历史上决口泛滥频繁,素有"小黄河"之称。

沁河支流众多。丹河是其最大的支流,发源于山西省高平市北部丹朱岭,由北向南经晋城市郊进入太行山峡谷,出峡谷后流经冲积平原,南行17千米于沁阳市北金村汇入沁河。丹河河道长169千米(其中山西省境内129千米),流域面积3152平方千米,占沁河全流域面积的23.3%。

沁河流域属大陆性气候,年平均气温10~14.4摄氏度,无霜期173~220天。年降水量自南而北递减,上中游平均为617毫米,下游为600~720毫米。武陟水文站年平均天然径流量为17.8亿立方米,其中82%来自五龙口以上,其余来自丹河。多年平均年输沙量689万吨,多年平均含沙量6.58千克/立方米。径流量的年际变化不均衡。武陟水文站年径流量和年输沙量最大值分别为31亿立方米和3130万吨。1997年下游全年断流。水沙量年内分配不均,7—10月径流量和输沙量分别占年径流量与年输沙量的69.4%和90%。中华人民共和国成立后最大洪水出现在1982年,其通过武陟水文站的洪峰流量为4130立方米/秒。

二、蟒河

蟒河是黄河左岸的一条支流,发源于山西省阳城县花野岭,流经河南省济源、沁阳,于孟州白墙水库以下分为蟒河和蟒改河。蟒河在新河口闸北以下称为新蟒河。蟒改河是一条人工开挖的泄洪排涝河,可排水量为200立方米/秒,经孟州谷旦镇、城伯镇,至南庄镇贾营汇入新蟒河。新蟒河出孟州,经温县,于武陟县大封镇董宋村注入黄河。蟒河流域面积 1328 平方千米。流域的西部和北部为山区,海拔 1200 多米,南部为丘陵,东部为平原。河道长 135.7 千米,其中济源赵李庄以上 61 千米,赵李庄至入黄口 74.7 千米。

流域内气候温和,年平均温度 15 摄氏度左右。年均降水量约 650 毫米,最多达 1000 毫米以上,最少 300 毫米,年蒸发量 1100~1700 毫米(水面)。1933 年,赵李庄出现过 1530 立方米/秒洪水。1958 年洪水实测流量为 873 立方米/秒。

全流域修建有水库 72 座,筑堤 113.8 千米,涵闸 11 座,桥 72 座,机电灌溉站 76 座,并修建了大型灌溉工程——引沁济蟒灌溉工程。

老蟒河是蟒河决流泛道经挖浚固堤而成的人工河流。1963 年从孟县城东南角至新河口开挖排涝河,穿过新河口串蟒涵洞与老蟒河接通。老蟒河流经孟州、温县,于武陟县方陵入黄河,主要担负孟州、温县、武陟的防洪除涝任务。

第二章 河道变迁与灾害

第一节 黄河河道变迁

对于黄河河道的记载,最早见于《尚书·禹贡》:"导河积石,至于龙门,南至于华阴,东至于砥柱,又东至于孟津。东过洛汭,至于大伾。北过绛水,至于大陆。又北播为九河,同为逆河,入于海。"其中的孟津,唐代孔颖达《五经正义》曰:"孟者,河北地名,春秋所谓向、盟是也。于孟地置津,谓之孟津。"其地在今孟州市南的黄河上。

禹王故道在今孟州境古无冲决之虞,又东行至氾水口,大河脱离南岸山体略偏东北流,在北岸清风岭约束下流至今沁河口一带,接纳济沇水,再东行十八里(今沁河口以下 10 千米黄河左堤,坐落在禹王故道上。经土质探测,地表有约 4 米厚的粉质壤土覆盖层,以下为深 60~70 米的强透水粗沙层)至詹店接纳沁水,折向东北经武陟何营入获嘉界。

在古黄河折向东北处,南岸"溢为荥"的荥口连着荥泽,四渎之一的济水以荥泽为源。据《左传·宣公十二年》记载,荥口以下又有古黄河支流泌水,也称汳水,也就是后世所称汴水。其下,据《左传·襄公十一年》载:"观兵于南门,西济于济隧。"其中,济隧为古黄河又一支流。

《史记·河渠书》转《禹贡》记录大禹治水历经各地情况,并在"至于大伾"后补入 35 个字:"于是,禹以为河所从来者高,水湍悍,难以行平地,数为败,乃厮二渠,以引其河,北载之高地。"这可视为对"大伾"的注解,其中的"二渠",据《孟子·滕文公上》:"禹疏九河,瀹济、漯而注于海。""二渠"指的是济水与漯水。再据民国版《中国古今地名大辞典》:"漯川,古黄河支流,其故道自河南武陟县分支行进河北,经直隶至山东改行黄河之南,东注于海。"可见,"大伾"指的是包括济水、漯水在内众多支流出入大河的这块区域。据《水经注》引东汉郑玄对"大伾"的注解:"地喉也,沇出伾际矣,在河内修武、武德之界,济沇之水与荥播泽出入自此。"汉代修武县治所在今获嘉县城,武德县治所在今武陟县大城村。

古黄河在今武陟东南部有流向东北、流向东南两种趋势。战国时期开挖的鸿沟、秦汉的浪荡渠、荥阳漕渠和汴渠，都由这一带引河东南。西汉末年，黄河、汴渠决坏，水患持续 60 余年，这一带又是灾害的源头。东汉永平十二年（69）夏，王景奉诏和王吴共同主持对汴渠和黄河的综合治理，"筑堤自荥阳东至千乘海口千余里"，这一带为筑堤起点。王景还整修原引水口，在敖城（约在今桃花峪）西北的位置新建了引水口（隋代开通济渠将引黄口进一步上提至今荥阳汜水镇东北的板渚）。

既要引足够的河水保证漕运，又不能牵动全河冲毁漕渠，引水口及其上下河岸的加固就很重要。据《水经注》载："顺帝阳嘉中，又自汴口❶以东，缘河积石，为堰通渠，咸曰金堤。灵帝建宁中，又增修石门，以遏渠口。水盛则通注，津耗则辍流。……河水又东，径八激堤北。汉安帝永初七年，令谒者太山于岑，于石门东积石八所，皆如小山，以捍冲波，谓之八激堤。"

南宋建炎二年（1128）以前，黄河下游河道皆在现行河道以北入渤海，其变迁范围西不过漳水，东不出大清河。期间，焦作段黄河均沿禹王故道行河。然而，在这条故道的北侧，另有一条故道由今沁河口向东北，经武陟县圪垱店村南、商村南，入今获嘉境与禹王故道汇合。这条故道最初可能是古漯水的河道，据《水经注》："沁水于县南水积为陂，通结数湖。"湖在今沁河口东北水寨一带。隋代开永济渠当是以湖水为源头，宋代黄沁河洪水仍能进入商村南这条故道，据商村汤商陵《宋重建商王庙大殿之记》碑文记载，宋庆历八年（1048）"黄沁大溢，摧至陵下"。

1128 年杜充为阻金兵南进，在滑县西南人为决河，黄河下游河道改走现行河道以南，夺淮入于黄海。其变迁范围，北不出大清河，南不出颖、淮，以武陟为顶点，河势逐渐向南发展。

金大定六年（1166），黄河在阳武决口，水淹郓城，东流汇入梁山泊。大定八年（1068），河决李固渡，经曹州、单县、徐州合泗水入淮，呈两股分流之势。金明昌五年（1194），河决阳武光禄故堤，大河改走胙城以南，这时汲县境内无河。元至正二十五年（1288），大河又决阳武，出阳武南，新乡县境内无河。明洪武二十四年（1391），河决原武黑羊山。明正统十三年（1448），河北决新乡八柳树，南决荥泽孙家渡。明天顺五年（1461），河徙，自武陟入原武以南，此后获嘉境无河。

明弘治二年（1489），阳武至开封河段南北两岸决口甚多，北决之河侵入张秋运河，严重影响漕运，朝廷"命白昂为户部侍郎，修治河道"，白昂役夫 30

---

❶ 王景治河前的口门。

万筑原武、阳武、祥符、封丘、兰阳、仪封、考城至山东曹县北岸长堤,以卫张秋。不久,黄河北岸又决数处,俱入张秋运河,形势严峻。弘治七年(1494),刘大夏治河,采取遏制北流、分水南下入淮的方策,又筑了太行堤作为二道防线,才使北流尽断。同时,疏浚了孙家渡等旧河,分杀下流水势,河南行故道。嘉靖二十三年(1544),堵合南岸决口,致使"南流故道尽塞","全河尽出徐邳,夺入淮泗"。至隆庆六年(1572),"南岸续筑旧堤,绝南射之路,豫境黄河始归一槽,由开封、兰阳、归德、虞城下徐邳入淮"。

清康熙六十年(1721)八月,河决武陟詹家店、马营口、魏家口,大溜北趋,注滑县、长垣、东明,夺运河,至张秋,由五空桥入盐河归海。九月,塞詹家店、魏家口,十月塞马营口。康熙六十一年(1722)正月,马营口复决,灌张秋,水注大清河。六月,沁河水暴涨,冲塌秦家厂南北坝台及钉船帮大坝。九月,秦家厂南坝甫塞,北坝又决,马营口亦漫开,至十二月尽塞之。这次堵口筑坝过程中,先建钉船帮大坝挑河东南,再建秦厂大坝将大河再行南挑,同时将沁河口至詹店间的自然缺口接筑成遥堤,从此使大河在沁河口以下折向东南方向。此次堵口时,黄河南岸尚有平地可开引河,至雍正初年以后大河渐次靠南岸山体行河。

第二节　沁河入黄口变迁

据《山海经·北山经》:"谒戾之山……沁水出焉,南流注于河。"班固《汉书·地理志》记:沁水"东南至荥阳入河"。《水经注》记:"沁水出上党涅县谒戾山……又东过野王县北,又东过州县北,又东过怀县北,又东过武德县南,又东南至荥阳县北,东入于河。"

沁河在济源五龙口以上属峡谷河道,变化不大。五龙口以下至武陟县城,历史上虽有决溢之患,但河道亦无大的变化。唯武陟县城以下明代曾数易其道。据清代《古今图书集成》引《武陟县志》记载:沁河"合丹水绕武陟城北,由东而南入黄河,然性善变迁,往由詹店以东入河,后徙由本店西南入河,去县四十余里"。

明洪武二十四年(1391),黄河决原武黑羊山,分流两股,大部经开封东南由涡入淮,小部东经封丘于店、陈桥,下民权、商丘、砀山,过徐州入淮,即所谓"小黄河"。此时,沁河由詹店东入小黄河而达徐州。正统十三年(1448),黄河北决新乡八柳树,南决荥泽孙家渡口,沁河复随黄河由孙家渡口南流入淮。天顺六年(1464),为便利徐州以南的漕运,自武陟宝家湾开渠引沁水至红荆口（今获嘉红荆嘴）复入小黄河旧道至徐州。

清道光《武陟县志·山川》记："沁水故道在县东南,旧志云:自城子村、宝家湾迤逦而东,为沁水故道,废堤尚存。"此即由詹店以东注入黄河的沁水故道。

弘治二年(1492),河决封丘荆隆口,入张秋运河,户部侍郎白昂"筑阳武长堤以防张秋,引中牟决河出荥泽杨桥以达淮"。自此以后,"黑羊山沁河淤塞,北流乃永绝",封丘县西北一段沁河亦于"弘治六年淤",沁河徙詹店西南入河。

万历十八年(1590),沁水大涨,沁河又徙经武陟县南的南贾、方陵之间注入黄河。

第三节　焦作黄河河患

黄河在孟津以上,两岸高山峡谷,向无决徙之虞。自孟津而东,进入平原地区开始泛滥成灾。焦作沿河地区首当其冲,河道决溢不绝于史籍。唐贞观十一年(637)至民国28年(1939)的1302年中决溢年份61年,计64次,其中唐代10次,五代1次,宋代13个年份14次,金元4次,明代7次,清代23个年份25次,民国3次。按分区统计,武陟34次,温县8次,孟州24次,另有4次决溢地不详。黄河在焦作境内决溢及灾情见表1-2-1。

表1-2-1　唐贞观十一年至民国28年黄河在焦作境内决溢及灾情统计

年份	地点	灾情
唐贞观十一年(637)	孟州	九月初大河溢,毁河阳中城
唐永淳元年(682)	孟州	六月河溢,坏河阳县
唐永淳二年(683)	孟州	秋七月,河溢,坏河阳桥(城),水面高于城内五尺,水到阁坎,居人庐舍漂没殆尽
唐如意元年(692)	孟州	八月,河溢,坏河阳县
唐圣历二年(699)	不详	秋河溢怀州,漂千余家
唐开元十四年(726)	不详	秋,河及支川皆溢,怀、卫、郑、滑、汴、濮民皆巢居舟处
唐长庆六年(826)	武陟	河决
唐大和元年(827)	武陟	河决
唐大和二年(828)	孟州	河决
唐大顺二年(891)	孟州	河溢河阳,坏人庐舍
五代(后晋)开运三年(946)	不详	河决澶、滑、怀、卫四州

年份	地点	灾情
宋乾德三年(965)	孟州	孟州又涨,坏中城,军营民舍数百区,又坏堤岸石,诏发兵治之
宋乾德四年(966)	武陟	河决武陟
宋开宝二年(969)	武陟	秋大水河决武陟
宋开宝六年(973)	武陟	武陟河决
宋太平兴国二年(977)	孟州 温县	六月孟州河溢,坏温县堤七十余步,七月又决孟州之温县,发沿河丁夫塞之
宋太平兴国七年(982)	武陟	十月,河决怀州武陟县,害民田
宋大中祥符四年(1011)	温县	九月河溢于孟州温县
宋庆历八年(1048)	武陟	黄河大溢,摧至陵下
宋嘉佑八年(1063)	孟州	积水毁河阳中城
宋治平元年(1064)	孟州 武陟	黄、沁河溢
宋熙宁十年(1077)	武陟	七月,河复溢卫州王供及汲县上下埽工、怀州黄沁、滑州韩村、澶州曹村
宋元丰五年(1082)	武陟	黄河泛滥
宋重和元年(1118)	孟州	冲河阳第一埽迫近州城止二三里
金大定二十七年(1187)	武陟	二月黄沁河溢
元至元九年(1272)	孟州 武陟 温县	九月,怀、孟、卫辉河水并溢
元至二十年(1283)	孟州	河溢孟州
元大德七年(1303)	孟州	五月河阳河溢
明洪武二十九年(1396)	不详	河决怀庆等州县
明永乐三年(1405)	温县	三月堤决四十余丈,淹民田四十余里
明永乐五年(1407)	武陟	七月河水泛滥,淹民田百九十二顷
明永乐十三年(1415)	武陟	黄、沁二水溢,流入卫辉,漂流民居,淹没田禾
明天顺五年(1461)	武陟	河自武陟徙入原武,而北流之道绝,怀庆等七府漂流民居,淹没禾稼,粮草籽粒无收
明成化十八年(1478)	武陟	坏房舍三十一万四千间有奇,淹死一万一千八百余人

年份	地点	灾情
明崇祯十七年(1644)	温县	秋,温县河北堤塌三十余里,村落尽没
清顺治十一年(1654)	孟州	六月河决,坏桥梁,漂民舍
清康熙元年(1662)	武陟	黄河决武陟大村
清康熙二十八年(1689)	孟州	黄河溢决堤,漂没农田、舟帆。下孟州、河阳驿皆在河泽中,及水退,田尽变沙卤
清康熙五十七年(1718)	武陟	七月黄沁并涨,河决何营、詹家店,经流原武治北
清康熙六十年(1721)	武陟	六月黄、沁并涨,河决詹家店,马营口,平地行舟,沙淤地五尺许。八月又溢武陟之詹家店、马营口、魏家口等处并流,直注滑县、长垣、长明等县,入运河至张秋以南赵王河口对岸,由五孔桥经盐河入海
清康熙六十一年(1722)	武陟	正月二十八黄河水溢。六月初四沁河复溢,暴涨冲塌秦家厂南北坝台及大坝,马营决开二十余丈
清雍正元年(1723)	武陟	七月坏梁家营、詹家店
清雍正七年(1729)	孟州	黄河溢,所冲决者五村
清乾隆十八年(1753)	武陟	八月河决武陟
清乾隆二十六年(1761)	孟州	大水淹没田禾无算,城南效金堤相继塌没
清乾隆二十六年(1761)	武陟	黄、沁交溢,水入县城,武陟五堡漫口二十余丈
清乾隆五十三年(1788)	孟州	夏,河水大涨,中滩被冲成大小二滩
清乾隆五十四年(1789)	孟州	河水夏涨,逾护城堤,南门外淹没民舍
清嘉庆二年(1797)	武陟	七月黄河溢解封村
清嘉庆五年(1800)	武陟	七月黄河溢阳召村南,城西南60余村受水患
清嘉庆八年(1803)	武陟	河溢秦厂即塞之
清嘉庆二十四年(1819)	武陟	九月河决武陟北岸马营坝,大股由原武、阳武、封丘等县下注山东张秋
清嘉庆二十五年(1820)	武陟	沁黄先后冲决马营坝,漫水分二股,一入卫,一入张秋运河
清道光十一年(1831)	武陟	黄河决张菜园,口宽一百八十八丈,隐患致决
清道光十九年(1839)	武陟	七月河溢唐郭

年份	地点	灾情
清道光二十一年(1841)	孟州	河自南开仪决口,大水漂没房屋,水退后积沙数尺
清光绪二十七年(1876)	孟州	黄河溢
清光绪三十三年(1907)	孟州	七月已未河决孟县
民国 20 年(1931)	温县	河涨汹涌,县南尽被淹没,苏庄一带均在巨浸中,查勘所及,叩诸耆老,咸谓:本年水势为有生以来所未曾见,水深五至六尺
民国 22 年(1933)	武陟 温县	决口:温县十九处,武陟境内一处
民国 28 年(1939)	武陟 温县 孟州	武陟、沁阳、温、孟等 52 县河决

第三章 区域经济与跨穿河工程

第一节 区域经济

焦作位于河南省西北部,北依太行,南临黄河,辖6县(市)4区和1个城乡一体化示范区,总面积4071平方千米,总人口377.8万。

焦作古称山阳、怀州,是华夏民族早期活动的中心区域之一,是司马懿、韩愈、李商隐、许衡、朱载堉等历史文化名人的故里,是"竹林七贤"的聚集地、太极拳的发源地、"四大怀药"的原产地,拥有云台山、神农山、青天河3家5A级景区,是中国优秀旅游城市、国家智慧健康养老示范基地。

近年来,焦作按照高质量发展要求,经济社会实现平稳较快发展,在中国社会科学院发布的2018年中国城市竞争力排名中,焦作经济竞争力位居河南第三,入围全国百强。2019年,焦作市地区生产总值2761.1亿元,比2018年增长8.0%。全市工业经济增速累计同比增长8.7%,高于全省平均增速0.9个百分点,居全省第4位。

焦作市分属黄河、海河两大水系,流域面积在1000平方千米以上的河道有5条,除黄河、沁河两条大型河道外,还有丹河、大沙河、新蟒河3条中型河道,流域面积在100平方千米以上的小型河道有14条。

焦作曾是全国著名的"百年煤城"和老工业基地。近年来,大力实施创新驱动、开放带动战略,全面加快转型步伐,现已形成装备制造、汽车及零部件等十大产业,电子商务、新能源汽车等新业态、新产业加速兴起,连续6次荣获"全国科技进步先进市",是国家知识产权试点城市和国家新型工业化示范基地,拥有1个国家级高新区、8个省级产业集聚区和焦作海关、河南德众保税物流中心、河南进口肉类指定口岸焦作查验场等开放载体,开放型经济发展水平多年居河南省前3位。

焦作是郑州大都市区门户枢纽城市、中原城市群和豫晋交界地区的区域性中心城市,郑焦城际铁路和焦作直达北京、上海、深圳的高铁均已开通运营,太焦铁路和呼南高铁、焦济洛城际铁路等正在快速推进。

一、武陟县

武陟是焦作的东南门户,与省会郑州隔河相望,县域面积797.9平方千米,辖15个乡(镇)办事处,347个行政村,总人口74万,是焦作面积最大、人口最多的县。

相传周武王伐纣路过此地,登高望远,武陟因而得名。武陟历史文化悠久,是千年古县,中国首家黄河文化之乡,拥有万里黄河第一观嘉应观、佛祖真身舍利塔妙乐寺塔等42个国家级、省级文物保护单位和众多非物质文化遗产。武陟位于黄沁河冲积平原,气候温润,土地肥沃,物产资源丰富,盛产优质小麦、玉米、水稻、花生等,是"四大怀药"的原产地,"武陟大米"通过国家地理标志产品认证,是河南省唯一入驻国家大米博物馆的农业品牌。

2019年,武陟县地区生产总值完成463.3亿元,比2018年增长7.9%。实现工业增加值241.1亿元,比上年增长9.1%。粮食总产量54.13万吨,增长1.8%。财政一般预算收入15.6亿元,财政一般预算支出35.3亿元。城镇居民人均可支配收入33107元,农民人均可支配收入19289元。该县金融机构各项存款余额227.7亿元。连续四届荣获中华慈善奖,是国家卫生县城、国家园林县城、全国绿化模范县、全国国土资源节约集约模范县、全国法治创建先进县、全国科技进步先进县、全国粮食生产先进县。

武陟生态环境良好,境内有黄河、沁河两大河流和南水北调中线工程,年可有效利用水资源达40亿立方米,草甸湿地面积约20万亩。谋划实施了总投资11.2亿元的城市生态水系和总投资6.3亿元的国储林项目。

武陟平台支撑有力,产业集聚区规划面积23.15平方千米,是全省优秀产业集聚区、省级二星级产业集聚区、省级经济技术开发区,入驻企业218家,拥有全省唯一的应用型本科院校——黄河交通学院。2016年,武陟县与"华夏幸福"合作,按照"以产兴城、产城融合"的思路,共同打造142.5平方千米的产业新城,完成了龙泽湖公园等首批8大工程,引进了阿里云创新中心、机器人产业港等一批"三新一高"产业项目,武陟产业新城成为"华夏幸福"全国三个标杆项目之一。

武陟交通区位优越,位于郑州大都市区核心区,是河南"米"字形高铁的重要节点,一小时内可达新郑机场、郑州东站。境内有1条铁路(郑焦城际)、2条高速(郑云、郑焦)、2座黄河大桥(桃花峪、国道234)、2座浮桥(荥武、武惠)与郑州相连。

二、温县

温县位于焦作市南部,县域面积481.3平方千米,辖7个乡(镇)4个街道办事处,262个行政村,总人口46.8万。

温县南滨黄河,北临沁水,古时因境内有温泉而得名,是全国闻名的"武术之乡""怀药之乡"和优质小麦种子基地,是省级卫生县城、文明城市和园林城市、中国十大休闲旅游县。温县有太极拳发源地陈家沟、国家重点文物保护单位慈胜寺以及古温国遗址、司马故里、子夏故里等众多人文景观。

2019年,温县实现地区生产总值291亿元,比2018年增长8.1%。粮食总产量31.8万吨,增长1%。公共财政预算收入9.1亿元,公共财政预算支出22.7亿元。全社会固定资产投资增长12%。城镇居民人均可支配收入32645元;农村居民人均纯收入19414元。

温县规模以上企业达160余家,初步形成了以装备制造、农副产品加工、制革制鞋为主导的三大优势产业,是重要的调味料、经济实用鞋和汽车零部件生产基地。作为首批省级产业集聚区,温县产业集聚区基础设施完善、服务体系健全,近年来企业群体快速壮大,已成为支撑县域经济发展的重要增长极。温县是黄河以北第一个吨粮县,小麦单产始终保持全国领先水平。作为河南省重要的小麦种子生产基地,温麦系列品种年播种面积达3000万亩,是黄淮海地区当家品种之一,为国家粮食供应和粮食安全做出了突出贡献。温县是山药、地黄、菊花、牛膝等"四大怀药"的原产地,特别是"铁棍山药"品质道地、功效独特,在国内外具有很高的知名度。

温县是焦作的南大门,处于郑州、焦作、洛阳三市中心位置,南与陇海铁路、北与焦枝铁路毗邻,境内有黄河公路大桥和焦温高速公路,与连霍、焦晋、焦郑等高速公路相通。

三、孟州市

孟州市位于焦作市西南隅,北依太行,南临黄河,总面积541.6平方千米,辖6镇1乡4个办事处,274个行政村,人口38万。

孟州古称孟涂国,秦置河雍县,汉称河阳县,唐升河阳为孟州,历史上留下了韩愈、武松、潘安、韩湘子"一文一武一美一仙"的美好传说,1996年撤县设市。辖区岭区、平原、黄河滩区各占三分之一,境内裴李岗文化遗址、仰韶文化遗址和龙山文化遗址星罗棋布。

孟州市两次入选"全国绿色发展百强县市";连续11年跻身"全国最具投

资潜力百强县市"。2019 年,孟州市实现地区生产总值 373.5 亿元,比 2018 年增长 8.2%。

孟州产业集聚区持续保持"三星级",6 次跻身全省前 10,位列第 4;是全省首批十家智能化示范园区建设试点之一。孟州市高新技术公共服务中心被评为国家中小企业公共服务示范平台。

孟州"十大工业项目"取得重大突破,河南省中原内配股份有限公司入选"全国绿色工厂""单项制造冠军示范企业";中内凯思汽车新动力系统有限公司钢质活塞项目三条智能化生产线建成投产,年产能达到 70 万只;河南晶能电源有限公司技改全面完成,日产能提升至 6.5 万只。

孟州科技进步对经济增长的贡献率超过 60%,是"国家科技进步先进市""河南省知识产权强县工程示范市"。全市 80% 以上企业建立了不同层次的研发机构,拥有院士工作站、博士后工作站、工程技术中心等国际国内科研平台 110 多家,设立海外研发中心 7 个,拥有国家高新技术企业 23 家,其中 5 家企业成为国家或者行业标准的起草单位。

二广高速、长济高速、207 国道纵贯孟州。孟州距新郑国际机场、洛阳机场、洛阳高铁站不足百千米。孟州融入郑州大都市圈、洛阳副中心城市圈步伐进一步加快。孟州是河南省县域中唯一拥有"B 型保税物流中心、跨境电子商务平台、进口肉类指定口岸、进口动物皮张指定存放监管仓库"等 4 个国家级对外开放平台的县(市)。进出口总额、出口总额、人均出口额三项指标连续 14 年居全省前列。

四、沁阳市

沁阳市位于焦作市西部,是晋豫交通的重要门户,总面积 623.5 平方千米,辖 3 乡 6 镇 4 个办事处,329 个行政村,总人口 49.8 万。河南省重点城镇化试点市、对外开放重点县(市)和首批扩权县(市)之一。

沁阳市因故城位于沁水之北而得名,素有"河朔名邦,商隐故里,乐圣之乡"的美誉,历史上曾是豫西北重要的政治、经济、文化中心和商品集散地,是全国首批"千年古县"、全国文化先进市和全省历史文化名城。境内有天宁寺三圣塔、清真北大寺、朱载堉墓等国保单位 3 处,有唢呐、怀梆、高抬火轿等国家级非物质文化遗产 3 个,有新石器时期仰韶文化捏掌遗址、龙山文化崇义遗址等古文化遗址 23 处。唐代诗人李商隐,元代科学家许衡,明代科学艺术巨星朱载堉,倍受台湾人民敬仰的清代名吏曹谨,二十四孝中的杨香、丁兰、郭巨,狼牙山五壮士之一宋学义等均出生或生长在这里。

2019年,沁阳市地区生产总值完成447.3亿元,较2018年增长8.1%。县域经济发展质量总体评价全省第10名、发展效益全省第2名,连续三年入围中国工业百强县(市),入选2019年全国县域营商环境百强县(市)。

沁阳处于黄河、沁河冲积平原,北枕太行,南瞰黄河,境内山地和平原并存,地理多样,物种丰富,繁衍生长着猕猴、金雕、领椿木、青檀等国家珍稀动植物。沁阳土地肥沃,夏、秋粮单产分别达到518千克/亩、488千克/亩,建设了13个农业标准化示范基地,7个省级无公害生产基地。境内有河南省十大景区之一神农山、休闲度假胜地丹河峡谷、道教上清派祖庭二仙庙、国家级自然保护区黄花岭等众多风景名胜区。沁阳先后荣获中国县级城市旅游竞争力20强、中国文化旅游大县、中国优秀旅游城市等称号。

沁阳北与山西晋城接壤,是晋煤外运的咽喉要道和重要的煤炭集散地,焦柳、侯月铁路在境内交汇,长济高速横贯东西,二广高速纵穿南北,与京珠高速、连霍高速紧密连接,并有4条铁路专用线,交通物流方便。境内有沁河、蟒河等河流和逍遥、八一两座水库,地下水资源总量1.6亿立方米,是华北地区不可多得的富水区;沁北产业集聚区被评为河南省首批省级产业集聚区、首批对外开放重点产业集聚区、河南省十强产业集聚区、新型工业化产业示范区。沁阳是全国闻名的造纸机械之乡、玻璃钢之乡和豫西北重要的铝工业基地。

五、博爱县

博爱县位于太行山南麓,豫晋两省交界处。县域面积427平方千米,人口40万,辖5镇2乡2街道办事处,204个行政村。

博爱县秦时属野王邑,汉时属河内郡,唐时曾设太行县,之后长期属河内县。1927年冯玉祥主政河南时,根据吉鸿昌将军的呈请,取孙中山先生倡导的"自由、平等、博爱"中的"博爱"两字,设置博爱县。

2019年,博爱县地区生产总值293亿元,较2018年增长8.6%。实现规模以上工业增加值增速8.6%。财政一般预算收入10亿元,较2018年增长11.1%;财政一般预算支出24.23亿元,较2018年增长29.2%。全社会固定资产投资完成额增速为10%。社会消费品零售总额为81.2亿元,增速10.8%。进出口总额56440万元,实际利用外资9692万美元。城镇居民人均可支配收入33007.9元,城镇居民生活消费支出21787.23元;农村居民人均可支配收入18571.3元,农村居民生活消费支出13127.37元。城乡居民年末储蓄存款余额127.68亿元。

占博爱县总面积三分之一的北部山区,拥有储量丰富的黏土、铝矾土、铁矿、石灰石、硫铁矿等 20 余种矿产资源。与煤炭大省山西毗邻而居,是豫北地区重要的煤炭集散地。拥有蓄水量达 2070 万立方米的青天河水库,水资源供应充足。西气东输、南水北调两个国家级重点工程均途经博爱。西气东输万里管道第一个分输站设在磨头镇,晋城煤层气通豫工程从博爱经过。丰富的煤、水、气资源,加之优越的区位交通,博爱发展工业条件得天独厚。

博爱县青天河风景区是首批世界地质公园、国家重点风景区、国家 5A 级风景区和国家水利风景名胜区,被誉为"北方小三峡";建于金代的八极拳发祥地月山寺是中原四大名寺之一,曾与少林寺齐名,乾隆皇帝三次来此巡游;在县城西部,有我国纬度最高、面积最大的人工栽培型竹林,不仅具有重要的生态保护、科学研究价值,还有独特的景观价值。

博爱县分为三条经济带,一是中部工商业经济带,面积约 95 平方千米,是全县人口密度最大、人均耕地最少、工商业最发达、经济最活跃的板块,该经济带占全县经济总量的 60%,是博爱经济发展的发动机。产业集聚区就位于该经济带。二是南部高效农业经济带,面积约 180 平方千米,是博爱县高效农业发展区,区域内有蔬菜基地,葡萄、鲜桃等鲜果基地和肉牛、生猪、蛋鸡等养殖基地,集约化高效农业发展水平位居全省前列。三是北部山区旅游矿产资源经济带,面积约 160 平方千米,主要产业有旅游业、林果业、矿产品开采加工业和运输业等。

博爱是联系豫西北晋东南的重要通道,3 条高速、4 条省道、5 条铁路贯穿全境。

六、修武县

修武县位于焦作市西北部,太行山南麓,县域面积 611.3 平方千米,辖 3 乡、1 个工贸区、1 个城镇办,187 个行政村,人口 27.4 万。

修武因周武王伐纣途中在此修兵习武而得名,是汉献帝谪居之地、"竹林七贤"隐居之地、孙思邈行医之地、宋代名瓷绞胎瓷兴盛之地。

2019 年,修武县地区生产总值完成 153.2 亿元,较 2018 年增长 6.5%;第三产业增加值完成 64.9 亿元,增长 5.6%;规模以上工业增加值增长 8.5%;固定资产投资增长 11.5%;社会消费品零售总额完成 60.7 亿元,增长 10.7%。

修武依托境内全球首批世界地质公园、国家 5A 级旅游景区——云台山,联手恒大、荣盛康旅、碧桂园、世贸天阶等行业龙头,打造了辐射中原的旅游集聚区和民宿产业带,共有民宿 612 间。2019 年接待游客人数超过 1100 万人次,旅游综合收入 46.03 亿元。

修武县工业转型步伐加快,新引进亿元以上项目 69 个,世邦高端装备产业园等一批投资大、前景好、质量高的先进制造业项目签约落地。河南城盾、维科重工、中创大润、华东电缆等一大批项目顺利推进。实施"三大改造"项目 37 个,贯标企业 10 家,对标企业 19 家。争取省先进制造业专项资金 1080万元,发放科技贷款 2900 万元。新增省级工程技术研究中心 2 家、市级 6 家。

修武地处郑州、新乡、焦作、晋城 4 个城市的中心地带,1 条高铁(郑焦城际铁路)、3 条高速(荷宝高速、郑焦晋高速、郑云高速)穿境而过,距离郑州仅需 17 分钟高铁行程、40 分钟高速行程;南水北调工程、西气东输工程在此交汇连接。

第二节　跨穿河工程

截至 2019 年,黄河焦作段内有跨河铁路桥 1 座、公路桥 4 座(1 座尚未通车)、浮桥 2 座,国家大型工程南水北调(中线)、西气东输线路在焦作境内穿过黄河,这些工程对焦作社会经济发展起到了重大作用。

一、跨河工程

(一)郑州黄河铁路老桥

1905 年 11 月 15 日,首座郑州黄河铁路大桥建成,次年 4 月 1 日,京汉铁路全线通车。郑州黄河铁桥长 3015 米,102 孔,孔距 21～37 米,桥墩基础深12 米,桥面有铁轨 1 对。历经洪水和战争的破坏,到 20 世纪 60 年代,时出故障,时加维修,花费了大量人力、物力,仅 1934—1962 年,用于加固桥墩的石料就有 40 多万立方米。1933 年特大洪水时,洪水水面与铁路桥平,铁路桥第77、78 两孔被激流所冲,东移数寸,通车中断 17 天。1957 年武汉长江大桥建成通车后,京汉铁路与粤汉铁路接轨,改名为京广铁路。1958 年黄河发生22300 立方米/秒特大洪水,黄河铁路桥遭受重创,导致京广铁路停运,满目疮痍的大桥被鉴定为"不适合通行火车"。当年在老桥下游 500 米处兴建第二座郑州黄河铁路桥。

1960 年 4 月 20 日,第二座郑州黄河铁路桥通车。老铁路桥改为公路桥,后于 1987 年拆除桥梁及水上部分的桥桩,水下桥桩尚未拆除。

(二)郑州黄河铁路大桥

郑州黄河铁路大桥位于黄河下游河道的上端,原黄河铁路桥下游 500 米处,北岸是武陟县老田庵村,于 1958 年 5 月开工建设,1960 年 4 月建成通车。该桥长 2900 米,71 孔,每孔跨度 40.7 米。孔跨布置为上部钢板梁结构、钢筋混凝土管柱基础;下部结构墩身为钢筋混凝土椭圆状结构,桩基入土深度 30 米左右,桩底标高 61.78~71.21 米,桥面铺设铁轨两对,可容两列火车同时通过。

该桥于 2014 年 5 月 16 月停止通车,转轨郑焦城际铁路黄河大桥。

(三)郑焦城际铁路黄河大桥

郑焦城际铁路黄河大桥为郑州至焦作客运专线铁路与改建京广铁路跨越黄河的公用桥梁,为四线铁路特大型桥梁,位于郑州黄河铁路大桥下游 110~190 米处。主桥采用大跨度钢桥,滩地引桥以预应力混凝土简支箱梁为主。主桥采用四线合建形式,引桥部分郑焦线与京广线分行。该桥是我国首座跨黄河四线铁路特大桥。大桥郑焦城际线部分全长 9.63 千米,设计时速为 250 千米/小时;京广线部分全长 11.28 千米,设计时速为 160 千米/小时。

大桥于 2011 年初开始全面施工建设,2014 年 5 月 16 日竣工通车。

(四)桃花峪黄河公路大桥

桃花峪黄河公路大桥位于荥阳市和武陟县交界处,是武陟至西峡高速公路跨越黄河的一座特大桥,也是郑州西南绕城高速公路向北延伸跨越黄河的一条南北向高速大通道。北端在武陟县境内与郑焦晋高速公路相连,南接郑州市西南绕城高速公路,途经武陟县嘉应观乡、谢旗营镇和荥阳市广武镇,全线长 28.6 千米,桥梁设计全长 7691.5 米,采用双向六车道高速公路标准设计,设计行车速度为 100 千米/小时。该桥主跨 406 米,是世界上跨度最大的三跨双塔全钢梁自锚式悬索桥,于 2010 年 3 月开工,2013 年 9 月 27 日通车。

(五)国道 234 焦作至荥阳黄河特大桥

国道 234 焦作至荥阳黄河特大桥及连接线工程是交通运输部第一批 13 个 PPP 项目之一,也是河南省"十一纵十一横"普通国道网规划内一条南北纵线和省重点建设项目。项目起点接焦作迎宾大道,向南跨沁河后与 S309 相接,设半苜蓿叶互通式立交。继续向南跨越黄河,止于荥阳市 S312 沿黄快速路,设全苜蓿叶互通式立交。路线全长 26.356 千米,项目采用双向六车道一级公路技术标准。新建特大桥 2 座,其中黄河特大桥长 10647.5 米,沁河特大桥长 1202 米。设计时速 100 千米/小时,路基宽度 32.5~33.5 米,沥青混凝土路面。2019 年 12 月 6 日,国道 234 焦作至荥阳黄河特大桥及连接线项目正式建成通车。

（六）焦作至巩义黄河公路大桥（南河渡黄河大桥）

焦作至巩义黄河公路大桥（南河渡黄河大桥）北岸是温县关白庄，南岸是巩义市东站镇。大桥于 1998 年 12 月开工建设，2001 年 9 月竣工通车。桥长 3010.13 米，桥宽 18.5 米，南北两岸连接线总长 15.492 千米。由焦作市公路管理局建设，河南省交通规划勘察设计院设计。大桥前 30 年由焦作公路大桥公司管理，之后由焦作市公路管理局管理。

大桥主桥采用 50 米跨径预应力混凝土简支 T 形梁，下部结构采用单排双柱式桥墩、预应力混凝土盖梁、单排立挂式桥台，直径 2.2 米钻孔灌注桩基础。设计荷载等级为汽－超 20、挂－120。连接线工程按平原微丘二级公路标准修建，路基宽 18 米，路面宽 15 米。

这是河南省第一座由当地自筹资金修建的黄河公路大桥。它的修建结束了当地黄河两岸人民千百年来"茅津唤渡，柳岸待舟"的局面，对于加强黄河两岸经济文化交流有着极为重要的意义。

大桥距小浪底大坝约 75 千米，在寨峪东断面下游约 2750 米、伊洛河口断面上游约 2250 米处。该段黄河左岸为清风岭台地，右岸为邙山，处于伊洛河入黄口上端，为无堤防河道。大桥采用立交方式与右岸神堤控导工程交叉。大桥所处河段为典型的游荡型河道，河床宽浅散乱，主流摆动频繁。桥址处河道滩宽 9350 米，其中槽宽 1230 米。河槽最大摆动宽度 1000 米。

（七）国道 207 孟州至偃师黄河大桥

国道 207 孟州至偃师黄河大桥起于孟州市 S309 与 X044 交叉处，向北与 S237 相接，上跨 S309 并设置互通立交，向南经化工镇后与黄河大堤相交，跨越黄河后进入巩义市境内，向南下穿连霍高速，接偃师 S539 到达终点。路线全长约 18.38 千米（大桥长 3007 米），其中焦作境内路线长 10.99 千米。项目按双向六车道一级公路标准建设，路基宽度 33 米，设计行车速度为 80 千米/小时。项目估算投资 23.62 亿元，预计 2021 年 10 月建成通车。

（八）武惠黄河浮桥

武惠黄河浮桥位于京广铁路黄河大桥下游 2000 米处，北起武陟县詹店镇，南至郑州市惠济区。

武惠黄河浮桥由武陟县人民政府、郑州市惠济区人民政府选项，黄河水利委员会批准，郑州武惠浮桥有限公司和开封黄河浮桥有限公司投资，山东济南黄河船舶制造厂建造。工程从 2006 年 5 月筹建开始，至 2007 年 1 月底竣工，历时 8 个月。浮桥全长 600 米、宽 12 米，桥面设有防滑条带，两边装有护栏、桥灯，浮桥南北两端的引道均为沥青混凝土路面、行车道宽 9 米的三级公路。

武惠浮桥的建设与通行,结束了原省道68线断行20年的历史。

（九）荥武黄河浮桥

荥武黄河浮桥南至荥阳市高村乡,北接焦作市武陟县北郭乡。浮桥由河南鑫舟黄河浮桥有限公司出资,南岸在枣树沟控导工程10坝与11坝之间,于2006年5月开工建设,2006年9月开始架接。浮桥全长800米,桥宽12米。浮桥采用浮舟连接黄河两岸道路,引路工程共12千米。

二、穿黄工程

（一）南水北调（中线）穿黄工程

南水北调工程是缓解中国北方水资源严重短缺局面的重大战略性工程。我国南涝北旱,南水北调工程通过跨流域的水资源合理配置,大大缓解了北方水资源严重短缺问题,促进南北方经济、社会与人口、资源、环境的协调发展。工程分东线、中线、西线三条调水线。中线工程,从长江最大支流汉江中上游的湖北丹江口水库东岸引水,自流供水给黄淮海平原大部分地区。2003年12月30日,南水北调中线工程开工。

南水北调（中线）穿黄工程,位于京广铁路桥以西约30千米处,于孤柏山湾横穿黄河。工程南岸起自荥阳市王村化肥厂南,终点为温县南张羌乡马庄东,线路总长19.30千米。主体工程由南北岸渠道、南岸退水洞、进口建筑物、穿黄隧洞、出口建筑物、北岸防护堤、北岸新老蟒河交叉工程,以及孤柏嘴防洪控导补偿工程组成。穿黄隧洞,单洞长4.25千米,包括过河隧洞和邙山隧洞,其中过河隧洞段长3450米。隧洞采用双层衬砌,外衬为预制钢筋混凝土管片,内径7.9米,内衬为现浇预应力钢筋混凝土,成洞内径为7.0米。隧洞为双洞平行布置,中心线间距为28米,各采用1台泥水平衡盾构机自黄河北岸竖井始发向南岸掘进施工。穿黄隧洞最大埋深35米,最小埋深23米;断面最大水压为4.5兆帕。过河隧洞坡度由北向南由2‰变为1‰,邙山隧洞由北向南设计坡度为49.107‰。

2014年2月22日,南水北调（中线）穿越黄河工程两条隧洞开始充水试验。2014年12月12日14时32分,长1432千米、历时11年建设的南水北调中线工程正式通水。

（二）西气东输穿黄工程

2000年2月,国务院第一次会议批准启动西气东输工程,这是仅次于长江三峡工程的又一重大投资项目,是拉开西部大开发序幕的标志性建设工程。西气东输工程管道是国内距离最长、口径最大的输气管道。全线采用自动化控制,供气范围覆盖中原、华东、长江三角洲地区。工程西起新疆塔里木轮南油气田,向东经过库尔勒、吐鲁番、鄯善、哈密、柳园、酒泉、张掖、武威、兰州、定西、西安、洛阳、信阳、合肥、南京、常州等大中城市。东西横贯新疆、甘肃、宁夏、陕西、山西、河南、安徽、江苏、上海等9个省(区),全长4200千米。

西气东输管道工程焦作段黄河穿越,全长7.66千米,全部采用管道铺设技术。工程是整个西气东输工程的重点,南起荥阳市王村镇孤柏嘴山头以下约600米满沟口,北到焦作市温县氾水滩南岸蟒河北侧,管道直径1.016米,设计压力为10兆帕,年设计输量120亿立方米。主河道部分长3600米,以顶管方式施工,主河道以北采用定向钻施工。

该工程于2002年6月动工。2003年底西气东输黄河顶管工程成功从黄河河床以下24米的地方穿越,地下钢管套管工程全面贯通。

河南省是西气东输的第一个用气省份。2003年,豫南、豫北两条地方支线开工建设。豫南支线工程管线215千米,途经郑州、许昌、平顶山、漯河、驻马店、信阳6市,年最大输气量10亿立方米;豫北支线工程管线206千米,途经焦作、新乡、鹤壁、安阳,年最大输气量6.3亿立方米。

第二篇　防洪工程与河道治理

第一章　堤防工程

堤防是黄河下游防洪工程体系的重要工程。起自武陟木栾店的古阳堤是最古老的黄河堤防,它兴起于春秋,形成于战国,统一完臻于秦,具有相当规模于汉。《汉书·沟洫志》载贾让《治河策》云:"河从河内北至黎阳为石堤,激使东抵东郡平刚;又为石堤,使西北抵黎阳、观下;又为石堤,使东北抵东郡津北;又为石堤,使西北抵魏郡昭阳;又为石堤,激使东北。百余里间,河再西三东。"据此河内郡境内似无"石堤",然而,古阳堤起点处称"金圪垱"(在沁河左岸木栾店西北)则又像是"石堤"。至东汉明帝永平十二年(69)"王景修渠筑堤,自荥阳东至千乘海口千余里",其左岸起点仍在木栾店。在黄河南趋后,古阳堤成为废堤。明弘治七年(1494),副都御史刘大夏治河时,修筑了从胙城至徐州180千米的太行堤,作为黄河北岸第二道防线。至迟在明万历年间已利用古阳堤将太行堤从胙城延伸到武陟县木栾店。

目前,焦作境内黄河堤防自孟州中曹坡起,止于武陟县的仁堤头,全长61.01千米。武陟县詹店以下堤防最早建于明弘治年间,沁河口至詹店间堤防是清雍正初年修建的。沁河口以上,古有清风岭岗地无需修堤,清代中期开始修筑拦黄堰,现有堤防就是在过去拦黄堰、护城堤的基础上发展来的。

第一节　堤防沿革

一、太行堤

据明万历年间《河防一览图》,明隆庆六年(1572)万恭修黄河北岸第二道堤防(大体沿古阳堤一线),自武陟木栾店起,止于胙城,与胙城至徐州间的太行堤相连通。

清雍正二年（1724），张鹏翮组织整治武陟县黄沁河交汇处堤防后，曾上书："北岸太行堤自武陟县木栾店起，至直隶长垣县，系圣祖仁帝指示修筑之工，关系黄沁并涨并卫河运道重门保障，应令河南巡抚催促承修各官，作速修筑，一律坚固，如有迟延，听其指参。"乾隆十六年（1751），陈宏谋任河南巡抚时曾上奏："河南省内除黄河两岸大堤外，另有古堤一道。由怀庆府之武陟县起，经获嘉、新乡、延津、滑县与长垣县交界止，俗称太行堤。若遇黄河水涨，实为外围护堤。今因武阳坝合龙后，此堤亟待补修加固。由于此乃浩大工程，故奏请国家出资修理。"另据清道光《武陟县志》："今河形渐次南趋，太行堤废弃已久。"但直到 20 世纪 70 年代武陟县境内仍有大量残堤，群众仍称之为古阳堤。

二、武陟县堤防

据《河防一览》："黄河北岸弘治十年河决黄陵冈，张秋运道淤阻。都御史刘忠宣公筑有长堤一道，荆隆口之东西各二百余，黄陵冈之东西各三百余里，自武陟县詹家店起直抵砀沛。"清康熙末年河决马营口。如今詹店至仁堤头堤防是由明代堤防与清代马营堵口大坝演变而来的。

沁河口以下至詹店约十八里，在清康熙末年以前原无堤防，据《行水金鉴》记载："当沁、黄交涨时，听其流入水寨及原武之黑羊山沙地，水势宽平，不致冲溢"，故"留此无堤之十八里，以备宣泄"，实寓有分洪之意，当地群众称为"禹王故道"。由于年代久远，河床淤高，河岸日趋卑矮，故于雍正元年（1723）将此十八里无堤之处接筑成遥堤，以防大河旁泄，同时把秦厂大坝的北尾堤接筑到遥堤，南尾堤接筑到荥泽大堤，作为前卫，此即现在白马泉到詹店的临黄大堤。今遥堤已废，而所谓秦厂大坝，是清康熙末年马营决口时，在口门外滩上所筑的堵口大坝。

清乾隆年间，武陟县城南自东唐郭高地起向东，原有民修拦黄堰一道。清嘉庆二十一年（1816），因河势北移，官方修拦黄堰长 139 丈，道光二年（1822），由于河势节节下延，又接修 700 余丈，道光五年（1825）增修 500 丈，以下尚有民修 3000 余丈。东唐郭以下至方陵的临黄大堤，是在过去拦黄堰的基础上形成的。

现在的武陟县堤防长 44.14 千米，其中沁河口以下 21.963 千米是国家防总明确的确保堤段。

三、温县堤防

温县城南,在明天启年间有护城堤一道,久渐倾圮,清乾隆二十三年(1758),知县王其华相度形势,筑堤 375 丈,称为王公堤,此即县城南门外的一段堤防。温县境西自温孟交界,东至平皋村,因有清风岭高地,未筑堤防。民国 5 年(1916),自温县单庄以下经苏庄、关白庄至蟒河边,计修堤长 20 千米,1933 年大水,曾被冲断。当年河势北移,在赵庄(时属温县今属武陟)上下坐弯,1935 年由民国河南河务局投资修民埝一道,称为赵庄民埝,上自平皋,下接武陟大堤,现为温县临黄 1.44 千米大堤的组成部分。

四、孟州堤防

孟州城西南之中曹坡,原有小金堤一道,创筑于元代,"北接高崖,南至于河,原长 1360 丈"。清乾隆元年(1736)仅存 330 丈,乾隆二十一年(1756)"河势北移,将南端冲塌,仅存五丈",至乾隆二十六年(1761),因黄河异涨,陆续塌没。嘉庆十九年(1814),西自高崖又修筑新堤一道,长 500 丈,堤外修埽,以后称为新小金堤。在城南原有护城堤一道,东西长 1260 丈,上接小金堤。现在中曹坡至黄庄的临黄大堤长 15.43 千米,是在新小金堤及护城堤的基础上修建起来的。

连接孟州逯村、开仪、化工控导工程和温县大玉兰控导工程,在大玉兰工程下端至蟒河南堤的 39.969 千米防护堤,是 20 世纪 90 年代为安置小浪底库区移民兴建的。

焦作黄河堤防标准设计断面见表 2-1-1,堤防情况统计见表 2-1-2。

表 2-1-1　焦作黄河堤防标准设计断面

大堤名称	起止地点	岸别	超高(米)	顶宽(米)		坡度	
				平工	险工	背河	临河
临黄堤	中曹坡—单庄	左岸	2.5	8.0	10.0	1:3	1:3
	南平皋—方陵	左岸	2.5	9.0	11.0	1:3	1:3
	白马泉—京广铁桥	左岸	3.0	15.0		1:3	1:3
	京广铁桥—渠村闸	左岸	3.0	10.0	12.0	1:2	1:3

表 2-1-2　焦作黄河堤防情况统计

单位	岸别	桩号	长度（千米）	堤顶宽度（米）	堤身高度（米）	边坡	说明
		合计	99.476				
孟州	左岸	0＋000—15＋430	15.430	8.00	8.00	1∶3	黄河堤
	左岸	0＋000—28＋560	28.560	8.00	2.98	1∶3	防护堤
温县	左岸	15＋430—42＋374	26.944				无堤
		42＋374—43＋814	1.440	9.00	5.75	1∶3	黄河堤
	左岸	28＋560—39＋969	11.409	8~10	4.58	1∶3	防护堤
武二	左岸	43＋814—45＋250	1.436	8.00	5.5~6.35	临 1∶3 背 1∶3	
	左岸	45＋250—46＋176	0.926				涝河缺口（无堤）
	左岸	46＋176—65＋414	19.238	8~11	4.5~9.7	临 1∶2.5~1∶3 背 1∶2~1∶2.5	
	左岸	65＋414—68＋469	3.055				沁河口（无堤）
武一	左岸	68＋469—90＋432	21.963	15.00	13.00	1∶3	
	左岸	0＋000—1＋403	1.403	10.00	13.00	1∶3	新左堤（对应 82＋500—84＋000）

第二节　堤防培修

　　人民治黄前,黄河堤防残破卑薄,千疮百孔,战壕、防空洞、红薯窖、獾狐洞穴、水沟浪窝遍布堤身,堤防抗洪能力很差。中华人民共和国成立后,治黄工作遵循"依靠人民、保证不决口、不改道,以保障人民生命财产安全和国民经济建设"的方针,采取抽槽换土、修筑堤戗、捕捉害物、翻筑隐患、修补残缺、植树植草等措施有序展开,并先后开展了三次大复堤,增强了堤身抗洪能力。1984 年至 2000 年开展堤防加高培厚,使焦作临黄堤防全部满足 2000 年水平年防洪标准的高程和宽度。

一、三次大复堤

1950—1985 年对黄河大堤先后进行了三次大规模的复堤培修,一般加高 2 ~ 3 米,帮宽 10 ~ 15 米,基本上达到了防御 1983 年花园口 22000 立方米/秒洪水的设计标准。三次大复堤中,孟县、温县、武陟加培大堤长度见表 2-1-3。

表 2-1-3　孟县、温县、武陟加培大堤长度统计

单位	堤防名称	长度(千米)	桩号	已加培		剩余长度(千米)	说明
				长度(千米)	桩号		
孟县	临黄堤	15.60	0 +000—15 +600	15.60	0 + 000—15 +600		1985 年 9 月大堤东段被冲塌 170 米,堤长变为 15.43 千米
温县	临黄堤	1.44	42 +374—43 +814			1.44	
武二	临黄堤	20.304	43 +814—65 +414	9.804	43 +860—45 + 250,57 +000—65 +414	10.500	管辖段长 21.6 千米,其中堤长 20.304 千米,岭长 0.046 千米,涝河口段长 1.25 千米
武一	临黄堤	21.963	68 +469—90 +432	21.963	全线		

(一)第一次大复堤(1951—1952 年)

1951 年,黄河北岸展开大规模的复堤工程,平原省新乡专署负责人坐镇武陟庙宫指挥,博爱、修武、获嘉、新乡、原阳、武陟等县分别承担复堤任务,将武陟境内的黄沁河左岸堤防全部加高培厚。为确保陕州站 23000 立方米/秒洪水不发生溃决,要求堤顶超过 1949 年洪水位 4 米,堤顶宽 10 米,并用黏土盖顶包淤。这次复堤,施工中的运土工具有抬筐、木轮小土车、木轮洪车、胶轮大车,夯实工具主要是烧饼碪,共用民工 10 万余人,历时 20 天,完成土方 180.64 万立方米,投资 74.65 万元。复堤中涌现出了大批的模范集体及英雄人物,工程结束后立石碑纪念。武陟县沁河口以上、孟县在 1951 年也开展了复堤,当年完成土方情况如表 2-1-4 所示。

表 2-1-4　第一次大复堤完成土方统计

年度	单位	起止桩号	完成土方（万立方米）	投资(万元)	实用工日（万工日）
1951	孟县	0＋000—8＋000	5.613 4	2.209 4	1.302 4
	武一	68＋469—86＋500	180.640 3	74.646 0	111.627 4
	武二	46＋750—65＋700	32.356 4	12.772 5	14.985 5

（二）第二次大复堤（1955—1956 年）

1955 年春,中央人民政府提出"治标治本相结合"的方针,以工代赈进行,以防御 1933 年陕州站流量 23000 立方米/秒洪水,相应秦厂流量 25000 立方米/秒,水位 99.14 米,不发生严重溃决或改道为目标。堤防标准见表 2-1-5。

表 2-1-5　堤防标准统计

堤防名称	起止桩号	超设防洪水位（米）	顶宽（米）	边坡
临黄	孟县中曹坡—沁河口	2.3	10	1:3
	沁河口—京广铁桥	4.0	15	1:3
	京广铁桥—鹅湾	2.5	10	1:3

武陟县 1955 年、1956 年两次复堤共完成土方 256.12 万立方米,完成投资 192.49 万元。孟县县委、县政府组织 6 个区民工,西起大王庙,东至贾营,对境内黄河大堤进行全线复修、加高、加厚。施工中的运土工具为胶轮大车、架子车,夯实工具主要是石磙碡。工程历时 25 天,累计完成土方 505 万立方米。

（三）第三次大复堤（1974—1984 年）

由于 1964 年三门峡水库大坝改建大量排沙,下游河道发生严重淤积,1973 年汛期发生 5000 立方米/秒洪水,花园口至石头庄 160 千米河段内,水位比 1958 年 22000 立方米/秒的洪水位高 20～40 厘米,为保持黄河河道的排洪能力,确保黄河安全,河南河务局根据黄委 1973 年下游复堤会议要求,以防御 1983 年花园口流量 22000 立方米/秒为目标开展第三次大复堤。黄总字〔1974〕10 号文规定的复堤标准见表 2-1-6。

孟县此次复堤施工由城关、化工、南庄、城伯、谷旦等五个公社承担。第一期工程于 1974 年 11 月 4 日开工,1975 年 2 月 14 日竣工,共计完成工段长度为 7500 米,相应千米桩号 0＋000—7＋500。第二期工程于 1975 年 2 月 17 日安排施工,其施工长度为 8100 米,相应桩号为 7＋500—15＋600,于 4 月 15 日竣工。至此,加培任务全部完成。全堤线施工高峰期共上101个大队,民工14000人,架子车2800辆,拖拉机17部,石碾5盘。取土地点均在临河堤脚30米以外,间隔30~50米有道路一条。此次复堤共完成土方137.48万立方米。其中,培堤土方110.13万立方米,杂项土方27.35万立方米(土牛土方2.52万立方米,房台26个、土方2.11万立方米,路口37条、土方22.72万立方米)。

表 2-1-6　第三次大复堤标准

堤防名称	起止桩号	堤顶高	顶宽		边坡			
					临河		背河	
			平工	险工	平工	险工	平工	险工
临黄	中曹坡—单庄 0+000—15+600	超当地防洪水位17000立方米/秒2.5米	8	10	1:3	1:3	1:3	1:3
	平皋—方陵 43+814—65+414	超1983年设防洪水位2.5米	9	11	1:3	1:3	1:3	1:3
	白马泉—京广铁路桥 68+469—84+000	超1983年设防洪水位3米	15		1:3	1:3	1:3	1:3
	京广铁路桥—渠村 84+000—200+880		10	12	1:3	1:3	1:3	1:3

武陟在第三次大复堤中,逐步加强质量管理,1978年后实行合同承包责任制,组织铲运机施工,使复堤效率和质量都有很大提高。对先前质量差的堤段,也进行了锥探压力灌浆的补救措施。第三次大复堤土方完成情况详见表2-1-7。

表 2-1-7　第三次大复堤土方完成情况统计

年度	单位	起止桩号	完成土方(万立方米)	投资(万元)	实用工日(万工日)
1974	孟县	0+000—7+500	53.3275	72.7241	46.4651
1975	孟县	7+500—15+600	56.7974	43.9344	23.2537
1977	武一	68+469—83+950 86+900—90+432	158.1739	239.3254	105.5322

年度	单位	起止桩号	完成土方 （万立方米）	投资（万元）	实用工日 （万工日）
1978	武一	78＋950—81＋250	25.6480	41.2496	9.0577
	武二	57＋000—61＋300 61＋799—65＋120	80.4432	111.5759	61.7323
1979	武二	57＋000—60＋560 61＋300—61＋799	20.7800	26.5414	15.0775
1981	武二	65＋120—65＋414	4.05	6.5	1.2
1983	武二	43＋860—45＋250	16.15	31.2142	4.7384
1984	武二	57＋000—65＋414	5.46	7.15	1.77

二、堤防加高培厚

1984—1997 年,河南河务局按照防御花园口水文站流量 22000 立方米/秒的防洪目标,对部分堤段进行加高培厚。涉及武陟第二河务局黄河堤防 46＋176—52＋586,全长 6.41 千米。该段工程于 1986 年完工,完成土方 35.38 万立方米,投资 135 万元。

1998—2000 年,按照防御花园口水文站流量 22000 立方米/秒洪水的防洪目标,堤防设计断面仍然采用上述培修标准,主要对温县、武陟部分堤顶高程与 2000 年水平年设计堤顶高程相差 0.5 米以上的堤段进行加高培修。具体情况如下。

（一）温县大堤（42＋374—43＋814）加高

该项目位于温县黄河大堤 42＋374—43＋814 段,由豫黄工〔1999〕103 号文下达批复,批复总土方量 8.44 万立方米,总投资 254.87 万元;动用预备费批复（豫黄规计〔2000〕114 号文）追加土方量 0.6517 万立方米;豫黄计〔2000〕37 号文共下达计划 254.87 万元。该工程设计堤顶高程为 2000 年设计防洪水位加高 2.5 米,堤顶宽度 9 米,临背河边坡 1∶3。工程于 1999 年 11 月 20 日开工,2000 年 3 月 13 日完工,2001 年 4 月通过竣工验收。

（二）武陟大堤（54＋000—55＋000）加高

该项目位于武陟第二河务局所辖黄河大堤 54＋000—55＋000 段,由豫黄工〔1999〕106 号文下达批复,批复总土方量 2.04 万立方米,总投资 68.72 万元;豫黄计〔2000〕37 号文共下达计划 68.72 万元。该工程设计堤顶高程为 2000 年设计防洪水位加超高2.5米,堤顶宽度11米,临背河边坡1:3。工程于1999年11月8日开工,2000年12月12日完工,2001年4月通过竣工验收。

（三）武陟大堤(46+176—55+000)加高

该项目位于武陟第二河务局所辖黄河大堤46+176—52+000、54+000—55+00,由豫黄工〔1999〕127号文下达批复,批复总土方量26.4万立方米,总投资801.1万元;豫黄计〔2000〕37号文共下达计划801.1万元。该工程设计堤顶高程为2000年设计防洪水位加超高2.5米,高度不足值在1.0米以下的按1.0米加高,相应桩号设计高程为106.85~106.25米(黄海),堤顶宽度11米,临背河边坡1:3。该工程于2000年3月25日开工,2000年6月30日完工,2002年7月通过竣工验收。

至此,焦作临黄堤防全部满足2000年水平年设防标准的高程和宽度。

第三节　堤防加固

一、堤线普查

1955年7—10月开展的堤线普查,沿黄修防段组织堤线、土质、口门调查和险工根石探摸等工作组,采取访问、座谈、查县志、现场检查、大锥钻探、洛阳铲取土等方法,完成了临黄堤普查。具体情况见表2-1-8。

表2-1-8　沿黄河堤线口门情况调查统计

地点	开口日期	口门宽度（米）	开口原因	口门土质情况	渗水情况	说明
孟县城东大王庙	咸丰年间	33	不详			
孟县东张村刘路	道光二十一年	十几丈	因水涨与埝平,东小张庄麻老五老婆院内有水,在子埝上用脚踏开			

地点	开口日期	口门宽度（米）	开口原因	口门土质情况	渗水情况	说明
孟县东锁水阁曹路	道光二十一年		大溜顶冲致决河走桑坡南庄一带,老沿靠船,至今东边仍低洼	当时淤地约3米,留有"两河并一河,先打文昌阁,赶过孟姜村,桑坡流黄河"之谚		
余会	民国23年	20	堤北村拟淤地,夜扒口,未竟水落	堤顶2.5米系两合土,其余多为沙土		
解封	民国27年	70	拟排沁河洪水扒口	表面约1米系两合土,下层均为细沙	临背均积有清水	
方陵	民国6—27年	150	洞穴及闸口致决;孟新吾扒口浇地	表层5~7米以上系细沙,以下全为柳枝		
钦工段东头	道光年间		拟扒口浇地,因水太猛,事先布置了闸口,故未决			具体地点不详
秦厂正西、小圈堤处		约200		堤身系沙土,3.2~15.8米以下系粗沙,背河1.1米以上是细沙,以下7.4米系两合土,8.5米以下为粗沙,临7米以下为粗沙	背河有积水,距堤200米并有一塘从未干过	
詹店村西废堤	明洪武二年					有地形及潭坑

地点	开口日期	口门宽度（米）	开口原因	口门土质情况	渗水情况	说明
詹店南门82＋978—82＋998	民国22年6月2日	20	因路基阻水，水位抬高，致使寨门漫溢	顶约3米系淤土，以下8米系细沙，以下5米系两合土；临河7米以上系两合土、淤土均等，以下为粗沙；背河4米厚两合土，5米淤土，3米细沙	背河有积水，距大堤较远	
马营正南废堤87＋500	嘉庆二十四年	约1000				
解封61＋850	民国7年8月4日		拟排沁河洪水扒口			

二、修筑堤戗压渗隔渗

前戗隔渗、后戗压渗，是固堤防洪的有效措施。武陟沁河口以下为黄河重点防守堤段，秦厂、仁堤头是该段的薄弱点。中华人民共和国成立初期，秦厂堤段临河常年积水，背河渗水成潭，獾狐衍生，1953年在77＋050—77＋100处发现獾狐洞长达50米，洞分三层，支洞20余处，洞径一般0.5米，洞在堤顶以下7~9.5米。于1953年在临河修筑前戗300米，1954年又续修两段前戗总长740米。1955年堤线普查发现该段临河4米以下系流沙层，加修黏土斜墙，顶宽3.5米、垂直厚1米、边坡1:3，壤土复盖0.5米。对积水洼地，增修黏土复盖，淤土1米，盖壤土1.6米。1959年引黄淤背，淤高0.5~0.8米，此后渗水基本停止。

经过三次大复堤，秦厂段堤顶高程已达到防御1983年22000立方米/秒洪水标准，但堤身断面仍有部分不能满足1:8浸润安全坡度的要求，逸出点超出背河堤脚3~4米，洪水期间仍有险情威胁。

为防止浸润线逸出点高于堤脚，1981—1983年在秦厂至仁堤头堤段修筑堤戗。施工方式为机械与人力结合，不论机械还是人力，施工均实行承包制。

据统计,1981—1983 年三年中,此段共完成戗土 134.37 万立方米,修戗长 11.702 千米,投资 308.56 万元,人工 16.21 万个工日。其中机械完成土方 36.29 万立方米,占总工作量的 27.01%;人力完成土方 98.08 万立方米,占总工作量的 72.99%,详见表 2-1-9。

表 2-1-9　1981—1983 年修筑堤戗完成情况

年度	单位	施工方法	起止桩号	长度(千米)	完成工作量(万立方米)			投资(万元)	人工(万个工日)
					前戗	后戗	合计		
1981	武一	人力	86+650—90+432	3.782	59.82		59.82	127.21	6.22
1982	武一		81+050—85+250	4.20	42.29		42.29	93.92	2.25
		人力			6.00		6.00	13.95	2.25
		机械			36.29		36.29	79.97	
1983	武一		85+250—86+370,78+400—81+000	3.72	16.33	15.93	32.26	87.43	7.74
		人力			16.33	15.93	32.26	83.91	7.74
		机械						3.52	

三、放淤固堤

(一)自流放淤固堤(1970—1983 年)

放淤固堤是利用黄河泥沙资源加固堤防的一项重要措施。沁河口至共产主义闸(68+649—78+600)一段系黄河确保堤段,经连年加高培厚,大堤达到了 1983 年抗洪标准。但由于白马泉一带系禹王故道所经老口门处,堤基多沙,常年严重渗水。1958 年洪水时堤脚发生管涌 44 处。虽然 1967 年打减压井 16 眼,但背河渗水情况未得到彻底改善。

1970 年起实施自流放淤,对沁河左堤 78+200—79+700 及黄河左堤 68+469—72+900 两段的背河堤脚进行放淤固堤。利用白马泉闸所引黄河水灌入淤区,经泥沙沉淀,澄清的水排出去灌田。1972 年大河紧靠防沙闸,引水方便,当年引进泥沙 53 万立方米。以后大河逐渐南移,引水困难,引进泥沙减少,故至 1975 年停止利用白马泉闸引水淤背。1972—1974 年利用白马泉闸引进泥沙 93.5 万立方米。

1979 年开始采用从共产主义闸西闸孔引水,向上游(沁左堤 78+200—黄左堤 72+200)进行放淤固堤,淤区与白马泉闸淤区相接,当年完成淤背固堤土方 11 万立方米,淤长 6.2 千米,改土 1273 亩,平均淤深 0.63 米,落淤 60 万立方米,并结合农业生产灌溉水稻 2000 亩,秋田 1 万亩。

1980 年经河南河务局批准,兴建共产主义闸闸后提水站,提水由共产主义闸输沙至白马泉淤区。清水退入白马泉灌区作为农田灌溉用水。至 1983 年完成建筑物 104 座,耕地 1571.81 亩,做围堤土方 74.8 万立方米,自流落淤 259.06 万立方米,范围内落淤 226.26 万立方米,占落淤量的 87.34%,提高背河地面 3 米左右,抑制了背河渗水现象。

运用几年后,由于黄河主流继续南移,人民胜利渠和共产主义渠引水口继续下移至老铁桥处,仅能引倒扬水,含沙量低,淤背土方单价上升,至 20 世纪 80 年代末,白马泉淤区基本处于停滞状态。白马泉淤区完成情况见表2-1-10。

表 2-1-10　黄河白马泉淤区完成情况统计(1970—1983 年)

年度	桩号	落淤土方	范围内落淤土方	完成工程量			投资(万元)	说明
		自流	自流	围堤土方(万立方米)	建筑物	购地(亩)		
1970							15.47	
1971				8.73			3.87	
1972	68+469—70+150	46	46	15.83	15		24.41	
1973		27	27		10		6.45	
1974	71+900—78+200	9.00	9.00				10.74	
1975		1.5	1.5				5.06	
1977					5		0.07	
1978						40	4.98	
1979		70.93	50	10.93	16	70	16.17	
1980		53.6	46.73	12.48	14	538.86	51.6	投资包括新建扬水站 19.99 万元

年度	桩号	落淤土方	范围内落淤土方	完成工程量			投资（万元）	说明
		自流	自流	围堤土方（万立方米）	建筑物	购地（亩）		
1981		40	35	16.44	31	926.95	80.15	投资包括新建扬水站 19.98 万元
1982				1.3			1.53	
1983	68+469—78+200	11.03	11.03	1.2	1		4.5	
合计		259.06	226.26	66.91	92	1575.81	225	

（二）自流与泥浆泵放淤结合（1984—1998 年）

1984—1990 年，淤背工程处于停滞状态。1991 年，为加快处理白马泉背河险点，将白马泉闸以西黄河堤及沁河堤背河划为独立淤区，以泥浆泵放淤为主，采用小泵采沙，大泵输沙，大小泵接力的方式进行淤背，至 1998 年该淤区达到了设计高程。8 年间完成淤筑土方见表 2-1-11。

表 2-1-11　淤区完成情况统计（1984—1998 年）

年度	桩号	落淤土方			完成工程量		投资（万元）	说明
		自流（万立方米）	泵淤（万立方米）	船淤（万立方米）	围堤土方（万立方米）	购地（亩）		
1984	黄左 88+722—90+432					150.7	23.58	
1991	黄左 68+469—78+200 沁左 77+800—79+700	5.407	30		8.92	213.55	339	秦厂至南贾
1992	黄左 68+469—68+800 沁左 77+800—79+700		30		7.51		173.69	沁河口
1992	黄左 68+850—71+000		25		0.2		221.15	西营
1994	黄左 70+460—71+560			4	0.4		54.11	

年度	桩号	落淤土方			完成工程量		投资（万元）	说明
		自流（万立方米）	泵淤（万立方米）	船淤（万立方米）	围堤土方（万立方米）	购地（亩）		
1994	黄左 68＋469—68＋800 沁左 77＋800—79＋700		27.7					
1995	黄左 68＋469—68＋800 沁左 77＋800—79＋700		17.4					
1996	黄左 68＋469—68＋800 沁左 77＋800—79＋700		16.6					
1996	黄左 68＋469—69＋600		25		6.25		588.26	
1997	黄左 68＋469—78＋200	68.43			13.42		1112.7	
1998		133						东营、西营、御坝、二铺营
合计		206.837	171.7	4	36.7	364.25	2512.49	

（三）全面提速阶段（1999—2008 年）

1998 年三江大水后，国家加大水利投资力度，加之机械化施工工艺的广泛运用，淤背工程进展加快，1999—2008 年 9 年间投资 1.637 亿元，完成淤筑土方 1718.65 万立方米。详见表 2-1-12。

表 2-1-12 1999—2008 年焦作黄河大堤放淤固堤工程完成情况

单位	大堤起止桩号	工程长度（米）	淤区宽度（米）	淤区顶高程	完成土方（万立方米）	投资（万元）
武陟第一河务局	68＋800—76＋000	7200	100	平 2000 年设计防洪水位	614.47	6200.08
武陟第一河务局	76＋000—77＋250	1250	100	平 2000 年设计防洪水位	92.4	811.71

单位	大堤起止桩号	工程长度（米）	淤区宽度（米）	淤区顶高程	完成土方（万立方米）	投资（万元）
武陟第一河务局	77＋250—82＋500	5250	100	平 2000 年设计防洪水位	469.31	1019.23
武陟第一河务局	82＋500—84＋000	1500	100	平 2000 年设计防洪水位	141.31	2465.67
武陟第一河务局	84＋300—86＋500	2200	100	平 2000 年设计防洪水位	255.27	3178.51
武陟第一河务局	87＋250—90＋432	3182	100	高于 2000 年设计防洪水位浸润线出逸点 2 米	167.24	1296.79
武陟第二河务局	60＋200—62＋200	2000	100	高于 2000 年设计防洪水位浸润线出逸点 1.5 米	60.29	72.66
武陟第一河务局	84＋000—84＋300 86＋600—87＋250	950	100	平 2000 年设计防洪水位	72.77	1328.03

四、锥探灌浆

清代河务机构为消除堤身隐患,曾采用过签堤方法。所用铁签由细铁棍做成,长约 3 尺,下端尖,上端安有木轮。操作者手持铁签用力下扎,凭进土速度快慢与感觉,判断隐患的有无。每年立春后,对大堤两坡逐段进行钻探,发现隐患者有奖,在当时是消除大堤隐患的有效措施。

1949 年,封丘段靳钊把用钢丝锥在黄河滩地找煤块的技术用于查找大堤隐患。1951 年,武陟县黄沁河堤普遍开始锥探。起初,使用的钢锥锥杆直径为 8 毫米,后改进为 16 毫米,锥头 20 毫米。锥探需要 3～4 人协力从堤顶向下锥眼。发现隐患进行挖堤翻修。成孔后,采用灌细沙的办法来判断隐患情况,后又改进为灌泥浆的办法来灌实隐患。大洞还需填实,此后不断有所改进。

1968 年 8 月,武陟一段试行压力灌浆。1970 年,武陟二段技术干部彭德钊组织工人、技术人员、干部革新小组,试制成功手推式电动打锥机。之后又几经改进,于 1974 年 4 月试制成功 8 匹马力柴油机自动打锥机,实现了打锥自动化。锥孔直径 30 毫米,深 11 米,一般每台班锥孔 500 个左右,比改革前的电动打锥机提高工效一倍,比人工打锥的效率提高5倍。该机于1974年4月研制成功,故命名为黄河744型打锥机,由水电部批准推广使用。

打锥机问世以后,武陟堤防普遍锥灌一遍,重点堤段锥灌2~3遍。二铺营乡吴小营大堤1处灌入泥浆54立方米。灌浆后经开膛检验证实,凡是灌入泥浆的地方与老堤结合严密,无缝隙,浆体干容重为1.5吨/立方米。

1974年孟县也对10.5千米堤防实施了压力灌浆,除险补漏。1988年黄委联合焦作黄河修防处开展锥探压力灌浆试验,地点在黄河左堤84+800—88+630范围内,试验段长度2900米,内容包括泥浆控制、机型对比、锥孔布置、终孔压力及灌浆效果检验等,通过试验,使用锥探压力灌浆的效果得到进一步证实。焦作黄河历年锥探灌浆起止桩号详见表2-1-13。

表2-1-13　锥探灌浆起止桩号

年度	堤线桩号（自流）	年度	堤线桩号（压力灌浆）	备注
1951	46+238—65+414, 64+000—90+432	1973	76+556—83+950	
1952	46+348—65+414, 68+469—90+432	1974	0+000—10+500 47+315—65+414 68+460—70+630 86+910—90+336	另有:秦厂大坝0+000—2+341,白马泉西渠堤0+000—0+580,共产主义渠东渠堤0+000—0+746,共产主义渠西渠堤0+000—0+608,共产主义闸格堤200米
1953	68+469—90+432	1975	42+374—43+814	
1954	46+238—57+091, 68+554—88+100	1980	74+405—81+175	
1955	76+440—76+840, 57+200—65+414, 72+000—75+000	1987	68+512—71+500	
1971	65+080—65+406	1991	69+271—76+728	
1972	68+469—76+560			

五、险点消除

20世纪80年代以来,焦作河务局陆续对黄河堤防险点进行加固除险,至2019年共消除堤防险点6处,具体情况见表2-1-14。

表 2-1-14　焦作黄河堤防已消除险点情况统计

所在地	地点	桩号	长度（米）	类别	消除年份	处理措施
武陟	白马泉	68＋469—78＋200	9731	渗水	1997	淤背
武陟、原阳	仁堤头	90＋00—91＋000	1000	渗水	2000	淤背
武陟	解封	61＋650—61＋750	100	裂缝	2000	淤背
武陟	詹店铁路口闸	84＋012		险闸	2017	拆除回填
武陟	赵庄—西余会	52＋000—54＋000 55＋000—57＋000	4000	堤身高度不够	2014	改建
武陟	共产主义闸	78＋800		险闸	2007	改建

第四节　生物防护工程

植树植草是固堤防洪、培育料源，防止堤土流失的一种措施，也是绿化堤防、调节气候的一种办法。

一、植树造林

远在战国时期，齐国的管仲就重视沿河植树木。宋代赵匡胤推广河堤植树。明代刘天和总结出"植柳六法"，详述植柳种类、区域、时间、方法及其作用。人民治黄以后，大力开展堤防植树造林，其原则是："临河防浪，背河取材，速生根浅，乔灌结合。"植树品种及范围是：堤顶两侧植榆树、杨树、桐树等成材树；临河植高低卧柳，打造防浪绿海景观；背河护堤地以植柳为主，间植其他成材树；背河堤坡种植灌木，如白蜡条、紫穗槐、丛柳等经济作物；临河堤坡洪水位以下不植树，废堤、废坝、渠首植果木树或其他成材树。平均每米堤线条料保有量不少于三墩。植树办法是修防段出树苗，包给沿堤群众栽植管理。

1958年"大跃进"时，堤上盲目拔柳植果树，造成柳源缺乏，而果树管理困难，得不到收益。在三年自然灾害中，树木遭到严重破坏，部分堤段伐树用作煤窖坑木、偷盗树木案件逐日增多。至1978年党的十一届三中全会后，重新制定树木管理制度。1982年，沿河普遍开展植树承包制，春植秋验，按成活率付资，成活率达到90%以上。自中华人民共和国成立至20世纪80年代，抢险桩材基本自给。

　　1987年,黄委对堤防植树做出新的规定:临黄堤身上除每侧堤肩各保留一排行道林外,临、背坡上一律不种树。已植树木的,临河坡1988年底以前全部清除,背河坡1990年底以前全部清除。堤肩和堤坡全部植草防护,草皮覆盖率不低于98%。临河护堤地植低、中、高三级柳林防浪,背河护堤地植柳树或其他乔木。淤背区有计划种植片林或发展其他树种。自此,河南黄(沁)河堤防临、背坡上不再种树。

　　20世纪90年代后期,水利部要求把黄河下游生物防洪工程建成堤防"第一道防线"。据此,黄委1998年编制完成《黄河下游生物防洪措施规划》和《1998年至2000年黄河防洪建设意见》。河南河务局于1998年2月编制完成《河南黄河工程生物防洪措施规划》,明确要求堤防行道林树种应选择适宜北方地区气候、适宜堤防土壤条件、耐干旱的优良品种,逐年砍伐更换;护堤地、临河防浪林以植柳为主,背河以杨树、桐树等速生材树种为主,至2003年基本更新完毕。截至2019年,焦作黄河堤防、河道工程共有树木119.65万株、苗木916.2亩。其中行道林4.21万株、适生林75.26万株、防浪林40.18万株。1998—2019年焦作黄河堤段防浪林工程建设情况详见表2-1-15,2019年焦作黄河堤段淤区树木情况见表2-1-16。

表2-1-15　1998—2019年焦作黄河堤段防浪林工程建设情况

单位	大堤桩号	建设年份	长度(米)	宽度(米)	工程量(万株)		投资(万元)
					高柳	丛柳	
武陟第一河务局	68+496—73+496	1999	5000	50	1.51	22.14	408.65
武陟第一河务局	73+700—76+300	2000	2600	50	1.77	7.10	218.27
武陟第一河务局	77+300—78+10, 78+400—78+92, 81+800—84+200	2001	3726	50	2.42	9.37	306.40
武陟第一河务局	84+200—90+432	2001	6232	50	4.25	17.01	478.29
武陟第二河务局	52+000—56+800	1998	4800	28~75	4.8	6.48	91.11
武陟第二河务局	56+800—61+800	1999	5000	51~86	1.51	22.14	90.58

单位	大堤桩号	建设年份	长度（米）	宽度（米）	工程量（万株）		投资（万元）
					高柳	丛柳	
武陟第二河务局	65+000—65+414	2000	414	50	0.28	1.12	38.75
武陟第二河务局	43+814—44+350，44+380—45+250	2019	1406	35	0.85	1.69	32.01
温县河务局	42+374—43+814	2002	1440	50	0.98	3.93	115.57
孟州河务局	0+000—5+350，5+500—11+000	2002	10850	50	11.96	11.39	905.72

表 2-1-16　2019 年焦作黄河堤防淤区统计表

单位名称	堤防名称	岸别	起止桩号	淤区长度（米）	淤区平均宽度（米）	淤区面积（亩）	树木（株）	苗圃（亩）	备注
武陟第一河务局				21663		2484.8	316324		
	黄河	左岸	68+469—78+140	9671	100	1149.8	139574		
	黄河	左岸	78+400—86+560	8160	100	921	119930		
	黄河	左岸	86+600—90+432	3832	100	414	56820		
武陟第二河务局				2000		222	5400	142	
	黄河	左岸	60+200—62+200	2000	74	222	5400	142	

二、植草护坡

中华人民共和国成立前，黄河大堤杂草丛生，水沟浪窝比比皆是。中华人民共和国成立后，为防止堤土流失，保持堤防完整，大力补残绿化。濮阳段吴清兰试植葛芭草护堤，雨季保土作用显著，遂推广全河植葛芭草护堤。沁阳水南关堤段种植葛芭草长 2100 米，抗御了降雨量 45 毫米的大雨，无水沟浪窝出现。葛芭草节节生根、蔓延性能强，具有耐旱涝等特性，保护堤土流失作用显著，被普遍推广和发展。1956—1958 年，为发展畜牧业、编织业，堤防一度种植苜蓿草、白蜡条、红荆条等作物，但收效不大，后种植葛芭草，以保护堤土。

20世纪90年代后期,由于天气干旱少雨,加之缺少必要的管理经费,草皮退化、老化现象日趋严重,草皮覆盖率逐年下降。《河南黄河工程生物防护措施规划》依据当时堤身草皮的长势情况,要求新植草皮。此后仍以种植葛芭草为主。截至2019年,黄河堤防、河道工程植草面积达487.15万平方米。

第五节　堤顶硬化

黄河大堤不仅是防洪工程体系的重要组成部分,也是防汛抢险的重要交通线。1999年以前,焦作黄河大堤堤顶道路均为土质路面,雨后泥泞不堪。特别是防汛抢险期间多遇阴雨天气,泥泞的大堤更是无法通行,防汛抢险料物难以及时运至出险地点,甚至贻误抢险时机。为满足防汛抢险的要求,便利沿黄群众生产生活,1999年堤顶硬化道路工程率先在武陟沁河口以下开展,随后沁河口以上堤防也相继进行了堤顶硬化,详见表2-1-17。

表2-1-17　焦作黄河大堤堤防道路完成情况

单位	大堤起止桩号	道路长度(米)	完成时间
武陟第一河务局	68+469—90+432	21963	1999年
武陟第一河务局	新堤0+000—1+403	1403	2017年
武陟第一河务局	68+469—72+960, 79+845—82+500, 84+000—90+432	13578	2017年改建
武陟第二河务局	43+814—45+250, 46+176—58+130, 59+900—65+414, 58+130—59+900	20718	2017年
温县河务局	42+374—43+814	1440	2005年
孟州河务局	0+000—15+430	15430	2017年

第六节　标准化堤防建设

1998年,《中共中央、国务院关于灾后重建、整治江湖、兴修水利的若干意见》(中发〔1998〕15号)中明确指出:"抓紧加固干堤,建设高标准堤防。"同时,对长江、黄河的一类堤防,提出"按高标准加固干堤是百年大计。堤防要能防御建国以来发生的最大洪水。重点地段达到能防御百年一遇洪水的标准,堤顶要设置防汛公路、照明设备和通信设施等"。2001 年,黄委决定对黄河下游防洪工程建设思路进行调整,要求堤防工程项目要集中连片一次建成。据此,河南河务局选择南岸郑州至开封堤段 157.22 千米堤防,首期进行标准化堤防建设。2003 年 4 月,郑州惠金河务局标准化堤防建设试点工程开工。

2003 年 10 月 16 日,黄委李国英主任检查工作从武陟堤防经过,看到黄河堤防 72 +000—73 +000 段的工程面貌,称赞武陟第一河务局走在了黄河标准化堤防建设的前列,扛起了黄河标准化堤防建设的旗帜。

武陟黄河标准化堤防始建于 1998 年,位于黄河左堤 68 +469—90 +432处 21.936 千米。该段堤顶高于 2000 年设防水位 3 米,堤顶宽度 10~15 米,临河 50 米宽防浪林,背河淤区宽 100 米,高程平 2000 年设防水位,构成了黄河防洪保障线;堤顶硬化宽度 6 米,每隔 10 千米设一硬化路口与交通干线连接,保证了抢险车辆畅通,道路两侧纵向排水沟与横向排水沟连接,有效保护堤防道路,构成了抢险交通线;规整平顺的堤顶堤坡,平坦的硬化路面,有观赏绿化效果的堤肩花卉与行道林,完整平顺的草皮护坡,整齐划一的防浪林、生态林、亮丽的河道整治工程,呈现给世人的不仅是坚固的防洪保障线,畅通的抢险交通线,还是一条彰显人水和谐的生态景观线。

2005 年 4 月,河南黄河第一期(南岸)标准化堤防工程完成建设任务。2006年 12 月 25 日,河南黄河第二期标准化堤防工程建设开工仪式在武陟黄河大堤旁举行,工程范围主要集中在河南黄河北岸的焦作市武陟沁河口至濮阳市台前张庄之间,涉及焦作、新乡、濮阳 3 市 7 县,堤防全长 424 千米。建设项目主要包括堤防帮宽加高加固、险工加高改建、堤防道路、防浪林、防汛道路、生态种植等6 大类,建成后可确保该堤段抵御花园口 22000 立方米/秒流量不决口。

2008 年 7 月,国务院批复《黄河流域防洪规划》,明确提出加强防洪骨干工程建设,继续加强黄河下游标准化堤防建设。2010 年,随着黄河仁堤头段机淤工程的完工,武陟黄河标准化堤防背河机淤加固工程全部达到标准,武陟沁河口至原阳界黄河标准化堤防全线贯通。

第二章 险工与滚河防护工程

第一节 险 工

由于黄河主流经常顶冲淘刷堤防,为防止水流淘刷而造成堤防溃决,在堤防临河依堤兴建坝、垛、护岸等工程加以防护,这种工程叫险工。险工的形成原因可分为两种:抢修而成和新修而成。前一种一般是在过去洪水冲刷该处,大堤决口或出险,经抢修而成,一般根石较深;后一种是根据河势发展趋势,在可能被冲刷的堤段预先修建的防护工程,根基较浅。险工坝垛与堤防的关系可谓是"唇齿相依",只有堤坝并举,才能抵御洪水,确保堤防安全。

一、险工建设

黄河防洪工程兴建时间较早。据历史资料记载,早在西汉时期就有险工,但那时不叫险工,而叫石堤;北宋时期抵御洪水的防护工程叫埽。埽者,扫溜外移也,当时的埽为卷埽,宋天禧天圣年间,自孟州以下千余里,沿河共设有45埽。埽即为现在的险工,这充分说明堤坝并举的抗洪办法古已有之。

黄河由寨上村进入武陟至方陵一段,南有广武山,北有清风岭。因清风岭至此已成余脉,仅略高于地表,而河势又不断左右摆动,变化无常,沿河群众自发组织修建拦黄堰。清乾隆三十三年(1768),自东唐郭高地起,向东有民修拦黄堰一道,嘉庆二十一年(1816),官修拦黄堰139丈,道光二年(1822)接700余丈,道光五年(1825)增修500丈,共计1339丈,合8.92华里,这就是所谓十里钦堤。光绪二十七年(1901)修建赵庄、驾部石工长6600米,有坝10道、垛45座。1933年,为迎护白马泉禹王故道修建花坡堤险工,工程生根于解封拦黄堰,堤长4596米,坝2道,垛8座,堤坝迎水面用各色石料扣砌而成,故称花坡堤险工。

历史上的险工大多是在堤岸生险时由埽秸料抢修而成,没有统一的规划标准,修成后又缺乏必要的管理,致年久失修,破烂不堪,强度降低,一旦遇特殊河势(如大溜顶冲),很容易再次溃堤生险,给广大人民群众造成生命财产的损失。直到人民治黄才得以有计划、有步骤地对各个险工进行整修加固。

20 世纪五六十年代开始险工"石化",即用石料护坡和护根,并加高加固。20 世纪七八十年代对原有石坝进一步加高。近年开展的险工改建,全面提升了工程标准,极大地增强了工程的强度和抵御洪水的能力,为黄河堤防的安全提供了有力的保障。

截至 2019 年,焦作市所辖黄河堤段共有险工 5 处,坝 56 道,垛 59 座,护岸 24 段,计 139 座工程,累计工程总长度 19.19 千米,详见表 2-2-1。

表 2-2-1 焦作市黄河险工基本情况统计

县别	险工名称	岸别	始建年份	改建年份	工程数量				桩号	工程长度(米)	裹护长度(米)	根石深度(米)
					坝	垛	护岸	合计				
孟州	黄庄	左	1985			5	5	10	15+060—15+430	370	387	
武陟	赵庄	左	1891	2016	8	27	1	36	46+238—52+838	6600	1482	6
武陟	刘村	左	1816	2016	24	6		30	52+989—56+736	3747	1580	7
武陟	余会	左	1891	2016	22	9	3	34	56+823—61+200	4377	2495	6
武陟	花坡堤	左	1933	2000	2	12	15	29	0+000—4+100	4100	4588	6
	总计				56	59	24	139				

二、黄河险工简介

(一)黄庄险工

黄庄险工位于孟州黄河大堤 15+060—15+430 处。1985 年 9 月,由于对岸滩唇挑流,河势在孟温边界坐弯,直冲黄河堤防黄庄地段,虽然全力抢护,大堤东端仍被冲塌 170 米,余下 15.43 千米。该险工是抢修形成的。

工程现有 5 垛 5 护岸,长 370 米,裹护长 387 米,顶部高程在 110.30～110.80 米。1985 年 10 月 20 日,主溜南移,险工前脱河生滩至今。1987 年春,对工程进行整修,共计完成投资 101.36 万元,投工 4.29 万工日,用石料 11633 立方米。2006 年对黄庄险工进行了彻底整修,整修中增设了简介碑,栽植常绿植物美化环境。共完成土方 2320 立方米、削坡植草 4200 平方米、坦石平扣 1923 平方米、备防石整修 1920 立方米。为达到国家级水利工程管理单位标准,2018 年又对 5 垛 5 护岸进行了全面整修。

(二)赵庄险工

赵庄险工位于武陟县大封镇赵庄至东唐郭间,黄河左岸大堤桩号

46＋238—52＋838 处,全长 6600 米。共有坝 8 座、垛 27 座、护岸 1 段,计 36 座工程,为清光绪十七年(1891)以后平工段民埝生险逐年抢修而成。

"孤柏嘴着了河,驾部唐郭往外挪",说的是上游水流受对岸孤柏嘴山湾挑溜影响,会直冲左岸赵庄、西岩、东岩、驾部、唐郭一带,严重影响防洪工程和人民生命财产安全。据史料记载,清光绪十七年当地百姓为了自身安全,自发在滩沿上修筑土石坝,迫使洪水南移。1933 年,黄河出现特大洪水,使所修工程坍塌生险,经过奋力抢护后河势外移,工程才转危为安。人民治黄之前,共修筑坝岸工程 27 座,其中坝 8 道、垛 18 座、护岸 1 段。

人民治黄以后,对该险工进行了整修。1958 年 7 月,黄河花园口站发生 22300 立方米/秒洪水,该段河势发生了巨大变化。洪水直冲驾部、唐郭一带,险工再次出现较大险情。1973 年,驾部控导工程建成后,除 1982 年大洪水在黄河左岸大堤桩号 50＋000 以下靠河漫滩外,其余年份均未靠水。1986 年,随着黄河大堤加高,险工也进行了加高,但由于资金紧缺,只对其进行了土坝基加高,未进行坦石裹护。1992 年赵庄险工被河南河务局列为重要防守险点。

2016 年,投资 1667.17 万元对该险工 36 座工程按照 1 级建筑物标准进行了改建。主要工程量有:清基清坡 17907 立方米、土方开挖 108381 立方米、坝体土方填筑 10975 立方米、回填土 68780 立方米、弃土 44596 立方米、碎石垫层 7892 立方米、散抛石 58204 立方米、块石粗排 24945 立方米、土工布铺设 64948 平方米、植草 1013 平方米。

（三）刘村险工

刘村险工(原为唐郭险工)位于武陟县西唐郭至西余会间,黄河左岸大堤桩号 52＋989—56＋736 处,全长 3747 米,共有坝 24 道、垛 6 座,计 30 座工程,为 1816 年以后在民堰的基础上逐年抢修而成。

该工程修建后,因黄河主流左右摆动频繁而连年生险。1933 年,黄河出现特大洪水,该险工多座工程相继出险。经过当地群众奋力抢护,河势外移才转危为安。据历史资料统计,至人民治黄前,共修筑坝、垛 27 座,其中坝 23 座、垛 4 座。

人民治黄以后,对该险工进行了整修。1958 年 7 月,黄河出现 22300 立方米/秒洪水,使该段河势发生巨大变化。对岸孤柏嘴主流下挫,主流直冲刘村险工。1973 年汛后,受孤柏嘴山湾挑流的影响,黄河主流北移,塌滩严重,大有黄蟒汇流顺堤行洪之势,刘村险工随时可能靠河。由于及时修建了驾部控导工程,才改变了这种不利局面。1977 年汛期,黄河发生 10800 立方米/秒洪水,在驾部控导工程修建长度不够的情况下,黄河主流下挫,造成刘村险工滩区北溃塌滩,又现黄蟒汇流之势。为了保证工程安全,1985年,随着黄河堤防加培,新增坝1道、垛2座,并对其余工程进行了加高培厚,但未进行坦石裹护。1992年刘村险工被河南河务局列为重要险点之一。

2016年,投资955.12万元对该险工30座工程按照1级建筑物标准进行了改建。主要工程量有:清基清坡12133立方米、土方开挖52500立方米、坝体土方填筑2743立方米、回填土18725立方米、弃土44210立方米、碎石垫层4739立方米、散抛石32443立方米、块石粗排13904立方米、土工布铺设44359平方米、植草2254平方米。

(四)余会险工

余会险工位于武陟县北郭乡西余会至解封之间,黄河左岸大堤桩号56+823—61+200处,全长4377米,共有坝22道、垛9座、护岸3岸,计34座工程,为1891年因洪水顶冲拦黄堰抢修而成。

该险工属十里钦堤、拦黄堰段。清光绪十七年上游孤柏嘴洪水下挫,主流斜冲北岸拦黄堰,拦黄堰发生险情,故修建了此险工。1933年黄河发生特大洪水,主流顶冲拦黄堰及所修坝垛,工程相继出险,特别是老12坝(现40坝)坍塌更为严重。

人民治黄前,该险工有坝16道、垛18座。1958年黄河出现22300立方米/秒洪水,余会险工再次受到洪水威胁,由于该段河道宽阔,水流平稳,未出现险情。1973年,驾部控导工程的修建使黄河主流南移,主河槽左右摆动得到控制,极大地减轻了洪水对余会险工的威胁。为保证工程安全,1978年冬,随着该段堤防的加高培厚,对该险工也进行了加高改建,增强了工程的抗洪能力。2016年,投资2062.7万元对该险工按照1级建筑物标准进行了改建,主要工程量有:清基清坡16155立方米,土方开挖16.99万立方米,填筑土方88799立方米,回填土42312立方米,散抛石69631立方米,块石粗排29842立方米,土工布铺设77426平方米。

(五)花坡堤险工

花坡堤险工位于黄河左岸余会险工40坝下首,始于黄河左岸61+300处,相应花坡堤桩号0+000—4+100,全长4.1千米。该险工始建于1933年,修建目的是防止黄河因河势变化,直冲北岸白马泉一带,重走禹王故道之险恶情况发生。中华人民共和国成立前有坝2道、垛11座、护岸15段,中华人民共和国成立后又修建垛1座。现有坝2道、垛12座、护岸15段,计29座工程。1983年,进行了联坝加高,2000年,对该工程的坝、垛进行了改建。工程

改建后,经受了黄沁河各类洪水的考验,对防止黄河主流重走禹王故道发挥了
重要作用。

第二节　滚河防护工程

滚河防护工程是依堤修建的丁坝,又称滚河坝、防滚河坝、防洪坝。其主
要作用是在洪水漫滩之后挑溜御水,控导河势,防止发生"滚河"后洪水顺堤
行洪,冲刷堤身、堤根,确保堤防安全。

焦作黄河堤防的滚河防护工程主要集中在沁河口至秦厂段,均建于清代,
20世纪七八十年代曾加培改建。

一、白马泉滚河防护工程

白马泉滚河防护工程共有坝4道,位于黄河左堤桩号68+500—72+050
处,主要作用是使黄河顺堤行洪,防止滚河冲刷大堤。土坝基始建于清代,基
础土质:上部4~6米为沙粉质壤土,下部为粗沙层。坝型均为圆头坝,1980
年对4道坝加培改建,2003年对1号坝加宽抛散石裹护。

白马泉1坝,位于黄河左堤桩号68+500处,2003年进行加宽抛散石裹
护,根石底部高程低于滩面高程1米,根石台顶宽2米,高程高于滩面平均高
程1米,边坡1:1.5。设计压口石高程为103.80米,坝顶高程103.95米,坝长
460米,顶宽14.6米,裹护长度250米。

白马泉2坝,位于黄河左堤桩号69+714处。坝顶高程103.80米,坝长
264米,顶宽10.5米,边坡1:2。

白马泉3坝,位于黄河左堤桩号70+530处。坝顶高程103.50米,坝长
204米,顶宽10米,边坡1:2。

白马泉4坝,位于黄河左堤桩号72+050处。坝顶高程103.80米,坝长
150米,顶宽10米,边坡1:2。

二、御坝滚河防护工程

御坝防洪坝位于黄河左堤桩号73+846—74+195处,共有坝2道。坝型
为圆头坝,土坝基始建于清代康熙雍正年间,于1980年加培改建,2003年加
宽抛散石裹护。根石底部低于滩面平均高程1米,根石台顶宽2米,高于滩面
平均高程1米,边坡1:1.5。基础土质:上部4~6米为粉质壤土,下部为粗沙
层。

1号坝位于黄河左堤桩号 73＋846 处,设计高程 102.557 米,坝顶高程 103.10 米,坝长 464 米,顶宽 15.5 米,裹护长度 250 米。

2号坝位于黄河左堤 74＋195 处,设计高程 102.53 米,坝顶高程 103.50 米,坝长 362 米,顶宽 15 米,裹护长度 150 米。

三、秦厂滚河防护工程

秦厂滚河防护工程位于黄河左堤 77＋120 处,坝型为拐头坝,始建于清代康熙雍正年间,于 1974 年培高加厚,1976 年进行坝头抛散石裹护,坝顶高程 102.20 米,坝长 1200 米,顶宽 6.5 米,坡度 1:2。基础土质为流沙。

该坝在大洪水时,主要作用是保护黄河大堤安全,保护人民胜利渠引水。此坝延伸与人民胜利渠南堤、老新郑公路、铁桥隔堤、老田庵控导工程及北围堤相连接,形成了抗洪的第一道防线。

第三章　河道治理工程

黄河河道整治以防洪为主要目的,是人们为防治水害而采取的稳定河槽、缩小主槽游荡范围、改善河流边界条件与水流流态的工程措施。历史上黄河下游决口改道频繁,泛滥成灾,因此历代都重视下游的防洪,修建大量的堤防、埽坝等防洪工程。但缺少统一规划,采取的工程措施多属被动。直到水刷大堤时才临堤下埽,往往因措手不及而导致决口。中华人民共和国成立以后,1949—1956 年,实行"宽河固堤",沿堤守险,整修旧有险工。1957—1967 年,采取"固滩保堤"的河策,对姚旗营护滩工程进行加固,建成北围堤护滩工程。1967 年,花园口河段发生南河北滚,河南河务局为控制大河水流走向、缩小摆动幅度,达到"固定中水河槽"的目的,初步拟定修建河道南北两岸相对应的河湾型控导工程。1970 年,修建化工控导工程。1971 年,修建逯村控导工程,1973 年修建驾部控导工程,1974 年修建开仪、大玉兰控导工程,1990 年修建老田庵控导工程。"96·8"洪水后,工程建设规模不断增大。1997 年对老田庵、驾部等控导工程坝进行了加高改建。

通过不断试验研究,控导工程建设开始采用大量新结构、新材料和新工艺,技术含量逐步提高。1999 年开建的张王庄控导工程,其中 23 坝为土工网笼沉排,22 坝、24 坝为铅丝网笼沉排,25～29 坝为长管袋水中进占坝。2000 年开建的东安控导工程,由河南黄河勘测设计研究院设计,工程结构为钢筋混凝土灌注桩坝。

整治工程实施后,基本实现了强化边界条件,归顺中水流路,缩小主流游荡范围,控制河势,减少横河、斜河和滚河的发生,初步达到了护滩保堤的目的。

第一节　河道整治工程

修建河道整治工程能够主动调整流路,稳定河势,控制中水河槽,使游荡性河道的游荡范围有所减小,水流得到改善,防洪安全性有所提高。其规划的治导线,采用曲直相间的形式,按照中水流量整治,即以中水流量时游荡性河道自身主流线的弯曲半径等有关治导参数为依据进行设计。

黄河下游河道整治工程的整治原则是:以防洪为主,兼顾护滩、引水,控导主流,稳定河势,减少主流游荡范围。

河道整治工程的设计指导思想是:

以防洪为主,工程布设以不减少河道排洪能力、满足河道安全泄洪要求为原则。稳定中水河槽,改善现行流路为相对稳定的流路,减少横河、斜河及不利河势的出现概率。

充分利用自然山湾和现有工程,因势利导、以湾导流、以坝护湾,解决好迎流及送流工程的布置问题。

上下游、左右岸统筹兼顾,充分考虑国民经济各部门对河道整治的要求,切实提高两岸引水的可靠程度。

河道整治与滩区治理相结合,为滩区人民生产和生活安全提供保障。

河道整治工程的整治措施是通过修筑坝垛护弯,以弯导流,弯弯相接,力求把中水河槽治理成人工控制的微弯曲性河道。

经过多年的建设,焦作境内目前共有 8 处河道整治工程,自上而下分别为逯村—开仪—化工—大玉兰—张王庄—驾部—东安—老田庵。按照治导线自上而下分别为:铁谢(洛阳)—逯村—花园镇—开仪—赵沟—化工—裴峪—大玉兰—神堤—张王庄—孤柏嘴—驾部—枣树沟—东安—桃花峪—老田庵—保合寨(郑州)。8 处河道整治工程情况详见表 2-3-1。

表 2-3-1　河道整治工程情况统计

单位	工程名称	始建年份	工程性质		工程长度(米)	裹护长度(米)	坝岸数量(道)				各种坝型数量(座)			
			控导	护滩			合计	坝	垛	护岸	砌石	扣石	乱石	其他
孟州河务局	逯村	1971	√		5960	5696	51	51				51		
	开仪	1974	√		5190	5132	65	37	14	14		65		
	化工	1970	√		6070	5899	51	51				48		3
温县河务局	大玉兰	1974	√		6420	6175	68	52	8	8		63	5	
	张王庄	1999	√		5800	752	58	58				8		50
武陟第二河务局	驾部	1973	√		6370	7503	70	45	13	12		70		
	东安	2000	√		6864	150	69	68		1			1	68

单位	工程名称	始建年份	工程性质		工程长度（米）	裹护长度（米）	坝岸数量（道）				各种坝型数量（座）			
			控导	护滩			合计	坝	垛	护岸	砌石	扣石	乱石	其他
武陟第一河务局	老田庵	1990	√		4500	4203.51	43	35	7	1		43		

一、逯村控导工程

逯村控导工程位于黄河小浪底坝址下游左岸约 32 千米处，上迎右岸铁谢工程来流，下首将来流平顺地送到对岸花园镇工程。该工程始建于 1971 年 11 月，现有丁坝 51 道，工程总长 5960 米。经过 20 多年的续建、加固，多数丁坝根石都较为稳固。原工程靠河情况良好，挑流有力，自"96·8"洪水后，河势发生了较大变化，1997 年只有 25 坝以下工程靠河，1998 年只有 34 坝以下工程靠河，近年来 27 坝以下靠河，整个工程脱河严重，迎送流能力大大减弱。

近几年，对工程坝堤全部进行了整修，根石进行了加固，现工程顶平、坦顺、口齐，根石坚固，备防石垛归整，各类标志齐全，正发挥着保堤护滩、控导河势、保护滩区移民生命财产安全的重大作用。

二、开仪控导工程

开仪控导工程位于黄河左岸，上首距逯村工程 7 千米，上游对岸为花园镇工程，下游对岸为赵沟工程，三处工程相互送流，形成河段内花园镇—开仪—赵沟的基本流路。开仪工程始建于 1974 年 10 月，一次性修建 26 道坝，1982 年上延续建 4 座垛，1989—1991 年下延续建 4 道坝，1995—1997 年又修建 33～37 坝和上延 5～14 垛，现有拐头丁坝 37 道（下延），垛 14 座（上延），工程总长 5190 米。安设工程前，河段内流势散乱，摆动频繁，安设工程后，河势有明显改善，现工程靠河良好。1995 年被列为温孟滩移民安置区临黄防护工程，和新修防护堤坝一道维护移民生命、生产安全。

三、化工控导工程

化工控导工程位于黄河左岸，距开仪工程约 4 千米，上迎对岸为赵沟工程来流，下送至对岸裴峪工程。该工程始建于 1970 年 3 月，原有丁坝 28 道，上延垛 7 座。1994 年，根据《温孟滩移民安置区修改补充设计》要求，原有的 7

座垛暂不考虑使用,从 1 坝开始对其上延 10 道圆头丁坝,向下延续 5 道坝至 33 坝。1999 年 5 月为进一步稳定河势,控导主流,达到较好地送溜至裴峪流段的目的,又续建化工 34 坝、35 坝。2007 年汛前又续建了 36～38 坝。2013 年 5 月,续建 3 道坝至 41 坝。现工程共有丁坝 51 道,连坝总长 6070 米。

四、大玉兰控导工程

大玉兰控导工程位于温县祥云镇南 5 千米处,起着上迎裴峪山湾来流,下送至神堤控导工程,控制中水河床的作用,是河道整治工程的节点工程之一。该工程始建于 1974 年冬,1992 年完成整治节点工程 37 道坝。由于小浪底移民工程需要,1994—1999 年又续建了 38～41 坝与上延 1～8 坝和 1～8 垛。2008 年对 37～40 坝进行了改建,同时废除了 41 坝,2013 年续建了 41～44 坝。现工程控制长度 6420 米,有坝 52 道、垛 8 座、护岸 8 段,计 68 座工程。

该工程修建后,有效地控制了河势,使温县 10 万余亩滩地免受侵害,为温县滩区的工农业生产和经济建设提供了可靠保证,使工程发挥了巨大的社会效益。

五、张王庄控导工程

张王庄控导工程位于黄河左岸,上距东防护堤 5.5 千米、北距新蟒河 3.0 千米的二级高滩上,其所属河段位于孟津至京广铁路桥典型游荡性河段中段,是河道整治节点工程之一。该工程始建于 1999 年 12 月,工程长 800 米,有丁坝 8 道,土联坝 8 段,其中 23 坝为土工网笼沉排,22 坝、24 坝为铅丝网笼沉排,25～29 坝为长管袋水中进占坝。

张王庄控导工程建成后,河势南移,造成工程常年不靠河,2006 年 9 月,治导线向南移 400 余米,新修了张王庄灌注桩坝,工程长 4600 米,有坝 46 道,设计水位采用 2000 年 4000 立方米/秒流量相应水位,坝顶高程 106.84～106.34 米,主要施工内容为灌注桩造孔、钢筋笼制作、水下混凝土浇筑、钢筋及钢构件加工、柱板混凝土以及标志桩制作、植柳橛等。2016 年,张王庄灌注桩控导工程续建 49～52 坝共计 4 道坝,工程长度 400 米。

六、驾部控导工程

驾部控导工程是由河南河务局规划设计,黄河水利委员会批准,武陟县委、县政府组织修建的黄河中下游河道整治节点工程之一。其主要作用是承接孤柏嘴以上山湾来流,送溜至下游枣树沟一带。工程兴建至今共安设丁坝

45 道,垛 13 座,护岸 12 段,工程总长度为 6370 米。工程总体布置为:1～14 坝为直线段,14～36 坝为圆弧段(其中,14～16 坝弯道半径为 3000 米,16～27 坝弯道半径为 4960 米,27～36 坝弯道半径为 3500 米)。37～38 坝位于送流弯道末端,弯道半径为 3850 米,39～45 坝为直线送流段。1～13 垛为河势上提抢修工程,坝顶高程均为当地 5000 立方米/秒洪水位超高 1 米;37～45 坝坝顶高程均为当地 4000 立方米/秒洪水位超高 1 米。1～11 护岸为河势上提抢修出的工程,坝顶高程均为当地 5000 立方米/秒洪水位超高 1 米。

1973 年冬,孤柏嘴以上山湾坐河,引起北岸赵庄、西岩、东岩一带严重塌滩,大有黄蟒汇流顺堤行洪之势。为控制河势北移,当年一次安设丁坝 5 道,垛 2 座。根据河势变化,分别于 1974 年续建了 6～14 坝、1～5 护岸、3～6 垛,1976 年修建了 15～16 坝,1977 年抢修安设 6～8 护岸、7～8 垛,1978 年续建 17 坝,1979 年续建 18～24 坝,1988 年续建 25～26 坝,1990 年续建 27～30 坝,1991 年续建 31～32 坝,1992 年续建 33～34 坝,1993 年续建 35～36 坝,1996 年抢修安设 9～11 垛、9～11 护岸。

1999 年 7 月,黄河发生了当年最大流量 3220 立方米/秒洪水,驾部控导工程全线靠河,随着洪水的回落,河势逐渐上提,并在上延 9～11 垛之间形成横河,造成新修工程多次出险。从 8 月 1 日到 9 月 1 日,共抢险 28 次、6 道坝垛。9 月 1 日 12 时,大河主流以 15 米/小时的速度上提塌滩,大流直冲 11 护岸及其以上防护堤,若不及时抢护,防护堤有可能被冲断。经请示上级主管部门,抢护了上延 12 垛。为防止河势再次上提造成危害,2003 年修筑 12 护岸和 13 垛,2007 年修建 37～40 坝,2012 年修筑 41～45 坝。工程修建后,为控制河势流向、缩窄河道、导流护滩起到了极为重要的作用,基本上改变了历史上孤柏嘴以下的游荡性河势局面,同时发挥了极大的社会效益和经济效益。

七、东安控导工程

黄河东安控导工程位于黄河下游枣树沟至桃花峪河道的北岸,黄河左岸焦作市武陟县北郭、嘉应观两乡境内。该工程由河南黄河勘测设计研究院设计,2000～2016 年先后 6 期完成 6864 米,其中 6714 米工程结构为钢筋混凝土灌注桩坝,计 68 道坝,相应坝号为 -10～58 坝(折算坝号),完成钢筋混凝土灌注桩 5750 个,混凝土 7.7 万立方米;150 米为传统土石结构坝,总投资 1.38 亿元。其中,2000 年修建 500 米,相应桩号为 44—48;2001 年修建 1500 米,相应桩号为 29—43;2006 年修建 2748 米,相应桩号为 1—28;2012 年修建 1000 米,相应桩号为 49—58,为遏制不利河势发展和大面积塌滩,确保工程安全,

2012年在东安控导上首约1千米处修建了150米土石结构坝;2016年上延修建966米,相应桩号为-10——1,将东安控导桩坝与土石结构坝相连接。

东安控导工程为复合弯道工程,1~48坝设计流量为当地5000立方米/秒,设计水位99.32米,坝顶高程为99.32米;49~58坝设计标准为当地4000立方米/秒,设计水位98.59米,坝顶高程为98.59米;-1~-10坝设计流量4000立方米/秒,设计水位98.05米,坝顶高程为98.05米。该工程上迎枣树沟控导工程来溜,下送桃花峪控导工程。其作用如下:

避免主溜北移塌滩,直接威胁黄河堤防。

削弱黄河洪水对沁河洪水的直接顶托,保证沁河顺利泄洪,避免给沁河堤防造成威胁。

保护背河村庄、耕地。

确保主溜平顺进入桃花峪,提高郑州市城市引水供水保证率。

八、老田庵控导工程

老田庵控导工程位于郑州京广铁路桥北铁路基与北围堤交汇处,始建于1990年,现有圆头丁坝35道、垛7座、护岸1段,工程长度4500米。1990年冬兴建黄河老田庵控导工程,当年建垛7座、丁坝5道;1991年续建6~10坝;1992年续建11~14坝;1993年续建15~17坝;1994年续建18~20坝;1995年续建21~22坝;1996年续建23~25坝,2006年续建26~30坝;2011年续建31坝,郑焦铁路桥补偿工程修建护岸1段;2013年续建32~35坝。共计安设坝、垛、护岸43座。工程标准坝顶高程:按当地流量4000立方米/秒水位超高1米,丁坝顶宽15米(包括坦石顶宽1米),连坝顶宽10米。坡度:土坝基边坡1:2,裹护部分:内坡1:1.2,外坡1:1.5。1~25坝弯道为复核弯道,弯道曲率半径、中心角分别为2836米、33°57′32″和2600米、49°26′54″,26~35坝为直线段。

11~25坝原设计标准为超当地流量5000立方米/秒水位0.5米,坝顶设计高程97.7米。1994年洪水位曾超坝顶7.6厘米。"96·8"洪水期间,10坝以下工程全部漫顶。为确保工程安全,1997年,对老田庵控导工程11~25坝进行了加高改建,坝顶加高0.5米。

老田庵控导工程的建成,对控制河段流路、束窄游荡范围、护滩保堤起到了极其重要的作用,基本上控制了京广铁路桥至花园口段的河势,同时保护了8万余亩耕地的农业经济效益和社会效益。

第二节 应急防护工程

一、嘉应观塌滩工程

小浪底水库建成后,新的来水来沙条件对工程河段影响十分明显,河床受清水冲刷下切的同时,河势也发生变化。2008 年开始,由于东安控导工程送溜不足,造成嘉应观段主流北移 2000 余米,致主流脱离治导线,形成畸形河势。嘉应观滩区受大溜顶冲,滩岸持续坍塌,塌去耕地 1.2 万余亩,对当地群众生产生活造成影响。

经上级批准,2014 年汛前,武陟第一河务局结合当地政府对嘉应观不利河势段采取应急防护措施,修建了 3 个垛,有效缓解了滩岸坍塌的速度。2015 年汛期对 2014 年修建的 3 个垛进行加固并在坍塌严重段新建了 3 个垛。2017 年汛前完成了 7~9 垛。2018 年从 9 垛向下游续建 10~13 垛。嘉应观塌滩工程沿滩岸呈直线布置,垛间距均为 100 米,垛长 49.8 米,弦高 30 米。

二、东安控导工程上首抢护工程

2005 年开始,东安控导工程上游河势发生了较大变化,河势主溜开始逐渐上提,导致工程上游滩区滩岸严重坍塌。截至 2011 年,滩岸坍塌长度达 2500 余米,坍塌宽度达 2000 余米,共坍塌滩地 8000 余亩,其中规划治导线以外塌滩最大宽度达 350 米,东安控导工程 1 坝以上滩地坍塌长 1500 米,1~2 坝已被洪水抄后路,滩岸距蟒河最近处不足 700 米。

持续塌滩,东安控导工程已不能发挥其节点作用,工程以下河势流路被打乱,并严重影响新乡、郑州城市引水保证率,甚至危及滩区 1000 余群众生命财产安全和黄河堤防的安全。

2012 年黄委《关于对武陟东安控导工程上首应急抢护实施方案的批复》(汛办〔2012〕25 号)对该工程进行批复,修建防护工程 1 道,长度 150 米、高度 4.2 米,结构为土石结构,坝顶宽度为 10 米。工程于 2012 年 6 月 5 日开工,2012 年 11 月 24 日完工,2013 年 10 月通过竣工验收。2014 年 1 月 14 日,《黄委防办关于印发沁河马铺等应急抢护工程竣工验收鉴定书的通知》(汛办〔2014〕1 号)下发了该工程竣工验收鉴定书。

东安控导工程(断面如图 2-3-1 所示)上首抢护工程均处于大河中,采用土工包进占结构。土工包占体顶宽 3.0 米,顶高程与滩面持平,为 98.52 米,进占体迎水面边坡1:1,背水面边坡1:1。占体外加土工织物吨袋固根,顶高与占体顶平。抢护工程顶高程98.52米,工程施工水位以下边坡1:4,施工水位以上1:2。施工水位:东安控导上首应急防护工程施工流量1400立方米/秒,相应水位为96.32米。散抛石顶高程98.52米,内坡1:1,外坡1:1.5,顶宽1米,圆头裹护长度为半圆。主要工程量:水上土方1365立方米、水下土方17163立方米、土工包16329立方米、土工袋1388立方米、散抛石4400立方米。

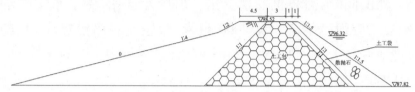

图2-3-1 武陟东安控导工程上首抢护工程断面示意图

通过抢护工程的修建,缓解了畸形河势的发展,主流顺工程下泄,河势有下挫趋势,与枣树沟、桃花峪控导工程配套控制河势变化,避免主流北移塌滩,直接威胁堤防,同时为社会稳定和地方经济快速发展保驾护航。

第三节　护滩工程

一、北围堤护滩工程

北围堤护滩工程原系花园口枢纽工程左侧围堤,始建于1960年,1963年枢纽工程闭闸破坝泄洪后,成为一处重要的护滩工程。此处工程一旦溃决,不仅危及郑州市工农业供水和原阳县滩区人民生命财产安全,还将导致引流夺河,顺堤行洪,造成老险工失控,新险丛生,危及黄河大堤及郑州黄河公路大桥安全。

该工程上连铁路桥隔堤,下与原阳县交界,全长9.69千米,其中,焦作辖区内7.84千米。由于历次抢险,此堤分为三段:0+000—4+348为平工段,4+348—6+600为新险工段,6+650处为幸福闸,6+650—7+840为老险工段。老险工段为1964—1968年间兴建,计有坝10道、垛3座、护岸6段,新险工段为1983年大抢险及1984年续建,共计垛31座、护岸29段。新老险工共计3371米,裹护长2682米。截至1992年底,累计用石53823立方米,柳料1516万公斤,铅丝43337公斤,工日23万个,总投资348万元。新险工抢修时最大水深14米,根石均较深。

二、姚旗营护岸

姚旗营护岸位于武陟沁河口至铁桥间,清光绪二十七年(1901)铁桥建成后,为保路基,迎护白马泉禹王故道,沿滩修石堤一道,后改为姚旗营护滩工程。该工程1955年、1956年靠河,进行两次整修,用石0.51万立方米,投资9.55万元。据记载,当时用火车运石抛筑,根石较深,1958年大水时漫水偎堤。洪水过后,姚旗营护岸工程前出现起伏沙丘,后因河床淤积抬高掩埋于地下。

三、单庄、小营护滩工程

1985年9月,化工南滩黄河坐弯发生横河,致使温孟交界处受到大河直接顶冲,使滩地坍塌后溃3千米,大有串蟒河和抄大玉兰工程后路之势。为保护温县的20余万亩高滩地及20个村庄2万多群众生命财产的安全,黄河水利委员会以黄工字〔85〕第68号文件《关于对修建温县单庄临时护滩工程的批复》,批准在温县单庄及小营黄河坐弯处抢修临时护滩工程一处。该工程分两组,均从新蟒河南生根,呈雁翅形导溜外移。两组工程联坝长1570米,丁坝14道、垛1座、备石2038方,1985年9月30日开工,当年11月17日竣工。

后经十几年风雨蚕食、开垦种植及人为损坏,加之1992年、1993年、1996年3次洪水的漫滩淤积,部分石料被淤没土中,坝上备石所剩无几。1996年8月下旬,新蟒河治理工程开工,因蟒河右堤南移,致使第一组工程位于治理后的河道内,第一组工程随着新蟒河治理工程的实施自然消失。

随着小浪底移民工程南防护堤工程的兴建,此工程因位于移民安全保护区内,自然失去护滩作用,乡、村两级政府也多次要求废弃工程,增加土地面积。1997年2月24日,温县河务局报请上级部门对该处工程进行了销号处理。

第四节　滩区安全建设

一、滩岸坍塌

焦作境内滩岸坍塌可追溯至清代。郑州黄河铁路桥修建后,汛期壅高水位。1958年大水后,沁河口以上低滩变高,高出枯水3米左右,使滩岸坍塌加剧。20世纪90年代,温孟滩移民工程建成后,温孟境内滩岸坍塌得到遏制。

（一）孟县滩区村落北迁

据孟县黄河修防段 1985 年调查，境内黄河清代后频繁北靠。县城西南中曹村向西，依次为堤北头、义井、戍楼、落驾头、路家庄、西逯村、干沟桥、店上、全义等村，这些村均为北迁村落。冯园约在 200 年前迁今址，三道沟是雍正七年（1729）由高刘庄搬现址，推测张庄是清嘉庆年间（1760—1820）北迁，北开仪是 1900 年前后从文昌阁东南二里许搬来，南开仪、南庄也是北迁至现址。

（二）温县滩区塌岸

1937 年起，温县境内黄河屡年北塌，滩区大片村庄陷入水域。中华人民共和国成立后，黄河继续向北摆动。1952 年，祥云镇、招贤乡滩黄河北塌，祥云镇的李庄、苏庄北迁，招贤乡的单庄、王庄、南马庄、吴丈庄北移。1953—1955 年，温县东段黄河北塌，关白庄部分居民迁移，张王庄以东至朱家庄皆北迁，氾水滩、军地滩亦北迁数里。黄河坐弯最北处在辛堂正南，穿过老蟒河数十米，距清风岭只剩 2 千米。

1959 年，黄河北塌 500 多米宽，小郑庄、关白庄、张王庄等部分居民北迁。1975 年春，经黄委批准，修筑大玉兰控导工程，防止黄河北塌。1983 年汛期，大溜顶冲大玉兰控导工程 17 垛裹头，上首冲出缺口千余米，整个工程背河过水，上首弯底继续北塌，小郑庄全部塌没。1984 年，小郑庄、单庄、南马庄全部北迁至小营西边。1984 年和 1985 年，黄河坐弯处继续上塌北移，逐步趋向温孟交界。

（三）武陟滩岸塌陷

2008 年开始，黄河主流在武陟境内大幅度北移，主流顶冲东安控导工程下首嘉应观滩区，致使该段滩岸坍塌严重，坍塌耕地达 1.2 万余亩。2019 年 6 月至 2020 年 4 月，驾部控导工程 45 坝下游约 2 千米处，累计坍塌 3300 余亩，坍塌岸线长 2800 米。

二、生产堤与避水台

生产堤即民埝，民修民管，国家不投资。1949—1958 年，实行"宽河固堤""废除民埝"，禁修生产堤。三门峡水利枢纽建成后，沿黄又兴建生产堤。1959 年春，温县修生产堤，西接吴丈新蟒河北堤，东至军地滩，长 17 千米。同年，武陟修姚旗营至御坝生产堤长 4.29 千米。1971 年 2 月 1—7 日，温县修生产堤，东与武陟地界相连，长 28 千米，堤高约 2.5 米，顶宽约 4 米，底宽约 10 米。

1974 年国务院批示"滩区废除生产堤，修筑避水台，实行一水一麦，一季留足全年口粮"，对已修生产堤，按全长五分之一破除，分段预留口门，以利排洪，从此禁修生产堤。武陟、温县所修生产堤废除。

避水台是黄河下游滩区的一种临时避洪建筑设施。温县修建的标准为：台顶高出 1958 年洪水水位 2.5 米，台顶面积按每人 3 平方米修筑。该工程于 1976 年春全部结束，温县滩区共修台 62 个，合计台顶面积 5.6976 万平方米。

1976 年，孟县修筑避水台，要求台顶高超过 1958 年当地洪水位 2～2.5 米，边坡 1∶1，上台坡路 1∶6，按每人 3 平方米标准修筑。在预报洪水漫滩时，要先将老、弱、病、残人员及贵重物资转移台上，以免造成人员伤亡和大的经济损失。避水台在保护滩区人民生命财产安全方面发挥了重要作用。

第五节　温孟滩移民工程

温孟滩移民安置区位于温孟两县南部的黄河滩区，上距小浪底坝区 20 千米，下距京广黄河铁桥 37 千米。西起 207 国道的洛阳黄河铁桥，东至伊洛河对岸大玉兰控导工程以下 2 千米。东西长约 40 千米，总面积 53 平方千米。安置区内安置移民 4.48 万人，约占小浪底库区移民总数的三分之一。

为了使移民能够在安置区安心生活，小浪底建设管理局、移民局投巨资在安置区内修建了河道整治工程、防护堤工程和放淤改土工程。河道工程于 1993 年 10 月开工，2000 年 10 月完工，共建丁坝 100 道，垛 21 座，护岸 3 段，总长 13.6 千米。筑坝土方 254.9 万立方米，石方 66.5 万立方米；北岸新修防护堤 21.76 千米，联坝加固 20.94 千米，筑堤土方 188.35 万立方米。

一、河道整治工程

河道整治工程设防标准为小浪底设计流量 10000 立方米/秒设防水位加超高 1.0 米，联坝顶宽 10 米，丁坝顶宽 15 米，坝基边坡非裹护段边坡水上为 1∶2，水下为 1∶4，裹护段边坡 1∶1 或 1∶1.2，一般工程上部迎流段丁坝为圆头坝，下部送流段丁坝为拐头坝。

新修工程 59 座，其中丁坝 40 道（另有加高坝 7 道），垛 18 座，护岸 1 段，续建工程长度 6120 米，详见表 2-3-2。

共完成坝基土方 105.6864 万立方米，柳石搂厢 74719 立方米。柳石枕 67659 立方米，散抛石 109736 立方米，铅丝笼 22782 立方米。各工程具体完成工程量详见表 2-3-3。

表2-3-2　河道整治工程一览表

工程名称	坝（道）	垛（座）	护岸（段）	续建长度（米）	说明
逯村	3			240	新建35~37坝,37坝未修成
开仪	5(2)	10		1440	新建33~37项,+5~+14垛,加高31~32坝
化工	17			1840	新建+1~+10坝,29~35坝
大玉兰	15(5)	8	1	2600	新建+1~+8垛,+1~+8坝,35~41坝和东护岸,加高33~37坝
合计	40(7)	18	1	6120	

表2-3-3　河道整治工程完成工程量

工程名称	坝基土方（万立方米）	柳石搂厢（立方米）	柳石枕（立方米）	散抛石（立方米）	铅丝笼（立方米）
逯村	8.6576	9390	6727	6037	
开仪	22.2387	18271	16811	25383	
化工	34.5692	27406	23139	29749	11838
大玉兰	40.2209	19652	20982	48567	10944
合计	105.6864	74719	67659	109736	22782

二、防护堤工程

为确保移民生命财产安全,自1995年8月开始在孟州各个控导工程之间修筑防护堤,连接逯村、开仪、化工控导工程;在温县大玉兰控导工程上端修筑防护堤,连接化工、大玉兰控导工程;在大玉兰控导工程下端至蟒河南堤修筑防护堤。1998年5月30日完工,共计新修防护堤长21.76千米。其中,逯村—开仪段(简称逯开段)长7.285千米,开仪—化工段(简称开化段)长3.88千米,化工—大玉兰段(简称化大段)长5.41千米,大玉兰—下界段(简称大下段)长5.185千米,加高控导工程联坝21.22千米。防护堤工程共完成填筑土方162.91万立方米,加培土方64.576万立方米。

温孟滩移民安置区防护堤防御标准为当地流量10000立方米/秒,超高1.5米,临背河边坡均为1:3。为温孟滩移民排涝需要,分别在开仪工程上首177米,化工工程1坝与上延1坝之间,大玉兰上延工程1坝至2坝之间和大下区南防护堤与东护堤交界处修建4个排涝闸。为方便防护堤管护,在2+970、9+719、17+550、31+700及39+920等处各修建管护点一个。

东防护堤0+000—3+512于2004年12月依据水利部关于明确温孟滩

移民安置区河道工程有关管理问题的通知(水建管〔2004〕596 号)开始移交,期间由于温县政府勘界、堤防保护用地等问题没有及时解决,致使移交过程多次拖延、滞后,直至 2008 年 3 月,温县县政府确认将东防护堤 0+000—3+512 移交给温县水利局管理和养护。

表 2-3-4 防护堤工程分段情况统计

堤段名称	起止桩号	建设长度(千米)	说明
逯村	0+000—5+310	5.31	
逯开段	5+310—12+600	7.29	
开仪	12+600—17+550	4.95	
开化段	17+550—21+430	3.88	
化工	21+430—26+720	5.29	控导工程段利用原联坝加培,其余段为新修。东防护堤由温县水利局管理
化大	26+720—32+130	5.41	
大玉兰	32+130—37+800	5.67	
大下段	37+800—39+969	2.169	
东防护堤	0+000—3+512	3.512	
合计		43.481	

三、放淤改土工程

为了改善温孟滩移民安置区土地肥力,对安置区土地实施了放淤改土。放淤改土工程自西向东划分为四大区,即逯村—开仪区(简称逯开区)、开仪—化工区(简称开化区)、化工—大玉兰区(简称化大区)、大玉兰—下界区(简称大下区)。设计淤填工程量1251.42 万立方米,改土工程量726.91 万立方米,实际完成淤填工程量1285 万立方米,改土工程量711.45 万立方米,完成投资31696 万元。工程于1994 年4 月开工,1999 年12 月完工,历时6 年。

温孟滩放淤改土工程于2003 年12 月顺利通过水利部的竣工验收。该工程的兴建,提高了温孟滩移民安置区的防洪标准,开创了利用黄河滩区土地开发进行移民安置的新途径,为安置区移民生产生活提供了安全保障。

第三篇　防　洪

　　防御洪水自古以来就是国家大事,远在战国时期已初步形成防汛岁修体制。两汉时,"濒河吏卒,郡数千人"。宋代,沿河州府各置河堤判官。金太和二年(1202)颁发的《河防令》,以法律形式规定了防汛的管理体制。金元时期,"沿河府、州、县皆提举河防事"。明代重视人防,建立"三里一铺,四铺一老人巡视"的护堤组织。清代沿袭旧制,除设专职河官外,还建河防营,分段防守。民国沿袭清末河兵制度,河防营改组为分段和工程队。

　　以1949年堵复沁河大樊决口为起点,新乡(焦作)进入人民治黄时代。当年战胜了1949年大洪水。中华人民共和国成立之后,在党和国家的高度重视下,按照"宽河固堤"的黄河下游治理方针,沿黄人民多次加高加固黄河大堤,整修河道,逐步形成了科学完备的防洪工程体系,战胜历次黄河大洪水,实现了黄河岁岁安澜。

第一章　防汛基础工作

　　中华人民共和国成立后,1950年治黄会议提出:"以防比1949年更大洪水为目标,加强堤坝工程,大力组织防汛,确保大堤,不准溃决。"1951年4月30日,政务院财经委员会《关于预防黄河异常洪水的决定》指出:万一异常洪水来临,堤防发生溃决,损失之大,不堪设想,为了在遭遇异常洪水时,能有计划地缩小灾害,决定在中游水库未完成前,下游各地分期进行分洪、滞洪工程,藉以减低洪峰,保证安全,第一期以陕县站流量23000立方米/秒的洪水为防御目标。

　　1959年黄河防洪任务,确定以"防御花园口站流量23000立方米/秒的洪水(1958年型)"为目标。1962年明确规定"以防御花园口流量22000立方米/秒为目标,确保大堤不决口,遇到特大洪水时,尽最大努力采取一切办法缩小灾害"。

1975年8月,淮河遭受特大暴雨灾害,黄委根据黄河实测洪水资料,参考历史洪水,综合分析认为,利用三门峡水库控制上游来水后,花园口站仍可能出现46000立方米/秒左右的特大洪水,水利部于1975年12月13—18日在郑州召开黄河下游防洪座谈会,总结历史经验,决定采取"上拦下排,两岸分滞"的方针。

1982年,河南省人大常委会批准的《河南省黄河工程管理条例》对黄河防汛工作做了重要规定,要求沿黄各级人民政府、各级治黄部门都要认真贯彻执行"以防为主,防重于抢"的方针,加强对防洪工程和防汛工作的管理,规定"黄河防汛工作和工程的管理运用,必须高度集中统一"。历年来河南省防汛工作都强调要依靠沿河各级政府和人民群众,立足于防大水、抢大险,认真做好防汛工作,保证大堤安全。

1991年7月20日,《中华人民共和国防汛条例》发布,黄河下游防汛工作贯彻实行"安全第一,常备不懈,以防为主,全力抢险"的方针,遵循团结协作和局部利益服从全局利益的原则。2016年11月18日《河南省黄河防汛条例》颁布,2017年3月1日起施行,条例规定防汛费用按照国家、地方政府和受益者合理承担相结合的原则筹集,黄河防汛费用实行专款专用。

20世纪90年代至2019年,焦作地区黄河防汛以确保黄河花园口站发生22000立方米/秒及以下洪水时黄河大堤不决口,确保黄河小浪底站发生10000立方米/秒及以下洪水时温孟滩防护堤不决口,确保设防标准内河道工程不跑坝,遇超标准洪水做到有准备、有对策;洪水漫滩时,确保黄河滩区群众生命安全,并尽最大努力减少灾害损失。

第一节 组织机构

一、防汛组织

人民治黄后,黄河防汛组织得到加强。20世纪80年代,时任国务院代总理李鹏在中央防汛工作会议上提出了行政首长负责制,各级防汛指挥部在同级人民政府和上级防汛指挥机构的领导下,全面负责本地区防汛工作。20世纪90年代,随着《中华人民共和国防汛条例》《中华人民共和国防洪法》的颁布实施和防汛正规化、规范化建设的逐步深入,焦作黄河防汛办公室及沿黄三县防汛办公室相继成立,并成为市、县级防汛指挥部的常设办公机构,负责黄河防汛的日常工作。市、县黄河防汛办公室根据"定机构、定编制、定人员"方案的要求,对组织机构、人员编制、主要职责做了详细规定。防汛指挥机构和群防队伍建设不断完善。

1996 年 8 月黄河"96·8"洪水后,国家防总为充分发挥流域机构的综合协调作用,进一步明确各级防汛指挥机构和沿黄专业机构的职责,强化防汛责任。1999 年以后,全面推行汛期全员岗位责任制,焦作防汛指挥机构组织建设得以加强,防汛工作更加科学、规范。进入 21 世纪后,汛情测报及防洪预案编制等防汛基础工作得到全面提升,更加符合防汛工作的实际,为确保焦作黄河安澜奠定了基础。

防汛指挥机构:每年汛前沿黄河的县(市)、乡(镇、公社)、村(大队)各级行政机构相应设立黄河防汛指挥部,直接领导和部署黄河防汛工作。防汛指挥部实行行政首长负责制,分段防守,地、市专员(市长)任防汛指挥部指挥长,地、市委书记任政委,军分区司令员、修防处主任(河务局局长)任副指挥长,修防处(市河务局)为指挥部具体办事机构,即黄河防汛办公室。县防汛(抗旱)指挥部由县长任指挥长,县委书记任政委,武装部部长、修防段段长(河务局局长)为副指挥长,修防段(河务局)为防汛指挥部黄河防汛办公室,负责各自县黄河防汛的一切具体业务工作。专(地区、市)、县(市)指挥部下设指挥决策组、抗洪抢险技术组、黄河滩区迁安救护组、后勤保障组、宣传报道组等。乡(镇、公社)防汛(抗旱)指挥部由乡长(镇长、主任)任指挥长,副乡长(副镇长、副主任)、武装部部长任副指挥长,乡党委书记任政委。村防汛大队由村长(大队长)任防汛大队长,村(大队)支书任指导员,民兵营长任副队长。黄河防汛组织机构情况详见图 3-1-1。

1986 年以前,黄河防汛属新乡地区防汛抗旱指挥部领导。随着区划的变革,新乡与焦作分为两个地级市,黄河防汛属焦作市防汛抗旱指挥部领导。

二、机构职责

(一) 焦作市人民政府行政首长职责

《中华人民共和国防洪法》第三十八条规定:"防汛抗洪工作实行各级人民政府行政首长负责制,统一指挥、分级分部门负责。"焦作市人民政府行政一把手是辖区防汛的第一责任人。其职责是:统一指挥焦作辖区的防汛抗洪工作,对本辖区的防汛抗洪工作负总责,督促建立健全防汛机构,组织制定本

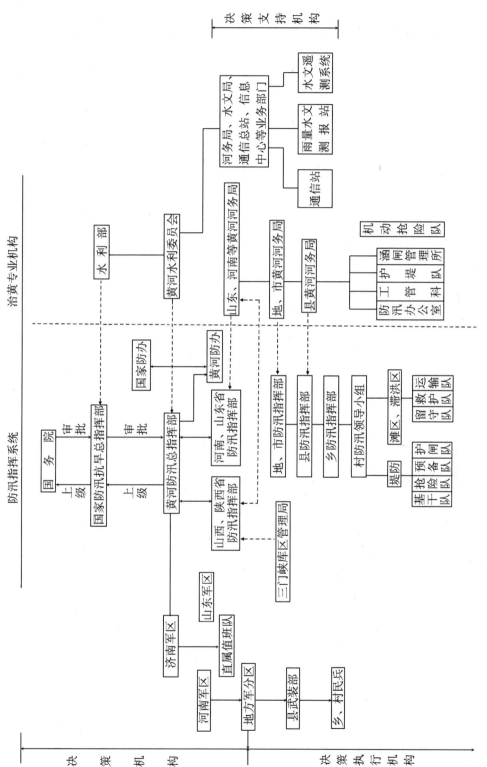

图 3-1-1　黄河防汛指挥组织机构框图

辖区有关防洪的法规、政策,并贯彻实施;教育广大干部群众树立大局意识,以人民利益为重,服从统一指挥调度;组织做好防汛宣传,克服麻痹思想,增强干部群众的水患意识,做好防汛抗洪的组织和发动工作;贯彻防汛法规和政策,执行上级防汛指挥部的指令,根据统一指挥、分级分部门负责的原则,协调各有关部门的防汛责任,及时解决防汛抗洪经费和物资等问题,确保防汛工作的顺利开展;组织有关部门制订本辖区黄河各级洪水的防御方案和工程抢险措施,制订滩区、库区、蓄滞洪区群众迁安方案;主持防汛会议,部署黄河防汛工作,进行防汛检查;负责督促本辖区河道的清障工作;加快本地区防洪工程建设,不断提高抗御洪水的能力;根据本辖区汛情和抗洪抢险实际,认真听取河务部门参谋意见,批准管理权限内的工程防守、群众迁安、抢险救护方案,以及紧急情况下的决策方案,调动所辖地区的人力、物力有效地投入抗洪抢险斗争;洪灾发生后,迅速组织滩区、库区、蓄滞洪区群众的迁安救护,开展救灾工作,妥善安排灾区群众的生活,尽快恢复生产,重建家园,修复水毁工程,保持社会稳定;对所分管的防汛工作必须切实负起责任,确保安全度汛,防止发生重大灾害损失;按照分级管理的原则,对下级防汛指挥部的工作负有检查、监督、考核的责任;搞好其他有关防汛抗洪工作。

(二)焦作市防汛指挥部职责

焦作市防汛指挥部受焦作市人民政府和河南省防汛指挥部的共同领导。其职责是:行使防汛指挥权,组织并监督防汛工作的实施,贯彻国家有关防汛工作的方针、政策、法令、法规,执行上级防汛指挥部的各种指令。负责向焦作市人民政府和河南省防汛指挥部报告工作,全面做好焦作市黄沁河防汛工作。遇设防标准以内的洪水,确保堤防、水库工程防洪安全;遇超标准洪水,尽最大努力,想尽一切办法缩小灾害。

具体工作内容包括:做好群众的组织宣传工作,提高全社会的防洪减灾意识;召开防汛会议,部署防汛工作;组织防汛检查,督促并协调有关部门做好防汛工作,完善防洪工程措施和非工程措施,落实各种防汛物资储备;根据黄河防洪总体要求,结合当地防洪工程现状制订防御洪水的各种预案,研究制订工程防洪抢险方案;负责下达、检查、监督防汛调度命令的贯彻执行,并将贯彻执行情况及时上报;组织动员社会各界投入黄河防汛抢险和迁安救灾等工作;探讨研究和推广应用现代防汛科学技术,总结经验教训,按有关规定对有关单位和个人进行奖惩;做好其他有关防汛抗洪工作。

(三)焦作市防汛指挥部成员单位职责

焦作市防汛抗旱指挥部成员单位在焦作市防汛抗旱指挥部和焦作市人民

政府的领导下,负责本地区防汛准备、防洪预案实施和抗洪抢险指挥调度。各单位职责如下:

焦作军分区:负责制订驻焦部队和全市民兵参加防汛抢险和抗旱救灾的方案;遇大洪水时,负责组织指挥协调部队、民兵参加防汛抢险和抗洪救灾。

焦作市发展和改革委员会:负责指导防汛抗旱规划工作;负责中小型水库除险加固、主要防洪河道(大沙河、丹河、蟒河、济河)防汛工程的计划安排;负责防汛通信工程、水文测报基础设施和抗旱设施等计划的协调安排和监督管理。

焦作市教育局:负责做好市直中小学及幼儿园危房改造,指导县(市)区教育(教体)局按照属地管理做好辖区内中小学及幼儿园危房改造;落实汛期中小学及幼儿园安全度汛方案;加强在校学生的防灾避险意识教育宣传;暴雨洪水发生后组织教职员工和学生安全转移。

焦作市工业和信息化局:督促指导各县(市)区工信部门做好所属辖区内工业企业汛期应对工作,密切关注汛情变化和灾害预警;督促指导各县(市)区有序开展生产自救和灾后重建,帮助受灾工业企业尽快恢复生产;督促指导焦煤公司做好雨季"三防"工作。

焦作市公安局:负责抗洪抢险的治安保卫工作,维护社会秩序;协助编制焦作黄河滩区群众迁安方案,落实转移安置救护措施;依法严厉打击造谣惑众、破坏防洪工程和水文测报设施、非法采砂、盗窃防汛抗旱物资、破坏通信线路等违法犯罪活动,保证防汛抗旱设施正常运行。

焦作市民政局:负责遭受洪涝旱灾的社会救助工作。

焦作市财政局:负责防汛、抗旱及蓄滞洪区、焦作黄河下游滩区、沁北自然溢滞洪区运用补偿经费的筹措、使用和管理工作;会同市防汛抗旱指挥部办公室做好特大防汛抗旱经费的使用和管理。

焦作市自然资源和规划局:负责组织指导协调和监督地质灾害调查评价及隐患的普查、详查、排查;指导开展群测群防、专业监测和预报预警等工作,加强地质灾害防治知识宣传,做好地质灾害救援的技术支撑工作。

焦作市住房和城乡建设局:负责城市防汛工作,制订城市防洪排涝规划和城区防汛预案;掌握城市防汛情况;组织城市抗洪抢险工作;监督检查城市防汛设施的安全运行、行洪障碍清除和城区排涝工作。

焦作市交通运输局:负责所辖公路交通设施、工程、装备和通航水域水上浮动设施的防洪安全及交通系统的行业防汛工作;协助水利、河务部门对浮桥运营安全的监督管理工作;加强对通航水域从事河道采砂的船舶、浮动设施及船员的管理和监督检查;协助编制焦作黄河滩区群众迁安方案,落实转移安置救护措施;负责及时组织水毁公路、桥涵的修复,保证防汛道路畅通;负责组织防汛抢险、救灾及重点度汛工程的物资运输;发生大洪水时,负责组织协调抢险、救灾及撤离人员的运送。按照省防汛抗旱指挥部的意见,为防汛车辆提供方便,免征过路过桥费。

焦作市水利局:负责组织、协调、监督、指导全市防汛抗旱的日常工作,归口管理防汛抗旱工作。负责全市大中型防洪工程项目建议书、可行性研究报告和初步设计的编制,组织建设和管理具有控制性或跨县(市)的主要防洪抗旱工程;负责防洪除涝抗旱工程的行业管理;负责防汛抗旱指挥部办公室人员调配及正规化、规范化建设;负责拟订主要防洪河道汛期调度运用计划;负责大型水库、主要防洪河道、蓄滞洪区的度汛,水毁修复工程计划的申报和审批;负责本级防汛抗旱经费、物资的申报和安排;负责淮河、海河流域蓄滞洪区及焦作市黄河下游滩区运用补偿工作;指导南水北调配套工程防汛工作;负责协调南水北调中线工程建设及运行管理单位做好南水北调中线干线工程防汛工作。

焦作市农业农村局:负责掌握农业洪涝旱等灾情信息;负责洪涝旱灾害发生后农业救灾和生产恢复工作;负责渔港水域安全监管工作;负责渔船安全监管工作。

焦作市文化广电和旅游局:负责旅游景点及其设施的安全管理,汛期根据天气情况合理配置旅游线路,确保游客安全。

焦作市卫生健康委:协助编制焦作黄河滩区群众迁安方案,落实转移安置救护措施;负责组织灾区卫生防疫和医疗救灾工作。

焦作市应急管理局:参与水旱灾害应急救援预案编制;组织、协调、指导水旱灾害应急救援工作,协助市领导组织重大水旱灾害处置工作,协调衔接驻豫解放军和武警部队、综合消防救援力量及多种应急资源参加水旱灾害应急救援工作;负责灾情统计、发布,组织、指导遭受洪涝及严重旱灾群众的生活救助工作;参与市防汛抗旱办公室的工作;负责督促、指导和协调汛期全市安全生产工作,依法行使综合监督管理职权;督促、指导、落实汛期安全生产责任制和安全生产责任追究制;负责做好危化企业、尾矿坝等防汛薄弱环节的工防和人防工作;及时提供水旱灾区的工矿商贸行业灾情;负责制订焦作黄河滩区群众迁安方案,落实转移安置救护措施;组织协调黄河滩区、蓄滞洪区行洪、蓄洪、滞洪时群众生活救助工作;配合市水利局、河务局、财政局及地方政府做好黄河滩区蓄滞洪区的群众生活救助工作。

焦作河务局:负责组织、协调、监督、指导黄河防汛的日常工作,归口管理黄河防汛工作;负责应急度汛工程、水毁修复工程建设与管理;负责制订焦作黄河防汛预案、工作方案;负责提供黄河雨情、水情、洪水预报方案及安全度汛措施,供领导指挥决策;负责黄河专业防汛队伍管理和调度,负责群众防汛队伍技术指导;负责国家储备防汛物资、设备的管理、储备和调度,提出群众和社会防汛物料储备意见;负责各类工程险情抢护方案制订,进行抢险技术指导;参与制订焦作黄河滩区蓄滞洪区运用预案,协助政府做好检查、督促落实;负责焦作市黄河滩区运用补偿工作;做好引黄供水工作;做好黄河专用通信网建设和运行维护工作;做好黄河堤顶道路硬化与维护工作;加强黄河防汛工作宣传教育。

焦作市南水北调办公室:协调督促南水北调中线干线穿黄管理处、温博管理处、焦作管理处做好防汛工作;负责协调南水北调配套工程及干线两侧防汛工作。

南水北调焦作城区办公室:负责协调南水北调中线焦作城区段工程防汛工作。

焦作团市委:负责动员、组织全市共青团员、青年,在市政府和防汛抗旱指挥机构的统一领导下,积极投入抗洪抢险和抗旱救灾等工作。

焦作市气象局:负责提供短、中、长期天气预报和气象分析资料;负责提供实时雨情及灾害天气等气象情况。

焦作市林业局:负责协调县(市)区河道内影响行洪林木的采伐许可工作,严禁河道内新栽植阻水树木,对黄河河道内涉及湿地自然保护区的采砂场、建设项目会同环保、水利、河务、农业等部门进行监管。

武警焦作支队:根据汛情旱情需要,担负抗洪抢险和抗旱救灾任务。

焦作市消防支队:根据形势任务需要,参与全市防汛抗洪抢险和抗旱减灾应急救援工作。

焦作无线电管理局:负责防汛无线通信的频率调配;组织排除干扰,确保防汛期间无线通信畅通。

焦作广播电视台、焦作日报社:负责组织广播、电视、报刊等新闻媒体防汛抗旱宣传工作,正确把握防汛抗旱宣传工作导向;根据市防汛抗旱指挥部办公室提供的汛情、旱情,及时向公众发布防汛抗旱信息。

焦作市物资局:负责防汛抢险所需的钢材、木材、水泥、炸药、雷管、铅丝等物资的储备、供应;紧急抢险时,负责上述物资的筹集和调运。

焦作供电公司:负责所辖电厂(电站)、输变电工程设施的运行安全,负责本行业的防洪管理;保证防汛、抗旱、抢险、重点防洪度汛工程的电力供应;加强电力微波通信的检修管理,保证防汛通信畅通;负责制订防汛应急供电保障方案,做好应急供电保障工作。

焦作市供销合作社:负责袋类、铁锨、铅丝、绳、编织布等防汛物资的组织、储备;紧急抢险时,负责上述物资的筹集和调运。

焦作移动公司、联通公司、电信公司、邮政公司:负责所辖通信及邮政设施的防洪安全;负责制订非常情况下防汛应急通信保障预案,做好固定、移动通信及邮政设施的检修、调试,保证话路、邮路畅通,确保防汛工作需要。

焦作水文水资源勘测局:负责提供雨情、水情、洪水预报方案,供领导指挥决策。

第二节　防汛队伍建设

在民国之前,防汛由河官督办,沿河群众在大水来时自发组织保护家园和田地。中华人民共和国成立后,沿黄各级人民政府组织群众防汛队伍和专业防汛队伍进行防汛抢险。各级防汛指挥部每年于汛前开始组织,进行宣传、思想发动、技术训练、工具料物准备和演习等,6月底前全部完成。

群众防汛队伍由沿黄两岸 5 千米范围内的乡、村民兵为骨干分别组建基干队、抢险队和预备队,并列榜公布。专业防汛队伍是指以河务部门职工为主组织专业抢险队,作为抢险骨干力量使用。解放军是防汛的主力军,承担"急、难、险、重"的防汛任务。在关键时刻,须动用部队进行抗洪抢险。

20 世纪 80 年代,黄河防汛队伍按照专业队伍和群众队伍相结合、军民联防的原则组建。20 世纪 90 年代,开始在群防队伍中组建亦工亦农抢险队、乡镇民兵抢险队、企业职工抢险队,并对群众防汛队伍实行"军事化"管理。1993 年 4 月,河南省人民政府办公厅印发《河南省黄河防汛正规化、规范化若干规定》,进一步规范黄河防汛队伍的建设。1998 年,为加强军民联防,建立"三位一体"军民联防体系,防汛专业队伍装备不断加强,管理日趋规范。

2016 年 2 月,河南省防汛抗旱指挥部印发《河南省防汛抗旱指挥部关于加强黄河群众防汛队伍建设的意见》,根据市场经济发展和农村产业结构调整的新形式,对群防队伍的组建、培训等做了适当调整。

一、防汛专业队伍建设

民国以前,基本没有专业抢险队伍。中华人民共和国成立后,以河务部门职工为主组织专业抢险队,地(市)级修防处(河务局)在汛前抽调修防工30～50人组建队伍,作为抢险骨干力量使用。黄河专业防汛队伍由各县修防段(河务局)的工程队队员以及堤防、险工、涵闸管理人员组成。其职责是根据平时管理养护掌握的情况,分析工程的抗洪能力,划定险工、险段的部位,做好出险时抢险准备;汛期坚守防汛岗位,密切注视汛情,加强检查观测,及时分析险情,并适时组织抢护。

1988年后,开始建设机械化程度高、反应迅速、机动灵活的机动抢险队伍,以保证出现紧急险情时进行及时有效的抢护。从此,黄河防汛专业队伍分为经常性专业抢险队伍和机动抢险队伍两类。其中,经常性专业抢险队伍是防汛抢险的技术骨干力量,成员必须熟悉堤防的工程资料,例如险工险段的具体部位、险情的严重程度等,以便有针对性地进行抢险准备工作。汛期进入防守岗位,随时了解并掌握汛情、工情,及时分析险情。机动抢险队担负黄河防洪工程的中常险情突击抢护任务。1991年5月成立焦作河务局第一机动抢险队驻武陟县城;2001年7月成立焦作河务局第二机动抢险队驻温县大玉兰;2003年7月成立焦作河务局沁河机动抢险队驻沁阳市。

2005年4月,焦作河务局第一机动抢险队由武陟第一河务局负责管理。2006年5月,焦作河务局第二机动抢险队由温县河务局负责管理,焦作河务局沁河机动抢险队由沁阳河务局负责管理。

2015年7月,对焦作河务局沁河专业机动抢险队、焦作河务局第一专业机动抢险队、焦作河务局第二专业机动抢险队等3个单位进行整合,成立焦作河务局黄河专业机动抢险队。

机动抢险队自组建以来,先后参加了数十次重大险情的抢护,在黄河防汛抢险和支援地方抗洪斗争中发挥了重要作用。截至2019年,焦作河务局治黄专业队伍共有1100人,其中黄河专业机动抢险队150人。

二、群众防汛队伍

群众防汛队伍由县、乡(公社)防汛抗旱指挥部负责组织,于每年6月底前组建完成,同时做好思想发动、技术培训和物料准备等方面工作,随时听从调动,上堤防守和抗洪抢险。群众防汛队伍由居住在距堤5千米的村庄群众组成。分一线队伍、二线队伍。距堤2.5千米以内的村庄人口划为一线群防队伍,属基干防汛队伍;2.5～5千米以内的村庄人口,划为第二线,为预备队。一般每年组织20万人,一线占16万人以上,必要时可动员防汛区以外的人力加强防守。随着大型机械的使用和抢险技术的进步,群防队伍组织人数逐年减少,2019 年降至 4 万余人,其中一线 2 万余人。

中华人民共和国成立后,沿河广大群众是黄河防汛的主要力量。沿堤线 5 千米内村庄组织有各种防汛队伍,为基干队、抢险队、护闸队和预备队,滩区、滞洪区则有迁安队、留守队、护救队、运输队等,黄河大堤每 500 米设立有一防汛屋,设一防汛连,辖 6~8 个班,每班 12 人,各自备马灯、探水杆、油锤、草捆、铁锹、土车、雨具等防汛料物及工具。基干队是汛期防守主力,汛期大堤偎水时,负责巡堤查水、抢险、堵漏等工作;抢险队是防汛抢险的机动力量,当堤防、险工、涵闸发生较大险情时,由县防汛指挥部组织修防段(河务局)技术人员和工程队,及时赶赴工地进行抢护;预备队是防汛的后备力量,负责运送抢险料物,支援堤防抢险。

20 世纪 80 年代,群防队伍仍以沿河的乡(镇)为主,组织青壮年劳力,吸收有防汛经验的人员参加。根据堤线防守任务的大小和距离、河道的远近,组成一线、二线和紧急支援队伍,和以前基本相同。紧邻堤防的县、乡、村组成常备队和群众抢险队,为一线防汛队伍;紧邻一线的县、乡组成预备队,为二线队伍;离堤线较远的后方乡村在紧急情况下进行支援。分滞洪区内的群众组织迁安救护队。由沿河乡(镇)群众组成的群众抢险队,一般每个乡(镇)组织 1~2 个队,每队 35~50 人,担负抢护一般险情,并协助专业机动抢险队抢险。汛前进行抢险技术培训,熟悉并掌握一般抢险技能。每年组织的 20 万群众防汛大军在抗洪抢险和运输抢险料物方面发挥了重要作用。

20 世纪 90 年代,随着社会主义市场经济建设的深入发展,群防队伍的组建遇到了一系列的新情况、新问题。为适应新的变化,经过不断探索,开始组建亦工亦农抢险队和企业职工抢险队。这两支队伍经受了黄河"96·8"洪水抗洪抢险的考验。1997 年各级防汛指挥部(简称防指)采取建立抢险骨干人员培训卡片,签订抢险合同,组织进行技术培训、抢险演练等措施加强群防队伍建设。1998 年《中华人民共和国防洪法》的颁布实施对群防队伍建设产生了深远的影响。各级防指不断总结探索行之有效、符合黄河防汛抢险特点的组织形式,在沿黄县(市)、乡普遍组织亦工亦农防汛抢险队,队员一般为 35 岁以下的青壮男劳力,建档立卡、签订合同,保证随叫随到,并全员强化防汛抢险技术,发放合格证书,逐步实施持证上岗。

2000 年后着重加强群防队伍的组织建设和技术培训。在原来群防队伍的基础上,要求沿黄县(市)的机关团体参加。群防队伍组建后,逐人签订合同,明确权利、义务和责任,切实抓好技术培训和实战演习。各级党政领导从时间、场地、人员、经费等方面给予大力支持,为技术培训创造良好条件。河务部门选派工程技术人员和具有抢险经验的老职工现场指导或任教,积极配合地方政府和各级防指做好技术培训工作。同时,组织群防队伍的骨干人员学习《中华人民共和国水法》《中华人民共和国防洪法》,教育群众树立水患意识,增强全局观念,引导他们树立起"在边疆守边防,在河边守堤防"的思想。另外,重视完善各项规章制度和演练工作。通过演习,检验群防队伍的组织性、纪律性、时间观念和快速反应能力,达到"召之即来,来之能战"的要求。2017年以来,群防队伍按照"政府主导,行政事业单位牵头,群众参与"的模式组建,确保行政企事业单位人员在群防队伍中的占比不低于10%。

三、中国人民解放军及武装警察部队抢险队伍

中国人民解放军和武装警察部队是防汛抗洪的重要力量。国家防总在《关于防汛抗旱工作正规化、规范化意见》中指出,各级防汛指挥部应主动向参加防汛的部队、武警介绍防御洪水方案和工程情况,并建立水情、汛情通报制度。《河南省黄河防汛正规化、规范化若干规定》强调指出,中国人民解放军和武装警察部队是抗洪抢险的中坚力量,主要承担"急、重、险、难"任务。县以上防汛指挥部应主动与当地驻军联系,明确部队防守堤段和迁安救护任务,并及时向部队通报汛情,搞好军民联防。需调动部队时,应当由县、市指挥部提出,报省黄河防汛办公室同意,并转请省军区统一部署。紧急情况下,也可以直接向当地驻军求援。

四、"三位一体"军民联防体系

黄河防汛是全民行为,军民联防是做好防汛工作的重要经验之一。1998年汛前,焦作各级地方政府、部队、河务部门,按行政市、县(区)、乡(镇)界在沿黄堤段联合建立了"三位一体"军民联防体系。

在"三位一体"军民联防体系内,黄河防汛专业队伍是防汛抢险的骨干力量,承担着一般时期的防汛抢险任务和重大险情抢护的技术指导;群众防汛队伍是黄河防汛的基础力量,承担着大洪水时或发生重大险情时的巡堤查险、运送抢险料物的任务,并承担一般险情的抢护任务;中国人民解放军和武装警察部队是防汛抢险的突击力量,承担防汛抗洪斗争中的急、重、险、难任务。市、县"三位一体"军民联防体系的指挥中心设在各级河务部门,负责辖区的黄河防汛工作,在沿黄的各乡(镇)政府分别设前线指挥所,实施战时防汛指挥调度。各个指挥机构内都有三方的主要领导,行政首长担任指挥长,负责防汛抗洪的组织、协调;需要动用部队时,按程序成建制地集中使用;河务部门担任技

术指导,当好参谋。抗洪期间,按照责任分工及调度程序,团结一致,共同抗洪抢险救灾。

第三节　预案编制与规范化建设

一、预案编制

1996年以前黄河没有系统的防洪预案,指导防汛工作以每年的防汛工作意见为主。1996年6月,河南省防指黄河防汛办公室转发国家防办《防洪预案编制要点(试行)》和黄河防总《黄河防洪预案编制提要(试行)》,对预案编制的目标、原则、内容、办法、要求、分工等做了具体说明,要求各市河务局组织各县河务局,认真编制各类防洪预案,切实增强预案的可操作性。黄河"96·8"洪水和长江1998年大洪水后,黄河防总结合抗洪抢险的经验教训,从实战出发,针对不同对象、不同级别洪水、不同内外部条件对防洪预案进行了修订和完善,并印发《县级防洪预案编制大纲》。从此,开始了黄河防洪预案的编制。

为进一步提高黄河防洪工程抢险方案的编制质量,增强其可操作性,2000年按照黄河水利委员会防汛办公室《黄河下游防洪工程抢险方案编制大纲》,对黄河防洪预案逐步进行完善。

2003年,在总结黄河历年防洪预案编制经验的基础上,对编制工作提出了新的要求。一是根据河势不断变化的新情况、新问题,提出新的防洪对策;二是在预筹的防洪措施中,充分运用新材料、新机具和新技术、新方法;三是编制防洪预案概化图,使防洪预案图示化,方便各级各方面指挥人员使用;四是建立完善的防洪预案计算机管理系统,提高可视性、可读性,实现科学化管理。

截至2019年,黄河防洪预案由黄河防洪预案,黄河堤防险点、险闸、险段度汛预案,黄河滩区运用预案,黄河通信保障预案,黄河防汛物资供应调度保障预案,黄河夜间照明保障预案等构成,为各级指挥长准确把握汛情、科学正确地进行指挥调度、确保安全度汛提供了有力的决策依据。

二、防汛正规化规范化建设

1988年,河南河务局根据李鹏总理关于"要认真总结经验,将防汛工作正规化、规范化"的指示和省市领导的要求,在武陟第一河务局部署开展了防汛"正规化、规范化"试点工作。

1992年,为总结和交流各单位贯彻落实各项防汛责任制方面的经验,焦作河务局在武陟第一河务局召开以贯彻落实防汛责任制为主要内容的防汛工作正规化、规范化现场会,对武陟第一河务局防汛责任制方面的经验进行观摩学习。时任河南省省长李长春、副省长宋照肃在检查焦作市黄河防汛工作时,对武陟县在防汛"两化"试点工作中所取得的成绩给予充分肯定。当年汛后,河南省防指在焦作市召开"河南省黄河防汛正规化、规范化建设武陟现场会",对武陟县"两化"试点工作进行了全面的总结和推广。

1993 年 4 月,河南省人民政府办公厅印发《河南省黄河防汛工作正规化、规范化若干规定》,强调防汛工作实行各级行政首长负责制,统一指挥,分级分部门负责,并明确了责任分工。同时,对河南省防汛任务、防汛组织、防汛责任制与防汛队伍、洪水调度与工程防守、防洪工程建设与管理、通信、交通与物资供应、河道清障等也都做了比较详细的规定。按照省政府的要求,焦作河务局采取措施、积极落实,使黄河防汛"两化"建设逐步走上正规。

此后,焦作市防指黄河防汛办公室印发了一系列规定、办法,使焦作黄河防汛各方面工作进一步正规化、规范化、制度化。

三、防汛办公室建设

1989 年前,防汛日常工作由河务局工务科负责,汛期从各部门抽调人员组成临时防汛办公室,开展防汛值班等各项防洪业务工作。1989 年防汛办公室正式成为一独立部门,但人员较少,设备简陋,汛期仍需要抽调大量人员;1993 年焦作河务局积极采用现代科技,改善防汛办公条件。1996 年黄河防总办公室印发《黄河防汛办公室建设办法实施细则(试行)》,对防汛办公室人员编制、职责、基本设施、规章制度等提出了具体要求。各级防汛办公室按照实施细则的要求,充实工作人员,制定完善规章制度,加大了防办软硬件建设力度。

2000 年以后是防汛办公室建设发展较快的一个时期,尤其在防汛信息化建设方面配置了视频会商系统,添置了一批办公设备,还开发了防汛数据库、实时图像传输系统。为配合黄委组织的黄河下游工情、险情信息采集体系试点工作,各级防汛计算机网络进行了改建,实现了省、市、县三级网络宽带互联。

第四节 河床演变测验

为科学分析河道的排洪能力,给黄河下游防洪和河道整治提供资料,设置了水文站、水位观测站,开展黄河大断面测量,收集治黄的第一手资料。

一、水文泥沙观测站

1919 年 4 月,顺直水利委员会(驻地在天津)在河南省境内黄河上,设立陕州水文站,测验项目有雨量、水位、流量、含沙量。它是河南省境内设立最早的水文站。1933 年 11 月,民国黄委在黄河干流武陟县设立秦厂水文站,同年秦厂水文站开展含沙量测验。

1934 年黄委获得黄河水灾救济委员会调拨的无线发报机 2 台,能收发 250～300 千米以内的电信。一台设于秦厂水文站,一台设于开封的黄河水利委员会。当年 2 月 20 日起,秦厂水文站逐日向开封报告水位、流量。此为黄河专设无线电台之始,也是河南省境内水文站专设无线电台之始。

抗日战争胜利后,1947 年河南省统计年鉴记载,民国黄河水利工程总局水文总站驻地在开封,管辖河南省境内的观测站有陕县、花园口、孟津、洛阳、开封、兰封、木栾店等水文站,以及龙门镇、黑石关、秦厂等水位站。

中华人民共和国成立前夕,仅有陕县、花园口两个泥沙观测站。1950 年恢复增设了一些泥沙观测站,当年底有泥沙观测站 11 处,其中黄河流域有陕县、孟津、秦厂、花园口、下坞堆头、黑石关、小董 7 处。1951 年 7 月黄委测验处水文科在黄河干流上设立三门峡水文站、宝山水文站、八里胡同水文站、孟津水文站、秦厂水文站。

1953 年 3 月,黄委设立秦厂水文分站,管辖河南省境内的黄河水系测站。1956 年 8 月,秦厂水文分站改建为秦厂总站,1958 年又与沁口水文总站合并为郑州水文总站,驻花园口。

二、大断面测量

黄河大断面测量从 1952 年开始,沿河先后建立了 54 个横跨黄河的大断面(表 3-1-1)进行观测。1962 年开始统一观测。1970 年前,由黄委河床队施测,1970 年河床队取消后,归河南黄河河务局测量队施测,后归黄河水文勘察测绘局负责施测,花园口断面由所在水文站施测,每年汛前、汛中和汛后由上游向下游,按水流传递时间进行统测。测量内容为每个黄河河道断面的滩面(或河底)的高程。

表 3-1-1　焦作段黄河大断面统计

序号	断面名称	布设日期 （年-月-日）	断面位置	左端点位置	右端点位置
1	铁谢1	1974-09-01	洛阳铁谢	洛阳吉利冶戍镇南坎上	洛阳铁谢
2	西庄	2002-01-01	洛阳西李河	焦作孟县西庄村西	洛阳西李河
3	下古街	1960-04-01	洛阳孟津下古街	焦作孟县西逯村北坎上	洛阳孟津下古街
4	双槐	2002-01-01	洛阳孟津	焦作孟县小王庄	洛阳孟津老农场
5	铁炉	1999-06-01	洛阳铁炉工程	焦作孟县刘学会庄	铁炉工程
6	李家台	2002-01-01	洛阳孟津台荫	焦作孟县杨圪塔	孟津台荫
7	花园镇	1960-04-01	洛阳花园镇工程	焦作孟县东曹坡	花园镇工程
8	叩马	2003-10-01	洛阳孟津叩马	孟县东曹坡	孟津叩马
9	张庄	2002-01-01	洛阳孟津周家山	孟县张庄	孟津周家山
10	南开仪	2002-01-01	焦作孟州南开仪	孟县南开仪	巩义杨沟
11	东光	2003-10-01	巩义赵沟工程	孟县南开仪	巩义赵沟工程
12	两沟	1998-06-01	巩义赵沟工程	孟县南开仪	巩义赵沟工程
13	高庄	2002-01-01	巩义塌坡	孟县高庄	巩义塌坡
14	马峪沟	1964-06-01	巩义马峪沟	孟县大堤10千米	巩义马峪沟
15	下官庄	2002-01-01	巩义马峪沟	孟县大堤15千米	巩义马峪沟
16	单庄	2002-01-01	焦作温县单庄	温县单庄	巩义虎峪沟
17	裴峪1	1960-04-01	巩义裴峪	温县小营	巩义裴峪
18	赵马庄	2002-01-01	焦作温县赵马庄	温县南马庄	巩义何沟
19	大玉兰	2003-10-01	焦作温县大玉兰	温县大玉兰工程	巩义石管滩口
20	苏庄	2002-01-01	巩义石管滩口	温县苏庄	巩义石管滩口
21	黄寨峪东	1998-06-01	巩义后沟	温县大玉兰	巩义后沟
22	神堤	2002-01-01	巩义神堤工程	温县关白庄	巩义神堤工程
23	关白庄	2003-10-01	巩义七里铺	温县关白庄	巩义七里铺
24	伊洛河口1	1960-04-01	巩义沙鱼沟工程	温县张王庄	巩义沙鱼沟工程
25	东小关	2003-10-01	巩义沙鱼沟工程	温县张庄	巩义沙鱼沟工程

序号	断面名称	布设日期 （年-月-日）	断面位置	左端点位置	右端点位置
26	沙鱼沟	1999-06-01	巩义沙鱼沟	温县张庄	巩义沙鱼沟
27	朱家庄	2002-01-01	巩义英峪	温县王庄	巩义英峪
28	十里铺东	1998-06-01	郑州荥阳钥匙沟	温县冉沟	荥阳钥匙沟
29	口子	2002-01-01	郑州荥阳口子	温县徐沟	荥阳口子
30	小马村	2002-01-01	焦作温县小马村	温县小马村	荥阳李村电灌站
31	孤柏嘴2	1966-04-01	郑州荥阳孤柏嘴	温县北平皋	荥阳孤柏嘴
32	寨上	2003-10-01	焦作武陟寨上	武陟寨上	荥阳陈家坡
33	西岩	2002-01-01	焦作武陟西岩	武陟西岩	荥阳罗村坡
34	驾部	2003-10-01	焦作武陟东岩	武陟东岩	荥阳罗村坡
35	罗村坡1	1964-06-01	郑州荥阳罗村坡	武陟东唐郭	荥阳罗村坡
36	槽沟	2002-01-01	郑州荥阳石槽沟	武陟刘村险工 2～3坝	荥阳石槽沟
37	枣树沟	2002-01-01	郑州荥阳枣树沟	武陟刘村险工 26～27坝	荥阳枣树沟
38	官庄峪	1960-04-01	郑州荥阳官庄峪	武陟刘村险工29垛	荥阳官庄峪
39	解村	2002-01-01	焦作武陟解封	武陟解封	荥阳刘沟北山脚
40	方陵	2003-10-01	焦作武陟方陵	武陟东草亭	荥阳刘沟北山脚
41	寨子峪	1998-06-01	郑州荥阳寨子峪	武陟白马泉	荥阳寨子峪 西北山脚
42	吴小营	2003-10-01	焦作武陟吴小营	武陟吴小营	荥阳寨子峪 北山脚
43	磨盘顶	2002-01-01	郑州古荥磨盘顶	武陟黄河大堤 75千米	荥阳磨盘顶
44	张沟	2003-10-01	郑州古荥张沟	武陟黄河大堤 77千米	荥阳张沟
45	秦厂2	1958-01-01	焦作武陟秦厂	武陟秦厂	荥阳鸿沟
46	桃花峪	2003-10-01	郑州古荥任店	武陟秦厂	荥阳任店
47	邙山	2002-01-01	郑州古荥邙山 提灌站	共产主义闸	荥阳邙山提灌站

序号	断面名称	布设日期 (年-月-日)	断面位置	左端点位置	右端点位置
48	老田庵	1999-06-01	焦作武陟老田庵	武陟冯庄	荥阳吕胡垌
49	何营	2003-10-01	焦作武陟何营	武陟何营	荥阳韩垌
50	张菜园	2002-01-01	焦作武陟张菜园	武陟张菜园	荥阳河东
51	西牛庄	1998-06-01	郑州古荥西牛庄	黄河大堤 88 千米	黄河大堤 1 千米
52	东风渠	2003-10-01	郑州花园口	黄河大堤 89 千米	黄河大堤 5 千米
53	岗李	2002-01-01	郑州花园口	黄河大堤 90 千米	黄河大堤 7 千米
54	李庄	2003-10-01	郑州花园口	黄河大堤 94 千米	黄河大堤 8 千米
55	花园口 1	1954-06-01	郑州花园口	黄河大堤 95 千米	黄河大堤 10 千米

三、水位观测

从 1975 年开始逐步设立黄河水位观测站(见表 3-1-2),截至 2019 年焦作境内共 11 处,积累了 40 多年的观测资料。观测工作由所在地县修防段(或河务局)完成,非汛期每天 8 时观测一次,汛期 8 时、20 时各观测一次,洪水时按要求进行加密观测。各修防段(县河务局)每年都进行水位观测资料整编,并将成果上报修防处(市级河务局)审查,最后由河南河务局汇总,每年一册。

表 3-1-2　焦作黄河水位观测站一览表

序号	站名	断面地点	坐标		至河口 距离 (千米)	设站日期 (年-月)	基面名称
			东经	西经			
1	逯村	孟州市西虢乡逯村控导工程 13 坝	112°40′	34°51′	865	1976-06	大沽
2	逯村 (二)	孟州市西虢乡逯村控导工程 27 坝	112°41′	34°51′	865	1976-06	大沽
3	开仪	孟州市化工乡横山村开仪控导工程 20 坝	112°47′	34°50′	854	1999-05	大沽
4	化工	孟州市化工村化工控导工程 7 坝	112°52′	34°51′	844	1978-07	大沽

序号	站名	断面地点	坐标		至河口距离（千米）	设站日期（年-月）	基面名称
			东经	西经			
5	化工（二）	孟州市化工村化工控导工程 17 坝	112°53′	34°51′	844	1978-07	大沽
6	大玉兰（二）	温县祥云镇阎庄村大玉兰控导工程 28—29 坝间	113°00′	34°51′	832	1975-06	大沽
7	张王庄	温县城关镇张王庄村张王庄控导 24—25 坝间	113°06′	34°52′	816	2002-05	大沽
8	驾部（二）	武陟县大封乡东岩村驾部控导工程 25 坝	113°15′	34°57′	805	1975-06	大沽
9	东安	武陟县北郭乡方陵村东安控导工程下首	113°24′	34°59′	792	2002-07	大沽
10	老田庵	武陟县詹店镇老田庵村老田庵控导工程 17—18 坝间（老田庵闸前）	113°33′	34°58′	782	1992	大沽
11	北围堤	武陟县詹店镇大茶堡村北围堤护滩工程幸福闸	113°35′	34°58′	781	1983	大沽

第五节　防汛物资筹备与调度

一、防汛石料

清代以前黄河防汛主要是用秸料。民国期间，石料缺乏，需求量不是太大，主要依靠发动群众献砖献石。中华人民共和国成立后，随着黄河治理事业的发展，石料成了修建防洪工程和抗洪抢险的主要料物，需求量不断增加。初期，采取自建采石场和社会收购相结合的办法，以满足黄河修建工程和防汛抢险的需要。20 世纪 50 年代建立了博爱九府坟石料场，位于博爱县尚庄乡月牙山沟的灵山庙,在詹东铁路❶九府坟车站以东 3 千米处。1959 年 11 月石场正式开工,职工 20 多人,民工近 300 人。1960—1961 年边建设边生产,3 年总投资 73 万元。该石料场生产以本场工人为主,雇用民工为辅;以生产片石为主,兼产碎石;机械开采为主,人工开采为辅。1962 年机构精简,保留 10 名职工。后因詹东铁路运石流向不对,石料运不出去,1964 年 9 月石料场撤销。该场 1960—1964 年共产石料 3.5 万立方米,主要供新乡地区(含焦作)黄(沁)河用石。1973 年,河南河务局在辉县常村与周村交界处的共山建立辉县石料场,也主要是满足新乡黄(沁)河工程需要。20 世纪 70 年代,黄河防汛石料来源,一是来自黄河自己的石场,二是向地方采石场购买。20 世纪 80 年代后,随着改革开放的不断深入和管理体制的变化,防汛石料的采运逐步市场化运作。平时按照防洪的需要存放一定数量的石料,以备防汛抢险时急用。如果当年抢险用去了一部分石料,汛后须重新补上。

为加强防汛石料采运的管理,1996 年,河南河务局印发《防汛石料管理实施细则》。1999 年,对该细则进行了修订。"细则"从石料采购计划、采运、验收、储备、使用、资金、统计、监督检查与奖惩等多个方面做出了具体的规定,明确防汛石料的管理实行主管领导负责制和"统一管理,分级负责"的原则。黄河石料采购计划的编制按自下而上的程序进行,由石料使用单位依据储备定额、现有储量、工程稳固程度等,结合当年河势情况,按照水利部有关预算定额、各项经费(基金)使用范围,提出申请石料需用数量和费用,逐级审核汇总上报。县级河务局(含闸管单位)负责做好石料的计划编报、采购供应、运输到位、初验入库、储备保管、消耗使用、收支核算等项具体工作;焦作河务局负责初审各县局上报的石料预算,督促检查石料采运、储备、调度、使用、核算及石料验收等项管理工作;河南河务局负责石料投资计划安排、监督检查石料管理各项工作,并进行严格验收。2013 年 4 月焦作河务局出台防汛石料采运管理办法,2016 年 11 月修订。防汛石料实行政府统一采购,焦作河务局成立防汛石料采运监督领导小组,负责发布石料采购公告,并对水管单位招标实施全过程监督。水管单位政府采购领导小组负责组织招标。石料采购完成后,由水管单位及时组织初验、报验,焦作河务局适时组织验收。

二、防汛料物

防汛料物按照"国家储备、社会团体储备和群众备料"的原则,采取集中

---

❶　詹东铁路为太焦铁路前身。

储存与分散储存相结合的储备管理方式。河务部门储备的防汛常备物资,是黄河抗洪抢险应急和先期投入使用的重要来源。1987 年,河南河务局制定了《黄(沁)河防汛主要物资储备定额(草案)》,对石料、铅丝、麻袋、麻料、篷布、木桩、发电机组等 7 大类防汛物资的储备定额做了规定。1999 年,河南河务局按照"总量控制,保证重点,兼顾一般"的原则对该定额进行了修订,相继出台了《1999 年河南黄(沁)河主要防汛物资储备定额》《1999 年河南黄(沁)河主要物资定额储备量》《1999 年河南黄(沁)河防汛常用工器具储备定额》。2011 年,黄河防总发布《关于颁发黄河防汛物资及黄河下游防汛常用工器具储备定额的通知》(黄防总办〔2011〕50 号),将国家储备料物划分为防汛主要物资和常用工器具。焦作河务局黄河防汛主要物资储备定额为:石料 24.01万立方米、铅丝 120.03 吨、麻绳 96.02 吨、编织袋 15.79 万条、帐篷 12 顶、抢险活动房 8 座、土工布 3.16 万平方米、复膜编织布 3.16 万平方米、救生衣1566 件、冲锋舟 8 艘、发电机组 392 千瓦、抢险照明车 4 套、木桩 4801 根;防汛常用器具储备定额为:摸水杆 157 根、查水灯具 631 个、油锯 32 台、打桩机 16个、打桩锤 158 个、手锨 16 盘、月牙斧 316 把、铁锨 1579 把、手钳 158 把、断线钳 48 把、木工斧 158 把、钢镐 158 把、对讲机 32 对、报警器 32 个、下水衣 48件、望远镜 8 个、电缆 23.49 千米、防水线 23.49 千米、抛石排 4 个、铅丝笼封口器 80 个、捆枕器 8 套。

　　焦作河务局根据储备定额,结合防汛抢险消耗情况,每年在编制部门预算的同时编制防汛主要物资及工器具采购计划。截至 2019 年底,焦作河务局黄河防汛主要物资储备有:石料 25.06 万立方米、铅丝 87.46 吨、麻绳 26.24 吨、编织袋 18.74 万条、帐篷 15 顶、土工布 0.74 万平方米、救生衣 977 件、冲锋舟3 艘、发电机组 168 千瓦、抢险照明车 4 套、木桩 5997 根;黄河防汛常用工器具储备有:查水灯具 274 只、油锯 10 个、打桩机 1 个、打桩锤 98 个、手锨 38盘、月牙斧 376 把、铁锨 1059 把、手钳 61 把、断线钳 20 把、钢镐 12 把、对讲机5 对、报警器 5 个、望远镜 3 个、电缆 0.3 千米、防水线 8.3 千米、抛石排 1 台、捆枕器 6 套。

　　为加强防汛物资管理,2011 年制定印发了《焦作河务局防汛物资仓库规范化管理实施方案(试行)》(焦黄财〔2011〕63 号),对库存防汛物资实行了规范化管理,建立健全了 11 项防汛物资仓库管理制度。2016 年对该制度进行了修订。

　　社会储备物资,是指沿黄沁河有关企业和社会团体结合生产、经营储备的可用于黄河防汛抢险的物资,储备的品种主要有照明工具、通信器材、救生器材、绳类、竹竿、帆布篷、编织袋、交通运输工具、大型机械设备等。这些物资是为了弥补国家防汛物资储备不足,保证防汛抗洪抢险而准备的,是黄河抗洪抢险物资的重要来源。社会团体储备的防汛物资由沿河各县(市)防指向有关单位下达储备任务,主要依靠市、县、乡供销社和物资局、商业局、粮食局等部门筹集。

群众储备防汛物资由沿河各县(市)、乡防指根据抗洪抢险需要下达储备任务。群众储备防汛物资因其所含品种多、来源广,具有一定特性,是国家和社会团体储备防汛物资所不可替代的,是抗洪抢险物资的重要组成部分,主要包括各种抢险设备、工具、交通运输车辆、木料及柳秸料等。

社会团体和群众储备的防汛物资,按照"汛前号料,备而不集"的原则,由各级防指下达储备任务足额储备,汛前逐单位、逐户进行登记造册,料物储备所在地防汛指挥机构负责组织检查,落实储备地点、到位数量和运输保障措施。

三、防汛设备

改革开放前,防汛抢险以人力为主,机械设备较少。其后,随着经济社会的迅速发展,国家财力不断增强,抢险机械逐步推广应用,机械化水平不断提高,防汛设备在抗洪抢险中发挥着越来越重要的作用。1986年,1个修防段一般配有1辆吉普车、1辆货车,个别修防段配有3~5辆货车。1992年以后,机械设备更新速度加快,陆续装备了一批国际国内知名品牌的工程机械设备,抢险机械设备的品种、数量、技术性能都有很大提高和改善。1992年,焦作河务局第一机动抢险队成立时,配备设备仅有推土机、解放牌汽车、黄河牌自卸车、翻斗车、北京牌吉普共5台(套)。至1999年,抢险专用设备增加到26台(套),主要包括挖掘机、装载机、推土机、自卸汽车、翻斗车等。2002年,成立焦作河务局第二抢险队。2003年,成立焦作沁河机动抢险队。2006年,3支机动抢险队共有专用设备30台(套),其中第一机动抢险队21台(套),第二机动抢险队6台(套),沁河机动抢险队3台(套)。

2015年3支抢险队整合更名为焦作河务局黄河专业机动抢险队。截至2019年,共有抢险设备9台(套),为1998—2004年配备。

焦作市政府为根据黄河抗洪抢险需要,拨付专项资金购置防汛抢险设备、物资等。2011年,储备冲锋舟6艘、救生衣(圈)1200件、照明装置24台套、巡检工作灯260个、麻绳20吨、编织袋10万条;2018年,储备联合装袋机1台、长管袋充填机1台、30千瓦发电机组6台、抢险活动房6座、铅丝10吨、复膜编织布 2.5 万平方米、长管袋 2500 条、吨包 2000 个、电缆线 8000 米、铁锹 600 把。这些设备、物资,分别存放于各县(市)河务局防汛仓库,用于黄河抗洪抢险使用。

四、物资调度

黄河防汛物资的使用调度遵循"统一领导,分级负责,归口管理,科学调度"的原则,按照"满足急需,先主后次,就近调用,早进早出"的调运方式运行。焦作市各级河务部门储备的黄河防汛物资主要用于黄河防洪工程抢险,未经市黄河防办批准,任何单位和个人不得挪作他用。黄河抗洪抢险动用或消耗防汛物资的管理权限依据《河南河务局防汛物资管理实施细则》(见表 3-1-3)执行。

表 3-1-3　河南河务局防汛物资管理实施细则

项目	县(市)级河务局	焦作河务局	河南河务局
石料(立方米)	300 以下	300~1000(含)	>1000
铅丝(吨)	0~1(含)	1~5(含)	>5
麻料(吨)	0~1(含)	1~5(含)	>5
编织袋(条)	0~2000(含)	2000~5000(含)	>5000
土工布(平方米)	0~300(含)	300~1000(含)	>1000

沿黄各县(市)河务局储备的冲锋舟,主要用于黄河抗洪指挥、工程查险、抢护和洪水偎堤、漫滩情况查看等。物资储备单位在其管辖区域内且符合上述使用范围,由该类物资储备单位主管领导审批;超出上述使用范围,报上级防指黄河防办审批。

其他防汛物资、专用机械设备及救灾器材,储备单位可根据抢险、查险使用情况报主管领导审批。

专业机动抢险队设备的调度,由焦作市黄河防办负责,用于焦作市黄河抗洪抢险。未经市黄河防办批准,任何单位和个人不得动用。当花园口站发生 4000 立方米/秒以上流量洪水,执行焦作市黄河以外抢险任务时,专业机动抢险队设备执行河南省防指黄河防办的统一调度。

2003 年,由于黄河水量持续时间较长,出险机遇增多,焦作河务局遵照上级防汛物资调度命令,支援其他单位防汛抗洪抢险。上级先后调用焦作河务铅丝网片、麻绳、木桩、土工布、冲锋舟等,支援陕西渭南、山西芮城、河南兰考、封丘、原阳等抗洪抢险。共调用防汛物资设备 22 次,调用铅丝网片 3900 片、麻绳 21 吨、土工布 1800 平方米、防汛木桩 1000 根、冲锋舟 3 艘,以及抢险设备 15 台(套),为抗洪抢险争取了主动。

社会团体储备的防汛物资,由防汛物资储备责任单位负责组织供应;群众防汛料物,由沿黄有储备任务的乡(镇)政府、村民委员会负责组织群众供应。用于黄河防洪工程抢险的物资,由发生险情所在市、县防指根据抢险需要安排,报上一级防指备案。

第二章 抗洪抢险

汛期黄河水位涨落或河势变化,常使防洪工程出现各种险情。抢险成败关系黄河安危,故大水时都严密组织巡堤(坝)查险,及时发现险情,争取抢早抢小。工程抢险一般由县级防汛抗旱指挥部负责。发生较大险情或重大险情时,成立工程抢险指挥部。指挥部由本级政府行政首长任指挥长,河务部门负责技术指导。

第一节 抗洪纪实

人民治黄以来,每次发生洪水,各级党委、政府都及时组织各方力量参加抗洪斗争,保证了黄河防洪安全。由于资料缺失,仅记述1958年以来10个年份的抗洪抢险实例。

一、1958年特大洪水

1958年7月14—18日,黄河三门峡至花园口区间(简称三花间)发生大暴雨。花园口站7月17日晚出现22300立方米/秒洪峰流量。自7月14日8时到19日8时,历时5天的降水,由4场暴雨组成,其时空分布特点有利于三花间各支流洪水叠加与遭遇。在实测系列中是比较恶劣的雨型,强度大、时间集中是这次暴雨的一个重要特征。本次洪水的特点:一是干支流水文站洪峰出现在同一天,三花间各主要河流洪峰绝大部分在17日出现;二是洪峰陡涨陡落;三是洪峰来势猛、峰值高、含沙量小,有利于淤滩刷槽、增加行洪能力。

洪水期间,周恩来总理亲临黄河视察,决策防洪措施,各级政府派干部分段防守,群众密布堤岸,解放军防守重要险区,滩区群众安全转移,最终战胜了这次特大洪水。

(一)1958年武陟花坡堤出险

1958年7月17日花园口站洪峰流量22300立方米/秒洪水过后,南岸邙山仓头圈主溜坐弯、枣树沟山头挑溜,河势北移,走向武陟花坡堤。8月13日洪水降落至10800立方米/秒时,直冲花坡堤工程,13—16垛相继坍塌出险,抢险段长达786.3米,水深8米,塌宽4米,15垛头入水3米,13垛冲掉三分之二,14 护岸急蛰,险情发展十分危急。新乡军分区司令、武陟县委县政府和新乡修防处主要领导驻工地督战,河南省调船 60 只,新乡地区派出卡车 17 部赶运石料,武陟全县动员送柳。调集新乡各县修防段工程队分坝抢护。8 月 21 日河势上提,第 9 护岸受冲,石坝全部入水,第 2、4、6、8 垛,第 3、5、7 护岸相继出险;抢护面扩大为 1395 米,当时石料不足,用麻袋装土加柳料抢护,经日夜连战 22 天,才化险为夷。此次抢险共用柳 86 万千克、绳 12000 条、木桩 1600 根、草袋 6200 条、石料 1400 立方米,抢险体积 4600 多立方米。

(二) 1958 年武陟白马泉管涌险情及处理

白马泉位于武陟县沁河入黄交界处,系禹王故道入下游转折地段,堤基土质多沙,临背悬差 5～8 米,背河渗水严重,常年积水。积水东流形成白马河。这一带背河多为盐碱沙荒沼泽地种不成庄稼。据传说,这里是东汉时期的将军姚旗行军驻扎过的地方(附近有姚旗营村),因马饮水蹄刨而流水不止,故名白马泉。

1958 年 7 月 17 日,黄河花园口站洪峰流量 22300 立方米/秒。洪水过程中铁路桥以上普遍漫滩偎堤,堤根水深 2～3 米,白马泉堤段背河出现管涌 44 处,直径大的 8～12 厘米,小的 1～2 厘米,一般的 3～5 厘米,喷出多为粗沙,冒水高 5 厘米。管涌多在堤脚外沟内出现,随着洪水回落,水位下降,管涌逐渐阻塞停流。

1967 年 8 月,在白马泉黄河堤(68＋469—74＋500)处背河打减压井 16 眼,下管深度达 20 米,8 月开工至 11 月竣工。1972—1974 年,利用白马泉穿堤间引黄河水对沁河左堤 78＋200—79＋700 及黄河左堤 68＋469—72＋900 段的背河堤脚进行放淤固堤,共引进泥沙 93.5 万立方米。1979 年,利用共产主义闸引水向上游(78＋200—72＋000)背河进行了自流放淤,淤区与白马泉淤区相接,7 月 1 日至 8 月底引水 1411 万立方米,落淤 60 万立方米。

采用放淤压渗措施,效果显著,经实测管涌区淤厚一般达到 3 米左右。1982 年汛期,黄河 15300 立方米/秒、沁河 4130 立方米/秒的洪水过程,管涌区未再发生管涌现象。

二、1982 年黄河大洪水

1982 年 7 月 29 日至 8 月 2 日,黄河三花间降暴雨,局部大暴雨。山陕区间和泾河、洛河、渭河、汾河降大雨到暴雨。黄河三花间及伊河、洛河、沁河相继涨水。花园口站 8 月 2 日 18 时出现洪峰流量为 15300 立方米/秒。7 天洪量 50.2 亿立方米,1 万立方米/秒以上流量持续 52 小时,是 1958 年以来最大洪水。

这次暴雨的特点是持续时间长、中心强度大、分布不均。最大暴雨中心位于伊河中游嵩县陆浑,7月29日降雨量达544毫米。

洪水过程中,焦作河段普遍漫滩,串沟过水偎堤,有的控导工程被洪水漫坝,部分涵闸超越防洪水位,坝岸坍塌十分严重,造成全线防守抢险的紧张局面。由于河床逐年淤积抬高,洪水过程水位偏高,受灾面遍布滩区,武陟县姚旗营村被淹,白马泉黄沁河交汇处水位壅高,闸口引水渠被冲毁,经抢护化险为夷。

三、1981—1984年温县大玉兰控导工程抢险

1981年,由于对岸巩县赵沟湾脱河,大河绕大玉兰控导工程下行,因受滩岸影响,河势北滚走向小营滩。9月,小营滩坍塌近1000米,形成洪水抄大玉兰控导工程后路的不利河势。大玉兰控导工程上首2400米生产堤全部塌入河内,故在1坝以上抢修柳石垛3座。10月初,1—2垛被洪水冲垮,随即又修复,接着河势上提,又抢修柳石垛9座。后受大溜顶冲,5座柳石垛入河。1982年2月,又受洪水直冲,边塌边抢,根据河势流向发展趋势,决定从1981年抢修的7垛以上接修至控导工程21垛,加修垛间护岸9段。9月初,18—21垛被冲垮,斜堤被冲断,口门宽600米,洪水抄入大玉兰控导工程背后,部分水流进入蟒河。汛末河势稍变,险情趋向缓和,温县修防段及时修复被冲工程。当年冬季,温县人民政府又动员劳力修复被冲断的斜堤缺口,共投工11.3万工日,用石料1.12万立方米、柳料692万千克,合计投资103.9万元。

1983年汛期,斜堤又被洪水冲垮,口门宽达1000米,大溜抄袭大玉兰控导工程背后,切断交通。随即在17号垛做了裹头,而洪水仍然走向小营滩,河滩被淘刷后退,塌掉了小郑庄。小郑庄50户居民全部搬迁到蟒河堤北。

1984年7月中旬,孟县化工工程失控,温孟交界塌滩坐弯,河向东北直冲小单庄。8月,受大河顶冲,小单庄塌入河内400米,河势向北发展,南马庄弯道行洪50%以上。8月上旬,塌滩40米。9月12日,花园口5600立方米/秒洪水时,小单庄南一股河占60%~70%,洪水冲向赵马庄正南,由赵马庄向东1500米之间每天塌滩20米,向北坐一大弯。大玉兰控导工程第11—17垛背河全部偎水,形成入袖河势,导致第15—17垛背河连坝长100米,宽3米,下蛰入水2.5米,第13、14垛背河连坝相继出险,抢护面扩展到260米。10月3日主流外移,第13—15垛背河险情趋向缓和,逐渐稳定。这次险情的紧张抢护进行了23个昼夜,战胜了洪水的冲击,使工程最终稳定下来。这次抢险共

投工 8988 个工日,用石料 1700 立方米、柳杂料 88 万千克、木桩 2292 根、铅丝笼 840 个、麻袋 2000 条、草袋 5850 条,投资 28.65 万元。

四、1983 年武陟北围堤抢险

黄河北围堤西起老京广铁路桥北端,东与原阳堤段连接,长 7.84 千米(北围堤全长 9.69 千米),原系花园口枢纽工程左侧围堤,于 1960 年建成,1963 年枢纽工程闭闸破坝泄洪后,成为一处重要的护滩工程。

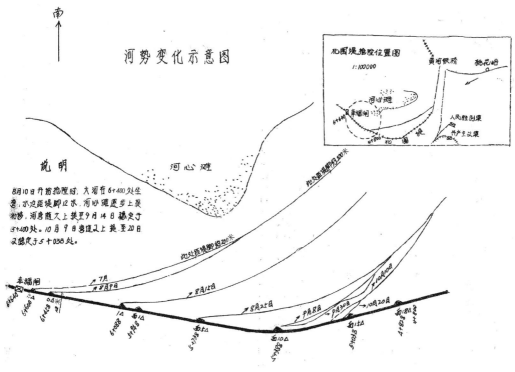

图 3-2-1　河势变化示意图

1983 年 8 月 3 日,黄河花园口站出现 8370 立方米/秒的洪峰流量,在回落过程中,因上游桃花峪以上挑溜作用加强,铁桥以下主流北趋,北股河流量由原占全河流量的 20%增大至 80%,大溜直冲北围堤前滩地。10 日,在千米桩号 6 +400 米处,大水距堤脚仅 12 米,严重威胁北围堤安全。中共河南省委、黄河防总发出"保证安全,不准溃决"的指示。

北围堤抢险从 1983 年 8 月 10 日开始,第一阶段于 9 月 15 日结束;第二阶段 9 月 15 日开始,至 10 月 23 日结束,共历时 53 天。其中 35 天大河流量为 3000~4000 立方米/秒,坝前水深达 14 米,坝前流速达 2.5~3.5 米/秒。抢修工程长 1772 米(4 +828—6 +600),柳石垛 26 座,护岸 25 段。先后动员军民 6000 余人,计 1.65 万个工日。共完成裹护 11.4 万立方米,用石 3 万立方米、柳料 1.5 万吨、木桩 2.4 万根、铅丝 44 吨、麻料 333 吨,总投资 263 万元。

此次抢险时间长、险情紧、用料多、规模大,是中华人民共和国成立以来黄河上最大的险情。抢险的成功,保护了武陟、原阳黄河滩区 16 万人民群众的生命财产安全,保障了花园口黄河公路大桥的正常施工,保证了黄河南岸工农业及城市供水的需求。特别是保证了北岸黄河大堤的安全,避免引溜夺河顺堤行洪引发决口、洪水泛滥灾害。

五、1985 年温孟滩抢险

自 1985 年 9 月 12 日起,黄河上游山西、陕西和三花区间普降大雨。9 月 17 日 16 时,黄河花园口站出现 8100 立方米/秒洪峰,水位 94.45 米,仅次于 1982 年花园口站 15300 立方米/秒洪水位 94.59 米。

这次洪水突出的特点是来得晚,含沙量小,冲刷力强,中水流量持续时间长。花园口站 5000 立方米/秒以上流量历时 8 天,4000 立方米/秒以上流量历时 24 天,3000 立方米/秒以上流量历时 38 天。因河势变化剧烈,河道内产生多处横河、斜河,大溜顶冲淘刷严重,工程出险较多。加之当时流域内大面积连续降雨,道路泥泞,防汛抢险难度增大。洪水期间,孟县黄河堤头、温县大玉兰控导工程坍塌、坐弯险情严重。

9 月 17 日,花园口站发生 8100 立方米/秒洪水后,孟县化工以下河势加剧北滚,温孟交界处滩岸受冲坍塌,孟县修防段立即设标观测。9 月 25 日,河水逼近温县单庄老黄河堤时,黄委、河南河务局制订"固守黄堤,防止串蟒"的防守方案。9 月 26 日温县修防段开始抢护,同时孟县调集人力,备料进入临战状态,并于当晚 20 时对大堤尾临河一土台进行抛枕抢护。但为时已晚,24 时,老黄堤溃塌。彼时河势上提,孟县堤头险情恶化,9 月 27 日 4 时,终因人、料不足,已抢护的土台走失,抢险人员退守堤脚,处于边抢边退的困境。11 时 30 分,40 米长的大堤堤顶塌掉其宽度的三分之一,继而发展到走失大堤 170 米的严重后果。

这种局面持续到 9 月 28 日 5 时,人员、料车进入工地后,抢险指挥部及时制订出"坚守黄庄路口(15+350),分点抢护急溜工段,预护即将靠河工段"的抢护方案。经过紧张而有秩序的抢险,至 9 月 30 日,165 米的抢护工段趋向稳定。10 月 1 日 19 时,堤尾以上 70 米垛体发生猛墩下蛰入水 1~2 米,及时进行续厢加高,抛枕偎堤。10 月 3 日,对抢护段开始整修加固。10 月 8 日,河势下挫,溜势集中,至 23 时,下首 100 米长的砌体和 2~3 米宽的堤顶突然墩蛰入水 4 米。随即调集部队进行抛枕。10 月 9 日凌晨仍风急雨骤,道稀路滑,指挥部虽采取肩挑人背拖车拉的应急措施,但料物供应不上,连续苦战 6 昼夜,险情方告稳定,河势也有所外移。10 月 17 日开始整修加固,10 月 20 日结束。

在历时 26 天的抢险期间,河南省、黄委、新乡地区、河南河务局的领导同志亲临现场指导工作,新乡修防处先后组织五县六段以及郑州修防处支援技工 135 人,中国人民解放军驻豫部队两批共 1400 人与当地民工 700 人协同作战,共抢修柳石垛 5 座,护岸 4 段,计长 525 米(15+020—15+545),实用石料 7.03 万立方米、柳杂料 395 万千克、铅丝 12.85 吨、麻料 70.7 吨,人工 3.35 万工日,合计投资 88 万元。

温县黄河堤溃塌过水后,主溜日趋北滚下延,大有黄蟒汇流之势。根据黄委"防止黄蟒汇流,不能抄大玉兰工程后路"的指示,河南河务局规划了"保蟒导溜"2 组工程。一组于 9 月 29 日开工,在单庄提灌站以西蟒河堤上修 5 道坝 1 个垛,全长 500 米;另一组工程位于小营村东南蟒河堤上,生根长 1000 米,修丁坝 8 道。后因河势南移,水位回落,丁坝未裹护。以上两组工程用石料 0.3 万立方米,柳杂料 58.61 万千克,麻料 4.15 吨,人工 4.15 万工日,投资 27.84 万元。

温孟滩险情发生的主要原因是:1984 年汛期以来,洛阳公路桥以下河势逐渐北移,逯村工程靠河位置逐渐上提,花园镇、开仪工程脱河,开仪工程以下坐弯绕赵沟工程下泄,赵沟工程以下坍塌坐弯,导溜单庄,9 月 17 日洪峰过后,赵沟工程以下滩地弯道深坐,挑溜力加强,产生横河顶冲致使出险。

六、1992 年洪水

1992 年 8 月 16 日,花园口站出现洪峰流量 6260 立方米/秒,水位 93.33 米。洪水主要来源于泾河、渭河、北洛河和黄河干流龙门以上地区。特点是含沙量大、水位高、传播历时长。峰前最大含沙量 535 千克/立方米,仅次于 1977 年的 546 千克/立方米。水位表现异常,与 1982 年 15300 立方米/秒的最高水位比较,孟县逯村高 1.52 米,武陟驾部高 0.57 米,北围堤险工高 1.07 米。

洪水期间,焦作黄河有 4 处 11 道坝出险 13 次。出险类型主要为大溜冲刷引起的根石走失蛰陷。险情较大的工程有开仪、大玉兰、驾部等。抢险共计用石 1255 立方米,投资 6.91 万元。

洪水中,温县大玉兰工程以下至张王庄生产堤,再至军地滩、武陟交接新蟒河南堤全部偎水。武陟二局黄河大堤桩号55+000上下750米左右偎水,为黄河沿老蟒河和刘村提排站渠道回水,花坡堤工程全部偎水。武陟一局白马泉防沙闸至人民胜利渠渠首闸之间灌溉渠以南,渠首闸至人民胜利渠与新郑公路以南,桥头至老田庵控导工程以南,老田庵控导工程防汛路东200米的北围堤以南,滩地全部上水。由于水位表现高,漫滩范围较大,共计淹没耕地18.69万亩,水毁机井425眼、桥涵1座、渠道7.8千米、道路17.2千米,直接经济损失8849.70万元。

七、1996 年洪水

1996年8月1—4日,黄河龙门至三门峡、三门峡至花园口区间连降大到暴雨,干流小浪底站8月4日2时出现5000立方米/秒洪峰;支流伊洛河黑石关站8月4日10时出现2000立方米/秒洪峰,沁河小董站8月5日22时出现1640立方米/秒洪峰。干支流洪水汇流形成了8月5日14时花园口站7600立方米/秒的洪峰。

这次洪水尽管属于中常洪水,但表现异常。洪水水位之高、演进速度之慢、漫滩范围之广、偎水堤段之长、工程险情之多、滩区受灾之重等,都是人民治黄以来所罕见的。

一是水位表现高,演进速度慢。洪水持续时间长,峰型胖,花园口站大于4000立方米/秒洪水持续90小时,大于6000立方米/秒洪水持续53小时;含沙量大,水位异常偏高。8月3日小浪底站含沙量达232千克/立方米,逯村工程、大玉兰工程、驾部工程、老田庵工程水位分别比"92·8"洪水水位高0.56米、0.42米、0.16米、0.54米。花园口站出现了该站有记载以来的最高水位,比1958年22300立方米/秒洪峰水位高0.91米,比1982年15300立方米/秒洪峰水位高0.74米。洪峰传递慢,从小浪底站至花园口站共用时36小时,约为正常情况的3倍(正常11.6小时)。

二是漫滩范围广,滩区受灾情况严重。黄河低滩全部漫水,化工工程至大玉兰工程之间部分堤段和控导工程背河偎水,温县滩蟒河以南滩区全部漫水,蟒河北堤两处决口,武陟花坡堤全部偎水,淹没面积193.84平方千米,受淹耕地48.97万亩,影响73个村庄9.3万人,温县陆庄、朱家庄等7个村庄搬迁出滩区。

三是工程险情多,抢险任务重。1996年8月1日至9月30日,焦作河务局所辖工程抢险6处74坝188次,消耗石料2.62万立方米、柳料209.99万千克、土方1.66万立方米,用工2.12万个工日,共投资364.21万元。出现较大险情3次,分别为老田庵控导23坝、大玉兰控导2坝和驾部控导藏头段险情。

（一）大玉兰控导工程抢险

第一次洪水(8月4日)总的河势情况为主溜线从裴峪工程斜冲25坝以下,34—39坝紧靠大溜,南至邙山脚,北至新蟒河南堤全部靠河,大玉兰控导工程临背偎水。大玉兰控导工程新蟒河以南防洪路被洪水漫顶,水位超路面0.2~0.3米,最深处达1.2米;33—37五道低坝(设计高程为109.39米,新大沽系,下同)洪水漫顶,水位超坝顶0.6米左右。

8月4日5时48分,35丁坝迎水面处溜过坝顶,急浪壅高超过坝顶约0.6米,35坝顶开始拉槽,且在35坝迎水面的抗溜下产生一股强大的迴流顺35—34坝裆向34—35联坝猛扑,冲垮了子埝。在34坝下坝根处冲开缺口一处,继而35—36、36—37联坝上的子埝也被冲决两处。总计从34—37坝过水流量约354立方米/秒,8月5日零时水位开始下降,5日6时断流。

第二次洪水(8月12日)总的河势情况为:主流线与4日相比,从25坝上提至5坝,30—39坝靠溜较紧。大玉兰控导工程临背偎水,防洪路交通中断,水位超33—37坝坝顶0.3米左右。温县防指和温县河务局组织力量抢修子埝,并全力守护,故未从33—37联坝过水。但34丁坝背水面被水冲塌长40米、宽5米,当时水深2米;35丁坝坝面被洪水刷深0.8米,坝顶100立方米备石塌入坝基之中。

8月12日下午至13日上午,河势从8坝迅速上提至上延1坝。受裴峪工程影响,在裴峪工程至大玉兰2坝形成一股斜河,主流直顶1坝、2坝、3坝,导致8月13日8时30分至14时2坝出现重大险情。出险段长68米,土基最大塌宽8米,全部下蛰入水2米;3坝、1坝,上延1坝、2坝也相继出险。经抢护方化险为夷。

（二）老田庵控导工程23坝抢险

1996年8月1日,花园口流量3580立方米/秒,河水漫滩,武陟老田庵控导工程全部偎水,14号坝靠边溜。8月4日8时,花园口流量4220立方米/秒,在水位上涨过程中,主溜北移,大溜靠22坝、23坝,23坝上跨角出水仅1米多。8月5日,在花园口站7600立方米/秒洪峰的上涨过程中,主溜绕过23坝坝头,自坝后向北漫行,因此处地势低洼,流速较大,23坝背水面被冲刷。8月5日8时,背水面土坝坝基坍塌出险,出险长110米、宽1米、高1米。险情发生后,武陟第一河务局迅速组织人员,做柳护岸进行抢护。经过23个小时的奋战,险情得到控制。

8月7日,河势上堤,大溜顶冲23坝,上跨角坦坡挤压块体间出现1~2米的裂缝,长3米、宽1米的挤压块下滑,采用麻袋装土进行抢护,但效果较差。8月7日18时30分,险情发展到长25米、宽3.5米、高4.5米,坝前水深6米,土坝基开始坍塌,险情发展较快,改用柳石枕抢护。8月8日4时30分,出险部位已发展到迎水面0+091至下跨角长达33米、宽4米、高4.5米。焦作市委、市政府及武陟县委、县政府十分重视,迅速调集4个乡(镇)送柳料40万千克。8月13日黄河第二号洪峰花园口站5520立方米/秒过境时,大溜顶冲23坝,致使23坝再次出险。黄委、河南河务局有关领导和专家赴现场研究抢护方案,决定仍采用传统的柳石枕结合块石的抢护措施。同时,焦作河务局调机动抢险队进行全力抢护,险情得以稳定。

据统计,此次洪水,老田庵23坝共计出险31次,抢险用柳61.29万千克、石料3376立方米、铅丝1.22吨、麻绳18.76吨、木桩2752根,用工2737个工日。

(三)驾部控导工程藏头段抢险

1996年8月,黄河发生了1958年后出现的高水位洪水,流量(黄河小浪底水文站测报值)从3000立方米/秒增大至5580立方米/秒,驾部控导25坝处水位最高时达到103.93米,比1982年8月花园口站发生的15300立方米/秒洪水时的实测水位103.10米高0.83米。随着上游来水的减少,河势逐日上提,8月20日河势主溜已提至2—6坝之间。进入9月后,河势上提迅速,急转左岸,形成横河,顶冲驾部工程上首,河宽仅100米。由于水流集中,冲刷力强,工程前滩地迅速后退。9月6日9时坝脚被冲,坝坡坍塌;12时塌至临河坝肩;9月7日1时坝身及背河坝肩塌入河内;当日6时,坝身被冲30米宽;9月8日口门冲宽至156米;9月9日口门宽198米;至9月13日,非裹护段溃决,形成决口长度245米。

黄委以及河南省、焦作市、武陟县政府各级领导十分重视这次抢险,中国人民解放军54772部队、中国人民解放军59049部队、武警焦作支队等520名官兵,武陟县公安、交警、武警100余名官兵,武陟县7个乡(镇)的抢险队参加了这次抗洪抢险。焦作河务局,武陟县委、县政府主要领导坐镇指挥,还亲自背石料、扛柳梢参加抢险。9月7日参加抢险人数达4600人。此次抢险采取搂厢、抛枕、抛石等措施固守东坝坝头,防止抄驾部工程后路,裹护西坝头,控制口门扩大,背河抢修月堤,蓄水缓解引溜入袖之势,险情有所控制。9月27日,河势开始下挫,决口险情不再扩大,经过党政军民的共同奋战,经历了21天的抢险过程,控制了险情。

1997年,该口门经黄委批准修复,增设3个垛3段护岸,将252米长的口门堵复,加固了工程上首的工程,增强了整体抗洪能力,堵复口门工程共用石料6500立方米、柳料25.95万千克,用土2.06万立方米,投资183.16万元。

八、2003年洪水

2003年洪水,是"华西秋雨"天气造成的黄河自1981年以来历时最长的秋汛。黄河干支流9月1日后出现了十几次洪水过程,一直持续至11月下旬,与凌汛期连在了一起。

小浪底、三门峡、陆浑、故县4库水沙拦蓄运用,最大限度地减少了下游滩区洪水灾害损失,避免了花园口站数次可能形成的6000立方米/秒左右的洪峰流量。花园口站最大流量仅为2780立方米/秒,与历年较大洪水相比,明显偏小。黄河下游秋汛4次洪水过程,基本属于连续洪水,持续了80多天,与历史上的较大洪水相比,洪水持续时间平均多出60~70天,水量平均多出80多亿立方米,而每立方米水的平均含沙量分别少了20~70千克。

2500立方米/秒洪水持续时间长达2个多月,工程出险次数之多、抢险任务之重是人民治黄以来罕见的。洪水期间,焦作黄河共有6处河道工程82道坝垛出险341坝次,用石料34211方、柳料72.23万千克、铅丝20917千克、麻绳11775千克、木桩1143根、土方7684方,用工17294个工日,总投资538.06万元。出现较大以上险情2处,分别为6月30日9时50分大玉兰控导工程20坝和11月3日14时30分老田庵控导工程25坝险情。经过各级的共同努力,最终夺取了抗洪抢险的重大胜利,确保了黄河防洪安全。

第二节　工程措施与迁安救护

一、工程普查

工程普查主要包括河势查勘和汛前拉网式普查。河势查勘又分经常性查勘和特殊性查勘两种。汛期前后查勘为经常性查勘,汛期中间特殊情况查勘为特殊性查勘。汛前拉网式普查即对辖区堤防、河道整治、过堤涵闸实施的普查。

每年的工程普查工作均由所辖县(市)河务局组织,成立普查工作领导小组,制订《实施方案》,组织工管、防办、运行、养护等部门技术人员,本着"从严、从细,真实、全面"的原则,对堤防工程及河道工程中的裂缝、动物洞穴、水沟浪窝、陷坑天井、残缺土方、违章建筑、石护坡、排水沟以及险工坝岸坦石(坡)缺损等进行全面检查。着重对重点隐患进行鉴定、复核。将位置、处数、尺寸、类型、工程量等记清标明。对过堤涵闸逐个进行启闭检查。发现建筑物裂缝、结合部裂陷、砌石残缺等,填写登记必须要位置准确、尺寸翔实、类型清楚,并且要做到记录详细,签字完整,普查全面,不留死角。普查结果由专人负责记录,标清隐患位置、数量、大小和整改工程量,内容翔实、具体,数据真实、准确。对普查中发现的问题必须及时汇总,分析成因,阐明危害,上报处理方案。

二、根石探测与加固

(一)根石探测

根石探测也叫根石探摸。通过对所辖河道工程进行根石探测,可以及时了解工程根石的变化动态,掌握工程的根石深度、坡度及缺石量,为石料储备和加固提供依据,争取防汛工作的主动性。

根石探测分为汛前、汛期、汛后探测,由各县(市)河务局负责实施,并编出根石探测成果上报。

随着社会的发展,根石探测方法也发生了变化,2000年以前,采取的是人工探测方法,由辖区各县(市)河务局的工程队或抢险队来完成,无须资质等要求,只要探测人员认真负责、技术精湛,探得准确即可。2000年以后,要求日趋规范,探测严格按《黄河河道整治工程根石探测管理办法(试行)》和《水利水电工程物探规程》(SL 326—2005)执行。采取电磁波技术探测法,并辅以人工探测。

(二)根石加固

根石加固从20世纪80年代以后进入常态化,一般每年都要进行,或汛前或汛中或汛后。根石加固项目以"加固与除险相结合,保障工程完整"为原则,优先满足标准洪水以内工程发生的较大及较大以下险情的排除及工程恢复。一般是采取抛投散石、大块石、铅丝笼等办法。汛前和汛后加固根石,大多是依据根石探测分析结果进行的。汛中加固根石,大多是依据河势工情进行的。

河南河务局负责根石加固项目审查批复、监督检查和抽检工作;焦作河务局负责本辖区根石加固项目审核申报、督促检查、项目验收等工作,各县(市)河务局负责根石加固项目实施方案的编制、申报及实施等工作。

三、应急度汛工程

应急度汛工程是指为确保防洪安全,经工程普查确定必须于汛前抢修完成的工程。例如,堤防工程除险加固、坝岸根石加固、坝岸坦石整修或改建、涵闸维修和保证滞洪区安全运用的工程设施等。在焦作黄河辖区内主要有新修控导工程、根石预加固工程、险工改建等。列为度汛工程的控导工程和根石预加固工程,必须抢在汛前完成;列为度汛工程的险工改建工程、新砌坦石高程在汛前必须超过设防水位,汛期绝对不许拆除旧坦石。

四、滩区迁安救护

(一)滩区基本情况

焦作黄河滩区涉及孟州、温县、武陟三县(市),以及对岸洛阳孟津县,郑州巩义市、荥阳市、惠济区、金水区隔河相望,滩区面积77.80万亩,耕地面积61.55万亩。其中,孟州市16.85万亩,温县16.63万亩,武陟县28.07万亩。涉及19个乡(镇、办事处),278个村,49.53万人。区内有行政村庄68个,9.66万人,其中温孟滩移民32个村,44828人(孟州19个,31035人;温县13个,13793人)。滩区基本情况见表3-2-1。

滩区为典型的农业经济,种植以小麦、玉米、花生、大豆为主,经济类有林果、蔬菜及四大怀药(山药、地黄、牛膝、菊花)等,滩区人民群众经济生活来源主要靠滩区农业收入。滩区重要基础设施除各类跨穿河的桥梁、管道、输电线路外,还有沟通东西的王园线和纵横交错的生产路、移民路、防汛路等。

温县和孟州交界处的温孟滩,本是随黄河水势,时水时滩、时草时田的荒滩。20世纪90年代,经过淤滩改土、筑坝修堤,改善了当地生态环境。温孟滩防护堤从孟州市逯村控导上首到温县大玉兰控导以下1.8千米止,将逯村、开仪、化工、大玉兰等控导工程连成一体,并与温县东防护堤相接,设计防洪标准为当地流量10000立方米/秒。防护堤与清风岭及黄河堤防之间是小浪底移民工程群众居住区,新蟒河堤(温县小营至董宋涝河口)与黄河堤防之间为温县滩区群众生产生活居住之地,董宋涝河口以下为武陟县滩区群众生产生活居住之地。黄河控导工程设防标准为防御当地流量5000立方米/秒超高1米,其中2001年后建设控导工程设防标准为防御当地流量4000立方米/秒超高1米。

(二)迁安救护任务

黄河滩区(高滩区)由于中常洪水不上滩,群众可安全生产,但遇较大洪水时,水位上涨,滩区群众将受到洪水威胁。为确保滩区人民群众生命财产安全,各级政府每年汛前均成立相应指挥机构,将各项工作任务分解落实到单位和个人,开展迁安救护演练,部署预警、迁安设备,发放迁安明白卡。

表 3-2-1　焦作黄河滩区基本情况

滩区名称		焦作黄河滩区	安全设施解决人口（人）		0
所在市、县		焦作市	运用时需转移人口（人）		26212
设计蓄滞洪水位（米）		0～1.85	通信设施		电话、网络
设计蓄滞洪量（亿立方米）		4.48	报警设施		电话、电视、广播、喇叭等
淹没面积（平方千米）		270.20	船只（只）		0
耕地（万亩）		61.55	撤退道路	条数	53
地面高程范围（米）注明高程系（黄海）		97.20～114.30		长度（千米）	182.15
运用概率			黄河堤防	堤顶高程（米）	119.83～101.18
涉及区域	乡镇（个）	19		设防临黄堤长（米）	61010
	自然村	280		堤顶宽（米）	10～15
	行政村（个）	278		黄河大堤	花园口 22000 立方米/秒
	人口（万人）	49.53		温孟滩防护堤	小浪底 10000 立方米/秒
区内	人口（万人）	9.66	备注：堤防包括温孟滩移民防护堤 0＋000—39＋969,防洪标准为小浪底 10000 立方米/秒;黄河堤防 42＋374—65＋414、68＋469—90＋432,防洪标准为花园口 22000 立方米/秒		
	自然村	70			
	行政村（个）	68			

县级防指成立滩区迁安指挥部,下设警报信息发布组、转移安置组、应急抢险组、物资供应组和后勤保障组。按照"分级负责、分部门"原则,由外迁和

对口安置县(区)、乡(镇)人民政府和防指组织实施。

迁移乡(镇)接到洪水预报信息或群众迁移指令后,保证在30分钟内把洪水预报信息或群众迁移指令传达到滩区村村民委员会主任和包村干部,督导实施迁移的具体村和固守村全力实施外迁转移避险工作。

迁移村村民委员会采取广播、电话、短信、逐户通知等方式,保证在30分钟内把水情信息传达到每户,动员需迁移的群众按照既定程序迁移,组织群众在洪水到来之前对口到规定地点避险。

安置乡(镇)接到洪水预报信息或群众安置指令后,利用电话或直接送达等方式,保证在30分钟内把安置指令传达到安置村村民委员会主任和包村干部,全力做好迁移村民的安置工作。

安置村村民委员会采取广播、移动通信、逐户通知等方式,通知村民做好迁移群众的安置工作。

洪水级别越大,滩区淹没范围地越广,需迁移人口也相应增多。

当花园口站发生6000~10000立方米/秒洪水时,焦作市黄河部分高滩和全部低滩有漫水,滩面水深1.0~3.0米,滩区受淹涉及武陟县、温县、孟州市,需转移安置人口0~7615人。

当花园口站发生10000~15700立方米/秒洪水时,焦作市黄河滩区大部分被淹,滩区受淹涉及武陟县、温县、孟州市,需转移安置人口7615~8484人。

当花园口站发生15700~22000立方米/秒洪水时,焦作黄河滩区全部上水,漫滩水深局部达5.0米以上,滩区受淹涉及武陟县、温县、孟州市,需转移安置人口8484~26212人。

第四篇 水资源开发利用

第一章 灌溉航运

焦作水利开发很早,先秦时期,居住在这里的劳动人民就开始兴修简单的农田灌溉工程,发展农业生产,并以黄、沁河水系为中心开辟了通向全国各地的水上运输线。汉、晋、唐时,灌溉和航运事业都曾出现过高潮。金代,黄河南下夺淮以后,河道极不稳定,元、明、清各代都把防洪置于重要地位,灌溉工程虽在沁河流域续有兴建,而航运则逐渐呈现停顿不前和衰落状态。

第一节 灌溉兴废

在历史文献中,焦作灌溉工程有名可寻的当推河内郡引沁水灌溉的秦渠(今沁阳、武陟一带),相传始修于秦代而得名。汉代,河内的老灌区外仍续有兴修。魏文帝曹丕代汉以后,河内郡野王县(今沁阳)典农中郎将司马孚于黄初六年(225)前后重整了引沁灌区。司马孚在上魏帝表中陈述他之前曾奉诏"兴河内水利",巡视了沁水流域和沁水灌溉情况:"沁水源出铜鞮山,屈曲周回水道九百里。自太行以西,王屋以东,层岩高峻,天时霖雨,众谷走水,小石漂进,木门朽败,稻田泛滥,岁功不成。"而在旧堰五里以外"方石可得数万余枚",认为"方石为门,若天旸旱,增堰进水,若天霖雨,陂泽充溢,则闭门断水,空渠衍涝,足以成河,云雨由人,经国之谋,暂劳永逸"。魏文帝批准了他的建议,"于是夹岸累石,结以为门,用代木枋门"(《水经注·沁水》)。改进灌溉设施,进一步保证了农田灌溉的需要。

西晋以后,沁河流域继续修过一批灌溉工程。例如,西晋刘颂重整了河内引沁灌区,使"郡界多公主水碓",一度"遏塞流水,转为浸害"(《晋书·刘颂传》)的沁河灌区重兴了灌溉之利。北魏太和十三年(489),孝文帝"诏州镇有水田之处,各通灌溉"(《魏书·高祖纪》)。隋怀州刺史卢贲"决沁水东注",

修建了利民渠和温润渠，"以溉舄卤，民赖其利"（《隋书·卢贲传》）。这些工程，大致都是对前代工程的维修整顿，没有大的发展。

唐代，洛阳为东都，又是漕运的必经之地，在它的周围，西边从虢州（今灵宝）、陕州起，北到孟州、怀州，南到汴州，兴修了一批水利灌溉工程，引黄河和伊、洛、沁、汴诸水为农业生产服务。怀州刺史杨承仙"浚决古沟，引丹水以溉田，田之汙莱遂为沃野"（独孤及《毗陵集·故怀州刺史太子少傅杨公遗爱碑》）。宝历元年（825）前后，河阳节度使崔弘礼"治河内秦渠，溉田千顷"（《新唐书·崔弘礼传》）。大和七年（833），河阳节度使温造"修枋口堰，役工四万，溉济源、河内、温县、武德、武陟五千余顷"（《旧唐书·文宗本纪》）。大中年间（847—860），"怀州修武县令杜某又在县西北十二里开新河，自六真山下合黄丹水南流，入吴泽陂"（《新唐书·地理志》）。这些记载表明，唐代对河内灌区是相当重视的。

金代明昌五年（1194）以后，屡有兴修水田之议，并制定过兴修水利田的奖励法规，但焦作黄、沁的具体灌区缺乏文字记载。元代开国皇帝忽必烈即位当年（中统元年，即1260年）就诏告天下，"国以民为本，民以食为本，衣食以农为本"，确定了重农的国策。中统二年，提举王云中、大使杨端仁奉命开沁渠，"凡募夫千六百五十一人，内有相合为夫者，通计使水之家六千七百余户，一百三十余日工毕。所修石堰，长一百余步，阔三十余步，高一丈三尺，石斗门桥高二丈、长十步、阔六步。渠四道，长阔不一，计六百七十七里，经济源、河内、河阳、温、武陟五县，村坊计四百六十三处。渠成甚益于民，名曰广济"（《元史·河渠志》）。中统三年，郭守敬曾向忽必烈面陈水利六事。其五为"怀、孟之间沁河，浇灌左右两岸田地，犹有余水，使之东与丹河余水相合，再引向东流至武陟县北，合入御河，可灌田二千余顷"。其六为"黄河自孟州向西开渠引水，分一支渠，经由新、旧孟州中间，顺河之古岸而下，至温县南复入大河，其间亦可灌田二千余顷"。前者当指流经修武县的小丹河（运粮河），后者实行与否于史不详。然而，沁河一带的灌区大致是始终维持不断的。

明初引沁灌区仍名广济渠。据乾隆《怀庆府志》记载：弘治六年（1493）徐恪巡抚河南时，派朱瑄整修广济渠，"随宜宣通，置闸启闭，由是田得灌溉"。嘉靖年间"河内令胡玉玑浚之，名利丰河"。隆庆二年（1568）纪诚任怀庆知府时，对引沁工程做了一次大的整修，"开创渠河六：在沁水曰通济河（即广济渠），曰广惠北河，曰广惠南河；在丹水曰广济河，曰普河"。万历十四年（1586），河内令黄中色又进行了修浚。由于以前多为土口引水，"土口易淤，下流淹没，利不敌害，旋兴旋废"，万历二十八年（1600），袁应泰出任河内令，他认为要使引沁灌区长期使用，"广济非修石口不可"，于是会同济源令史记言，发动两县上万民众"循枋口之上凿山为洞，其极西穿渠曰广济，为河内民力所开，工最巨；次东曰永利，为济源民所开；又次东曰利丰，乃旧渠，而河内民重浚"。因枋口四面皆山，山大石多，工程十分艰巨。据明人高世芳在《凿山开河记》中称：工程开始后，"坏山为穴，工卧而凿之，渐下而蹲，渐下而俯"，当遇到"横山而卧，形若大屋"的黑色巨石时，"力士操利锤弗入"，袁应泰就组织群众"先以之烈火，继之以利锤，锤而火之，火复锤之"。经过三年的努力，终于凿透石山，建成"自北而南长四十余丈、宽八丈"的输水洞。随后又用两年多时间修砌桥闸，安装铁索滑车，疏通渠系，开排洪道，建成"延流二百余里""灌济、河、温、武四邑民田数千顷"的灌区，为发展农业生产做出了新的贡献。

清代，沁河灌溉事业仍有一定发展。据《河南通志·水利》记载，怀庆府所属河内、济源、孟、温等县，都有不少小型农田灌溉工程。河内县的引沁工程即有八九处之多，县北引丹水灌渠达 20 处，可灌 100 多村的民田。沁河的上述工程，经过不断整修，有不少至清末以至民国年间仍然发挥着作用。

第二节　航运兴衰

焦作黄河航运事业很早已经出现。据《史记·周本纪》记载，武王伐纣时"率戎车三百乘，虎贲三千人，甲士四万五千人……师毕渡孟津"。周武王率领的数万大军能渡过黄河，看来水运的规模是不小的。

战国时期，航运进一步发展。《禹贡》记载了当时各州贡赋通向黄河进而到达冀州，焦作、洛阳间的黄河是这些贡赋运输的终端。战国中期，魏国为了称霸中原，于魏惠王十年（前361）着手开挖沟通江淮的水运工程——鸿沟，以便利京都大梁（今开封）的航运。鸿沟的第一期工程是"入河水于甫田"（《水经·渠水注》），即由荥泽（今武陟与郑州之间）引黄河水入中牟县西的圃田（古大湖），然后于魏惠王三十一年（前340）"为大沟于北郛，以行圃田之水"，即从大梁城开大沟，引圃田水东行，再折而向南，与淮河连接起来。这条人工运河建成后，成为连通中原地区河淮之间的重要水道，促进了农业、手工业的发展。

西汉建都长安。初期从崤山以东通过黄河向京城的运输量尚不大，据《史记·平准书》记载，文帝之前"转山东粟以给中都官，岁不过数十万石"。后来关中人口大量增长，再加上戍边士卒的衣食所需，自崤山以东通过黄河运向关中的粮食大增，到汉武帝时已达 400 万石，最多时"山东漕益岁六百万石"。这些漕粮,一方面是通过荥阳漕渠(战国魏时鸿沟),溯黄河西上运至关中,另一方面从黄河下游两岸而来。东汉建都洛阳,国家的政治中心东移,黄河漕运的中枢也随之东迁。

西汉时的荥阳漕渠,东汉时称为汴渠。因西汉后期黄河南侵,此渠曾在相当长的时期内遭到破坏。王景治河以后,汴渠恢复。魏晋之际由于用兵、运粮的需要,黄河南北开了不少运河,航运有了进一步发展。西晋灭亡后,由西晋贵族在江南建立的东晋和北方的燕、秦等政权多次在黄淮之间进行战争,由于军事需要,航运一度受到重视。

隋文帝杨坚即位以后,十分重视漕运工作。开皇三年(583)以京师仓廪空虚,命怀、邵等水次十三州,置募运米丁,运关东及汾晋之粟以给京师。开皇七年(587),为改善黄、淮之间的航运,派梁睿于汴口地区"增筑汉古堰,遏河入汴"(《通典》)。开皇十五年(595)六月,下诏"凿砥柱",对黄河航道进行了整治。到杨坚晚年,随着国家的统一,全国出现了"户口滋盛,中外仓库无不盈积"(《隋书·食货志》)的局面。隋炀帝杨广凭借这一巨量的财富和人力,对全国航运进行了大规模扩建,先后建成南通江淮的通济渠和北抵涿郡的永济渠,形成了以洛阳为中心,西通关中,南至江淮,长达 2500 余千米的水上运输线,使古代中国的航运事业达到以前从未有过的规模。

通济渠是联系黄河、淮河、长江三大水系的纽带,建于隋炀帝大业元年(605)。据《隋书》和《资治通鉴》记载,这一工程"自西苑引谷、洛水达于河",再"自板渚引河通于淮",然后于淮水之南通过山阳渎与江南联系起来。工程的上段自西苑,即东都洛阳引谷、洛水进入黄河,其间只修了部分人工运渠,做了局部的河道疏浚和整治,工程量不算太大。工程的下段比较艰巨:首先是在板渚(今武陟、荥阳间)和浚仪间对汉、魏汴渠故道做了疏浚、扩宽,在浚仪以东与原汴渠故道分途,直趋东南,另开一条新渠,经陈留、雍丘(今杞县)、宋城(今商丘)、永城、夏丘(今安徽泗县),于盱眙以北入淮。新修的渠道"广四十步,渠旁皆筑御道,树以柳"(《资治通鉴》),十分壮观。与此同时,在淮南整修了前代已有的运渠。全部工程,自东都洛阳起,至江都(今江苏扬州)止,总长1100 余千米。在河南、淮北、淮南一百余万人的辛勤劳动下,从大业元年(605)三月辛亥(二十一日)开工,到八月壬寅(十五日)竣工,历时仅 5 个月,工程规模之大,速度之快,可谓水利史上的一大奇迹。

在兴修通济渠后,大业四年(608)正月,隋炀帝又"诏发河北诸郡男女百余万,开永济渠,引沁水,南达于河,北通涿郡"(《隋书·炀帝纪》)。这条渠道是在曹魏旧渠的基础上并利用部分天然河道建成的,南引沁水接通黄河,北分沁水一部分与前代的清河、白沟相连,经过汲、黎阳、临河(今浚县东)、内黄等地,入今河北省境,至天津再西北行,最后到达涿郡所在地蓟城,全长约 1000 千米,也能通航大型龙舟。大业七年(611),隋炀帝发兵征高丽时,除亲自乘龙舟通过永济渠外,还曾"发江淮以南民夫及船运黎阳及洛口诸仓米至涿郡,舳舻相次千余里,载兵甲及攻取之具,往还在道者常数十万人"(《资治通鉴》)。其通航能力可见一斑。

通济渠、永济渠的兴建,人民付出了沉重的代价。当时,由于统治者急于见功,"官吏督役严急,役丁死者什四五,所司以车载死丁,东至城皋,北至河阳,相望于道"(《资治通鉴》)。因丁男不足工程之需,还"以妇人从役"(《隋书·食货志》)。加之隋炀帝又在修渠前后造龙舟、修宫室、筑长城、伐高丽,无休止的劳役使许多地区呈现了"行者不归,居者失业,人饥相食,邑落为墟"的景象,大业七年(611)农民起义的烈火在黄河下游燃起,大业十四年(618),隋炀帝被杀死,隋王朝也随之灭亡。继起的唐王朝为了沟通江淮地区与关中京都地带的联系,对黄河和通济渠(唐通称汴渠)的重视,是不亚于隋王朝的。唐人皮日休在《汴河铭》中写到汴渠时说:"在隋之民不胜其害也,在唐之民不胜其利也。"这说明了汴渠对唐代的重要意义。

除大力整治河、汴航道外,唐开元年间(713—741)还在漕运管理方面做了较大改革。据《新唐书·食货志》称:以往江南漕船大都是通过汴渠、黄河、洛水直达东都洛阳的。每批船只大抵于二月至扬州入斗门,四月以后渡淮进入汴渠,因这时汴渠正值枯水季节,六七月间方能达到河口(黄河水入汴处)附近。到河口,又恰逢黄河汛期涨水,上行困难,须待八九月水落后再进入黄河转往洛水。由于"漕路多梗,船樯阻隘",加以江南水手不熟悉黄河河道,入河后还要"转雇河师水手、重为劳费"。为了加快漕运速度,开元二十一年(733),京兆尹裴耀卿提出:"罢陕陆运而置仓河口,使江南漕船至河口者,输粟于仓而去,县官雇舟以分入河、洛。置仓三门东西,漕舟输其东仓,而陆运以输西仓,复以舟漕,以避三门之水险。"唐玄宗接受了他的意见,于"河阴置河阴仓,河清置柏崖仓,三门东置集津仓,西置盐仓,凿山十八里以陆运。自江淮漕者,皆输河阴仓。自河阴西至太原仓,谓之北运。自太原仓浮渭以实关中"。这样施行的结果为"凡三岁,漕七百万石,省陆运佣钱三十万缗"。开元二十二年(734)以河阴地当汴河口,分汜水、荥阳、武陟三县地,于输场东置河阴县,管河阴仓。武陟县沿河姚旗营、余会、解封、涧沟、草亭、方陵等 18 村划入河阴县,至明隆庆六年(1572)方归还武陟。

安史之乱使黄、汴漕运遭到严重破坏,广德元年(763),叛乱被平定后,黄、汴漕运得以整顿。据《新唐书·食货志》记载,广德二年(764),唐代宗派第五琦和刘晏疏浚汴渠,并以"刘晏颛领东都、河南、淮西、江西东西转运、租庸、租钱、盐铁,转输至上都"。在刘晏的主持下,一方面参照裴耀卿分段漕运的办法,使"江船不入汴,汴船不入河,河船不入渭;江南之运积扬州,汴河之运积河阴,河船之运积渭口,渭船之运入太仓,岁转输百一十万石,无升斗溺者"。另一方面又在扬州制造可以直达三门的专用船三千艘,每船载重千斛,"十船为纲,每纲三百人,篙工五十,自扬州遣将部送至河阴,上三门,号上门填阙船,米斗减钱九十。"一度停顿的河、汴漕运又恢复了生机。

北宋时期的汴河和隋唐一样,上接黄河,下通淮河、长江,是北宋漕运赖以存在的重要交通动脉。元代京杭大运河全线开通后,焦作境内的黄河只有少量的民间运输,不再担负国家漕运任务,航运事业随之逐渐衰落。

孟州黄河航运。孟州民间黄河航运事业至民国25年(1936)仍未中断。航运船只大都是私人所有,船员系半农半航,均利用农闲从事运输。清末民初,孟县的协兴居粮行粮食全从山西柳林通过船只运来。沿河的堤北头村设有炭场和木材场,其煤炭和木材也是从新安县和灵宝县通过黄河航运而来的。停泊渡口有白坡、冶戍、化工3处。当时甘、陕的药材、棉花下运量也很大,常常是几十艘船结伙联帮,鱼贯而下,卸载后卖去船只,从旱路返回。民国25年陇海铁路线向西延伸,黄河上下船只日渐稀少。

孟州黄河渡口南北摆渡有着悠久的历史,白坡渡口与南岸白鹤渡口相望,并设有官船。清代乾隆年间(1735—1795),尚有座船(分巡船和渡船),有专职船工56人,每年支出白银300余两。至民国初,仍有官船6艘。20世纪20年代,由于军阀混战,官船大多被毁,遂由民船摆渡。此外,民国初年还开有化工、开仪、曹坡3个小渡口,多在冬春季节航运。

中华人民共和国成立初期,孟县成立了航运站,下辖白坡、化工、开仪、曹坡4个渡口。1956年归交通科领导,1962年和1964年又先后归工业交通局和交通局领导。当时成立有航运社,属自负盈亏性质,共有船24只,船工80余人。1966年曹坡和开仪两渡口废弃。1977年,因洛阳黄河公路大桥通车,白坡渡口废弃。20世纪80年代以后,随着公路交通事业的发展,汽车运输占了绝对优势。1984年底,化工渡口几乎没有货源,遂废弃停运。

温县黄河航运。温县位于黄河上的渡口有4个:小营口,位于小营村南,南对巩县裴峪沟。马营口(又称关白庄渡口),位于关白庄正南,南对洛河口、旧巩县城。隋代之洛口仓即在南岸边,为古代的重要码头和商埠。泛水口,位于朱家庄村南,南临虎牢关和泛水镇(旧泛水县城)。泛水滩渡口(又称平皋渡口,南岸称孤柏口),位于汜水滩南,西靠东平滩,北有平皋镇(今北平皋村),南对荥阳之孤柏嘴。

清末,陇海铁路和京汉铁路相继建成后,黄河货运大减。黄河铁路老桥建成后,严重阻水下泄,使过去岸及椻顶的深槽黄河泥沙淤积,迅速变成了地上河,浅滩遍布,无法正常通航。沿黄各埠商旅顿减,仅有少量短途小宗贸易者。4个渡口中唯汜水口因系温县赴省城官道,又有南临汜水车站之便,故还能维持较为繁忙的景象。

20世纪50年代,为经济建设需要,温县曾组织长途航运,并在1955年冬分别成立东平滩、朱家庄、关白庄、小营等4个船民协会。翌年,改组成航运社。至20世纪60年代中期,由于河水小,无法通航,各渡口日渐凋零。1973年,航运站(社)撤销,各渡口仅留所在各村的摆渡船。

武陟黄沁河航运。木栾店为武陟县重镇,与老县城隔河相望,处于沁河坐弯处,左岸水深靠岸,是个天然的码头。黄河船可以上溯到木栾店,沁河船亦可下驶入黄河,往来通行,商旅称便。山西南部的山货、铁器和豫西北各县的药材,均通过此地装船外运,发往全国各地,外地进来的货物也在此中转散发。黄沁河航运对武陟市场的繁荣和经济发展,曾起过积极作用。清道光《武陟县志》载:"怀庆素称商国,武陟木栾店尤为一大商都,交通便利,百货屯集,而邑人由商起家,集资巨万者,颇不乏人。"

清道光之后,由于黄河淤垫,黄河商船不能上驶,水埠遂移于武陟赵庄。迄于清光绪宣统年间(1909—1912),道清、京汉铁路相继建成。山西之南行,川陕之北上,多由铁路运输,赵庄码头和木栾店码头的商船遂之日衰。但习俗所渐,豫西北各县货运,仍以此为枢纽。

中华人民共和国成立初期,黄沁船运仍关系着武陟经济的繁荣和商业的兴衰。武陟县沿沁河设有王庄、北阳、白水、大虹桥、老城、南贾、姚旗营等7个渡口,共有渡船16只,总吨位185吨。1950年建立木城、大虹桥2个渡口。武陟县人民政府为了维护水上交通秩序,确保运输安全,加强渡口管理,将个体船户组织起来,成立了县船运社。1958年船运社共有船20只,总吨位300余吨,船运社转为集体所有制企业。20世纪60年代后,由于沁河上游济源、沁阳一带兴建引沁入蟒、广利渠等引水工程,沁河水量逐年减少,两岸便改以公路桥沟通。

第二章　水资源管理

焦作跨黄河、海河两大水系，流域面积在 1000 平方千米以上的河道有 5 条，除黄河、沁河两条大型河道外，还有丹河、大沙河、新蟒河 3 条中型河道，流域面积在 100 平方千米以上的小型河道有 14 条。焦作境内黄河河道长 98 千米，年径流量（花园口站测）388.6 亿立方米；焦作境内沁河河道长 80 千米，多年平均年径流量（武陟站测）5.07 亿立方米。

黄河是焦作主要的供水水源。随着沿黄地区国民经济的发展，生产和生活引用黄河水量急剧增加，用水矛盾日益加剧。20 世纪 90 年代，黄河断流形势尤为严重，1995—1997 年黄河断流则延伸到了河南黄河河段。

黄河下游连年断流，引起了党和国家及社会各界的广泛关注。根据 1987 年国务院批准的黄河可供水量分配方案，黄委制订了《黄河可供水量年度分配及干流水量调度方案》和《黄河水量调度管理办法》。1999 年黄委根据《黄河水量调度管理办法》和河南、山东两省的用水要求，按照"总量控制，以供定需，分级管理，分级负责"及"枯水年同比例缩压"的原则对黄河水量实施统一调度。2000 年，正式实施取水许可制度。

2000 年以来，虽然时常发生旱情，但由于实施了水量统一调度并加强了用水监督管理，焦作沿黄工农业用水、生态用水得到保障，同时，焦作辖区引水总量不超过黄委下达的引水指标，确保了黄河达到黄委调度指令要求的流量。

第一节　水量调度制度建设

1998 年，国家发展计划委员会和水利部颁布实施《黄河可供水量年度分配及干流水量调度方案》和《黄河水量调度管理办法》，授权黄委负责黄河水量调度统一管理工作，并对调度的原则、权限、用水申报、用水审批、特殊情况下的水量调度、用水监督等方面的内容做出规定。1999 年 3 月，黄委设立水量调度管理局，正式对黄河干流水量实施统一调度，以合理配置黄河水资源，缓解断流和水资源供需矛盾。

2000 年，按照黄委下达的引水总量和省际断面流量双控制的原则，河南黄河水量调度正式下达了用水指标。焦作河务局实行总量控制、分级管理、旬调度与日调度相结合的水调制度。

2003年上半年,黄河全流域发生严重干旱,水利部印发并实施了《2003年旱情紧急情况下黄河水量调度预案》,这是全国第一次实施的旱情紧急情况下的水量调度预案。为应对旱情紧急情况下的水量调度,河南河务局先后制订了《河南黄河2003年滩区引水控制及督察预案》《2003年旱情紧急情况下河南黄河水量调度督察预案》《2003年旱情紧急情况下河南黄河水量调度预案》《黄河水量调度突发事件应急处置实施细则》等,将滩区重点引水口门纳入水量调度统一管理范畴,结束了滩区无序引水的历史。焦作河务局制定了《焦作黄河水量调度突发事件应急处置规定实施细则》,建立快速反应机制和应急措施,确保在水调突发事件发生时,能够迅速做出反应,化解危机。

为加强订单供水调度管理,规范供水订单工作,实现黄河水量精细调度,提高水资源的有效利用率和引黄灌区用水申报的准确性,按照河南河务局当年制定印发的《河南黄河订单供水管理若干规定(试行)》,结合引黄涵闸引水管理及计量工作实际,2003年,焦作河务局开展了"两水分离、两费分计"工作,首次实现农业用水和工业用水的精细计量和分类收费。

2006年7月,国务院公布《黄河水量调度条例》,规定黄河水量调度实行年度水量调度计划与月、旬水量调度方案和实时调度指令相结合的调度方式。水量调度年度为当年7月1日至次年6月30日。2007年11月,水利部颁布《黄河水量调度条例实施细则》。焦作河务局结合实际相继制定了《焦作市黄河河务局水量调度工作制度》《焦作局黄沁河引水计量制度》《用水指标再分配原则》,为水量调度工作提供制度保障。

2010年,水利部和黄委从我国的基本水情和国家战略全局及长远发展出发,提出要实行最严格的水资源管理制度,以对水资源进行合理开发、综合治理、优化配置、全面节约和有效保护。当年3月,河南河务局制定了《建立最严格的河南黄河水资源管理体系工作意见》。随后几年,焦作河务局相继制定了《焦作黄河抗旱应急响应预案》《焦作黄河重大水污染事件报告预案》《焦作引黄河工程防淤减淤方案》等一系列水资源管理预案,初步形成了一套规范化管理体系。

第二节　取水情况

1994年5月,水利部印发《关于授予黄河水利委员会取水许可管理权限的通知》,规定黄委负责黄河流域取水许可制度的组织实施和监督管理。根据水利部的通知要求,焦作黄河河段、沁河河段范围内取水(包括在河道管理范围内取地下水)由黄委实行全权管理,即受理、审核取水许可预申请,受理、审批取水许可申请,发放取水许可证等。1994年10月,黄委制定《黄河取水许可实施细则》,明确规定了取水许可管理方式和范围、审批权限和程序、取水许可预申请、取水许可申请、取水登记等方面的内容。

2009年4月,黄委制定《黄河取水许可管理实施细则》,在审批权限、取水的申请和受理、取水许可的审查和决定、取水许可证的发放和公告、监督管理、罚则等方面提出新的规定。2010年,河南河务局制定《河南黄河取水许可监督管理办法(试行)》。

按照水利部《取水许可申请审批程序规定》的要求,焦作河务局每隔5年对取水许可证进行审验,主要审验"取水人的法定代表是否变动,取水标准是否变化,取水量年内分配是否变化,取水工程(设施)安装的量水设施运行是否正常,取水地点是否变化,经批准的取水许可申请书中所规定的要求以及其他有关事项"等,审验结果逐级上报至黄委,审验合格后,换发许可证。

不同时期焦作黄河取水许可情况见表4-2-1、表4-2-2。

表4-2-1　2000—2009年焦作黄河取水许可情况

序号	取水(国黄)字编号	取水单位	取水工程	取水用途	批准水量(万立方米)
1	〔2000〕第54001号	张菜园闸管理处	张菜园闸	农业	65000
2	〔2000〕第54002号	张菜园闸管理处	共产主义闸	农业	14000
3	〔2000〕第54003号	武陟第一黄河河务局	老田庵闸	农业	5000
4	〔2000〕第54004号	武陟第一黄河河务局	白马泉闸	农业	1000
5	〔2000〕第54013号	温县自来水公司	温县供水一站黄河滩机井	生活	170
6	〔2003〕第54001号	温县水利局	王坟提灌站	农业	338
7	〔2003〕第54002号	温县水利局	平王提灌站	农业	328
8	〔2003〕第54003号	孟州市水利局	化工乡提灌站	农业	492
9	〔2003〕第54004号	孟州国营林场	县林场提灌站	农业	110

序号	取水(国黄)字编号	取水单位	取水工程	取水用途	批准水量（万立方米）
10	〔2003〕第 54005 号	孟州国营农场	县农场提灌站	农业	95
11	〔2003〕第 54006 号	孟州市第一园艺场	全义农场提灌站	农业	101
12	〔2003〕第 54007 号	孟州市水利局引黄管理处	县水利局引黄提灌站	农业	220
13	〔2005〕第 54001 号	孟州市第一园艺场	全义农场提灌站	滩地农业灌溉	101
14	〔2005〕第 54002 号	孟州国营农场	孟州国营农场提灌站	滩地农业灌溉	95
15	〔2005〕第 54003 号	孟州市水利局	孟州市水利局引黄提灌站	滩地农业灌溉	220
16	〔2005〕第 54004 号	孟州国营林场	林场提灌站	滩地农业灌溉	110
17	〔2005〕第 54005 号	孟州市水利局	化工提灌站	化工乡农灌	492
18	〔2005〕第 54006 号	温县水利局	王坟提灌站	王坟灌区农灌	338
19	〔2005〕第 54007 号	温县水利局	平王提灌站	平王灌区农灌	328
20	〔2005〕第 54008 号	温县自来水公司	温县供水一站黄河滩取水井群	温县县城生活与工业用水	280
21	〔2005〕第 54009 号	武陟第一河务局	白马泉闸	农业灌溉	600
22	〔2005〕第 54010 号	张菜园闸管理处	共产主义闸	武陟县生活用水 1400 万立方米，农业用水 7600 万立方米	9000
23	〔2005〕第 54011 号	武陟第一河务局	老田庵闸	农业灌溉	4000
24	〔2005〕第 54012 号	张菜园闸管理处	张菜园闸	新乡市生活用水 1100 万立方米，人民灌区农业灌溉 43900 万立方米	45000

表 4-2-2 2010—2019 年焦作黄河取水许可情况

序号	取水许可证 取水(国黄)字编号	取水权人名称	取水工程名称	许可水量(万立方米)			
				总量	工业	农业	生活
1	〔2010〕第 71042 号	焦作黄河河务局张菜园闸管理处	白马泉闸	500		500	
2	〔2010〕第 71043 号	焦作黄河河务局张菜园闸管理处	共产主义闸	6000	2000	4000	
3	〔2010〕第 71044 号	焦作黄河河务局张菜园闸管理处	张菜园闸	40000	7000	33000	
4	〔2010〕第 71053 号	温县自来水公司	温县供水一站黄河滩取水井群	280			280
5	〔2011〕第 71002 号	河南黄河西北供水有限公司	温县大玉兰引黄补源生态治理取水工程	5450	2000	3050	400
6	〔2010〕第 72054 号	孟州市水利局	孟州市水利局引黄提灌站	220		220	
7	〔2010〕第 72055 号	孟州国营林场	林场提灌站	110		110	
8	〔2010〕第 72056 号	焦作黄河河务局张菜园闸管理处	老田庵引黄闸	4000		4000	
9	〔2013〕第 72001 号	焦作多尔克司示范乳业有限公司	取水井	9.5			9.5
10	〔2015〕第 711025 号	温县自来水公司	黄河滩取水井群	280			280
11	〔2015〕第 711026 号	河南黄河西北供水有限公司	温县大玉兰引黄补源生态治理取水工程	5450	2000	3050	400
12	〔2015〕第 711027 号	焦作黄河河务局张菜园闸管理处	白马泉闸	500		500	
13	〔2015〕第 711028 号	焦作河务局张菜园管理处	共产主义闸	6000	2000	4000	
14	〔2015〕第 711029 号	焦作黄河河务局张菜园闸管理处	张菜园闸	40000	7000	33000	

序号	取水许可证取水(国黄)字编号	取水权人名称	取水工程名称	许可水量(万立方米)			
				总量	工业	农业	生活
15	〔2015〕第711048号	孟州黄河河务局	孟州西沃村提灌站	220		220	
16	〔2015〕第711049号	孟州黄河河务局	孟州逯村提灌站	110		110	
17	〔2015〕第711050号	焦作黄河河务局张菜园闸管理处	老田庵闸	4000		4000	
18	〔2015〕第711051号	焦作多尔克司示范乳业有限公司	焦作多尔克司示范乳业有限公司	9.5			9.5

2019年,焦作河务局所辖范围内共有取水许可证28套,取水许可水量为63119.5万立方米。其中,黄河干流河道外取水许可证6套,许可水量55070万立方米,黄河干流河道内取水许可证4套,许可水量4339.5万立方米;支流沁河取水许可证18套,均为河道外用水,许可水量3710万立方米。

2019年,焦作河务局实际取水量为57417万立方米:黄河干流河道外实际取水量53276万立方米,河道内实际取水量3572万立方米,支流沁河河道外取水量569万立方米。

河道外实际取水量53845万立方米中,生活取水量10313万立方米,工业取水量747万立方米,农业取水量35213万立方米,生态取水量7572立方米;河道内实际取水量3572万立方米均为农业用水。

自1999年国家授权黄委对黄河水量实施统一管理与调度以来,黄河已实现连续20年不断流。20年来,焦作河务局严格执行黄委、河南河务局下达的黄河水量统一调度指令,强化用水总量和断面流量双控指标,科学调度、优化配置黄河水资源,为实现黄河不断流,确保沿黄区域供水安全、粮食安全和生态安全做出了重大贡献。

第三章 引黄供水

焦作引黄供水事业始于20世纪50年代人民胜利渠的建成通水,随后又建成了共产主义渠。但由于采取大水漫灌的方法,引起大面积内涝和次生盐碱化,1962年,除人民胜利渠保留20万亩继续灌溉外,共产主义渠暂时关闸停灌。1965年以后,开展放淤改土和引黄种稻,逐步恢复引黄供水,1972年,建成白马引黄灌渠。20世纪80年代中期以后,白马泉闸引水困难处于停灌状态。2014年以来,以泵站提水的方式引黄,建成了一批直供水项目。

第一节 黄河水资源开发的历程

一、初兴阶段

1949年8月,黄委在上报华北人民政府"治理黄河的初步意见"中提出在黄河下游开展引水灌溉。同年11月,黄委与平原省水利局联合查勘了原引黄济卫灌溉工程,对该工程存留建筑物的状况和引水灌溉、济卫通航的前景提出了查勘报告。

日军侵华时期创建的引黄济卫灌溉工程,干渠内所设建筑物未及竣工即行停止。抗日战争胜利后,除张菜园残闸尚存外,其余均已损毁。

1950年10月,政务院批准了"引黄灌溉济卫工程计划书"。1951年3月,动工兴建引黄灌溉济卫工程渠首闸,1952年3月建成,4月12日开闸放水,当年灌溉农田28.4万亩。此工程是中华人民共和国成立后黄河下游第一处大型引黄灌溉工程。为了永记人民的胜利,将此灌溉工程定名为"人民胜利渠",渠首闸位于武陟县秦厂村南。

卫河航运原是冀、鲁、豫三省和天津市物资交流的交通干道,每年4月—6月少水时,山东临清以上不能通航。1952年至1958年上半年,人民胜利渠济卫水量保持23立方米/秒,卫河航运量迅速增加,临清以下开始通行机动拖轮,1954年客轮直抵新乡。

二、扩灌到停灌阶段

从 1957 年 11 月到 1958 年 4 月,在"大跃进"的形势下,沿河掀起大办水利的群众运动。共产主义渠、温孟引黄灌渠都是在此背景下修建的。

1957 年冬,孟县组织 3 万群众用 40 多天时间,完成了西起白坡,东到柳湾,全长 17.5 千米的引黄灌渠,并在白坡、曹坡修建了进水闸与节制闸。1958 年,在孟县城南借新蟒河入温县,于吴丈庄修一水库节制闸。从闸口以下至北平皋南,新开挖地面灌渠 21.75 千米,设计引水 6~7 立方米/秒。当年,孟县化工、城关、南庄 3 个公社的 3 万亩低洼盐碱地种植了水稻。温县当年种稻无收,秋季黄河涨水,闸圮渠平。

共产主义渠于 1958 年 5 月 1 日竣工放水。该渠修建时,河南、山东、河北 3 省人民充分发扬了"共产主义大协作精神",故取名"共产主义渠"。共产主义渠首闸位于武陟县秦厂村南的黄河大堤上,闸前有 900 多米长的引水渠,引水渠口在人民胜利渠首闸上游 200 米处。渠首闸为钢筋混凝土结构,共有 7 个闸门,每个闸门宽 5 米、高 3.5 米。分东、中、西 3 股,中股有 5 个闸门,东股、西股各有 1 个闸门。闸的正面有郭沫若题写的"共产主义渠"五个大字。

原设计中的东股引水量为 50 立方米/秒,用以灌溉原阳、延津、封丘 3 县的 200 多万亩土地,称为"原延封干渠";西股引水量为 30 立方米/秒,用以灌溉武陟、修武、获嘉 3 县的 70 万亩土地,称为"武嘉干渠";中股引水量 200 立方米/秒,流经武陟、获嘉、新乡、汲县、滑县、浚县 6 县,在浚县小河口入卫河,可灌溉河南、山东、河北 3 省 1000 多万亩土地,并解决卫河航运和天津市工业用水。

1958 年下半年济卫之水转由共产主义渠输送。从 1952 年到 1962 年,济卫总水量共计 44 亿立方米,详见表 4-3-1。

表 4-3-1　历年引黄济卫水量

年份	济卫水量(亿立方米)	年份	济卫水量(亿立方米)
1952	2.84	1958	4.67
1953	3.16	1959	5.27
1954	2.46	1960	4.93
1955	2.72	1961	4.58
1956	3.47	1962	2.12
1957	7.90		

1958—1960 年间,由于灌区缺乏合理的规划设计,工程不配套,又缺乏大面积灌溉经验,采取大水漫灌的方法,用水量很大。1958 年,平原地区又贯彻"以蓄为主,以小型为主,以社办为主"的三主水利建设方针,把原有部分除涝排水沟河占用为引黄输水渠道。同时,黄沁河两岸修建楼下、张村、大樊、保安庄 4 个水库和 7 个沉沙池,破坏了灌区原有的自然排水系统。灌渠内自然降水和灌溉退水无法排泄,地下水位上升,造成大面积内涝和次生盐碱化。1958 年之前,武陟县盐碱地 6.9 万亩,1960—1963 年全县盐碱地扩展为 22 万亩,占全县耕地面积的 34.4%;土壤盐碱化导致粮食产量猛降,人民胜利渠灌区 1962 年平均粮食亩产降至 193 斤,武陟县 1961 年平均粮食亩产仅 115.6 斤。1962 年国家经济恢复时期,认识到问题的严重性,除人民胜利渠保留 20 万亩继续灌溉外,其余各灌区均暂时关闸停灌。共产主义渠于 1963 年停止放水。由于采取了"挖河排涝,打井抗旱,植树防沙,水土保持"的方针,开展了平原地区以排涝治碱为中心的水利工程建设,盐碱化面积逐渐减少。至 1965 年,武陟县盐碱地缩小至 12.6 万亩。

三、恢复与发展阶段

1965 年 10 月,河南省稻改工作座谈会召开后,河南河务局设立稻改办公室,有计划地恢复引黄,发展水稻。这一时期还开展了放淤改土。引黄放淤可以改良土壤,变坏地为好地,截至 1985 年,武陟县累计放淤改土 12.5 万亩。引黄种稻可得到水、肥、泥 3 种效益,在增产的过程中改良土壤结构,抬高地面,使盐碱地脱盐。在粉沙壤土地区种稻 1 年,在 1.5 米土层中含盐量由原来的 2% 可下降到 0.2% 以下,碱化度可淡化 72%。人民胜利渠灌区的武陟何营乡拥有耕地 4.8 万亩,中华人民共和国成立前,这里是旱、涝、碱 3 灾俱全的地方,特别是马营、宋庄、陈庄、王庄等村,在黄河决口时留下了大片盐碱洼地。1971 年,何营乡种稻 3000 亩,1981 年发展到 17300 亩。粮食亩产由 1971 年的 200 多斤,增至 1981 年的 935 斤,增加到原来的 4.6 倍。何营村以前遍地沙碱,禾草不生,全村 3000 亩沙碱薄地,经过淤灌改变了土质,麦茬稻、稻茬麦,每年亩产达 1400 多斤。村南的黄河故道上,新挖了 26 个鱼塘,面积 280 亩,昔日的不毛之地,变成了鱼米之乡。

1963 年以后,引黄济卫终止,只有在特定时间内,由人民胜利渠输水经卫河入天津,补天津市工业用水和生活用水之不足。1972 年至 1981 年,共计送水 4 次,送水总量达 8.8 亿立方米,详见表 4-3-2。

表 4-3-2　引黄济津水量

次序	时间(年-月-日)		送水天数	送水量（亿立方米）
	送水日期	停水日期		
1	1972-12-25	1973-02-16	53	1.614
2	1973-05-03	1973-06-22	49	1.248
3	1975-10-18	1976-01-31	104	2.280
4	1981-10-15	1982-01-08	83	3.670
合计			289	8.812

白马泉引黄闸于 1971 年 9 月动工,次年 5 月完成。设计引水量为 10 立方米/秒,后加大为 12 立方米/秒。引水干渠于 1975 年基本完成,1986 年以后,由于黄河主流南移,加之上游水库蓄水,黄沁河常年流量偏小,致使白马泉闸引不出水来,于是停灌。

孟县白坡引黄提灌站于 1974 年 8 月动工,1978 年基本完成了三级提灌站,扬程 32 米,主要设施有水泵 11 台、电动机 9 台、120 马力柴油机 2 台、变压器 3 台、真空泵 3 台,一至二级站有钢丝网壳渡槽 3000 米,一至三级隧洞总长 812 米,提水 1 立方米/秒。建成后,一级站较多使用,能浇岭地 5000 余亩。1978 年吉利公社划归洛阳市后,孟县管理不便,很少提水灌田,逐渐荒废。

1979 年建成的化工提灌站,位于化工控导工程 4 坝,主干渠长 3.3 千米,宽 2 米,有支渠 8 条,灌溉面积达 8000 亩。

四、由无偿使用到商品

1982 年,根据水电部颁发的《黄河下游渠首工程水费收交和管理暂行办法》,张菜园闸管理段开始向人民胜利渠灌区管理局征收水费,但收效甚微。据统计,1982—1990 年,胜利渠灌区的水费征收总额达 1600 万元,平均每年征收额为 180 万元。而张菜园闸 9 年水费征收额只有 37 万元,平均每年征收 4.11 万元,仅占人民胜利渠灌区管理局的 2.3%（征收率为 8%）。1989 年水利部新的《黄河下游引黄渠首工程水费收交和管理办法(试行)》颁布实施后,河南河务局协助做了大量工作,水费收缴有了一定进展。

2003 年,焦作引黄供水率先开展"两水分离、两费分计"工作,首次实现农业用水和工业用水的精细计量和分类收费。2004 年 9 月,张菜园闸管理处安装工业用水口感应测流仪,实现了引黄供水不间断自动测流。2008 年 9 月,农业引水口也安装了感应测流仪。

开展末端水费征收体系建设是焦作河务局在引黄供水产业中实施的一项革新之举。2005 年初,引黄供水水费转为经营服务性收费后,为避免末端水费征收体系混乱,焦作河务局协助人民胜利渠灌区管理局在原阳师寨和获嘉县大辛庄确定了两个不同模式的试验区,在供水、收费方面采取精细管理,开展了末端水费征收体系建设调研工作,配合推广以村用水组为单位的多种管理办法,拉长服务链条,理顺基层供水、收费关系,恢复灌区面积 10 万余亩。

五、新的供水模式

2003 年,河南河务局与长垣县政府达成合作开发引黄供水项目的意向。本着"利益共享,风险共担"的原则,双方于当年 6 月 4 日签订协议。10 天后长垣县政府向河南河务局预缴了 1000 万元水费。这种新的引黄供水模式称为"长垣模式",这种模式可以用 32 个字概括:分工建设,独立运营;协同配套,地方先行;预交水费,用量保底;优水优价,各方共赢。

温县是河南省大面积地下水漏斗区之一,由于水资源短缺,长期超采地下水,采补失调,地下水位曾以每年 0.5 米的速度持续下降,最大埋深达 40 米,农民浇水不堪重负,地面植被的生长受到水资源短缺的严重威胁,生态环境日益恶化。2004 年 3 月,河南河务局通过与温县政府协商,借鉴"长垣模式",启动了总投资为 6700 多万元的温县引黄补源生态治理工程。该工程由河南河务局供水局建设引黄涵闸,地方配套引黄灌区,设计年引水量 1.3 亿立方米,在水费征收上采用了协议水价等方式。2008 年春,引黄补源西渠通水,2009 年 1 月全线通水。该县 23.3 万亩的土地得到及时灌溉,引黄西渠通水 1 年,区域内地下水位平均上涨了 1.8 米。

武陟县于 2008 年 3 月完成了沁南引黄补源工程,可灌溉沁南 4 个乡(镇)20.3 万亩耕地,不仅解决了沁南农业生产和生活用水,还改善了当地自然环境,促进了县域经济发展。

2011 年,白马泉闸恢复引水工程被提上议事日程。2012 年 3 月 17 日,焦作河务局与武陟县政府签订经济转型发展合作框架协议,将黄沁河水资源开发利用作为合作的重要内容。当年 11 月 22 日,焦作河务局与武陟县政府正式签署白马泉闸引黄供水协议。协议本着"利益共享,风险共担"的原则,确定通过工程措施利用白马泉闸向武陟县城区供水。焦作河务局为建设单位,具体负责工程前期规划设计、招标投标、施工管理和运行管理,武陟县政府负责工程占地赔偿,并支付了 300 万元预付款,由此拉开了白马泉引水工程的序幕。

为加快工程建设步伐,由华龙公司、安澜公司及 3 个自然法人出资 800 万元成立的金河水务公司作为业主,具体负责工程招标、建设及运行管理。工程施工招标合同价为 1800 万元,工程占地赔偿费 1000 万元由武陟县政府承担。2013 年 9 月,白马泉闸供水项目开工,2014 年 3 月完成主体工程并进行试通水,2014 年 6 月完成全部工程建设任务。按照新的供水模式,经过几年发展,焦作金河水务公司现有 6 个直供水项目:

武陟白马泉直供水项目。该项目在武陟东安控导工程 34 坝建引水口,通过高滩引渠、沁河渠道,利用泵站输水至白马泉闸,穿越白马泉闸后利用原干渠送水至武陟县城区。从武陟东安控导 34 坝引水口至二干排入口全长 15 千米,设计流量为 2.0 立方米/秒,主要向武陟县提供生态用水,并向瑞丰纸业有限公司、江河纸业有限公司供水。

陶村直供水项目。该项目位于沁河左岸武陟县境内,于 2013 年作为引黄入焦供水工程的补充水源工程同期开工建设。修建提水泵站 1 座,设计流量 3.0 立方米/秒,闸前新开挖引渠 600 米,主要用于沁北灌区和引黄入焦生态补源用水。

孟州直供水项目。该直供水项目于 2014 年 7 月开工建设,2016 年 10 月竣工并试通水,项目总投资 1500 万元(项目采取租赁经营模式,金河水务公司投资约 100 万元)。该项目由一级泵站(位于逯村控导工程 18 坝与 19 坝之间)、二级泵站、沉沙池、输水管道、供电系统、管理房屋等组成,设计流量 0.58 立方米/秒,主要向隆丰皮毛公司、自来水厂供水。

温县直供水项目。该直供水项目于 2017 年 6 月开工建设,当年 9 月建成并试通水,项目总投资 50 余万元。该项目在亢村新闸闸前建设泵站、蓄水池,由主干渠输送 9 千米到温县环城河供应生态用水。由渠道主干渠与沿途济河、护城河、北冷涝河、周村涝河交汇,通过支渠周村涝河延伸到赵堡镇留村,再到陈家沟生态园。按照供水协议年用水总量为 1000 余万立方米。

孟州厚源生物直供水项目。该项目位于开仪控导工程 37 坝下首,一期工程于 2020 年 3 月开工建设,2020 年 4 月完工并试通水,主要为孟州市厚源生物科技责任公司提供供水服务。

沁阳常乐直供水项目。该项目位于沁左堤 7+156 对应主河道处,2010 年投资修建,设计最大取水流量 0.05 立方米/秒,主要为河南永威安防股份有限公司常乐纸厂提供供水服务。该项目已于 2019 年 8 月拆除停用。

第二节 引黄涵闸

焦作河务局有引黄涵闸 6 座,分别是武陟张菜园闸、共产主义闸、老田庵闸、白马泉闸、驾部闸和温县大玉兰闸。孟州逯村控导工程有 1 处引黄泵站。

一、武陟张菜园闸

张菜园闸是人民胜利渠总干渠与黄河防洪大堤的联合建筑物,担负着输水灌溉和黄河防洪的双重任务,工程十分重要。为加强堤闸统一管理,确保该闸安全、正常输水灌溉和安全度汛,引黄人民胜利渠武陟分站自 1972 年 6 月起将该闸及有关辅助设施全部移交给武陟黄沁河修防段管理。

张菜园老闸系日伪修建,质量低劣,破损严重,抗洪能力远不能满足黄河防洪要求,成为重点防守堤段中的险闸。为了确保黄河防洪安全和工农业用水,黄委、河南河务局批准重建张菜园闸。新闸位于老闸东侧 120 米处,对应北岸临黄大堤桩号 86 + 620。新闸由新乡黄沁河修防处设计,并组织施工。新闸结构形式为钢筋混凝土箱型涵洞,设计流量 100 立方米/秒,加大流量 130 立方米/秒。设计防洪标准相当于 2010 年黄河设计防洪标准。新闸于 1975 年 3 月开工,1977 年 10 月竣工,1978 年 9 月验收后交付使用。

张菜园闸核定引水指标 4.0 亿立方米(其中,占新乡引水指标 3.6 亿立方米,占焦作引水指标 4000 万立方米),对人民胜利渠灌区供水,设计流量 100 立方米/秒,设计灌溉面积 148.84 万亩,实际灌溉面积近 55 万亩,其中实际浇灌武陟农田 2.7 万亩。

二、武陟共产主义闸

共产主义闸位于武陟县秦厂东南 400 米、黄河左堤 78 + 800 处,始建于 1957 年,核定引水指标 0.6 亿立方米(其中,占新乡引水指标 4000 万立方米,占焦作引水指标 2000 万立方米),对武嘉灌区供水,设计流量 40 立方米/秒,设计灌溉面积 36 万亩,实际灌溉面积 15 万亩,其中,浇灌武陟、修武农田 10 万亩。

三、武陟老田庵闸

老田庵闸位于武陟老田庵控导工程 17 坝与 18 坝之间,始建于 1994 年,核定引水指标 0.4 亿立方米(滩区灌溉,不占焦作指标),对原阳堤南灌区供水,设计流量40立方米/秒,设计灌溉面积25.7万亩,实际灌溉面积7.2万亩,主要浇灌原阳县堤南6个乡(镇)的农田。

四、武陟白马泉闸

白马泉闸位于黄河大堤左岸68+800处,始建于1972年,核定引水指标500万立方米,向武陟白马泉灌区供水,设计流量10立方米/秒,灌溉面积10万亩,主要浇灌武陟城关4个乡(镇)的农田。1992—2012年,因黄河主流南移,沁河断流,原闸已失去引水功能,闸后配套设施缺损,白马泉闸未再引水。2009年,经黄委鉴定为四类涵闸。2013年恢复白马泉引水功能,采取泵站提灌,设计流量2立方米/秒,备用1立方米/秒,2014年3月16日完工并试通水;向武陟县城区、企业供水。

五、武陟驾部闸

驾部闸位于驾部控导工程23坝与24坝之间,始建于2005年,为武陟引黄续建配套生态治理工程和引黄入焦的渠首闸,向武陟沁南、沁北灌区(引黄入焦项目)供水,设计引水流量20立方米/秒,设计灌溉面积25万亩(沁北灌区15万亩、沁南灌区10万亩),主要为生态、补源用水。"引黄入焦"项目核定取水指标为3304万立方米。

六、温县大玉兰闸

大玉兰闸位于温县大玉兰控导工程25坝与26坝之间,始建于2004年,为温县引黄补源生态治理工程渠首闸,核定引水指标5450万立方米,向温县城区和滩区供水,设计引水流量10立方米/秒,设计灌溉面积23.3万亩,目前实际灌溉面积1万亩。

七、孟州逯村引黄泵站

逯村引黄泵站取水口设置在逯村控导工程18坝与19坝之间,采用两台0.47立方米/秒流量的水泵提水,扬程51米。2014年4月开工建设,2016年10月实现东线一次性试通水成功。项目投资1500万元,总占地18.31万平方米,一期工程设计日供水5万立方米,二期扩容后可达10万立方米,年供水量达1500~3000万立方米,主要为产业集聚区的工业生产、生活提供用水,也作为滩区农业灌溉及城区水系备用水源。

八、弃用涵闸提灌站

（一）武陟方陵闸

中华人民共和国成立初期,黄沁河夹角地带积水成涝,特别是东安村,方陵一带水深1～2米,为防洪安全,1955年修建方陵闸排涝,1956年建成,有涝排涝,无涝落闸防洪。该闸于1980年改建为扬水站。

（二）孟州大王庙闸

位于黄堤桩号0＋450处,设计过闸流量6立方米/秒,1978年建成。渠道不通未使用,后拆除回填。

（三）孟州两处提灌站

逯村控导工程24坝与26坝之间提灌站,农业用水指标220万立方米。28坝林场提灌站农业用水指标110万立方米。两处提灌站均已废弃不用。

第五篇　工程建设与工程管理

第一章　建设管理

1986年之前,黄河水利工程施工主要依靠动员沿河广大群众组成民工施工队,地方区、县、公社(乡)临时成立三级施工指挥部,具体负责施工管理。黄河修防处为建设单位,也纳入指挥部领导。1986年以后,国家逐步实行以计划为主、市场调节为辅的经济模式,焦作黄河基本建设实行投资承包责任制。焦作河务局为建设单位,各县河务局为施工单位,逐步建立了工程建设管理制度,效率和质量得到大幅度提升。1998年以后,黄河工程建设实行项目法人责任制、招标投标制和建设监理制。焦作河务局为黄河工程建设项目法人,按照有关法律法规履行建设管理职责。施工单位、监理单位均通过招标确定。随着工程建设三项制度的实施,焦作河务局不断加强工程建设管理,完善各项制度和办法,基本建设管理水平不断提高。

第一节　基本建设管理体制

一、建管自营模式(1949—1986年)

焦作辖区黄河工程建设为原新乡黄(沁)河修防处管理,主要是计划经济体制下的"修、防、管、营"为一体的自营制建设管理模式。在这种管理体制下,国家是唯一的工程建设投资主体,建设资金按照条块分层拨付,使用不完的资金须上交国家重新安排项目。大中型工程建设项目,一般由当地县、公社(乡)成立施工指挥部,行使项目建设指挥权力。施工队主要由民工组成。民工报酬按验收土方计算。修防处(修防段)为建设单位,主要负责技术指导、质量检查、工程验收和收方算账等工作。工程完工后,由修防段负责运行管理。

二、投资包干责任制(1986—1998年)

根据水利部、黄委的有关规定,黄河基本建设项目实行投资包干(承包)责任制。建设单位对国家计划确定的建设项目按建设规模、投资总额、建设工期、工程质量和材料消耗包干,实行责、权、利相结合的经营管理责任制。按照河南河务局《河南黄河建设项目投资包干责任制暂行办法》的要求,焦作黄河基本建设项目均实行以"四包"(包投资、包质量、包工期、包安全生产)、"三保"(保建设资金、保材料设备、保施工图纸)为内容的承包责任制。河南河务局为主管单位,焦作市黄河修防处(河务局)为建设单位,县修防段(河务局)为施工单位,工程建设完成后,县修防段(河务局)成为管理单位。

这期间,焦作河务局以河南河务局批准的工程设计概算和年度计划为依据,实行工程项目和投资总承包(投资包干)。每年按核定的年度计划投资和工程量,主管单位与建设单位、建设单位与施工单位分别签订基本建设项目投资包干合同(协议)。

三、项目法人责任制、招标投标制和建设监理制

1998年,黄河水利委员会在工程项目管理中全面推行三项制度改革,即建设项目法人责任制、工程项目招标制、建设项目监理制。"三项制度"的核心是实行项目法人责任制。

2003年,经上级批复,焦作河务局成立了焦作市黄(沁)河防洪工程建设管理局,所属各县(市)河务局成立了项目办公室。为了提高工程建设的管理水平,确保工程质量,先后印发了《焦作黄沁河防洪工程管理工作办法》《焦作黄沁河防洪工程建设工作岗位责任制》《焦作黄沁河防洪工程建设授权委托管理办法》《焦作黄沁河防洪工程建设合同管理办法》《焦作黄沁河防洪工程建设管理工程竣工验收管理办法》等一系列规章制度。

焦作河务局为建设项目法人单位,河南河务局为主管单位,黄委或河南河务局组织公开招标。工程项目由符合项目要求资质等级的施工单位参加投标,按照"公开、公正、公平"的原则进行评标,选定中标单位。监理单位,也采用"议标"或"招标"的方式确定。施工单位和监理单位分别与焦作河务局签订合同。工程开工后,焦作河务局派出甲方代表,监理方和施工单位分别组成监理部及项目经理部,具体履行监理和施工的法定职责。

2011年11月,河南河务局成立工程建设局。2012年11月,河南河务局工程建设管理站更名为工程建设中心。2013年9月,河南河务局将建设局

（中心）规范为工程建设中心。建设中心履行河南黄河河务局各类基本建设项目的项目法人职责。此后,焦作河务局不再以项目法人身份出现,成立焦作黄河防洪工程建设管理部,作为建设中心现场管理机构,项目法人的延伸履行职责,主要负责防洪基建项目施工现场日常管理。

第二节　基本建设程序

计划经济时期,工程基本建设程序是:首先编报可行性研究报告,经批准后进行设计。凡列入年度计划的工程项目,设计单位应做出施工图设计、编制施工图预算;施工单位必须编制施工组织设计,报上级审查。工程项目施工准备、组织、备料达到规定要求后,才准予开工。大、中型工程建立施工指挥部,负责施工组织;小型工程,由修防段直接负责组织施工。工程完工后,施工单位按竣工验收有关规定,及时提出申请验收报告,报请主管单位验收。水闸、桥梁工程,由河南河务局组织验收;大堤加培、放淤固堤、险工及河道工程,均由修防处组织验收,由河南河务局进行抽验。中间(阶段)验收由建设单位会同项目工程施工、管理、设计单位组织进行。

1998年,黄河防洪工程建设"三项制度"改革后,根据水利部《水利工程建设项目管理规定》,水利工程建设程序一般分为项目建议书、可行性研究报告、初步设计、施工准备(包括招标设计)、建设实施、竣工验收、后评价等阶段。

一、项目建议书

项目建议书是对拟建项目的初步说明,分析该项目建设的必要性和可能性。焦作河务局作为主管部门提出设想,编制报告上报上级部门。由河南河务局委托有相应资质的设计单位编制项目建议书,并按国家现行规定权限向主管部门申报审批。

二、可行性研究报告

可行性研究报告是对项目在技术上是否可行,经济上是否合理进行分析论证,估算工程投资。由河南河务局委托有相应资质的设计单位编制,并按国家现行规定权限向主管部门申报审批。

三、初步设计

委托有设计资质的设计单位编制《前期工作勘测设计任务书》，黄委、河南河务局进行审查立项后，焦作河务局委托有相应设计资质的设计单位编制初步设计。拟文上报河南河务局。河南河务局组织专家进行初审，最后由黄委组织专家进行审查。设计单位根据审查意见对初步设计进行修改补充，黄委对初步设计进行审批。从 2005 年开始，初步设计改由国家发改委审批。

四、施工准备

施工准备包括工程招标、施工图设计等。工程招标由黄委或河南河务局组织实施，按照有关法律、法规、规章和招标文件的规定，择优选择监理、施工单位，及时与中标单位签订合同。根据黄委的初步设计审批文件，项目法人委托有相应设计资质设计单位编制施工图设计，施工图设计完成后报河南河务局进行审查批复。

五、工程迁占及赔偿

焦作河务局下达《土地委托代征代赔通知书》，各县（市）项目办具体负责。为防止土地赔偿中出现漏洞，实行焦作河务局直接赔付给当地乡村的办法。

2012 年以来，焦作黄（沁）河基建工程征迁安置工作按照"政府领导、分级负责、县为基础、项目法人参与"的管理体制，市、县两级政府均成立了工程建设征迁安置工作领导小组，市征迁安置领导小组办公室设在焦作市移民局，负责征迁安置的组织协调、项目规划、项目审批；县征迁安置领导小组办公室设在各县（市）河务局，负责工程建设征迁安置工作的具体实施和日常管理。

六、建设实施

项目法人按照批准的建设文件要求组织工程建设，保证项目建设目标的实现。项目法人必须按审批权限，向主管部门提出主体工程开工申请报告，经批准后方能正式开工。项目法人要协调处理好征迁安置工作确保满足施工需要，积极做好项目建设场地的"四通一平"工作，派专人负责，保障水、电、路、通信畅通，施工场地平整，创造良好的建设条件。焦作建管部作为项目法人延伸机构，负责施工现场管理。设计单位按照合同约定履职，负责审批施工设计变更。监理单位按照合同约定履职，负责项目的建设工期、质量、投资的控制和现场施工的组织协调,建立健全质量、安全生产管理体系。施工单位按照合同约定,保质保量按期完成各项施工任务。项目设立质量监督项目站,行使政府对项目建设的监督职能。

七、工程验收

1986年起,河南河务局规定每年下达的基建工程完成后,都要及时进行竣工验收。1998年后,工程验收执行《黄河水利委员会水利基本建设工程验收规程》。1999年,水利部印发《水利水电建设工程验收规程》(SL 223—1999),将工程验收分为分部工程验收、阶段验收、单位工程验收、竣工验收。2005年,黄委印发《黄河防洪工程竣工验收管理规定》,规定黄河防洪工程竣工验收实行统一监督管理、分级负责的原则。2008年,水利部对1999版验收规程进行修订,印发《水利水电建设工程验收规程》(SL 223—2008),验收规程中工程验收按验收主持单位可分为法人验收和政府验收。法人验收应包括分部工程验收、单位工程验收、水电站(泵站)中间机组启动验收、合同工程完工验收等;政府验收应包括阶段验收、专项验收、竣工验收等。专项验收是竣工验收的前提条件,包括征地补偿和搬迁安置专项验收、环境保护专项验收、水土保持专项验收以及档案专项验收。当建设项目的建设内容全部完成,完成竣工报告、竣工决算等必要文件的编制后,项目法人向验收主管部门提出竣工验收申请,由主管部门组织验收。

八、工程建设后评价

工程建设后评价一般在项目投入运行一段时间后进行,主要内容包括影响评价、经济效益评价、过程评价等。其目的是通过分析、评价工作,肯定成绩、总结经验、研究问题、吸取教训、提出建议、改进工作,不断提高项目决策水平和投资效果。

第三节 基建项目实施

一、施工组织

1986—1998年,焦作黄河基本建设土石方工程施工采取组建工程建设指挥部和自建自管相结合的组织管理模式进行。大堤加培和水闸工程建设,单靠县级河务局的施工力量难以完成,施工组织多沿用传统的组建工程建设指挥部的做法,即由当地政府和河务部门共同组建工程建设指挥部,一般由政府负责人任指挥,河务部门负责人任常务副指挥。施工指挥部在当地党委、政府统一领导下开展工作,做好前期土地迁占赔偿,协调与地方部门及群众的关系,确保施工顺利进行。险工、控导工程建设,主要由修防段(河务局)组织。

1998年以后,随着基本建设三项制度的实施,不再成立工程建设指挥部,由项目法人组建项目建设办公室等现场建设管理组织,代表项目法人进行前期土地迁占、移民安置和现场建设管理。通过招标确定施工单位,由项目法人与其签订工程建设合同,县河务局仅作为工程管理单位,不再参加工程建设管理。2003年开始,土地迁占、移民安置等工作交由地方政府组建的迁占办公室,并实施移民监理,确保项目建设顺利开展。

二、质量管理

1989年,根据《黄河水利委员会基本建设工程质量管理实施办法》,焦作黄河修防处作为建设单位对焦作黄河基本建设工程质量负总责,设置质量检验机构和专职质量管理人员,明确质量检验机构和质量管理人员的职权,负责工程建设项目全过程的质量管理。建设单位与施工单位签订质量承包合同。继续推行初验、复验、终验的三级施工质量管理体制。建设单位加强对施工单位质量管理的指导与监督,保证施工单位具有完善的工程质量管理体系和有效的质量管理办法。

1992年,河南河务局批复成立焦作河务局基本建设工程质量监督站,对焦作黄河防洪工程质量进行强制性的监督管理。建设、设计和施工单位必须接受质量监督站的监督。监督站的主要职责是贯彻国家、水利部有关工程建设质量管理、质量监督的方针、政策、法律、法规以及黄委和河南河务局的有关文件。当年起,施工单位在工地设置质量管理小组,实行质量管理责任制、质量管理全过程跟班检查制,焦作河务局质量监督站采取重点监督、巡回监督、驻地监督等形式对工程质量进行监督检查。

1998年,工程建设三项制度改革以后,黄委要求各级都要把工程建设质量管理摆在首位,把工程质量管理列入目标管理,实行质量一票否决制;建立工程质量行政领导责任制、项目法人责任制、参建单位工程质量领导责任制、工程质量终身负责制等。焦作河务局重点构建完善建设单位质量检查、监理单位质量控制、施工单位质量自检、质量监督部门实施监督等方面的工程质量管理体系。

焦作黄(沁)河防洪工程建设管理局(项目法人)设质量管理组,对工程项目的质量负全责,由总工程师任组长。县局工程建设项目办公室各由1名主管副主任担任副组长,抽调有施工经验的工程师参加质量管理。配备质量检测仪器,对施工现场进行随机检查和阶段检查,对监理的质量控制体系及其运行状况进行抽查和阶段检查,对工程建设进行阶段性检查、验收等。大中型建设项目,成立工程建设指挥部,局领导和有关管理人员及技术人员长驻工地进行现场管理,并向各标段派驻甲方代表,协助施工单位开展施工管理和质量管理。甲方代表参加重要隐蔽工程及工程关键部位的施工质量评定和工序验收。焦作黄(沁)河防洪工程建设管理局的质量管理工作接受质量监督机构和社会的监督。

工程监理单位从参与施工招标、组织图纸会审、施工图纸签发、审查施工单位的施工组织设计和技术措施,到指导监督合同有关质量标准、要求的实施和参加工程质量检查、工程质量事故调查处理以及工程验收等,建立严格的质量控制体系,重点抓好单元工程的检查和验收,质量控制贯穿于工程建设始终。同时,其质量控制工作接受建设单位和监督机构以及社会监督。

施工单位建立相应的质量保证体系,从组织、制度、方案、措施、方法等方面实施全员和全过程质量控制,并接受监理单位、建设单位以及工程质量监督机构的检查和监督。施工单位执行"三检制"(初验、复验、终验),做好隐蔽工程的质量检查和记录。施工中出现质量问题的建设工程或者竣工验收不合格的建设工程,施工单位负责返修。工程发生质量事故,施工单位必须按照有关规定向监理单位、项目法人及有关部门报告,并保护好现场,接受工程质量事故调查,认真进行事故处理。

2000年,黄委、河南河务局开始对建设实施中的黄河水利工程建设质量进行突击性随机抽样检测(简称飞检)。飞检的工段主要是监理认证合格或进行下道工序的工段。

2001年,河南河务局开始对河南黄河水利工程建设实施督查制度,主要任务是检查、监督工程建设项目的管理和工程建设质量等。此后,黄河防洪工程建设中的工程质量检测,使用核子水分密度测试仪测定土料、混凝土等建筑材料的原位密度和含水量。它具有准确率高、无损、快速等优点。

2011年以后,工程施工质量管理执行《黄河防洪工程施工质量检验与评定规程》。该规程规定了土方、裹护、水中进占、锥探灌浆、防渗墙、混凝土、道路等工程的施工质量检验标准,以及工程质量检验与评定办法。工程质量检验与评定项目划分为单位工程、分部工程、单元工程等三级。工程质量评定分为合格和优良两级。

2016 年,根据水利部发布的《水利水电工程单元工程施工质量验收评定标准》(SL 631 ~ SL 637—2012、SL 638 ~ SL 639—2013)和有关施工规程规范,水利部组织编写了《水利水电工程单元工程施工质量验收评定表及填表说明》,进一步规范单元工程施工质量验收评定工作。

第四节　工程竣工验收

工程竣工验收是工程完成建设目标的标志,是全面考核基本建设成果,检验设计和工程质量的重要步骤。竣工验收合格的项目,即可从基本建设转入生产运行。

1986 年,河南河务局规定 1984—1985 年完成的工程作为十年规划工程的尾工进行验收,并规定从当年起,每年下达的基建工程完成后,都要及时进行竣工验收,整编验收资料,逐渐形成制度。

1988 年,工程建设实行投资包干责任制后,工程验收执行的文件主要有《水利基本建设工程验收规程》《水利基本建设项目竣工决算报告编制规程》《建设项目(工程)档案验收办法》,以及黄委、河南河务局有关文件。每项工程完成后,由焦作河务局(建设单位)与承包单位及有关部门人员组成工程验收小组,对工程项目的规模、进度、投资、材料等逐项检查验收,验收合格后,出具基本建设投资包干项目竣工验收报告。

1998 年,竣工验收执行《黄河水利委员会水利基本建设工程验收规程》,实行分级负责制。工程验收分为初步验收和竣工验收。初步验收的主要工作包括审查项目法人、监理、设计、征地补偿及移民安置等单位的工作报告;检查工程建设情况,鉴定工程质量;检查以往验收中遗留问题的处理情况;确定尾工内容清单、完成期限和责任单位;检查监理、施工单位的内业资料,重点检查单元工程、分部工程和隐蔽工程验收签证以及单位工程验收资料,检查施工中发现的质量缺陷或质量事故处理情况;检查工程档案资料的准备情况;对工程质量进行必要的检测;检查工程结算情况和工程财务决算进展情况;提出竣工验收的建议日期;形成并通过"初步验收工作报告",起草"竣工验收鉴定书"初稿。

工程竣工验收应在工程完建后 3 个月内进行,确有困难的,经工程验收主管单位同意,可适当延长期限。工程建设达到竣工验收条件时,由焦作河务局向竣工验收主管单位提交竣工验收申请,并同时提供初步验收工作报告和工程质量检测报告。主管单位在接到申请报告后 28 天内,同有关部门(单位)协商拟定验收时间、地点及验收委员会组成单位等有关事宜,同时,批复竣工验收申请,组织验收。工程验收后,形成竣工验收鉴定书,其内容包括工程概况,概算执行情况及分析,阶段验收、单位工程验收及工程移交情况,工程初期运用及工程效益,工程质量鉴定,存在的主要问题及处理意见,验收结论,验收人员签字等。

2005年8月,黄委印发《黄河防洪工程竣工验收管理规定》,规定黄河防洪工程竣工验收实行统一监督管理、分级负责的原则。同年10月,黄委对《黄河防洪工程竣工验收管理规定》做了补充,规定竣工验收按照工程类别和投资规模分别由黄委和山东河务局、河南河务局组织进行。

2011年后,工程建设项目验收执行《黄河防洪工程竣工验收规程》。工程验收由分部工程验收、单位工程验收、合同工程完工验收、阶段验收、专项验收和竣工验收组成。分部工程验收、单位工程验收、合同工程完工验收由项目法人主持,项目法人及勘测、设计、监理、施工单位代表参加。竣工验收时,由验收主持单位、质量与安全监督机构、运行管理单位的代表及有关专家组成验收委员会。验收分现场检查工程建设情况及查阅有关材料和召开会议两个阶段。召开会议的主要内容有:宣布验收委员会人员名单、观看工程建设声像资料、听取工程建设管理报告、听取工程技术预验收工作报告、听取验收委员会确定的其他报告、讨论并通过竣工验收鉴定书、验收委员会和被验收单位代表在竣工验收鉴定书上签字等。工程竣工验收后,由项目法人将工程移交运行管理单位。焦作河务局1986—2020年基建项目情况详见表5-1-1。

表5-1-1　焦作河务局1986—2020年基建项目情况

批复年度	工程名称	工程位置	批复投资(万元)	主要工程量			竣工验收时间	备注
				土方(万立方米)	石方(万立方米)	混凝土(万立方米)		
1986	武陟二段1986年黄河堤帮宽工程	黄左46+230—52+586	99.69	28.05			1986年8月15日	
	逯村控导续建工程	31—34坝	74.68	13.59	1.26		1986年6月1日	修建时间
	马营淤背工程	马营	12.54	38.00			1988年12月1日	

续表 5-1-1

批复年度	工程名称	工程位置	批复投资（万元）	主要工程量			竣工验收时间	备注
				土方（万立方米）	石方（万立方米）	混凝土（万立方米）		
1987	白马泉引黄闸改建工程	黄左68＋800	52.93	2.69	0.04	0.03	1988年10月31日	
1988	驾部控导续建工程	25—26坝	55.99	5.95	0.12		1988年5月15日	
	白马泉淤背工程	武陟白马泉黄河左堤	25.01	16.31			1989年8月15日	
	逯村控导根石加固	16—22坝	7.20		0.26		1988年9月11日	
1989	开仪控导工程续建	27、28坝	72.92	7.98	0.53		1990年2月25日	
	白马泉淤背	黄左68＋850—78＋200	20.12	10.10			1990年2月29日	
	堤防补残	黄左88＋200—90＋432	17.37	3.50			1990年2月28日	
	武陟东滩水利建设工程	占东、占西、魏庄、何营西	14.70	0.19	0.005		1990年3月17日	
	武陟西部黄河滩区八八年水利建设工程	武陟大封乡黄河滩区	55.76	31.65			1990年3月17日	
	孟县黄河滩区八八年水利建设工程	黄河滩区	70.29	23.39	0.22	0.09	1991年9月5日	
	温县黄河滩区八八年水利建设工程	大玉兰黄河滩区	39.60	0.21	0.03		1990年3月18日	
	孟县逯村控导根石加固工程	27—30坝	12.33		0.30		1990年2月25日	
1990	逯村控导加高	33、34坝	8.37	0.97	0.02		1990年7月9日	
	驾部控导工程续建	27、28坝	88.25	6.15	0.70		1990年7月16日	
	驾部控导工程续建	29、30坝	63.53	4.95	0.50		1990年12月28日	

批复年度	工程名称	工程位置	批复投资（万元）	主要工程量			竣工验收时间	备注
				土方（万立方米）	石方（万立方米）	混凝土（万立方米）		
1990	大玉兰控导续建	28 坝	59.02	2.04	0.18		1990 年 5 月 26 日	
	大玉兰控导续建	29、30 坝	64.81	5.54	0.56		1990 年 12 月 13 日	
1991	大玉兰控导续建	31、32 坝	89.51	5.73	0.60		1991 年 5 月 22 日	
	堤防补残	黄左 85 + 300—86 + 600	12.86	3.07			1991 年 8 月 3 日	
	开仪控导续建	30、31 坝	102.29	7.12	0.70		1991 年 7 月 13 日	
	老田庵控导新建	1—5 坝	155.64	13.40	1.16		1991 年 6 月 28 日	
	老田庵控导续建	6—10 坝	233.72	11.22	1.30		1991 年 8 月 15 日	
	驾部控导续建	31、32 坝	107.29	5.04	0.67		1991 年 7 月 14 日	
	黄河滩区水利建设工程	武陟、温县、孟县黄河滩区	120.00	1.13	0.03	0.05	1992 年 11 月 15 日	
	武陟一局放淤固堤	黄左 68 + 469—68 + 800 沁左 77 + 800—79 + 700	150.91	40.00			1991 年 12 月 16 日	
1992	开仪控导续建	31 坝	51.27	2.64	0.32		1993 年 2 月 14 日	
	老田庵控导续建	11—15 坝	250.95	6.11	1.84		1992 年 8 月 15 日	
	黄河堤防补残	黄左 84 + 000—85 + 300	16.30	2.20			1993 年 5 月 25 日	
	黄河堤防补残	黄左 74 + 000—76 + 000	7.80	1.20			1993 年 10 月 26 日	
	开仪控导续建	32 坝	44.69	2.95	0.32		1993 年 4 月 20 日	
	大玉兰控导续建	33、34 坝	115.10	4.49	0.48		1993 年 4 月 3 日	
	驾部控导续建	33、34 坝	69.39	3.48	0.50		1993 年 4 月 1 日	
	武陟一局放淤固堤	黄左 68 + 469—68 + 800 沁左 77 + 800—79 + 700	127.52	38.90			1993 年 1 月 13 日	

批复年度	工程名称	工程位置	批复投资（万元）	主要工程量			竣工验收时间	备注
				土方（万立方米）	石方（万立方米）	混凝土（万立方米）		
1992	老田庵控导续建	16—18 坝	144.02	3.66	1.10		1993 年 5 月 25 日	
1993	大玉兰控导续建	35、36 坝	112.06	4.57	0.66		1993 年 11 月 26 日	
	老田庵控导续建	19—20 坝	115.07	5.81	0.54		1994 年 1 月 8 日	
	驾部控导工程续建	35、36 坝	108.06	6.34	0.52		1993 年 12 月 15 日	工程完工
	武陟一局放淤固堤	黄左 68 + 469—68 + 800 沁左 77 + 800—79 + 700	92.29	20.90			1994 年 1 月 8 日	
	驾部控导加高加固	33、34 坝	31.04	2.66	0.10		1993 年 11 月 2 日	
1994	老田庵控导续建	21、22 坝	123.93	3.83	0.49		1995 年 12 月 29 日	
	穿老田庵控导工程闸	老田庵控导工程 17—18 坝之间	217.80	2.77	0.20	0.07	1996 年 3 月 20 日	
	御坝船淤工程	黄左 72 + 700—75 + 000	87.88	8.00			1995 年 1 月 17 日	
	逯村控导根石加固	3—5 坝、14—17 坝	6.27		0.35			
	东营船淤工程	黄左 70 + 460—71 + 560	54.11	4.00			1995 年 1 月 17 日	
	武陟一局放淤固堤	黄左 68 + 469—68 + 800 沁左 77 + 800—79 + 700	70.15	14.40			1995 年 1 月 17 日	

批复年度	工程名称	工程位置	批复投资（万元）	主要工程量			竣工验收时间	备注
				土方（万立方米）	石方（万立方米）	混凝土（万立方米）		
1995	放淤固堤工程	黄左 68＋469—68＋800 沁左 77＋800—79＋700 黄左 72＋700—75＋000 黄左 70＋460—71＋560	422.03	50.74			1996 年 1 月 30 日	
	共产主义闸闸后清淤工程	黄左 78＋800	14.66				1996 年 1 月 26 日	
	老田庵控导续建	21、22 坝	123.93	3.83	0.49		1995 年 12 月 29 日	
1996	老田庵控导续建	23 坝	149.05	2.22			1996 年 7 月 24 日	
	放淤固堤工程	黄左 68＋469—68＋619 沁左 77＋800—79＋700 黄左 72＋700—73＋900	255.59	30.00			1997 年 1 月 22 日	
	老田庵控导续建	24、25 坝	170.98	3.20	0.52		1996 年 12 月 26 日	
1997	武陟一局放淤固堤	黄左 68＋469—75＋650	961.08	75.00			1997 年 7 月 25 日	
	共产主义闸东孔闸门更换及部分维修工程	黄左 78＋800	66.00	0.10			1998 年 5 月 21 日	
1998	武陟修建堤顶道路	黄左 68＋469—90＋432 沁左 71＋850—79＋700	1636.93				1999 年 7 月 1 日	

批复年度	工程名称	工程位置	批复投资（万元）	主要工程量			竣工验收时间	备注
				土方（万立方米）	石方（万立方米）	混凝土(万立方米)		
1998	武陟一局放淤固堤工程	黄左 68 + 800—70 + 200 黄左 72 + 650—73 + 650	322.90	30.00			1998 年 8 月 6 日	
	武陟二局防浪林	黄左 52 + 000—56 + 800	91.11				1999 年 7 月 22 日	
	武陟一局包边盖淤	黄左 68 + 469—68 + 800 沁左 77 + 800—78 + 987	110.83	9.82			1999 年 5 月 22 日	
	黄河控导根石加固	逯村 15—34 坝、开仪 5—32 坝、化工 5—28 坝;大玉兰控导 13—19 坝、24—32 坝;驾部控导 1 坝、3—15 坝、17 坝、33—36 坝、上延 6 垛 – 9 垛。	277.91		1.90		1999 年 7 月 22 日	
	武陟一局防浪林	黄左 68 + 496—73 + 496	408.65				2001 年 4 月 27 日	
	武陟二局防浪林	黄左 56 + 800—61 + 100	90.58				2001 年 4 月 27 日	
	温县防浪林	黄左 37 + 000—42 + 000	99.76				2001 年 4 月 27 日	

批复年度	工程名称	工程位置	批复投资（万元）	主要工程量			竣工验收时间	备注
				土方（万立方米）	石方（万立方米）	混凝土(万立方米)		
1999	根石加固	逯村 30—34 坝、开仪控导 6—8 坝、20—32 坝、化工控导 5—28 坝、大玉兰控导 14—24 坝、驾部控导 7—9 垛、8 护、30—36 坝、老田庵 20—25 坝	261.55		1.99		2000 年 5 月 21 日	
	武陟二局黄河机淤	黄左 60 + 200—62 + 230	1164.68	64.16			2001 年 4 月 27 日	
	温县大堤加高	黄左 42 + 344—43 + 860	254.87	8.44			2001 年 4 月 27 日	
	武陟二局大堤加高	黄左 54 + 000—55 + 000	68.72	2.04			2001 年 4 月 27 日	
	武陟二局大堤加高	黄左 46 + 176—52 + 000	801.10	29.56			2002 年 7 月 24 日	
	张王庄控导工程续建	22 - 29 坝	995.91	18.82	2.29		2002 年 7 月 24 日	
2000	根石加固	逯村控导 35、36 坝、开仪控导 5—37 坝、化工控导 2—35 坝、大玉兰控导 7—40 坝、驾部控导 7—10 垛、21—36 坝、老田庵控导 18—25 坝	292.80		2.01		2001 年 4 月 27 日	
	武陟花坡堤险工	3—27 坝,计 14 座坝垛	92.02	1.36	0.22		2002 年 7 月 21 日	

批复年度	工程名称	工程位置	批复投资（万元）	主要工程量			竣工验收时间	备注
				土方（万立方米）	石方（万立方米）	混凝土（万立方米）		
2000	武陟一局防浪林	黄左 77 + 300—78 + 100 78 + 400—78 + 926 81 + 800—84 + 200 84 + 200—90 + 432	855.86				2001 年 10 月 22 日	
	武陟一局防浪林	黄左 68 + 700—71 + 300	218.27				2002 年 7 月 24 日	
	武陟二局防浪林	黄左 65 + 000—65 + 414	38.75				2002 年 7 月 24 日	
	放淤固堤工程	黄左 76 + 000—77 + 250	1250.05	92.40			2003 年 10 月 22 日	
	放淤固堤工程	黄左 87 + 250—88 + 600 88 + 600—90 + 432	2487.53	167.15			2001 年 12 月 19 日 2002 年 4 月 3 日	
2001	根石加固	逯村、开仪、化工、大玉兰、驾部、老田庵 6 处控导 116 道坝岸	309.96		2.30		2003 年 10 月 22 日	
	防浪林	黄左 77 + 300—84 + 200	317.70				2003 年 10 月 22 日	
	武陟东安 1500m 护岸	武陟县北郭、嘉应观乡境内	4416.95				2003 年 10 月 22 日	

批复年度	工程名称	工程位置	批复投资（万元）	主要工程量			竣工验收时间	备注
				土方（万立方米）	石方（万立方米）	混凝土（万立方米）		
2001	焦作市局生态防护林建设	温县移民防护堤 28＋536—36＋540、37＋340—37＋820、38＋960—39＋967	387.95（含武陟沁左堤 2.56 千米的投资）				2003 年 10 月 22 日	
2002	武陟一局放淤固堤工程	黄左 84＋300—86＋500	4158.23	255.99			2008 年 4 月 1 日	
	放淤固堤工程	黄左 77＋350—79＋550	1863.75	136.37			2005 年 7 月 1 日	
	放淤固堤工程	黄左 68＋800—76＋000	4903.63	390.70			2005 年 12 月 1 日	
2003	白马泉、御坝滚河防护工程	白马泉 1 坝、御坝 1、2 坝	425.27	3.29	1.86		2004 年 7 月 20 日	实际完工时间
2004	武陟东安 500m 护岸	500m	1275.28				2007 年 2 月 9 日	
2005	温县黄河堤顶道路	黄左 42＋374—43＋814	92.34				2006 年 7 月 1 日	
2006	放淤固堤	黄左 82＋500—84＋000	4973.69	135.48			2009 年 3 月 21 日	
	化工控导续建	36—38 坝	971.73	8.62	3.65		2009 年 9 月 21 日	
	逯村控导改建	－1、2—3、7、14—17 坝	280.85	0.35	0.67		2009 年 9 月 21 日	
	驾部控导续建	37—40 坝	1382.20	11.99	5.16		2009 年 9 月 21 日	
	大玉兰根石加固	22、23、25—28、30、34 坝	157.68		0.94		2009 年 9 月 21 日	
	共产主义闸改建	黄左 78＋800	2496.47	61.13		0.27	2009 年 3 月 21 日	

续表 5-1-1

批复年度	工程名称	工程位置	批复投资（万元）	主要工程量			竣工验收时间	备注
				土方（万立方米）	石方（万立方米）	混凝土（万立方米）		
2007	武陟放淤固堤	黄左84+000—84+300、86+600—87+250	3088.27	73.49			2010年3月15日	
	逯村、化工、驾部控导根石加固	逯村控导33、34、36坝；化工控导22、23—27坝；驾部22—29坝	472.31		3.05		2010年3月15日	
	大玉兰控导续建	37—40坝	1218.79	12.13	4.06		2010年3月15日	
2008	放淤固堤工程	黄左87+250—90+432	2412.74	112.03			2011年4月15日	
	大玉兰、开仪控导根石加固	大玉兰、开仪控导	235.21		1.47		2011年4月15日	
	京广铁路穿黄河大堤詹店闸桥改建	黄左84+012	1529.53	27.83			2016年1月18日	
2012	驾部控导工程续建	41—45坝	2317.48	44.25	8.80		2017年9月7日	
	逯村控导工程续建	39—40坝					2017年9月7日	
	东安控导工程续建	49—58坝	3024.94	4.10		2.43	2017年9月7日	
	老田庵控导工程续建	31—35坝	1413.88	17.22	2.52		2017年9月7日	
	化工控导工程续建	39—41坝	2044.66	26.13	3.86		2017年9月7日	
	大玉兰控导工程续建	41—44坝	1821.55	21.98	3.78		2017年9月7日	
2015	东安控导工程续建	−10—−1坝	3145.95	4.60		1.19	2020年6月21日	投入使用验收
	张王庄控导工程续建	49—52坝	1253.41	0.45		0.50		

批复年度	工程名称	工程位置	批复投资(万元)	主要工程量			竣工验收时间	备注
				土方(万立方米)	石方(万立方米)	混凝土(万立方米)		
2015	刘村险工改建	1—16坝、17—20垛、21—27坝、28—29垛、30坝	955.12	2.07	4.63		2020年6月21日	投入使用验收
	余会险工改建	1坝、2—10垛、11—25坝、26—28垛、29坝、30—33垛、34坝、35—36垛、37—40坝	2211.98	13.13	12.88			
	赵庄险工改建	1—36坝垛(护岸)	1815.90	7.98	8.31			
	堤顶道路	临黄左堤0+000—15+430、42+374—45+250、46+176—58+130、59+900—65+414、68+469—75+960、79+845—82+500、新堤0+000—1+403、84+000—90+432	5810.99	7.29		1.61	2019年6月10日	实际完工时间

第二章 工程管理

民国时期,沿河有汛兵和工程队常年驻工修守。中华人民共和国成立后,治黄工作走向全面规划、统一治理、统一管理的新阶段,建立健全了系统的管理机构和科学规范的规章制度,对堤防、河道、涵闸工程确定观测、养护、维修等具体任务指标,扎扎实实开展工程管理工作,保证了河防工程的安全和完整,增强了抗洪能力。

第一节 组织沿革

历代大都在黄河下游设立专管机构及官员,负责堤防的建设和管理工作。中华人民共和国成立后,焦作黄、沁河沿线相继建立群众性护堤组织。县设堤防管理委员会(或管理小组,简称管委会),由地方政府负责人兼管委会主任。护堤员由管委会选派,每500米堤线设1人负责管理工作。1951年,平原省颁发《黄河堤防工程养护暂行办法》规定:"沿堤2千米以内为守堤区,5千米以内为防汛区,护堤员食宿在堤,庵屋为家,保护堤树及工程设施,入汛巡堤查水。沿黄县设治黄科,区设治黄助理员,乡设1名副乡长负责治黄工作。"1958年人民公社化后,县、社成立堤防管理委员会,1名副职为治黄专职,护堤员受沿河修防段工务股领导。1959年,各段设职工护堤组,各公社设1~2人的护堤站(组)。"文化大革命"期间各级管理组织由"革命委员会"(简称"革委会")代替,护堤员脱产不脱队。中共十一届三中全会后,水电部指示"把水利工作的重点转移到以工程管理为中心上来",河务局、修防处、修防段都相应明确1位副职分抓管理工作。1982年,河南河务局成立工程管理处,整顿充实专管人员,加强管理工作,县、乡恢复堤防管理委员会,各修防段设公安特派员,武陟第一、第二修防段建立公安派出所,堤防工程管理纳入法制轨道。

堤防专管人员的职责:负责做好所在乡及其沿河村的联系、宣传工作;组织护堤员学习护堤政策、法规、制度,研究和提高其维修养护堤防的技术;督促与检查护堤员的护堤维修养护工作,协助做好防汛及建设工作;开展检查评比活动,表彰与教育护堤员,并组织好护堤员的经济创收活动;发动护堤员查找隐患,检举和制止违章或破坏堤防的行为,并及时向当地政府和上级报告。

护堤员的责任与义务：依据政府有关堤防管理法令、条例,防止树木被毁被盗;雪雨天关闭路闸;禁止车辆通行(防汛车除外);禁止在堤防范围内挖土、打井、建窑、埋葬、开沟、挖洞、放牧、种植农作物、铲草、爆破、排放废物与废渣等;维护大堤,保持堤身完整和堤顶平坦,及时填垫水沟浪窝,捕捉害堤动物,驱逐上堤牧畜等。

护堤员的经济收入：20世纪50年代初期,护堤员以堤草、树枝、在柳荫地内种植少量农作物获得收入。填垫水沟浪窝一天以上时,每天补助生活费0.4元,入汛7—9月三个月每天发给1.2元防汛工资,每月发给3~5元奖金。1956—1981年堤防收益按照国家与生产队六四分成。护堤员在生产队分成部分中,分配、收入高于农村同等劳力。1981年后,随着农业生产责任制的推行,修防段在护堤员中试行堤防管理承包制,直接参加河产收入分成,有的村麦秋两季生产队补给护堤员原粮300~400斤,或生产队按月付给护堤员15~30元,最高的40~50元。1982年印发的《河南省黄河工程管理条例》中规定:护堤员的报酬,由河务部门从堤防管理收益中统筹解决。护堤员的劳动报酬一般通过以下几个方面解决:一是河务部门每月支付护堤员5元的补贴;二是修整树木和堤草收入;三是工程上的树木分成收入,树木分成比例为河务部门50%、村委会30%、护堤员20%;四是承包本人管理堤段上的一些工程维修养护项目,如平垫水沟浪窝、修整土牛等收入。

第二节　工程运行管理体制改革

在计划经济体制下,黄河基层单位形成了"修、防、管、营"四位一体的管理体制及"专管与群管相结合"的运行机制。2000年4月,水利部在南宁召开全国水利建设与管理工作会,首次提出"管养分离"新机制。同年8月,水利部下发了《关于开展水利工程管理单位体制改革有关问题的通知》,要求各水利管理单位加强领导,提高认识,高度重视体制改革工作。

2000年4—11月,黄委开展"管养分离"试点工作。试点由原来的专群管相结合的管理模式,通过堤防现状普查,工程量测算,明晰产权关系,平稳地过渡到专业化的管理体制,由原来的目标管理平稳地转变为实行内部合同管理。

2002年9月,水利部制定的《水利工程管理体制改革实施意见》经国务院批准发布实施。河南河务局开始了基层水管单位政、事、企分开的运行模式探索,出台了"管养分离"改革实施意见,明确了政、事、企分开和以"管养分离"为核心,组建专业化维修养护队伍的指导思想。

一、群管护堤员下堤

20世纪八九十年代,随着农村联产承包责任制的实行,以往用于支付群管护堤员报酬的补助工分随之取消,导致护堤员工作积极性降低,影响了工程管理工作的开展。

2000年,河南河务局开始实施"管养分离"试点工作,重点是建立稳定的养护队伍,对养护职工明确职责与任务。2001年,开始采取合同化管理,同时对管理办法、制度进行了完善和补充。2002年,通过签订合同,量化管理,使试点单位管理养护由行政计划平稳过渡为合同化管理,逐步实现了工程管理与养护的分离。试点工作的顺利进行,为群众护堤员下堤、专业工程管理队伍平稳到位积累了经验。

河南河务局按照《水利工程管理体制改革实施意见》和黄委的部署,提出2003年6月底前群管护堤员全部下堤的目标任务。焦作河务局深入做好群管护堤员的工作,当年413名群管护堤员全部下堤,顺利完成了群管队伍与专业队伍的交接。

二、成立专业化工程维修养护公司

2003年,群管护堤员下堤后,各县局均成立了工程养护处,市、县河务局工务科作为业务部门,代表市、县河务局行使工程管理单位的职责。养护处下设养护大队,具体负责所辖范围内堤防、河道、涵闸等工程的日常维修养护工作,管养分离工作迈出了实质性一步。

2004年,武陟第一河务局被黄委、河南河务局确定为"管养分离"改革试点单位。在上级的指导下,依据"两定标准",结合工程管理实际投工投资情况,严格对各类工程全年的养护经费进行测算,并在此基础上编制堤防、控导、涵闸工程维修养护合同,实行合同管理,初步实现了管理和养护职能的分离,"两定标准"在维修养护运行管理中进一步得到了验证。

2005年5月,武陟第一河务局、孟州河务局水管体制改革正式启动。按照上级的改革方案,经过竞争上岗、身份转换、资产划分等程序,原单位被一分为三,新组建的事业单位、养护公司、施工企业三个单位互不隶属,形成了"三驾马车"的格局。

2006年5月,焦作河务局根据上级统一部署,按照河南河务局《关于焦作河务局水利工程管理体制改革实施方案的批复》,对所辖武陟第二河务局、温县河务局、沁阳河务局、博爱河务局全面进行水管体制改革。焦作黄河水利工程维修养护有限公司于2005年7月成立,具有独立法人资格。2006年8月,六县(市)的养护公司注销企业法人,作为非独立法人的维修养护分公司,成建制划入焦作黄河水利工程维修养护有限公司。焦作黄河水利工程维修养护有限公司设总经理1人、副总经理2人。公司下设综合管理部、工程技术部、财务物资部3个部门和6家分公司。养护分公司内部不再设置管理机构,只设经理1人。

第三节　管理制度

1949年,冀鲁豫行署颁发《保护大堤公约》。1950年,平原省人民政府颁布《保护黄沁河大堤办法》。20世纪60年代,河南省人民政府颁发《河南黄沁河堤防管理办法》。1974年,河南省"革委会"农林局、河务局联合颁发《关于加强黄河、沁河堤防植树造林的联合通知》。1978年,河南省人民政府颁发《河南省黄(沁)河堤防工程管理办法》。1982年6月26日,河南省第五届人民代表大会常务委员会第十六次会议通过《河南省黄河工程管理条例》。

在黄(沁)河堤防上修建工程除按基本建设程序外,必须严格履行破堤审批制度,规定汛期不准破堤施工。破堤修建工程1985年之前由黄委批准,1985年后改由河南河务局审批。批准后的破堤工程,施工时应当接受当地黄沁河河道主管机关对施工质量的监督,跨汛期施工的项目,施工作业方案须经黄沁河河道主管机关批准,由建设单位负责实施。工程竣工后,经黄沁河河道主管机关验收合格后方可启用,并服从黄沁河河道主管机关的安全管理。

1992年,河南省人民政府第二十一次常务会议通过了《河南省黄河河道管理办法》,明确规定堤防工程是防洪的重要屏障,必须加强管理,保持工程完整坚固;实行统一领导、分级管理;组织和发动群众捕捉害堤动物,经常查处隐患,严禁在堤身和柳荫地区取土、放牧。黄河大堤临河50米、背河100米以内不准打井(包括水井、油井、汽井)、挖沟、建房、建窑、埋葬和修建其他危害堤身安全的工程或危害堤防安全的活动,不准在大堤两侧各200米安全范围内放炮物探;禁止在堤顶行驶履带机动车和其他铁轮车辆,雨雪泥泞期间,除防汛抢险车辆外,其他车辆禁止通行。

1994年4月28日,河南省第八届人民代表大会常务委员会第七次会议通过颁发了《河南省黄河工程管理条例》,同年水利部《河道目标考评管理办法》颁发后,河南河务局对原有的工程管理考核评比办法重新进行了修订,编制了《河南黄(沁)河工程管理检查评比标准》。此外,还进一步完善了汛前汛后徒步拉网式检查制度、单项工程验收制度、管理人员岗位责任制等一系列规章制度,制定印发了《河道工程根石探摸管理办法》《闸门及启闭机操作维修规程》《河道工程班坝责任制》等管理办法。

2003 年后,随着管理机制的规范化,黄委相继出台了《黄河水利工程维修养护标准(试行)》《黄河河道管理巡查报告制度》《黄河工程管理突发事件应急处理与报告制度》《黄河堤防工程管理标准(试行)》《黄河河道整治工程管理标准(试行)》《黄河工程管理考核办法(试行)》等管理制度。

2008 年,水利部颁发《水利工程管理考核办法》后,黄委又相继印发了《黄河防洪工程运行观测与维修养护人员岗位责任制实施办法(试行)》《黄河示范工程管理办法》。2014 年,黄委印发《黄河水利工程维修养护经费管理办法(试行)》。2015 年,黄委印发《黄河水利工程维修养护石料采购与使用管理规定》(黄建管〔2015〕50 号)。2016 年,黄委印发《黄河防洪工程管理范围内土地利用管理规定》。

河南河务局 2008 年印发《河南河务局维修养护根石加固项目管理办法(试行)》,2011 年印发《河南黄河防洪工程水(雨)毁修复管理办法(试行)》及《河南黄河防洪工程管理月度检查制度(试行)》《河南黄河工程管理巡查报告制度》《河南黄河防洪工程日常维修养护管理办法(试行)》,2014 年印发《河南黄河防洪工程绿化管理办法》《河南黄河堤防道路管理维护办法》,2016 年印发《河南黄河河道管理范围内建设项目占用水利设施和水域补救工程建设管理实施办法》《河南黄河防洪工程管理范围内土地利用管理实施细则(试行)》。

焦作河务局于 2016 年印发《焦作黄(沁)河水利工程维修养护运行管理办法(试行)》《焦作黄(沁)河水利工程维修养护分类管理办法(试行)》《焦作黄(沁)河水利工程养护类项目考核评定标准(试行)》。2017 年,印发《焦作黄(沁)河水利工程维修养护月考核办法》。2019 年,印发《焦作河务局水利工程管理"以奖代补"考评实施方案》《焦作河务局工程管理"百米计划"行动方案》等。

第四节　示范工程建设

2001 年,河南河务局提出建设河南黄河示范工程,同时编制了《河南黄河示范工程标准及考核办法》。示范工程验收以每 10 千米以上堤防(或以乡为单位)、每处险工控导工程、每座涵闸(虹吸)为单元,分自检、初验、验收发证等 3 个阶段进行。县级河务局(闸管处)进行自检,市级河务局进行初验,河

南河务局负责考评验收。考评验收采取抽检方式。堤防抽检长度不少于申请
验收长度的 30%,坝垛护岸抽检数量不少于管理总数的 40%。当年,河南河
务局对各单位上报的示范工程堤段、控导工程、涵闸进行了考评,并公布了首
批"示范工程"。武陟第一河务局 72 + 000—78 + 000 获得"堤防工程示范工
程"称号;温县河务局大玉兰控导工程、孟州河务局开仪控导工程获得"河道
工程示范工程"称号;张菜园引黄渠首闸获得"涵闸工程示范工程"称号。
2005 年,示范工程建设开始由黄委组织验收,河南河务局不再验收。2004—
2019 年焦作河务局示范工程情况见表 5-2-1。

表 5-2-1　2004—2019 年焦作河务局示范工程情况

年份	单位	示范工程	备注
2004	武陟第一河务局	黄河堤防 68 + 469—90 + 432	示范单位
	孟州河务局	开仪控导工程	
	武陟第二河务局	驾部控导工程	
	张菜园闸管理处	张菜园闸	
2005	温县河务局	大玉兰控导	
	博爱河务局	大小岩险工	
	武陟第二河务局	石荆险工	
2007	武陟第一河务局	老龙湾险工	
2008	沁阳河务局	水南关管护基地	
2009	孟州河务局	黄庄险工	
2010	温县河务局	沁河 5 千米堤防	
2011	武陟第二河务局	余会险工	
2012	沁阳河务局	伏背险工	
2013	博爱河务局	沁河左堤 36 + 800—44 + 800	
	武陟第一河务局	沁阳村险工	
	孟州河务局	开仪控导工程	
2014	温县河务局	吴卜村险工	
	孟州河务局	黄庄险工	
2015	武陟第二河务局	王顺险工	
	温县河务局	沁河右堤 41 + 100—46 + 116	

年份	单位	示范工程	备注
2016	孟州河务局	黄河堤防 7＋730—15＋430	
2017	武陟第一河务局	老田庵控导管理班	
	博爱河务局	孝敬险工	
	沁阳河务局	伏背险工	
2018	武陟第二河务局	驾部控导管护基地	
	武陟第二河务局	方陵险工	
	孟州河务局	化工控导工程	
2019	武陟第一河务局	黄河堤防 69＋000—74＋200	
	博爱河务局	白马沟险工	
	沁阳河务局	水南关管护基地	

第五节　工程达标和管理评比活动

1982 年,黄委制定并下发了《黄河下游工程管理考核标准》和《黄河下游河道目标管理考评实施细则》,要求全面加强技术管理,各项工程努力达到规范化、标准化。河南河务局制定了相应的办法,明确"工程完整坚固、堤防绿化美化、管理设施完好、管理组织健全、队伍稳定、各项资料齐全、综合经营效益高"为工程管理质量考核的标准。焦作河务局所管各基层单位坚持高标准、高质量、高效益的原则,争创国家一级河道目标管理单位。1998 年 4 月,水利部组织专家组考评验收,认定武陟第一河务局、博爱河务局为国家一级河道目标管理单位;1998 年 5 月,河南河务局认定孟州河务局、沁阳河务局、武陟第二河务局为国家三级河道目标管理单位;1998 年汛后,黄委认定温县河务局、武陟第二河务局为国家二级河道目标管理单位。

2000 年,水利部对《河道目标考评办法》进行修订,2002 年印发后,焦作河务局以工程管理达标升级为契机,建立健全各项规章制度,强化管理,使工程整体管理水平得到稳步提高。至 2003 年,武陟第一河务局、博爱沁河河务局通过国家一级河道目标考评,武陟第二河务局、孟州河务局通过国家二级河道目标考评。

2003 年 5 月,水利部颁布《水利工程管理考核办法(试行)》及其考核标准(水建管〔2003〕208 号)后,各地积极开展水利工程管理考核工作,有力地促进了水利工程管理水平的提高。此后,在各地自检申报的基础上,水利部考核验收并批准了一批国家一级水利工程管理单位。2008 年、2016 年、2019年,对《水利工程管理考核办法》及其考核标准进行了修订。武陟第一河务局2004 年成功创建国家一级水利工程管理单位,2008 年、2011 年、2014 年、2019年通过复验;博爱沁河河务局 2005 年成功创建国家一级水利工程管理单位,2009 年、2012 年、2015 年通过复验;孟州河务局 2018 年成功创建国家级水利工程管理单位。

在黄委、河南河务局组织开展的工程管理评比活动中,焦作河务局坚持建管并重,重视科学化、制度化、标准化管理,工程管理取得显著成绩。焦作河务局"黄委工程管理先进单位""河南河务局工程管理先进单位"分别见表 5-2-2、表 5-2-3。

表 5-2-2 焦作河务局"黄委工程管理先进单位"一览表

时间	文号	单位名称	荣誉称号
1995 年 10 月	黄河务〔1995〕43 号	武陟第一河务局	先进单位
		博爱河务局	先进集体
1996 年 12 月	黄河务〔1997〕2 号	武陟第一河务局	全国水利系统水利工程管理先进集体
1999 年 12 月	黄河务〔1999〕52 号	武陟第一河务局	先进单位
		博爱河务局	先进单位
2004 年 2 月	黄建管〔2004〕5 号	武陟第一河务局	国家一级水利工程管理单位
		孟州河务局	十佳单位
		博爱河务局	十佳单位
2005 年		孟州河务局	黄委"数字黄河"工程建设与管理先进集体
2005 年 12 月	黄人劳〔2005〕68 号	武陟第一河务局	先进单位
		博爱河务局	先进单位
2010 年 12 月	黄人劳〔2010〕29 号	孟州河务局	"十一五"黄河工程管理工作先进单位
2018 年 12 月	黄建管〔2018〕354 号	武陟第一河务局	2018 年工程管理检查考核第一名

表 5-2-3　焦作河务局"河南河务局工程管理先进单位"一览表

时间	文号	单位名称	荣誉称号
1986 年 11 月	豫黄工字〔1986〕120 号	武陟一段	先进单位
		武陟二段	先进单位
		孟州段	先进单位
		温县段	先进单位
		沁阳段	先进单位
		博爱段	先进单位
1993 年 1 月	豫黄工管字〔1993〕1 号	武陟第一河务局	第二名
		博爱河务局	第一名
		济源河务局	第二名
1994 年 1 月	豫黄工管字〔1994〕1 号	武陟第一河务局	十佳单位
		博爱河务局	十佳单位
1995 年 12 月	豫黄工管〔1995〕81 号	武陟第一河务局	十佳单位
		温县河务局	十佳单位
		博爱河务局	先进单位
		武陟第二河务局	先进单位
1997 年 12 月	豫黄工管〔1997〕50 号	武陟第一河务局	十佳单位
		武陟第二河务局	十佳单位
		孟州河务局	十佳单位
		温县河务局	十佳单位
		博爱河务局	先进单位
1998 年 12 月	豫黄工管〔1998〕65 号	武陟第一河务局	十佳单位
		武陟第二河务局	十佳单位
		温县河务局	先进单位
		博爱河务局	先进单位
1999 年 12 月	豫黄工管〔1999〕51 号	武陟第一河务局	先进单位
		孟州河务局	先进单位
		武陟第二河务局	先进单位
		温县河务局	先进单位
		博爱河务局	先进单位

时间	文号	单位名称	荣誉称号
2000 年 12 月	豫黄工管〔2000〕65 号	武陟第一河务局	第一名
		孟州河务局	先进单位
		武陟第二河务局	先进单位
		温县河务局	先进单位
		博爱河务局	先进单位
2001 年 12 月	豫黄工管〔2001〕44 号	武陟第一河务局	先进单位
		武陟第二河务局	先进单位
		温县河务局	先进单位
		博爱河务局	先进单位
		孟州河务局	先进单位
2002 年 12 月	豫黄建管〔2002〕24 号	武陟第一河务局	第一名
		孟州河务局	第三名
		武陟第二河务局	先进单位
		温县河务局	先进单位
		博爱河务局	先进单位
		沁阳河务局	先进单位
2004 年 3 月	豫黄建管〔2004〕17 号	武陟第二河务局	先进单位
		温县河务局	先进单位
		沁阳河务局	先进单位
2004 年 12 月	豫黄建管〔2004〕118 号	武陟第一河务局	先进单位(国家一级水管单位)
		孟州河务局	先进单位
		博爱河务局	先进单位(通过黄委初验国家一级水管单位)
		温县河务局	先进单位(通过黄委验收国家二级水管单位)
		武陟第二河务局	先进单位(通过黄委验收国家二级水管单位)

时间	文号	单位名称	荣誉称号
2005 年 12 月	豫黄建管〔2005〕108 号	温县河务局	先进单位
		孟州河务局	先进单位
		武陟第二河务局	先进单位
2006 年 12 月	豫黄建管〔2006〕108 号	武陟第一河务局	先进单位(处于领先水平)
		孟州河务局	先进单位(处于领先水平)
		博爱河务局	先进单位(处于领先水平)
		武陟第二河务局	十佳单位
		温县河务局	十佳单位
		沁阳河务局	显著进步单位
2007 年 12 月	豫黄建管〔2007〕131 号	武陟第一河务局	工程管理先进单位
		武陟第二河务局	工程管理先进单位
		博爱河务局	工程管理先进单位
		孟州河务局	工程管理先进单位
		温县河务局	工程管理先进单位
		沁阳河务局	工程管理"十佳"单位
2008 年 3 月	豫黄科〔2008〕3 号	孟州河务局	科技与数字黄河建设管理先进集体
2008 年 12 月	豫黄建管〔2008〕73 号	武陟第二河务局	工程管理先进单位
		孟州河务局	工程管理先进单位
2009 年 12 月	豫黄建管〔2009〕76 号	武陟第一河务局	工程管理先进单位
		武陟第二河务局	工程管理先进单位
		博爱河务局	国家一级水管单位考核复验突出贡献单位
2010 年 3 月	豫黄科〔2010〕3 号	孟州河务局	科技与数字黄河建设管理先进集体
2010 年 12 月	豫黄建管〔2010〕67 号	博爱河务局	年度绿色工管、魅力工管、活力工管显著进步水管单位
		孟州河务局	工程管理先进水管单位

时间	文号	单位名称	荣誉称号
2011 年 12 月	豫黄建管〔2011〕90 号	武陟第一河务局	工程管理先进单位
		武陟第二河务局	工程管理先进单位
		博爱河务局	工程管理先进单位
		孟州河务局	工程管理先进单位
		沁阳河务局	工程管理先进单位
2012 年 12 月	豫黄人劳〔2012〕89 号	武陟第一河务局	工程管理先进单位
		武陟第二河务局	工程管理先进单位
		博爱河务局	工程管理先进单位
		孟州河务局	工程管理先进单位
2013 年 12 月	豫黄建管处便〔2013〕10 号	武陟第一河务局	工程管理先进单位
		武陟第二河务局	工程管理先进单位
		孟州河务局	工程管理先进单位
2014 年 12 月	豫黄建管处便〔2014〕59 号	武陟第一河务局	工程管理先进单位
		孟州河务局	工程管理先进单位
2016 年 1 月	豫黄人劳〔2016〕6 号	武陟第一河务局	2015 年度工程管理先进单位
		孟州河务局	2015 年度工程管理先进单位
2016 年 12 月	豫黄人劳〔2016〕122 号	武陟第一河务局	2016 年度工程管理先进单位
		博爱河务局	2016 年度工程管理先进单位
		孟州河务局	2016 年度工程管理先进单位
2018 年 1 月	豫黄人劳〔2018〕1 号	孟州河务局	2017 年度工程管理先进单位

第六篇 机构 人物

第一章 机 构

第一节 历代治黄机构

一、清代以前治黄机构

春秋战国时期,由于社会生产力的发展,黄河流域人口大量增加,城市增多,黄河下游出现了比较完整的堤防,除设"司空"负责治水外,还设有"水官"等职。

西汉时,国家统一,从中央到地方,十分重视对黄河的治理,对黄河堤防的修守,决口的堵筑,沿河各郡都设有防守河堤的人员,人数在万人以上。汉宣帝年间以王延世为河堤使者,从此黄河开始设置了专官。

宋代河患加剧,治河机构随之繁备。"工部尚书掌百工水土政令,侍郎为之二",都水监衙门独立,其权限较历代为重。金灭北宋以后,治河机构仍仿宋制,在尚书省下设工部,置侍郎1员,郎中1员,"掌江河堤岸道路桥梁之事"。宣宗兴定五年(1221),"以都巡河官掌巡视河道,修完堤堰,栽植榆柳,凡河防之事,分治监、巡河官同此"。熙宗皇统三年(1143),"于怀州置黄沁河堤大管勾司"。大定二十七年(1187),世宗对于宋朝"河防置一步一人"的经验颇为赞扬,下令"河防添设军数"。金还在下游沿河置25埽(6埽在河南,19埽在河北),每埽设散巡河官11人,每4埽或5埽设都巡官1员,分管沿河所属各埽,全河配埽兵1.2万人。

元代都水监品级由四、五品间特升为正三品,泰定二年(1325),立河南都水监于汴梁,以加强防御。至正十四年(1351),诏命工部尚书贾鲁为总治河防使,进秩二品,授以银印,并令沿河州县正官皆兼知河防事。

明代仍以工部尚书、左右侍郎掌天下百工政令。工部下设水部,由郎中、员外郎主持河渠水利。永乐九年(1411),以工部尚书宋礼治河,自此以后间遣侍郎或御使治河,渐次专用朝官,可见对治河之重视。成化七年(1471),以王恕总理河道,为黄河上设立常任总理河道官员之始。总之,明代治河机构以工部为主管,总理河道直接负责,山东、河南两省巡抚兼理河务,各州、府、县地方长官共负河防之责,其组织机构愈见完善。

二、清代治黄机构

清顺治元年(1644),设河道总督,驻扎济宁,管理黄、运两河。雍正二年(1724),增设副河道总督,驻武陟,雍正五年副河道总督分管山东、河南河务。雍正七年(1729),增设河南山东河道总督(又称河东河道总督,驻济宁),管辖彰卫怀道、兖沂曹道、开归陈道、山东运河道,其中彰卫怀道驻武陟,辖黄沁厅、卫粮厅、祥河厅、下北厅,厅下设汛。

河道总督下属有两套机构,文职司核算钱粮、购备材料等事,武职负责防守工程。康熙十七年(1678),河道总督靳辅以为"河工所用之民夫各有生业,不能责以常年居工,不如改募河兵,勒以军法,较为着实",经奏请奉旨允准,于是建立河营,从此有一套固定的河工武职机构。统领各河营者,设参将1员,下有游击2员,每营设守备1员统领,再下有千总、把总、外委等武官。

河东河道总督所辖武职人员,清初豫、怀河两营只有河兵1700名,河南河工修守仍依靠堡夫,嘉庆道光以后河兵名额逐渐有所增加,至道光四年(1824),河东河道总督所辖的豫河、怀河两河营河兵连同武官人员编制总数为2145人。

咸丰五年(1855),黄河从铜瓦厢决口改道后,清政府经济拮据,一再紧缩机构,裁减河员。光绪二十八年(1902),又将河东河道总督裁撤,沿河省各自为政。河南改设兰封、荥泽、孟县三个黄河官工局。河内、武陟两个沁河民工局,主管黄沁河河务。从此黄河得不到统一治理,加之河政腐败,新的科学技术不能推广应用,治河成效甚微。

三、民国治黄机构

民国元年(1911),维持清末的厅、汛和河营机构。黄沁河河务由河南都督兼理。

民国2年(1912)元月,官制改革,彰卫怀道由豫北观察使兼理,3月设立河防局,改厅、营为分、支局,改同知、通判为分、支局长,改都司、守备为河防营长。

民国3年(1914),沁河仍为民修民守、沁工所受河防局节制。

民国8年(1919),河防局改为河南河务局,沁河改归官守,沁工所改为东、西两沁河分局,由河南河务局管辖。

民国19年(1930),北岸设上北分局、下北分局、沁东分局、沁西分局,如表6-1-1所示。

表6-1-1 1930年河南河务局机构设置表

河南河务局	上北分局	孟县汛
		温武汛
		武陟汛
		武荥汛
	下北分局	原阳汛
		阳封汛
		开封北汛
		开陈北汛
		滑县汛
	沁东分局	沁南汛
		沁北汛
	沁西分局	沁南汛
		沁北汛

民国26年(1937),2月河南河务局改为河南修防处,分局改为总段,北岸设北一总段、北二总段、沁东总段、沁西总段,下设分段。工人实行"河兵制",各汛设汛长,汛目,付目,一、二、三等兵,统一着灰军服。

民国27年(1938),日本侵略军进攻豫东,河南修防处西迁郏县,先后辗转洛阳、西安等处,民国34年(1945)8月迁河南郑州,民国36年(1947)迁回开封市,民国37年(1948)开封解放,河南修防处由人民政府接管。

第二节 人民治黄机构

一、新乡黄沁河修防处机构沿革(1949—1985年)

新乡黄沁河修防处前身为冀鲁豫区黄河水利委员会第五修防处。1949

年2月,在武陟大樊村成立第五修防处,韩培诚任主任。下设秘书科、工程科、供给科。同时,建立武陟沁河修防段、温沁博修防段。5月,修防处机关迁驻武陟小董村,汛后迁驻武陟庙宫(嘉应观)。同月,奉黄委令沁河修防段扩建为3个修防段。温县徐堡以上两岸为第一修防段,驻沁阳县城;徐堡以下北岸为第二修防段,驻武陟渠下村;徐堡以下南岸为第三修防段,驻武陟岳庄。同年7月,建立武陟黄河修防段,驻武陟小庄;温陟黄河修防段,驻武陟驾部村;原阳黄河修防段,驻原阳大宾村。

1949年8月,成立平原省黄河河务局,黄委决定第五修防处划归平原黄河河务局领导,同时将沁河第一修防段改为沁阳沁河修防段,第二修防段改为博陟沁河修防段,第三修防段改为温陟沁河修防段。10月,平原省人民政府决定第五修防处仍驻武陟庙宫,受新乡专署、平原黄河河务局双重领导。沁河改建为沁阳、博爱、温陟、武陟四个修防段,黄河改建为温陟、武陟原阳两个修防段。

1950年6月,武陟原阳黄河修防段改为武陟黄河修防段(驻武陟詹店)、原阳黄河修防段(驻原阳大宾村)。9月,第五修防处改为新乡黄沁河修防处,韩培诚任主任,田绍松任副主任。1950年底,新乡黄沁河修防处机关和所属7个修防段共有职工299人,其中干部117人。1950年新乡黄沁河修防处机构设置见表6-1-2。

表6-1-2　1950年新乡黄沁河修防处机构设置

新乡黄沁河修防处	秘书科
	工程科
	供给科
	温陟黄河修防段
	武陟黄河修防段
	原阳黄河修防段
	沁阳沁河修防段
	博爱沁河修防段
	温陟沁河修防段
	武陟沁河修防段

1951年10月,武陟黄河修防段、武陟沁河修防段合并为武陟黄沁河修防

段(驻武陟县城)。

1952年12月,平原省撤销。新乡黄沁河修防处及所属黄沁河各修防段划归河南河务局领导。

1953年8月,韩培诚调离,田绍松副主任主持工作。

1954年9月,田绍松任主任,10月,伍俊华任副主任。

1955年5月,濮阳黄河修防处所属的封丘黄河修防段划归新乡黄沁河修防处领导。7月,新乡黄沁河修防处改为河南黄河河务局新乡修防处,刘述贞任第二副主任。1955年新乡修防处机构设置见表6-1-3。

表6-1-3　1955年新乡修防处机构设置

新乡修防处	秘书科
	工务科
	财务科
	封丘黄河修防段
	原阳黄河修防段
	温陟黄河修防段
	武陟黄沁河修防段
	沁阳沁河修防段
	博爱沁河修防段
	温陟沁河修防段

1956年3月,主任田绍松调河南河务局后,副主任伍俊华主持工作。

1957年3月,武桐生任副主任。同年温陟黄河修防段、温陟沁河修防段合并为温陟黄沁河修防段(驻武陟岳庄)。

1958年5月,因安阳地区建制撤销,新乡修防处改为新乡黄河第一修防处,刘述贞任主任。

1959年6月,刘述贞主任病休,伍俊华代理副主任,主持工作。

1960年5月,伍俊华任副主任。10月,温县并入沁阳县,温陟黄沁河修防段撤销并入武陟黄沁河修防段。

1961年8月,恢复温县建制,温陟黄沁河修防段随之恢复。10月,井传生任新乡修防处副主任。

1962年1月,恢复安阳地区建制,新乡黄河第一修防处改为新乡修防处。

7月,伍俊华副主任调河南河务局工作。

1964年3月,新乡修防处增设人事科。7月,花园口枢纽工程处直属原武管理段划归新乡黄河修防处领导,10月,蔡风台任修防处副主任。1964年新乡黄河修防处机构设置见表6-1-4。

表6-1-4 1964年新乡黄河修防处机构设置

新乡黄河修防处	秘书科
	人事科
	工务科
	财务科
	封丘黄河修防段
	原阳黄河修防段
	武陟黄沁河修防段
	温陟黄沁河修防段
	沁阳沁河修防段
	博爱沁河修防段
	原武管理段

1965年2月,新乡修防处成立政治处,蔡风台任主任,撤销人事科。

在"文化大革命"期间,1968年2月,新乡修防处建立"革委会",蔡风台任主任,下设政工组、办事组、行政组、工务组、财务组。治黄机构由黄河系统领导为主,过渡到以新乡地区"革委会"领导为主。9月,新乡修防处机关机构精简,撤销行政组、工务组、财务组,设办事组、政工组、生产组,刘述贞任修防处"革委会"主任。

1970年4月,艾计生任"革委会"副主任,8月,张瑞义任"革委会"副主任。10月,撤销原武管理段,所辖工程按县界交由武陟、原阳修防段管理。

1971年4月,增设孟县黄河修防段。5月,蔡风台调离,刘述贞主任调新乡地区水利局工作。新乡修防处由张瑞义副主任主持工作。

1973年3月,潘藏兴任修防处"革委会"主任,张瑞义、陈新之、艾计生、井传生任副主任。下设秘书科、政工科、工务科、淤灌科、财务科,同时撤销办事组、政工组、生产组。10月,成立辉县公山石料厂筹备组。1973年新乡黄沁河修防处"革委会"机构设置见表6-1-5。

表6-1-5　1973年新乡黄沁河修防处"革委会"机构设置

新乡黄沁河修防处『革委会』	秘书科
	政工科
	工务科
	淤灌科
	财务科
	封丘黄河修防段
	原阳黄河修防段
	武陟黄沁河修防段
	温陟黄沁河修防段
	孟县黄河修防段
	沁阳沁河修防段
	博爱沁河修防段
	石料厂筹备组

1975年4月,增设温县黄沁河修防段,同时将温陟黄沁河修防段改为武陟第二黄沁河修防段,武陟黄沁河修防段改为武陟第一黄沁河修防段。10月,史鸿飞任修防处"革委会"副主任。

1978年,增建运输队。3月,河南省"革委会"转发国务院批复水电部的报告后,黄河修防单位又回到以黄河系统领导为主的管理体制。8月,艾计生副主任调离,郑福朝任修防处"革委会"副主任。10月,新乡修防处"革委会"改为新乡地区"革委会"黄沁河修防处,同时修防处增建施工队。1978年新乡地区"革委会"黄沁河修防处机构设置见表6-1-6。

1979年1月,潘藏兴主任调离,张瑞义副主任主持工作。5月,张瑞义任主任,郑福朝、游学勤任副主任。同年,修防处施工队划归河务局施工总队领导,修防处增设灌柱桩队。9月,修防处机关迁新乡市饮马口村办公。10月,撤销淤灌科,增设劳资科。11月,新乡地区"革委会"黄沁河修防处改为河南黄河河务局新乡黄沁河修防处。

表6-1-6　1978年新乡地区"革委会"黄沁河修防处机构设置

新乡地区『革委会』黄沁河修防处	秘书科
	政工科
	工务科
	淤灌科
	财务科
	封丘黄河修防段
	原阳黄河修防段
	武陟黄沁河一段
	武陟黄沁河二段
	温县黄沁河修防段
	孟县黄河修防段
	沁阳沁河修防段
	博爱沁河修防段
	石料厂
	运输队
	施工队

1980年1月,增设铲运机队。9月,成立施工大队——管理运输队、灌柱桩队、铲运机队。1980年底,全处共有职工1677人,其中处机关86人。

1981年9月,庄景林任修防处副主任,机关政工科改为人事科,增设宣教科。

1982年1月,增设张菜园闸管理段。5月,张克敬任修防处副主任。6月,增设济源沁河修防段。10月,王景太任修防处副主任。

1983年6月,张瑞义主任离休。王景太任主任,郑福朝、辛长松、汪尚和任副主任。耿石民任主任工程师。游学勤改任工会主席,同时撤销宣教科、劳资科、人事科,改设政工科;撤销秘书科,改设办公室;撤销施工大队;增设处纪检组,张克敬任纪检组长。11月,郭纪孝任修防处副主任。

1984年,灌柱桩队划归河务局施工总队领导。

1985 年 3 月,铲运机队改建为建筑安装工程队。王法寿任修防处副主任,张克敬、郑福朝、游学勤改任调研员。1985 年新乡黄沁河修防处机构设置见表 6-1-7。

表 6-1-7　1985 年新乡黄沁河修防处机构设置

新乡黄沁河修防处	办公室
	政工科
	工务科
	财务科
	石料厂
	运输队
	建安队
	封丘黄河修防段
	原阳黄河修防段
	武陟黄沁河一段
	武陟黄沁河二段
	温县黄沁河修防段
	孟县黄河修防段
	沁阳沁河修防段
	博爱沁河修防段
	济源沁河修防段
	张菜园闸管理段

二、焦作河务局机构沿革

1986 年 3 月,根据河南省行政区划调整,成立河南河务局焦作市黄河修防处(县团级),驻焦作市,下辖温县黄沁河修防处、武陟第一黄沁河修防处、武陟第二黄沁河修防段,孟县黄河修防段,沁阳沁河修防段、博爱沁河修防段、济源沁河修防段,张菜园闸管理段。原新乡地区黄沁河修防处铲运机队、运输队划归焦作市黄河修防处领导,并分别改为焦作市黄河修防处建筑安装处和焦作市黄河修防处工程处(驻武陟县庙宫,科级)。机关设立政工科、财务科、工务科、办公室。同时,经中共河南河务局党组研究决定,郭纪孝任焦作市黄河修防处副主任(主持工作),王法寿任副主任。4月,郑元林任焦作市黄河修防处副主任。1986年焦作市黄河修防处所属机构见图6-1-1。

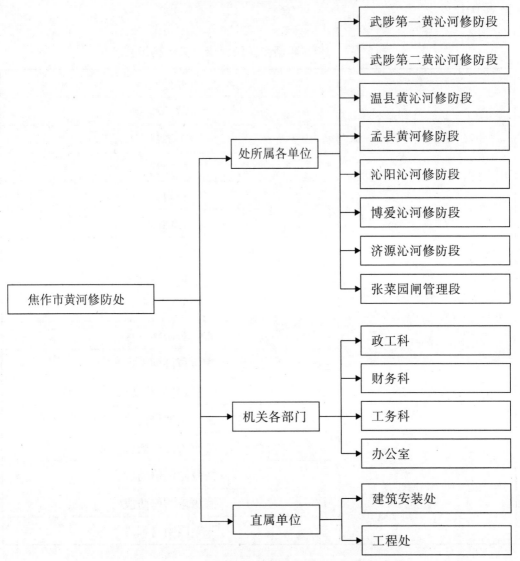

图 6-1-1　1986 年焦作市黄河修防处所属机构

1987年2月,郭纪孝任焦作市黄河修防处主任。5月,成立生产经营科和审计科。6月,郭纪孝任焦作市黄河修防处党组书记。10月,处机关从武陟搬至焦作市光亚饭店办公。12月,赵子芳任修防处副主任,宋松波任总工程师。1988年2月,张柏山任修防处副主任。

1989年2月,王振保任修防处副主任。4月,成立基建科、劳动人事科和综合经营办公室,同时撤销政工科和经营科。同月,王法寿任修防处工会主席(副处级),不再担任副主任职务。12月,赵子芳、张柏山、王振保任焦作市黄河修防处党组成员。

1990年2月,设立河南黄河河务局焦作水政监察处(对外称水政处,对内是水政科)。4月,设立焦作市黄河修防处监察科,同纪检组合署办公。

1990年11月,焦作市黄河修防处更名为焦作市黄河河务局,所属各修防段也更名为河务局,地(市)级河务局仍为县(处)级,县(市)级河务局为副县(处)级。1990年焦作市黄河河务局所属机构见图6-1-2。

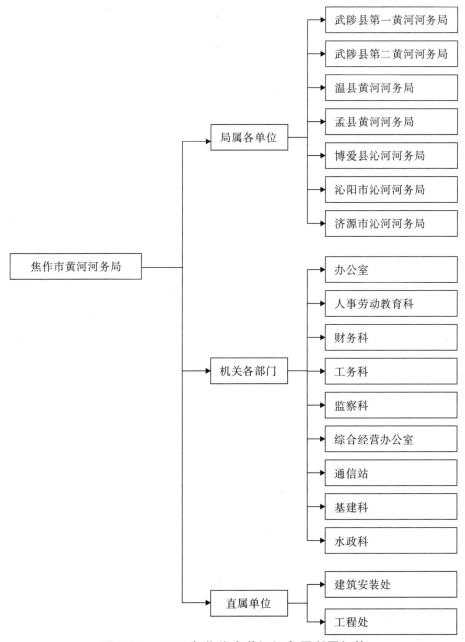

图6-1-2 1990年焦作市黄河河务局所属机构

1991年1月,撤销焦作市黄河河务局基建科。4月,设立焦作市黄河河务局综合经营科,撤销焦作市黄河河务局综合经营办公室。5月,成立焦作市黄河河务局机动抢险队。

1991年6月,焦作市黄河河务局设通信管理科(正科),武陟第一河务局、武陟第二河务局、沁阳河务局等县河务局相应增设通信科(副科级)。

1992年4月,夏亦鸣任焦作市黄河河务局副局长。

1993年3月,马福照任焦作市黄河河务局局长、党组书记,赵子芳任党组副书记。

1994年3月,岳南方任中共焦作市黄河河务局党组纪律检查组组长。12月,温小国、陈晓升任焦作市黄河河务局副局长,王振保改任调研员(副处级)。

1995年2月,撤销焦作市黄河河务局工程处、焦作市黄河河务局建筑安装处机构建制,两单位人员、财产合并成立焦作市黄河工程局。8月,根据豫黄劳人字〔1995〕32号文《关于印发焦作市黄河河务局职能配置、机构设置和人员编制的通知》精神,焦作市黄河河务局机构设置和人员编制情况如下:市局机关设办公室、工务科、防汛办公室、水政水资源科、人事劳动科、财务科、综合经营科、离退休职工管理科、审计科、监察科。事业单位有武陟县黄河第一河务局(副县级)、武陟县黄河第二河务局(副县级)、温县黄河河务局(副县级)、孟县黄河河务局(副县级)、沁阳市沁河河务局(副县级)、博爱县沁河河务局(副县级)、济源市黄河河务局(副县级)、张菜园引黄闸管理处(科级)。焦作市黄河工程局(科级)为内部企业管理单位。当月,李国繁任焦作市黄河河务局局长。

1996年3月,花景胜任焦作市黄河河务局局长助理(副处级)。6月,娄渊清任焦作市黄河河务局副局长、党组成员。

1997年3月,花景胜任焦作市黄河河务局副局长,冯利海任总工程师。4月,成立焦作市黄河华龙集团有限公司,属局二级机构。

1998年6月,济源市黄河河务局划归豫西黄河河务局管理。

1999年3月,成立机关服务部,属二级机构,实行有偿服务,自收自支,财务由局财务科代管。4月,崔武、夏亦鸣任焦作市黄河河务局副局长(夏亦鸣正处级待遇不变)。5月,崔武、夏亦鸣任焦作市黄河河务局党组成员。

2000年3月,李国繁调离,温小国任焦作市黄河河务局局长。4月,温小国任中共焦作市黄河河务局党组书记。12月,岳南方任焦作市黄河河务局党组成员。

2002年11月,朱成群任焦作市黄河河务局局长、党组书记,王玉晓、王海正任副局长、党组成员,宋靖川任工会主席、党组成员,曹金刚任总工程师,王法寿任调研员(正处级)。12月,焦作市黄河河务局进行机构改革,根据上级批复精神,焦作市黄河河务局机构设置如下:机关机构10个(均为正科级),有办公室、工务科、水政水资源科、财务科、人事劳动教育科、科技与信息科、防汛办公室、监察审计科、离退休职工管理科、焦作黄河工会;基础公益性事业单位有武陟县第一、第二黄河河务局,温县、孟州市黄河河务局,沁阳市、博爱县沁河河务局,信息中心,焦作市黄河河务局第一、第二机动抢险队(正科级);社会服务类事业单位有机关服务中心;经营开发类事业单位有经济发展管理处、供水处。12月,经河南河务局批准,在机关增设直属单位党委(精神文明建设指导委员会办公室)。2002年焦作市黄河河务局所属机构见图6-1-3。

2003年5月,成立焦作市黄河苑园林装饰有限公司。6月,撤销焦作市黄河河务局机关监察审计科,分别设立监察科、审计科。8月,经河南立信工程咨询监理有限公司董事会同意,成立河南立信工程监理有限公司焦作分公司。

2004年2月,张伟中任焦作市黄河河务局局长、党组书记。8月,焦作市黄河河务局更名为河南黄河河务局焦作黄河河务局,孟州市黄河河务局更名为焦作黄河河务局孟州黄河河务局,温县黄河河务局更名为焦作黄河河务局温县黄河河务局,武陟县黄河第一河务局更名为焦作黄河河务局武陟第一黄河河务局,武陟县黄河第二河务局更名为焦作黄河河务局武陟第二黄河河务局,沁阳市沁河河务局更名为焦作黄河河务局沁阳沁河河务局,博爱县沁河河务局更名为焦作黄河河务局博爱沁河河务局。8月,根据《黄河水利委员会依照国家公务员制度管理的各级机关非领导职务设置办法》,将市局管理非领导职务公务员任命为主任科员、副主任科员。11月,张文林任焦作黄河河务局副局长、党组成员;花景胜任调研员,张渊龙任焦作黄河河务局局长助理(正科级),免去花景胜、王海正焦作黄河河务局副局长、党组成员职务。12月,杨松林任焦作河务局副局长、党组成员。

2005年4月,武陟第一河务局、孟州河务局进行基层水管体制改革试点,将原武陟第一河务局及其所属单位按照产权清晰、权责明确、管理规范的原则,分离为由焦作河务局管理的武陟第一河务局、焦作黄河龙源水利工程维修养护有限公司、焦作市安澜工程有限责任公司三个单位,焦作黄河河务局第一机动抢险队由武陟第一河务局负责管理。将原孟州河务局及其所属单位按照产权清晰、权责明确、管理规范的原则,分离为由焦作河务局管理的孟州河务局、焦作黄河河阳水利工程维修养护有限公司两个单位。

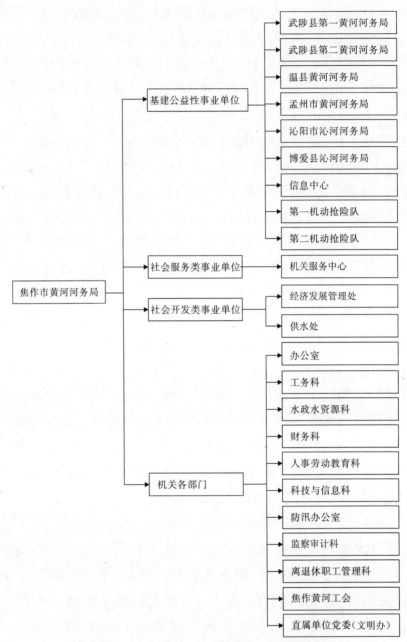

图 6-1-3　2002 年焦作市黄河河务局所属机构

2005 年 7 月,贾新平任焦作黄河河务局副局长、党组成员。11 月,关永波任焦作黄河河务局副局长、党组成员。

2006 年 5 月,根据上级关于水管体制改革方案的批复,通过水利工程管理体制改革,将县级河务局及其所属单位按照产权清晰、权责明确、管理规范的原则,分离为由河南黄河河务局焦作黄河河务局(简称焦作河务局)管理的武陟第一、第二河务局,温县河务局、孟州河务局、博爱河务局、沁阳河务局和焦作河务局供水分局、焦作黄河水利工程维修养护有限公司和其他企业,焦作河务局第二机动抢险队由温县河务局负责管理,焦作河务局沁河机动抢险队由沁阳河务局负责管理,2005年水利工程管理体制改革试点已经改革的武陟第一河务局、孟州河务局不再进行改革。7月,原小利任焦作河务局局长助理(正科级)。2006年焦作河务局所属机构见图6-1-4。

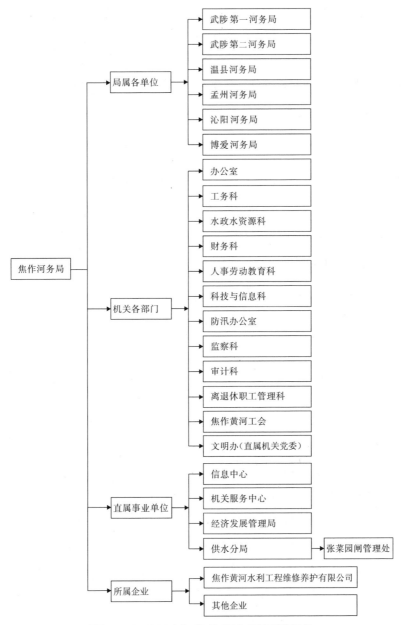

图 6-1-4　2006 年焦作河务局所属机构

2008年5月,李怀前任焦作河务局副局长、党组成员。

2009年4月,岳南方任焦作河务局调研员;7月,曹为民任焦作河务局副局长、党组成员;8月,程存虎任焦作河务局局长、党组书记,免去张伟中焦作河务局局长、党组书记职务,免去张文林焦作河务局副局长职务。

2010年7月,李怀志任焦作河务局总工程师、党组成员,宋靖川任焦作河务局调研员,免去其工会主席、党组成员职务。

2011年11月,河南河务局印发《焦作河务局主要职责机构设置和人员编制规定》,机关内设机构(均为正科级):办公室、工务科(安全监督科)、水政水资源科(水政监察支队)、财务科、人事劳动科、科技与信息科、防汛办公室、监察科、审计科、离退休职工管理科、直属机关党委(精神文明建设指导委员会办公室)、焦作黄河工会;事业单位:焦作黄河河务局武陟第一黄河河务局(副处级)、焦作黄河河务局武陟第二黄河河务局(副处级)、焦作黄河河务局温县黄河河务局(副处级)、焦作黄河河务局孟州黄河河务局(副处级)、焦作黄河河务局沁阳沁河河务局(副处级)、焦作黄河河务局博爱沁河河务局(副处级)、焦作黄河河务局经济发展管理局(正科级)、焦作黄河河务局机关服务中心(正科级)、焦作黄河河务局信息中心(正科级)、河南黄河河务局供水局焦作供水分局(正科级)、焦作黄河河务局沁河专业机动抢险队(正科级)、焦作黄河河务局第一专业机动抢险队(正科级)、焦作黄河河务局第二专业机动抢险队(正科级)。11月,赵献军任焦作河务局工会主席。

2012年10月,岳仁意任焦作河务局副调研员。

2013年4月,郭志堂任焦作河务局副调研员,免去曹为民焦作河务局副局长、党组成员职务。6月,李怀志任焦作河务局副局长。

2014年10月,焦作黄河工程局更名为焦作鑫河工程有限公司。

2015年1月,王昊任焦作河务局局长、党组书记,程存虎调河南河务局,关永波任焦作河务局调研员,免去其焦作河务局副局长、党组成员职务。2月,焦作河务局纪检监察体制改革,监察科更名为监察室,中共焦作河务局纪检组与焦作河务局监察室实行一套人马,两块牌子,合署办公。7月,整合焦作黄河河务局沁河专业机动抢险队、焦作黄河河务局第一专业机动抢险队、焦作黄河河务局第二专业机动抢险队等三个单位为焦作黄河河务局黄河专业机动抢险队。7月,焦作鑫河工程有限公司被焦作市黄河华龙工程有限公司吸收,更名为焦作市黄河华龙工程有限公司鑫河分公司。

2016年4月,河南黄河河务局供水局焦作供水分局更名为焦作黄河河务局供水局。6月,规范焦作市黄河华龙工程有限公司机构设置和定员管理,下设8个分公司,分别为直属公司、鑫河分公司、安澜分公司、武陟分公司、温县分公司、孟州分公司、沁阳分公司、博爱分公司。

2017 年 4 月,赵献军任副调研员。6 月,宋建芳任焦作河务局副局长、党组成员,宋艳萍任焦作河务局纪检组组长、党组成员兼监察室主任。7 月,李磊任焦作河务局党组成员(挂职)。

2019 年 1 月,李杲任焦作河务局局长、党组书记,王昊调黄河水利委员会机关服务局。4 月,李磊免去焦作河务局党组成员职务。5 月,陈言杰任焦作河务局副调研员。6 月,公务员职务与职级并行制度实施工作启动,陈言杰套转为四级调研员。11 月,李怀前、李怀志、宋建芳、宋艳萍、李付龙晋升焦作河务局三级调研员,原任领导职务不变。12 月,李怀前、李怀志晋升焦作河务局二级调研员,原任领导职务不变,李付龙任焦作河务局工会主席。2019 年底,焦作河务局共有职工 1683 人,其中,在职 984 人,离退休 699 人。2019 年焦作河务局所属机构见图 6-1-5。

三、沿黄各县河务局机构沿革

(一)武陟第一河务局

1948 年 10 月,武陟解放,黄委立即派人来调查沁河大樊口门情况,并派韩培诚率领河工人员到武陟成立大樊堵口处。1949 年 5 月 2 日堵口合龙,旋因汛期已到,奉命将大樊堵口处改名为第五修防处,隶属于黄委,并在沁河沿岸建立第一、二、三修防段。武陟第一河务局的前身为沁河第二修防段,驻地在武陟县渠下村。同年 8 月,更名为博陟沁河修防段,驻地移至木栾店,10 月分为武陟沁河段和博爱沁河段,机构设置为秘书股、财务股、工务股和工程队。1951 年 10 月,武陟黄河段并入武陟沁河段,建立武陟黄沁河修防段,隶属于新乡黄沁河修防段处。

1960 年 10 月,温陟黄沁河修防段与武陟黄沁河修防段合并。1961 年 8 月,因管辖堤段长,管理不便,又分为武陟黄沁河修防段和温陟黄沁河修防段。1975 年 4 月,武陟黄沁河修防段更名为武陟第一黄沁河修防段。1986 年 4 月,归焦作市黄沁河修防处领导。机构设置仍为秘书股、财务股、工务股和工程队。

1990 年 11 月,武陟第一黄沁河修防段更名为武陟县第一黄河河务局(副县级)。更名升格后,内部机构改股设科。下设办公室、财务科、工务科、劳动人事科、水政科、综合经营科、工程队。1991 年增设通信科。

2002 年底机构改革,增设了堤防养护处、经济发展管理处,单位名称由武陟县第一黄河河务局更名为武陟县黄河第一河务局。2004 年 8 月,更名为焦作黄河河务局武陟第一黄河河务局。机构设置有办公室、防汛办公室、财务

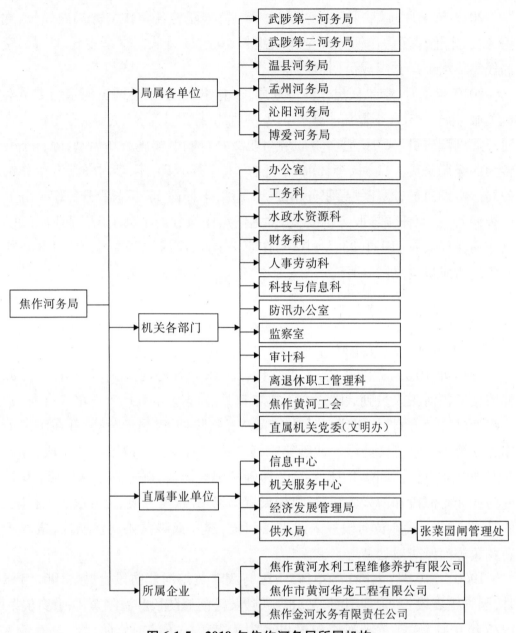

图 6-1-5　2019 年焦作河务局所属机构

科、工务科、劳动人事科、水政监察大队、信息中心、养护处、经济发展管理处。

2005 年 5 月,水管体制改革,单位机关机构设置:办公室、水政水资源科、工程管理科、防汛办公室、人事劳动教育科、财务科、党群工作科;二级机构设置:运行观测科;辅助类。

2015 年 5 月,深化水管体制改革,单位机关机构设置:办公室、水政水资源科、工程管理科、防汛办公室、人事劳动教育科、财务科、党群工作科;二级机构设置:运行观测科、水政监察大队;辅助类。

（二）武陟第二河务局

武陟第二河务局前身为成立于1949年5月的沁河第三修防段,同年8月更名为温陟沁河修防段,驻地在大虹桥乡岳庄村东头与大虹桥村之间的关帝庙。1957年5月,驻地在武陟驾部的温陟黄河段与温陟沁河修防段合并为温陟黄沁河修防段,机构设置为秘书股、财务股、工务股和工程队。

1960年10月,与武陟黄沁河修防段合并为武陟黄沁河修防段。1961年10月,因管辖堤段长、管理不便,又与武陟黄沁河修防段分开,更名为温陟黄沁河修防段。1966年底,职工总人数66人。1975年4月温县黄沁河修防段成立后,更名为武陟第二黄沁河修防段。1988年,更名为武陟黄沁河第二修防段,机构设置为秘书股、财务股、工务股、工程队。1990年11月,更名为武陟县第二黄河河务局(副县级)。更名升格后,内部机构改股设科,下设办公室、财务科、工务科、劳动人事科、水政科、通信科、综合经营科。

2000年底,职工总人数139人,其中干部11人,职工116人,科技人员12人。

2002年1月,机关搬迁至武陟县城东环路。年底机构改革后,机关设办公室、工务科、财务科、水政科、防汛办公室、工会共6个科室。事业单位设置信息中心、工程养护处、机关服务中心、经济发展管理处共4个部门。

2004年8月,更名为焦作黄河河务局武陟第二黄河河务局。

2006年,水管体制改革,机关机构设置办公室、水政水资源科、工程管理科、防汛办公室、财务科以及二级机构运行观测科(均为正科级)。

2015年6月,成立武陟第二河务局综合执法专职水政监察大队。

（三）温县河务局

温县河务局成立于1975年4月,前身为温县黄沁河修防段,1990年11月更名为温县黄河河务局(副县级)。机关内部设办公室、财务科、综经办、水政科。2002年机构改革后,下设的主要部门有办公室、工务科(兼防办)、水政水资源科、财务科、工会办公室。事业单位有机关服务中心、工程管理养护处、经济发展管理处。企业单位为焦作华龙温县分公司。

2004年8月,更名为焦作黄河河务局温县黄河河务局。

2006年水管体制改革,机关机构设置办公室、防汛办公室、工程管理科、水政水资源科、财务科、运行观测科。

2015年深化水管体制改革,机关机构设置办公室、防汛办公室、工程管理科、水政水资源科、财务科、水政监察大队、运行观测科。

（四）孟州河务局

孟州河务局前身为成立于1971年4月10日的孟县黄河修防段。1986年2月以前隶属于新乡市黄沁河修防处。1986年3月至今隶属于焦作河务局。1990年11月2日，更名为孟县黄河河务局（副县级）。1996年6月机构改革，机构下设办公室、工务科、防汛办公室、水政水资源科、劳动人事科、财务科、综合经营科、工程队。1996年7月15日，更名为孟州市黄河河务局。

2002年12月机构改革，机关设置办公室、工务科、水政水资源科（水政监察大队）、财务科、工会。事业单位有第一养护大队、第二养护大队、机关服务中心、经济发展管理处。企业单位为焦作黄河华龙工程有限公司孟州分公司。

2004年8月，更名为焦作黄河河务局孟州黄河河务局。

2005年5月水管体制改革后，机关内设办公室、工程管理科、防汛办公室（水政水资源科）、人事劳动教育科（党群工作科）、财务科等职能部门，下设运行观测科1个二级机构。

2015年，深化水管体制改革，分设防汛办公室与水政水资源科，新增设机构水政监察大队。

（五）沁阳河务局

沁阳河务局前身是成立于1949年5月的沁河第一修防段，同年8月改为沁阳沁河修防段，位于王召乡庙后村。建段伊始，沁阳沁河修防段设秘书股、工务股、财务股和工程队。

1952年，平原省撤销，沁阳修防段隶属于河南黄河河务局新乡修防处。同年，沁阳修防段机关住址迁至沁阳县城自治街。1956年，沁阳修防段机关住址迁至沁阳市合作街北门大街73号。

1986年，河南省行政区划调整之后，沁阳修防段隶属于焦作市黄河修防处。1990年更名为沁阳市沁河河务局，机构级别由科级单位升格为副县级单位。机关内部设办公室、工务科、财务科、水政科、多种经营科和工程队。

1999年6月，沁阳河务局迁至沁阳市太洛路北段。

2002年机构改革后，机关设置办公室、工务科、财务科、水政科、工会5个科室，事业单位设置机关服务中心、信息中心、工程养护处、经济发展管理处4个部门。

2004年8月，更名为焦作黄河河务局沁阳沁河河务局。

2006年水管体制机构改革后，沁阳河务局机关内部设办公室、水政水资源与防汛科、工程管理科、财务科4个部门，另设1个二级事业机构运行观测科。

2008 年增设防汛办公室。

2015 年深化水管体制改革增设水政监察大队。

（六）博爱河务局

博爱河务局前身为组建于 1949 年 5 月的沁河第二修防段，同年 8 月更名为博陟沁河修防段。博陟修防段于 1949 年 10 月分为博爱修防段和武陟沁河修防段。博爱沁河修防段当时驻地在博爱县孝敬大岩村，1951 年搬迁到孝敬村。

1986 年，根据河南省区划调整，博爱修防段划归焦作黄河修防处管辖。

1990 年更名为博爱县沁河河务局，下设办公室、财务科、工务科（防办）、水政科、工程队。

1994 年，机关驻地从孝敬村搬迁到博爱县城。

2002 年机构改革后，机关设办公室、工务科、财务科、水政科 4 个科室，事业单位设机关服务中心、经管处、养护处 3 个部门。

2004 年 8 月，更名为焦作黄河河务局博爱沁河河务局。

2006 年水管体制改革后，机关设办公室、水政水资源与防汛科、工程管理科、财务科、运行观测科。

2015 年深化水管体制改革增设水政监察大队。

（七）济源河务局

1982 年 6 月，成立济源县沁河修防段，隶属新乡黄沁河修防处。1986 年，由于地市划分，济源修防段隶属焦作市黄河修防处。

1990 年 11 月，更名为济源市沁河河务局，级别为副县级。1993 年 5 月，更名为济源市黄河河务局。

1998 年 6 月，济源市黄河河务局从焦作黄河河务局中分离出去，划归豫西地区黄河河务局管理。

第二章 人 物

自古以来,为了兴利除害,在黄河治理开发过程中,许多杰出人物竭尽了自己的智慧和才能,为治黄事业发展开辟了道路,做出了可贵的贡献。本志记述与焦作相关的治河能臣4人,同时记述了与焦作黄、沁河治理有密切关系的当代著名治河人物。

第一节 历史治河人物

一、陈鹏年

陈鹏年(1663—1723),湖南湘潭人,授浙江西安知县,官至河道总督,兼摄漕运总督。康熙六十年(1721),自请随张鹏翮办理河工,九月往视武陟县马营决口,上疏请开两条引河分泄洪水。两年奔走河道工地,七次上疏,三至武陟。决口屡合屡决,他竭尽精力,常立风雨中,有时整天不食。最后一次合坝时,痛哭流涕,指天发誓:"不成功即以身殉。"官弁民工感奋,拼死效力,卒告成功。雍正元年实授河道总督,然已力竭病剧,竟卒于武陟工地。

二、齐苏勒

齐苏勒为满洲正白旗人,生年不详,卒于雍正七年。雍正元年(1723)始任河道总督。康熙六十年(1721)河决武陟,齐苏勒奉命同左副都御史牛钮到武陟监修堤工。为了祭祀河神,封赏功臣,雍正帝命齐苏勒负责在武陟修建"淮、黄诸河龙王庙"。雍正三年(1725)二月,龙王庙建成,雍正帝赐"嘉应观"御制匾额。

三、牛钮

牛钮为满洲正白旗人,他塔喇氏,生年不详,卒于乾隆二年(1736)七月。康熙三十八年(1699),北运河发生洪水,洪水在北运河武清县杨村段筐儿港发生决堤,使河道运输受到影响。牛钮以工部笔帖式参加堵口工程监修。康熙帝亲到筐儿港视察,令牛钮等人在决口的地方修建20丈宽的减水坝,挖掘引河,河岸两侧修建防护堤,一直通到宁河七里海。

康熙五十年(1711)二月,康熙乘舟检阅筐儿港堤工,命再建几处挑水坝,然后亲自安置仪器,定方向,命随行的皇子大臣等分钉椿木,以纪丈量之处,交付牛钮监修。这是牛钮人生最为辉煌的时期,此后牛钮步步高升,康熙五十九年(1720)擢左副都御史,总管北运河事务。

康熙六十年(1721)九月,黄河在武陟决口。河南巡抚杨宗义与河道总督赵世显相互推诿,备料不及。在牛钮建议下康熙罢免了赵世显,以陈鹏年代理河道总督,并命杨宗义专管备料。牛钮遵康熙旨意在钉船帮修建挑水坝,陈鹏年组织在黄河南岸开挖引河,武陟决口得以堵复。之后,牛钮奉旨从孟津至清口详细查勘河工,拟数处工程交陈鹏年办理。

康熙六十一年(1722)二月,武陟马营口复决。牛钮驰还武陟,提议于沁河堤至詹家店十八里无堤处接筑遥堤。杨宗义对此表示反对。康熙帝命陈鹏年视情况而定,陈鹏年决定先行堵口。牛钮与杨宗义一起修筑堵口重要工程——秦厂大坝,本定于六月初五日合龙,因大雨水涨,所留水口狭窄,六月初三日塌陷 27 丈。牛钮因担心通州运河失事,遵旨回京。

雍正七年(1729)三月,有人告牛钮在监修武清县筐儿港堤工时,向人索要金 300 两、银 1400 两。宗人府传询时,牛钮抗拒不到。雍正谕批:"著革职,拏交刑部治罪。"刑部拟议为绞监候,后又改为赦免,但牛钮此后再无作为。

四、嵇曾筠

嵇曾筠为江南长洲(今江苏苏州)人,曾任副总河、河南山东河道总督,授江南河道总督。

雍正二年(1724)春,黄河、沁河同时暴涨,淹了武陟姚旗营村。刚刚修好的"御坝"偎水,秦家厂、马营堵口处又被水侵。嵇曾筠担心堵口处再决,前往勘察。他发现上游河水顺南岸广武山蜿蜒而下,遇官庄峪山嘴,由西南直注东北,秦家厂等处堤坝顶冲受险,遂奏请准于南岸高滩开挖河道"引流杀险",将黄河主流引向南沿广武山东去,北岸堤坝处渐渐淤成高滩,化解了武陟险情。

第二节　当代治河人物

一、人物传略

(一)韩培诚

韩培诚(1911—1985),山东省长清县人。1938 年参加革命,同年加入中国共产党。历任区长、县长、公安处长、黄河修防处主任、黄委计划处处长、勘测设计院院长、黄委副主任、河南省水利厅副厅长等职。

1948年,任冀鲁豫区黄河水利委员会第一修防处主任时,7、8月间,辖区内东明高村险工发生重大险情,他亲率职工抢险50余日。抢险期间,由菏泽开来的国民党军队偷袭高村抢险员工,他率数人抵抗,掩护员工乘船北渡后,和警卫员冒着敌军的射击,泅水返回黄河北岸。

1949年初主持沁河大樊堵口工程。1950年领导修建新乡地区引黄济卫灌溉工程,这是一项开创性工作,他带领干部、工人走遍灌区,进行调查、测量、制订设计方案。开工前,他召集各施工单位负责人,集中于将要开工的总干渠上,按照测定的渠线和施工方法,进行示范性施工,取得经验,从而使该工程比原定计划提前建成通水。

1956年负责筹建黄河勘测设计院,1962年调任黄委副主任。1971年7月被任命为小浪底工程筹建处负责人之一,组织开展小浪底水库的勘测设计工作。1973年3月又任故县水库工程指挥部副指挥长。后调河南省水利厅工作。

（二）伍俊华

伍俊华(1914—1968),河南范县人,1944年参加革命工作,1948年加入中国共产党,历任区政府财经助理员、区长,张秋黄河修防段副段长,寿张、兰考、郑州黄河修防段段长,新乡黄河修防处副主任(主持工作),河南黄河河务局工务处副处长等职。

长期从事治黄工作。在工作中,他认真负责,埋头苦干,深入一线,关心职工,认真组织参加黄沁河防汛抢险,为黄沁河治理事业做出了积极贡献。

（三）张瑞义

张瑞义(1923—1995),山东省高青人,1945年8月参加中国人民解放军,1946年加入中国共产党,1964年4月转业参加治黄工作。在部队期间历任排长、连长、营参谋长、海南军区国防工程指挥部第二工区运输科、器材科副科长、四十三军三八三团后勤处副处长、海口市人民武装部民兵科科长等职。转业到治黄战线工作后,先后担任原阳黄河修防段段长,开封地区黄河修防处政治处副主任,新乡地区黄沁河修防处"革委会"副主任、修防处主任、党组书记等职务。

（四）刘述贞

刘述贞(1921—2009),汉族,山东省菏泽人,1942年加入中国共产党。1941—1948年历任冀鲁豫第五专署总务会计、总务股长、商店经理等职。

1948—1949 年任黄委第一修防处财务科副科长、郑州材料厂科长。1949—1953 年任新乡修防处财务科科长。1953—1954 年任河南河务局财务科副科长。1955—1970 年任新乡修防处副主任、主任。1971—1978 年历任新乡地区水利局局长,铁路指挥部指挥长,地方铁路局党委书记、局长,交通局党委书记、局长等职。1979—1981 年任延津县委第一书记。1981 年任新乡地区经贸委副主任。1983 年离休。1949 年,曾参加过大樊堵口。

（五）潘藏兴

潘藏兴(1930—2009),汉族,河南濮阳市人,1947 年 1 月参加昆吾六区抗日联合会。1948 年加入中国共产党。1948—1949 年任曲河县三区区委会干事。1952—1971 年历任封丘县区委书记、农工部部长、宣传部部长、县委副书记等职。1971 年任新乡地区引沁局副局长。1973 年任新乡黄河修防处主任。1979—1982 年任汲县县委书记、人大常委会主任。1982 年任新乡地区煤炭局局长。1987 年离休。

（六）王景太

王景太(1937—),汉族,河南睢县人,工程师。1956 年加入中国共产党。1961 年肄业于黄河水利学院,同年,分配到新乡修防处工作。1994 年任河南河务局工会主席。1998 年退休。

长期从事黄河下游防洪工程建设管理、防汛抢险工作。负责完成的防洪抢险代表项目有 1983 年武陟黄河北围堤抢险、1984 年温县大玉兰控导工程抢险、1985 年孟县黄河大堤紧急险情处理、孟县化工控导工程抢险等。在历次抢险中,作为指挥员、作战员,对险情分析到位,组织抢险得力,确保了防洪安全。负责完成的涵闸工程有张菜园闸、辛庄闸、贯台防沙闸、红旗闸改建等。其中,张菜园闸被黄委评为优质工程。

二、人物简介

（一）彭德钊

彭德钊(1934—2020),河南镇平人,1953 年 9 月毕业于黄河水利专业学校。

1970 年,他在武陟黄沁河第二修防段工作时,看到人力锥探大堤隐患效率低、质量差、劳动强度大,便与曹生俊合作,研制成功了手推式电动打锥机;1974 年改制成功第二代打锥机——黄河 744 型打锥机。比人力锥探提高工效 10 倍左右,使锥探工作进入了新阶段。1973 年在河南省科学大会上受到了奖励;水电部及时把这项成果推广到全国各大河流的堤防上,中国援建斯里兰卡工程项目上也采用了这种打锥机。

1980年又与辛长松一道进行了 XZQ－1 型斜孔组合钻机的科学试验，荣获了河南省1980年科技成果二等奖、水电部科技成果三等奖。1980年被评为黄河水利委员会劳动模范。

1981年，在沁河武陟公路桥改建中，为适应大桥桩基施工的需要，他把河北新河钻机厂生产的直径1.25米的潜水钻机，研究改制成直径1.5米的多功能潜水钻机，既能造孔，又能吊装钢筋笼，还能浇筑混凝土，在全国处于领先地位。1982年3月投入生产，实践证明，使用这种钻机施工，比用冲击钻施工，施工期提前了11个月，直接为国家节约投资31万元。1982年10月，通过鉴定，荣获黄委重大科技成果二等奖、水利部水利科技四等奖和国家科技进步三等奖。他再次被评为黄河水利委员会劳动模范。

1984年春，他又把1.5米潜水钻机改制为直径2.2米潜水钻机，在花园口黄河公路大桥工地试钻成功，钻进质量和功效符合施工要求，受到建桥指挥部的赞扬。同年，被水电部评为劳动模范。1985年，中华全国总工会授予他"全国优秀技术工作者"称号，颁发了"五一"劳动奖章和证书。

（二）郭纪孝

郭纪孝（1934— ），回族，河南焦作人，高级工程师。1955年毕业于开封黄河水利学校，同年分配到山东河务局惠民黄河修防处工作。1982年加入中国共产党。1986年3月至1987年2月任焦作黄河修防处副主任（主持工作），1987年2月至1990年11月任焦作市黄河修防处主任，1990年11月至1993年3月"撤处建局"后任焦作市黄河河务局局长。曾任河南河务局纪检组组长。1994年退休。

在治河战线工作40年，多次被评为先进工作者。同时，在地方的农田水利基本建设方面做出了积极贡献，受到地方政府的表彰和奖励。克服重重困难，在焦作市建设中路新建了市局机关办公楼，在工业路新购职工家属楼，防汛物资仓库用地选在现市局机关和家属楼的所在地，新架设了黄沁河通信联通线路。20世纪80年代初，在博爱沁河河务段任职期间，坚持建管并重，重视科学化、制度化、标准化管理，在短短3年内使该段的工程管理连上台阶，博爱沁河河务段先后被河南河务局、黄委、水利部评为工程管理先进单位。1982年在沁河杨庄改道工程中参加1.5米孔径多功能潜水钻机的研制应用取得成功，获得水利部水利科技四等奖和国家科技进步三等奖。团结一班人开拓进取，在河南河务局目标管理综合评比中连续五年被评为先进单位。

（三）马福照

马福照（1951— ），汉族，河南武陟人，中央党校函授学院经济管理专业本科毕业，高级工程师。1969 年入伍，1970 年加入中国共产党，1979 年转业。1993 年 3 月任焦作河务局局长、党组书记，1995 年 8 月之后，历任河南黄河工程局局长（党委书记）、河南河务局助理巡视员等职务，2006 年调任国务院南水北调中线局河南建管部副部长。2013 年 7 月退休。

在焦作河务局任职期间，他恪尽职守，积极工作，精心组织施工队伍，积极参与国家重点工程温孟滩移民工程施工。在武陟一局开展防汛和工程管理规范化标准化建设试点，单位在省局历年防汛、工程管理检查评比中名列前茅，实现了黄沁河安澜度汛。在管理上不断改革创新，改革重组工程处和建安处，把施工企业做大做强。推动综合经营发展，养殖业、种植业、加工业等在各县局蓬勃兴起。博爱河务局机关从孝敬村搬迁到博爱县城。

（四）李国繁

李国繁（1954— ），汉族，河南封丘人，1972 年参加工作，1985 年加入中国共产党，南京华东水利学院（现河海大学）毕业，大学本科，教授级高级工程师。1995 年 8 月任焦作河务局局长、党组书记。2000 年 3 月之后，历任河南河务局副总工程师、建设管理处处长，河南河务局副局长、党组成员等职务。2014 年 5 月退休。

在焦作河务局任职期间，他狠抓党的路线方针政策的贯彻落实，加强党的建设、组织建设、经济建设和精神文明建设，推动全局各项工作平稳健康发展。带领全局干部职工先后战胜了"96·8"洪水及驾部、老田庵、大玉兰、王曲、马铺等重大险情。工程管理一直处于黄委、省局先进行列；新组建了焦作市黄河华龙（集团）有限公司，并办理了水利水电工程施工二级资质。沁阳局机关从老区搬迁到新区；建设市局家属楼和机关院（建设路）北多层家属楼，购置了市局办公楼所用部分土地，改善了办公条件和生活条件。连年被焦作市政府评为先进单位，个人多次被评为优秀共产党员、黄委全河劳动模范、全国水利经济先进个人、防汛工作先进个人。

（五）温小国

温小国（1956— ），汉族，河南武陟人，大学本科，教授级高级工程师，1981 年参加工作，1985 年加入中国共产党。2000 年 3 月任焦作河务局局长、党组书记。2002 年 11 月之后，历任河南河务局勘测设计院院长（党组书记）、河南河务局副总工程师等职务。2016 年 7 月退休。

在焦作河务局任职期间，他始终把做好防汛工作确保黄沁河安澜当作头等大事来抓,注重黄沁河防汛抢险队伍建设和防办自身建设,强化"大防办"意识和机动抢险队建设,防汛、工程管理一直处于黄委、省局的先进行列。组织开展了沁河下游河道治理和《沁河志》编撰的前期工作,武陟二局机关从农村搬迁到武陟县城。他主持制定的《焦作市黄沁河根石探摸细则》被黄委、河南河务局采用,为规范探摸根石工作奠定了基础;主持研究的"化纤网笼配合编织袋代替铅丝笼"项目,通过黄委批准,并推广应用;主持研究的组合装袋机和 YBZ 拔桩器获得国家专利。单位连年被焦作市政府评为先进单位。个人出版的著作主要有《科技工作者职业道德与修养》《沁河水利辑要》《走进沁河》等。

（六）朱成群

朱成群(1961—),汉族,河南荥阳人,1981 年参加工作,1989 年加入中国共产党,大学本科,高级工程师。2002 年 11 月任焦作河务局局长、党组书记。2004 年 2 月之后,历任河南黄河工程局局长(党委书记)、黄河建工集团总经理(党委书记)、黄河建工集团董事长、黄河水务集团总经理、河南黄河工会常务副主席、二级巡视员等职务。

在焦作河务局任职期间,他锐意创新,真抓实干,各项工作取得了显著成绩。2003 年 8 月下旬沁河连续出现洪峰,致使沁阳北金村、孔村堤段和王曲、尚香、马铺,博爱白马沟等多处险工发生较大险情,他坐镇一线指挥,与广大军民和职工昼夜奋战,成功控制了险情,夺取了黄沁河抗洪抢险的全面胜利;同年主持实施西气东输穿沁除险加固工程急难险重的抢修工作,全力奋战一个月,完成包括淤填工程的全部除险加固施工任务,及时消除了沁河堤防存在的重大安全隐患,同时取得可观的经济效益,受到省局特别嘉奖;注重推进标准化堤防建设,时任黄委主任李国英称:"武陟扛起了黄河标准化堤防建设的旗帜",中央电视台等新闻媒体进行了专题报道。在省局统一部署下,积极推进机构改革,统筹协调、亲自把控,稳妥做好分类改革、内设机构调整、领导职位竞聘上岗、一般人员定岗、转岗等工作,确保了机构改革在大局稳定前提下圆满完成。

（七）张伟中

张伟中(1962—),汉族,甘肃榆中人,大学本科,高级经济师。1985 年毕业于黄河水利学校,同年参加工作。1993 年加入中国共产党。2004 年 2 月任焦作河务局局长、党组书记,2009 年 8 月之后,历任新乡河务局局长(党组书记)、河南河务局水政处长。

在焦作河务局任职期间,他推动各项工作持续提升,目标管理和经济工作考核连年名列前茅。完成水管体制改革,形成了三驾马车并驱共进的格局;完成历次调水调沙生产运行和汶川抗震救灾任务;完成标准化堤防(焦作段)及张王庄、东安两处新型灌注桩控导工程建设任务;启动沁河下游防洪工程前期研究工作,为沁河下游防洪治理工程奠定基础;创设黄河工程精细化管理和抢险现场规范化管理模式获推广应用。协调焦作市政府制订并颁布《焦作市黄(沁)河河道采砂管理办法》,创市级政府规章立法之首;开展黄河(老田庵)坝岸变形监测研究;完成了《沁河志》编纂工作;推动企业整合提升,经济创收和职工收入持续提高。建成市局机关新办公楼和高层住宅楼并实现了整体搬迁,推动基层单位办公和住宅条件全面改善。市局机关建成全国水利系统精神文明先进单位、省级文明单位。

(八) 程存虎

程存虎(1962—),汉族,河南博爱人,大学本科,高级会计师,1981年参加工作,1987年加入中国共产党。2009年8月任焦作河务局局长、党组书记。2015年1月调任河南河务局副局长、党组成员。

在焦作河务局任职期间,他勇于开拓进取,开展沁河畸形河势治理,成功迎战2013年沁河武陟站566立方米/秒洪水,支援舟曲抢险救灾;首次争取到市长基金150万元用于购置补充应急防汛料物。沁河下游防洪治理工程获得国家发改委批复,黄河下游近期防洪工程全面完工,建成武陟黄河标准化堤防,与焦作市林业局共同签订"黄沁河生态涵养带建设框架协议";恢复武陟白马泉引黄供水项目,成立金河水务公司,促成"引黄入焦"项目上马实施,建设孟州隆丰供水项目,先后促成沁阳水南关、沁阳鲁村、温县亢村、博爱留村等一批引沁供水项目,焦作局的水费收入由2009年的391万元逐年递增到2014年的1342万元;深入开展党的群众路线教育实践活动,全面推行"五个民生机制"和"情暖一线"工作法,大力帮扶基层单位"脱贫解困",武陟第一河务局机关搬迁新址;建成"焦作孟州黄河文化苑",完成《沁河志》出版发行,成功创建"全国文明单位",连年荣获省局目标管理及经济工作优秀单位。

(九) 王昊

王昊(1971—),汉族,河南泌阳人,大学本科,教授级高级工程师,1992年参加工作,1996年加入中国共产党。2015年1月任焦作河务局局长、党组书记。2019年1月调任黄河水利委员会机关服务局局长、党委副书记。

在焦作河务局任职期间,始终坚持业务立局与区域发展互促、经济保障与服务大局相彰、从严治党与单位发展并举、队伍建设与事业进步共进,推进民生改善和民主管理,坚持从严治党,推进队伍结构优化,推行青年干部公开选拔,开展纪检监察体制改革,规范焦作市黄河华龙工程有限公司机构设置和定员管理,全面完成深化水管体制综合改革试点工作,进一步理顺了焦作黄沁河治理体系、提升了治理能力,各专项改革取得预期成效,并在河南河务局范围内广泛推广。全面推进沁河下游防洪治理工程及"十三五"黄河下游防洪工程建设,防洪工程体系趋于完善,2018年争取焦作市政府拨款260余万元补充防汛物资;"河道采砂管理办法"列入焦作市规范文件修订计划;运营南水北调维修养护项目接受国调办观摩;建设"防洪工程信息网络覆盖"项目,自主研发黄河坝岸险情监控报警报险系统,率先建立黄河洪水预警信息发布机制。巩固了"全国文明单位"创建成果,成功再创"全国水利文明单位",荣获黄委先进集体、河南省"六五"普法依法治理工作先进单位,连年荣获省局目标管理绩效考核及经济工作优秀单位,武陟第一河务局创建成为"全国绿化模范先进单位",实现了黄沁河安澜度汛。

(十) 李杲

李杲(1980—),汉族,河南沈丘人,大学本科,工程硕士学位,工程师,2002年参加工作,2006年加入中国共产党。2019年1月任焦作河务局党组书记、局长。2020年任政协焦作市委员会委员。

任职焦作河务局党组书记、局长以来,坚持党建引领,统筹推进水安全、水工程、水资源、水生态、水经济、水文化融合发展,着力打造黄河流域生态保护和高质量发展示范区。完成21项专项规划和重大课题研究,推动温孟滩防护堤加固工程列入国家规划纲要,争取董宋涝河口治理等19个项目纳入黄河下游防洪工程"十四五"可研、沁河下游河道综合治理工程列入全河水安全保障重点规划。2019年组织黄委系统首次防汛通信保障应急演练,指挥应对2020年5500立方米/秒黄河洪水。河道采砂管理条例、沁河生态保护条例列入焦作市立法计划;开通全国水利系统首个水行政执法特服号96322,"大水政"格局建设试点被评为2019年全国基层治水十大经验;深入开展"清四乱",沿河生态明显改善。实施全国首个黄河河道规范采砂试点,形成河道采砂管理和引黄清淤泥砂处置典型经验。组织编撰《焦作黄河志》,建成焦作黄河文化展厅、大樊堵口纪念广场。建立效能问责、企业预算管理、一线班组"四面红旗"达标考核等机制;自主研发智能限高、采砂清淤智能管理系统,主持建设"基层治黄业务综合管理平台",治理体系和治理能力现代化水平持续提升。通过全国文明单位到届复验,荣获河南省健康单位、省"七五"普法中期先进单位等荣誉。

第三节 治河人物名录

一、民国时期治河人物名录

因民国时期设立的治河机构直接受河南河务局管辖,所以本志特列表(见表6-2-1)记载这一时期历任河南河务局局长及修防处主任的姓名、职务和任职时间,为研究这一时期黄河治理工作提供参考。

表 6-2-1 民国时期历任河南省河务局局长及修防处主任名录

姓名	职务	任职时间
马振濂	河防局长	民国 2 年(1913)3 月—3 年 4 月
吕耀卿	河防局长	民国 3 年(1914)4 月—6 年 8 月
吴筼孙	署河防局长	民国 6 年(1917)8 月—7 年 12 月
	河防局长	民国 7 年(1918)12 月—11 年 8 月 12 日
邓长耀	署河务局长	民国 11 年(1922)8 月 12 日—12 年 2 月 3 日
陈善同	署河务局长	民国 12 年(1923)2 月 3 日—15 年 1 月
任文斌	署河务局长	民国 15 年(1926)1 月—16 年 5 月
章 斌	署河务局长	民国 16 年(1927)5 月—16 年 6 月
张祥鹤	河务局长	民国 16 年(1927)6 月—17 年 1 月
关树人	署河务局长	民国 17 年(1928)1 月—17 年 3 月
张文炜	署河务局长	民国 17 年 3 月—18 年 7 月
周致祥	河务局长	民国 18 年(1929)7 月—18 年 9 月
何其慎	整理黄河委员会委员长	民国 18 年 9 月—19 年 3 月
王怡柯	整理黄河委员会委员长	民国 19 年(1930)3 月—19 年 4 月
于廷鉴	河务局长	民国 19 年 4 月—19 年 10 月
陈汝珍	河务局长	民国 19 年 10 月—24 年 5 月
宋 澎	代理河务局长	民国 24 年(1935)6 月—25 年 1 月
王力仁	河务局长	民国 25 年(1936)2 月—26 年 2 月
	修防处主任	民国 26 年(1937)2 月—26 年 3 月
陈汝珍	修防处主任	民国 26 年 3 月—28 年 6 月
苗振武	修防处主任	民国 28 年(1939)6 月—29 年 1 月底
史安栋	代理修防处主任	民国 29 年(1940)2 月—29 年 12 月
王恢先	修防处主任	民国 29 年 12 月—32 年 4 月
陈汝珍	兼代修防处主任	民国 32 年(1943)4 月—34 年 3 月
苏冠军	修防处主任	民国 34 年(1945)3 月—38 年 9 月

二、当代治河人物名录

限于篇幅,本志列表(表6-2-2～表6-2-16)记载中华人民共和国成立后治河单位历任领导班子成员、先进人物和专业技术人员。

(一)治河单位历任领导班子成员名录

表6-2-2　新乡修防处1949—1985年历任主任名表

姓名	生卒年	籍贯	职务	任职时间(年-月)
韩培成	1911—1985	山东长清	主任	1949—1953-08
田绍松	1920—2008	河南沁阳	副主任(主持工作)	1953-08—1954-09
田绍松	1920—2008	河南沁阳	主任	1954-09—1956-03
伍俊华	1914—1968	河南范县	副主任(主持工作)	1956-03—1957
刘述贞	1921—2009	山东菏泽	主任	1958-05—1970
张瑞义	1923—1995	山东高青	负责人	1971—1972
潘藏兴	1930—2009	河南濮阳	主任	1973-04—1979-01
张瑞义	1923—1995	山东高青	主任	1979-01—1983-06
王景太	1937—	河南睢县	主任	1983-06—

表6-2-3　焦作河务局历任领导班子成员名表

姓名	生卒年	籍贯	职务	任职时间(年-月)
郭纪孝	1934—	河南焦作	副主任(主持工作)	1986-03—1987-02
郭纪孝	1934—	河南焦作	主任	1987-02—1990-12
郭纪孝	1934—	河南焦作	局长	1990-12—1993-03
马福照	1951—	河南武陟	局长	1993-03—1995-08
李国繁	1954—	河南封丘	局长	1995-08—2000-03
温小国	1956—	河南武陟	局长	2000-03—2002-11
朱成群	1961—	河南郑州	局长	2002-11—2004-02
张伟中	1962—	甘肃榆中	局长	2004-02—2009-08
程存虎	1962—	河南博爱	局长	2009-08—2015-01
王昊	1971—	河南沁阳	局长	2015-01—2019-01
李杲	1980—	河南沈丘	局长	2019-01—
王法寿	1943—	河南武陟	副主任	1986-03—1989-04
郑元林	1933—	河南叶县	副主任	1986-04—1988-06
赵子芳	1934—	河南武陟	副主任	1987-12—1990-11
赵子芳	1934—	河南武陟	副局长	1990-11—1994-11
张柏山	1958—	河南开封	副主任	1988-02—1990-02
王振保	1950—	河南温县	副主任	1989-02—1990-11
王振保	1950—	河南温县	副局长	1990-11—1994-12

续表 6-2-3

姓名	生卒年	籍贯	职务	任职时间（年-月）
夏亦鸣	1956—	江苏常州	副局长	1992-04—1994-06
温小国	1956—	河南武陟	副局长	1994-12—2000-03
陈晓升	1954—	山东鄄城	副局长	1994-12—1998-06
娄渊清	1965—	河南延津	副局长	1996-04—1997-03
花景胜	1953—	河南孟州	副局长	1997-03—2004-11
夏亦鸣	1956—	江苏常州	副局长	1999-04—2002-10
崔　武	1957—2019	河南获嘉	副局长	1999-04—2002-11
王玉晓	1966—	河南邓州	副局长	2002-11—2008-03
王海正	1958—2019	河南睢县	副局长	2002-11—2004-11
张文林	1952—2012	山东鄄城	副局长	2004-11—2009-08
杨松林	1963—2009	河南沁阳	副局长	2004-12—2009-01
贾新平	1970—	山西运城	副局长	2005-06—2007-07
关永波	1959—2016	河南原阳	副局长	2005-11—2015-01
李怀前	1962—	河南武陟	副局长	2008-04—
曹为民	1964—	河南原阳	副局长	2009-07—2013-04
李怀志	1966—	河南武陟	副局长	2013-05—
宋建芳	1971—	河南武陟	副局长	2017-06—
花景胜	1953—	河南孟州	局长助理（副处级）	1996-03—1997-03
张渊龙	1971—	河南襄城	局长助理（正科级）	2004-11—2006-11
原小利	1974—	河南武陟	局长助理（正科级）	2006-07—2010-09
岳南方	1951—	河南武陟	纪检组组长	1994-03—2009-02
刘　巍	1965—	河南获嘉	纪检组组长	2009-10—2016-07
宋艳萍	1965—	河南孟州	纪检组组长	2017-06—
王法寿	1943—	河南武陟	工会主席	1989-04—2002-11
宋靖川	1951—	河南武陟	工会主席	2002-11—2010-07
赵献军	1959—	河南武陟	工会主席	2011-11—2019-05
李付龙	1971—	河南武陟	工会主席	2019-12—
宋松波	1936—	河南巩义	总工程师	1987-12—1997-03
冯利海	1963—	河南原阳	总工程师	1997-03—2002-11
曹金刚	1966—	河南宜阳	总工程师	2002-11—2010-02
李怀志	1966—	河南武陟	总工程师	2010-07—

表6-2-4 武陟第一河务局历任领导班子成员名表

姓名	生卒年	籍贯	职务	任职时间（年-月）
刘明朗	1917—1989	河南范县	段长	1949-05—1952-08
赵又之	1916—？	河南兰考	段长	1952-08—1954-12
安孝兰	1920—1994	山西武乡	段长	1955-01—1956-10
张子良	1926—？	河南濮阳	段长	1956-10—1959-01
郭瑞江	1916—1966	河南范县	段长	1959-01—1960-10
陈新芝	1921—1997	山东郓城	段长	1960-10—1961-10
郭瑞江	1916—1966	河南范县	段长	1961-10—1963-07
石发仁	不详	河南滑县	段长	1963-07—1970-06
安孝兰	1920—1994	山西武乡	副段长	1949-11—1950-07
宋占魁	不详	不详	副段长	1951-05—1952-06
刘汉章	不详	不详	副段长	1952-06—1954-11
张子良	1926—？	河南濮阳	副段长	1953-05—1956-09
郭瑞江	1916—1966	河南范县	副段长	1955-06—1959-01
张金锋	不详	不详	副段长	1956-06—1959-08
张传溪	1923—1994	山东东阿	副段长	1958-12—1963-04
郭恩普	1917—？	河北广平	副段长	1960-10—1961-10
方留柱	不详	不详	副段长	1962-02—1973-01
游学勤	1930—	河南范县	副段长	1964-09—1975-04
安孝兰	1920—1994	山西武乡	"革委会"主任	1970-06—1978-04
游学勤	1930—	河南范县	"革委会"主任	1978-05—1979-02
李占元	1929—1999	山东郓城	"革委会"副主任	1970-06—1979-03
张文俊	不详	不详	"革委会"副主任	1974-12—1979-02
申福旺	不详	不详	"革委会"副主任	1975-07—1978-06
游学勤	1930—	河南范县	"革委会"副主任	1975-04—1978-04
游学勤	1930—	河南范县	段长	1979-03—1980-09
刘光琦	1936—2008	河南武陟	段长	1980-09—1987-11
马福照	1951—	河南武陟	段长	1987-11—1990-11

姓名	生卒年	籍贯	职务	任职时间（年-月）
马福照	1951—	河南武陟	局长	1990-11—1993-05
温小国	1956—	河南武陟	局长	1993-05—1994-12
崔 武	1957—2019	河南获嘉	局长	1994-12—1999-05
卫国峰	1963—	河南孟州	局长	1999-05—2002-12
李怀前	1962—	河南武陟	局长	2002-12—2008-05
王文东	1964—	河南武陟	局长	2008-05—2011-08
宋建芳	1971—	河南武陟	副局长（主持工作）	2011-08—2012-11
宋建芳	1971—	河南武陟	局长	2012-11—2017-09
李雄飞	1974—	河南陕县	局长	2017-09—
刘光琦	1936—2008	河南武陟	副段长	1980-01—1980-09
关继德	1929—1994	河南原阳	副段长	1979-03—1980-02
李友山	1928—2008	河南濮阳	副段长	1979-03—1982-04
曹金水	1930—2007	河南郑州	副段长	1979-03—1984-01
冯道祥	1939—2003	河南武陟	副段长	1981-09—1985-06
袁乃序	1932—	河南新郑	副段长	1980-02—1987-11
冯玉平	1950—	河南武陟	副段长	1987—1989-03
杨维殿	1940—	河南武陟	副段长	1984-03—1990-11
宋靖川	1951—	河南武陟	副段长	1989-03—1990-11
崔 武	1957—2019	河南获嘉	副段长	1989-03—1990-11
崔 武	1957—2019	河南获嘉	副局长	1990-11—1994-12
杨维殿	1940—	河南武陟	副局长	1990-11—1996-01
宋靖川	1951—	河南武陟	副局长	1990-11—1997-03
赵献军	1959—	河南武陟	副局长	1995-01—1999-11
赵三虎	1953—	河南武陟	副局长	1999-11—2000-12
王文东	1964—	河南武陟	副局长	2000-05—2004-12
孟虎生	1962—	山西代县	副局长	2004-12—2019-11
闵晓刚	1960—	河南鄢陵	副局长	1991-01—2005-05
史纪安	1959—	河南武陟	副局长	2003-03—2005-05
何红生	1971—	河南沁阳	副局长	2005-05—2008-05

姓名	生卒年	籍贯	职务	任职时间（年-月）
毕永胜	1957—	河南博爱	纪检组长	2005-05—2010-05
李雄飞	1974—	河南陕县	副局长	2008-05—2011-11
岳金军	1971—	河南武陟	副局长	2008-05—2017-12
孟根才	1962—	河南武陟	纪检组长	2011-03—2018-09
李 磊	1979—	河南原阳	副局长	2014-10—2015-10
李纪辉	1979—	河南延津	副局长	2015-10—2017-04
陶纪宾	1976—	河南武陟	副局长	2018-09—
张意敏	1970—	河南武陟	纪检组长	2018-11—
曹金水	1930—2007	河南郑州	工会主席	1984-01—1985-11
赵三虎	1953—	河南武陟	工会主席	1985-11—1986-06
冯道祥	1939—2003	河南武陟	工会主席	1986-07—1988-05
赵立富	1935—2016	河南武陟	工会主席	1988-05—1991-01
杨维殿	1940—	河南武陟	工会主席	1996-01—1999-11
任小国	1957—	河南武陟	工会主席	1999-11—2002-12
赵三虎	1953—	河南武陟	工会主席	2002-12—2005-05
关掌印	1960—	河南原阳	工会主席	2005-05—2008-05
岳金军	1971—	河南武陟	工会主席	2008-05—2016-04
王征宇	1970—	河南武陟	工会主席	2016-06—
李长有	1952—	河南武陟	专职纪检	1997-03—2002-12
毕永胜	1957—	河南博爱	专职纪检	2002-12—2005-05
何红生	1971—	河南沁阳	总工程师（兼）	2005-05—2008-05

表 6-2-5　武陟第二河务局历任领导班子成员名表

姓名	生卒年	籍贯	职务	任职时间（年-月）
刘东岗	不详	不详	段长	1949-05—1951-04
张道一	不详	不详	段长	1951-05—1952-06
安孝兰	1920—1994	山西武乡	段长	1952-07—1954-10
王绍禹	不详	不详	段长	1954-11—1957-04
陈新之	1921—1997	山东郓城	段长	1957-04—1960-09
褚峰山	1920—?	河南武陟	段长	1961-10—1963-02
郑方魁	1913—1985	河南修武	段长	1963-03—1968-11
候成悌	1928—?	河南武陟	段长	1978-04—1979-11
郑方魁	1913—1985	河南修武	段长	1979-12—1981-06
陈文儒	1927—	河南武陟	段长	1981-07—1986-12

姓名	生卒年	籍贯	职务	任职时间（年-月）
王希华	1937—	河南武陟	段长	1986-12—1990-10
王希华	1937—	河南武陟	局长	1990-11—1997-03
关永波	1959—2015	河南原阳	局长	1998-04—2005-11
靳学红	1962—	河南开封	局长	2005-11—2011-11
李付龙	1971—	河南武陟	局长	2011-11—2018-10
崔锋周	1977—	河南长垣	局长	2018-10—
褚峰山	1920—？	河南武陟	副段长	1949-05—1960-09
郑方魁	1913—1985	河南修武	副段长	1956-04—1959-05
郭恩蒲	1917—？	河北广平	副段长	1957-04—1960-09
郭恩蒲	1917—？	河北广平	副段长	1961-10—1962-02
张进月	1921—1968	河南清丰	副段长	1961-10—1968-11
陈克清	？—1981	河南武陟	副段长	1963-03—1965-03
郑方魁	1913—1985	河南修武	副段长	1979-07—1979-11
陈文儒	1927—	河南武陟	副段长	1979-03—1981-06
姚西录	不详	不详	副段长	1980-02—？
王希华	1937—	河南武陟	副段长	1980-02—1986-12
杨汉昌	1925—2019	河南武陟	副段长	1981-05—1982-04
温小国	1956—	河南武陟	副段长	1984-03—1990-06
陈德中	1954—	河南武陟	副段长	1986-12—1989-07
范发周	1945—	河南武陟	副段长	1989-03—1990-10
范发周	1945—	河南武陟	副局长	1990-11—1994-03
李国庆	1956—	河南温县	副局长	1994-03—1996-03
崔钧谋	1950—	河南武陟	副局长	1994-03—1999-03
史永红	1953—	河南温县	副局长	1996-03—2002-12
关永波	1959—2015	河南原阳	副局长（主持工作）	1996-06—1998-03
毕永胜	1957—	河南博爱	副局长	1999-11—2002-12
陈敬东	1955—	山东郓城	副局长	2002-12—2005-02
李雄飞	1974—	河南三门峡	副局长	2006-04—2008-05
任小国	1957—	河南武陟	副局长	2002-12—2008-05
李付龙	1971—	河南武陟	副局长	2003-03—2006-04
李伟杰	1967—	河南封丘	副局长	2008-05—2019-11
张意敏	1970—	河南武陟	副局长	2008-05—2013-03
魏海生	1966—	河南温县	副局长	2013-04—2017-09
连阳	1983—	山西榆社	副局长	2015-02—2017-04
马小战	1979—	河南武陟	副局长	2018-11—
张兆礼	1921—？	山东范县	"革委会"主任	1972-12—1975-10

姓名	生卒年	籍贯	职务	任职时间（年-月）
王振法	1931—?	河南武陟	"革委会"主任	1975-07—1976-10
王合仁	1941—?	河南武陟	"革委会"主任	1976-11—1977-10
张守德	1919—?	河南开封	"革委会"副主任	1968-12—1969-07
张传溪	1923—1994	山东东阿	"革委会"副主任	1969-07—1978-04
王振法	1931—?	河南武陟	"革委会"副主任	1969-07—1972-11
宋子信	1925—?	山东郓城	"革委会"副主任	1974-02—1975-10
马学勤	1942—?	河南唐河	"革委会"副主任	1974-02—1976-10
赵均亭	1932—2003	山东辛县	"革委会"副主任	1975-07—1976-10
张守德	1919—?	河南开封	"革委会"副主任	1975-11—1976-10
陈德中	1954—	河南武陟	工会主席	1985-11—1986-12
张稳当	1952 -	河南武陟	工会主席	1986-12—2002-12
史永红	1953—	河南温县	工会主席	2002-12—2005-05
岳金军	1970—	河南武陟	工会主席	2005-05—2006-05
李伟杰	1967—	河南封丘	工会主席	2006-05—2008-05
任小国	1957—	河南武陟	工会主席	2008-05—2010-05
陈明章	1970—	河南武陟	工会主席	2012-06—2013-03
成洪凯	1964—	河南沁阳	工会主席	2013-03—2018-11
秦有军	1972—	河南武陟	工会主席	2018-11—
孟根才	1963—	河南武陟	纪检组长	2005-05—2008-05
穆会成	1963—	河南武陟	纪检组长	2008-05—2011-03
刘长海	1963—	河南武陟	纪检组长	2011-03—2019-11
李付龙	1971—	河南武陟	总工程师（兼）	2003-03—2006-04
李雄飞	1974—	河南三门峡	总工程师（兼）	2006-04—2008-05
李伟杰	1967—	河南封丘	总工程师（兼）	2008-05—2019-11

表6-2-6　温县河务局历任领导班子成员名表

姓名	生卒年	籍贯	职务	任职时间（年-月）
张兆礼	1921—？	山东范县	"革委会"主任	1975-03—1976-07
宋子信	1925—？	山东鄄城	"革委会"副主任（主持工作）	1976-07—1978-03
孙宪宗	1928—？	河南封丘	"革委会"副主任（主持工作）	1978-03—1979-03
孙宪宗	1928—？	河南封丘	段长	1979-04—1982-06
张存恒	1928—2020	河南武陟	副段长（主持工作）	1982-06—1984-02
李安国	1934—2019	河南温县	段长	1984-02—1986-10
崔爱学	1955—	河南博爱	副段长（主持工作）	1986-10—1987-12
王振保	1950—	河南温县	段长	1987-12—1989-07
陈德中	1954—	河南武陟	段长	1989-07—1990-11
陈德中	1954—	河南武陟	局长	1990-11—1998-07
王海正	1958—2019	河南睢县	第一副局长（主持工作）	1998-07—1999-04
王海正	1958—2019	河南睢县	局长	1999-04—2002-11
申家全	1963—	河南安阳	局长	2002-11—2006-03
王文东	1964—	河南武陟	局长	2006-03—2008-05
李付龙	1971—	河南武陟	局长	2008-05—2011-11
王剑峰	1968—	河南修武	局长	2011-11—
李鸿章	1932—2005	河南温县	副段长	1979-03—1984-02
游保印	1948—	河南范县	副段长	1984-02—1986-10
白周利	1944—	河南温县	副段长	1986-10—1990-05
史永红	1953—	河南温县	副段长	1988-08—1990-11
潘明发	1949—	河南温县	副段长	1989-07—1990-11
史永红	1953—	河南温县	副局长	1990-11—1996-03
潘明发	1949—	河南温县	副局长	1990-11—1991-10
白周利	1944—	河南温县	副局长	1994-03—2001-02
李国庆	1956—	河南温县	副局长	1996-03—2002-12
王海正	1958—	河南睢县	第一副局长	1997-10—1998-07
陈敬东	1955—	山东郓城	副局长	2001-02—2002-12
李孟州	1962—	河南孟州	副局长	2002-12—2005-05

姓　名	生卒年	籍贯	职务	任职时间（年-月）
王剑峰	1968—	河南修武	副局长	2003—2005-12
史纪安	1959—	河南武陟	副局长	2005-05—2006-04
邢天明	1965—	河南孟州	副局长	2006-04—2012-04
李孟州	1962—	河南孟州	总工（兼）	2005-05—2011-03
杜进军	1963—	河南长恒	副局长	2011-04—2018-09
张占军	1973—	河南温县	副局长	2011-03—
张意敏	1970—	河南武陟	副局长	2013-03—2018-11
曹　军	1978—	河南郑州	副局长	2015-02—2017-02
成洪凯	1964—	河南沁阳	副局长	2018-11—
崔广彦	1957—	河南温县	纪检组长	2005-05—2010-05
陶纪宾	1976—	河南武陟	纪检组长	2011-04—2018-09
左好学	1978—	河南武陟	纪检组长	2018-11—
王振保	1950—	河南温县	工会主席	1986-10—1987-12
王应泽	1952—	河南温县	工会主席	1989-07—2002-12
李国庆	1956—	河南温县	工会主席	2002-12—2006-05
岳金军	1970—	河南武陟	工会主席	2006-05—2008-05
张占军	1973—	河南温县	工会主席	2009-01—2011-03
成洪凯	1963—	河南沁阳	工会主席	2011-04—2013-03
杜进军	1963—	河南长恒	工会主席	2013-03—2018-09
张　红	1972—	河南南阳	工会主席	2018-11—

表 6-2-7　孟州河务局历任领导班子成员名表

姓名	生卒年	籍贯	职务	任职时间（年-月）
郭其勋	1942—1982	河南孟州	"革委会"主任	1971-04—1979-03
崔公太	不详	不详	"革委会"主任（主持工作）	1975-01—？
张永安	不详	不详	段长	1979-03—？
关继德	1929—1994	河南原阳	段长	1980-09—？

续表 6-2-7

姓名	生卒年	籍贯	职务	任职时间（年-月）
王劲松	不详	不详	副段长（主持工作）	1984-02—1985-05
王郁录	1935—	河南孟州	段长	1985-05—1986-06
张柏山	1958—	河南武陟	副段长（主持工作）、段长	1985-05—1988-06
游保印	1948—	河南范县	段长	1988-06—1990-10
花景胜	1953—	河南孟州	副段长、副局长（主持工作）、局长	1989-03—1996-03
杨松林	1963—2009	河南沁阳	局长	1996-04—1999-03
宋靖川	1951—	河南武陟	局长	2001-01—2002-11
李富中	1964—	河北大名	局长	2002-11—2007-05
朱建奎	1972—	河南中牟	局长	2007-05—2009-10
宋艳萍	1965—	河南孟州	局长	2010-07—2017-08
李磊	1979—	河南原阳	局长	2017-08—2019-04
范伟兵	1979—	河南济源	局长	2019-05—
张永安	不详	不详	"革委会"副主任	1971-04—1979-03
郝德升	不详	不详	"革委会"副主任	1978-01—？
姚西录	不详	不详	"革委会"副主任	不详
田中和	1926—2002	河南孟州	副段长	1979-03—？
姚西录	不详	不详	副段长	1979-03—1980-02
关继德	不详	河南武陟	副段长	1980-02—1980-09
王郁录	1935—	河南孟州	副段长	1984-02—1985-05
冯道祥	不详	不详	副段长	1985-05—1986-06
马开欣	1933—2017	河南孟州	副段长、副局长	1986-10—？
游保印	1948—	河南范县	副段长	1986-10—1988-06
卫国峰	1963—	河南孟州	副段长、副局长	1988-08—？
李孟州	1962—	河南孟州	副局长	1999-06—2018-09
罗国强	1962—	河南沁阳	副局长	2002-12—2005-02
田占文	1948—	河南孟州	副局长	1994-03—2002-12
宋艳萍	1965—	河南孟州	副局长	2003-03—2010-06

姓名	生卒年	籍贯	职务	任职时间(年-月)
靳武生	1965—	河南武陟	副局长	2005-05—2010-03
范伟兵	1979—	河南济源	副局长	2010-04—2011-11
穆会成	1963—	河南孟州	副局长	2012-05—2020-04
陈连云	1971—	河南南阳	副局长(挂职锻炼)	2015-02—2017-02
苏自力	1968—	河南孟州	副局长	2018-11—
穆会成	1963—	河南武陟	纪检组长	2005-05—2012-05
孟根才	1963—	河南武陟	纪检组长	2008-05—2011-03
张建周	1968—	河南孟州	纪检组长	2012-06—2018-11
王培燕	1982—	陕西合阳	纪检组长	2019-01—
苏自力	1968—	河南孟州	工会主席	2011-04—2018-11
杨天轩	1950—	河南孟州	工会主席	1999-6—2002-12
席全安	1955—	河南孟州	工会主席	2003-01—2004-02
杜进军	1963—	河南长垣	工会主席	2005-05—2011-03
侯晓蕊	1980—	河南孟州	工会主席	2019-01—

表 6-2-8 沁阳河务局历任领导班子成员名表

姓名	生卒年	籍贯	职务	任职时间(年-月)
武桐生	1916—1993	河南修武	段长	1943-03—1950-07
安孝兰	1920—1994	山西武乡	段长	1950-07—1953-05
赵树三	不详	山东	段长	1953-05—1955-02
成肃栋	1918—1988	山东范县	段长	1955-02—1956-05
赵华英	1912—2001	山东梁山	段长	1956-06—1957-07
张永安	1915—1987	河南沁阳	段长	1957-07—1960-01
褚峰山	1902—?	河南武陟	段长	1960-01—1961-12
张永安	1915—1987	河南沁阳	段长	1962-01—1964-03
郑福朝	1926—	河北灵寿	指导员	1964-03—1969-11
穆绪德	不详	山东东明	主任	1968-02—1969-11

姓名	生卒年	籍贯	职务	任职时间(年-月)
程学德	不详	河南武陟	主任	1969-11—1971-02
李学周	1923—2011	河南涞水	主任	1971-02—1984-02
马福照	1951—	河南武陟	段长	1984-02—1987-02
崔爱学	1955—	河南博爱	副段长(主持工作)	1987-02—1990-12
崔爱学	1955—	河南博爱	副局长(主持工作)	1990-12—1991-11
潘明发	1949—	河南温县	局长	1991-11—1997-03
卫国峰	1963—	河南孟州	局长	1997-04—1999-04
杨松林	1963—2009	河南沁阳	局长	1999-04—2004-12
陈克哲	1965—	河南武陟	局长	2004-12—2008-05
王剑峰	1968—	河南修武	局长	2008-05—2011-11
李雄飞	1974—	河南陕县	副局长(主持工作)	2011-11—2012-10
李雄飞	1974—	河南陕县	局长	2012-10—2017-09
张星超	1975—	河南武陟	局长	2017-09—
张永安	1915—1987	河南沁阳	副段长	1949-03—1950-01
宋晓光	不详	不详	副段长	1950-01—1951-05
赵鲁民	不详	不详	副段长	1951-05—1955-05
张进月	1921—1968	河南清丰	副段长	1955-02—1958-07
张兆礼	1921—?	山东范县	副段长	1955-02—1955-09
都致太	不详	不详	副段长	1957-06—1960-05
张进月	1921—1968	河南清丰	工会主席	1958—1959-03
勒资礼	不详	不详	副段长	1960-05—1964-11
崔喜海	不详	不详	副段长	1962-01—1964-10
尹 萍	不详	不详	副段长	1964-11—1973-05
穆绪德	不详	山东东明	副指导员	1965-07—1969-11
胡学志	不详	不详	副主任	1970-12—1971-12
张子庆	不详	不详	副主任	1970-06—1980-05
刘福五	不详	不详	副主任	1971-12—1973-03

姓名	生卒年	籍贯	职务	任职时间(年-月)
陈作江	不详	不详	副主任	1971-12—1973-03
李安国	1934—2019	河南温县	副主任	1971-01—1978-05
高尚和	不详	不详	副段长	1974-06—1979-12
李友武	1923—2011	山东鱼台	副段长	1979-07—1988-02
肖明万	1933—1995	河南沁阳	副段长	1981-07—1990-10
肖明万	1933—1995	河南沁阳	工会主席	1984-02—1990-10
裴其栋	1934—2006	河南武陟	副段长	1986-11—1994-04
梁达泉	1943—2013	河南沁阳	副局长	1990-11—2001-02
柴三海	1952—2003	河南沁阳	工会主席	1990-11—1997-04
杨战明	1955—	河南沁阳	副局长	1995-03—2005-04
冯长林	1956—	河南武陟	工会主席	1997-04—1997-12
张迎东	1954—	河南博爱	副局长	1997-04—2006-06
毕永胜	1957—	河南博爱	工会主席	1997-12—1999-11
张国平	1955—	河南温县	工会主席	1999-11—2002-12
罗国强	1962—	河南沁阳	副局长	2001-02—2002-12
张迎东	1954—	河南博爱	工会主席	2002-12—2005-05
张迎东	1954—	河南博爱	纪检组长	2005-04—2006-06
王俊奇	1965—	河南林州	副局长	2005-05—2008-06
李伟杰	1967—	河南封丘	副局长	2005-05—2006-04
王俊奇	1965—	河南林州	总工程师(兼)	2005-05—2008-06
张星超	1975—	河南武陟	工会主席	2005-05—2006-05
张星超	1975—	河南武陟	副局长兼纪检组长、工会主席	2006-05—2009-03
刘树利	1966—	河南沁阳	副局长	2007-12—2010-05
卫芙蓉	1963—	河南沁阳	副局长	2009-01—2009-03
卫芙蓉	1963—	河南沁阳	副局长、工会主席	2009-03—2016-07

续表 6-2-8

姓名	生卒年	籍贯	职务	任职时间（年-月）
张星超	1975—	河南武陟	副局长兼纪检组长	2009-03—2011-03
张星超	1975—	河南武陟	副局长	2011-03—2011-04
朱俊荣	1964—	河南沁阳	纪检组长	2011-03—2017-02
皇海军	1977—	河南博爱	副局长	2013-04—2018-11
朱俊荣	1964—	河南沁阳	副局长兼纪检组长	2017-02—2019-11
陈全会	1973—	河南沁阳	工会主席	2017-04—2018-11
陈全会	1973—	河南沁阳	副局长兼工会主席	2018-11—

表 6-2-9　博爱河务局历任领导班子成员名表

姓名	生卒年	籍贯	职务	任职时间（年-月）
刘东岗	不详	不详	段长	1949—1953
王绍禹	不详	不详	段长	1954—?
刘玉树	1916—?	河南博爱	段长	1955—?
刘玉树	1916—?	河南博爱	段长	1957—1960
郑方魁	1913—1985	河南修武	段长	1961—?
刘玉树	1916—?	河南博爱	段长	1962—1966
赵守玺	1916—?	河南博爱	段长	1964—1967
赵守玺	1916—?	河南博爱	"革委会"主任	1968—1977
赵守玺	1916—?	河南博爱	段长	1978—1983-08
郭纪孝	1934—	河南焦作	段长	1983-08—1984-02
陈建科	1950—	河南武陟	段长	1989-03—1990-11
陈建科	1950—	河南武陟	局长	1990-11—1997-12
陈建科	1950—	河南武陟	局长	1998-07—2000-05
赵献军	1959—	河南武陟	局长	2001-06—2011-04
焦　军	1969—	河南辉县	局长、党组书记	2011-04—
张兆礼	1921—?	山东范县	副段长（主持工作）	1956—?
王永庆	1930—2014	河南博爱	副段长（主持工作）	1984-02—1986-10

姓名	生卒年	籍贯	职务	任职时间（年-月）
杨维平	1951—	河南博爱	副段长（主持工作）	1986-10—1988-02
王绍禹	不详	不详	副段长	1953—？
刘玉树	1916—？	河南博爱	副段长	1953—1954
张兆礼	1921—？	山东范县	副段长	1955—？
杨文良	不详	不详	副段长	1955—？
柴景然	不详	不详	副段长	1956—1958
张兆礼	1921—？	山东范县	副段长	1957—1958
韦国珍	不详	不详	副段长	1960—1961
尚万秀	1905—1981	河南沁阳	副段长	1962—1966
李广辂	1937—	河南沁阳	"革委会"副主任	1968—1970
赵玉清	不详	不详	"革委会"副主任	1971—1975
王永庆	1930—2014	河南博爱	"革委会"副主任	1976-03—1979-03
王永庆	1930—2014	河南博爱	副段长	1979-03—1984-02
郭纪孝	1934—	河南焦作	副段长	1980-02—1983-08
崔爱学	1955—	河南博爱	副段长	1984-02—1986-10
温建升	1953—	河南武陟	副段长	1986-10—1988-02
陈建科	1950—	河南武陟	副段长	1988-02—1989-03
潘友亮	1943—	河南辉县	副段长	1989-03—1995-03
张国平	1955—	河南温县	副局长	1995-03—1997-12
毕永胜	1957—	河南博爱	副局长	1995-03—1997-12
冯长林	1956—	河南武陟	副局长	1997-12—2005-05
孟虎生	1962—	山西代县	副局长	1997-12—2004-12
宋靖邦	1956—	河南武陟	副局长（主持工作）	1997-12—1998-07
赵献军	1959—	河南武陟	副局长（主持工作）	2000-05—2001-06
刘长海	1964—	河南武陟	副局长	2005-05—2011-03
朱俊荣	1964—	河南沁阳	副局长	2005-05—2011-03
续友德	1974—	河南太康	副局长	2007-12—2010-05

姓名	生卒年	籍贯	职务	任职时间（年-月）
侯志毅	1975—	河南武陟	副局长	2011-03—2012-06
豆竹梅	1968—	河南博爱	副局长	2012-06—2018-01
秦有军	1972—	河南武陟	副局长	2013-04—2018-11
张克亮	1971—	河南获嘉	副局长	2018-11—
耿金一	1984—	河南封丘	副局长	2018-11—
潘友亮	1943—	河南辉县	工会主席	1980—1981
郭纪孝	1934—	河南焦作	工会主席	1982—1983
潘友亮	1943—	河南辉县	工会主席	1984-02—1989-03
崔广富	1950—	河南博爱	工会主席	1990-11—2002-12
张国平	1955—	河南温县	工会主席	2002-12—2006-05
朱俊荣	1964—	河南沁阳	工会主席	2006-05—2011-03
陈明章	1969—	河南武陟	工会主席	2013-03—2015-06
秦有军	1972—	河南武陟	工会主席	2017-07—2018-11
冯长林	1956—	河南武陟	纪检组长	2005-05—2006-05
朱俊荣	1964—	河南沁阳	纪检组长	2006-05—2011-03
豆竹梅	1968—	河南博爱	纪检组长	2013-03—2018-09
刘长海	1964—	河南武陟	总工程师	2006-05—2011-03

表 6-2-10　济源河务局历任班子成员领导名表

姓名	生卒年	籍贯	职务	任职时间（年-月）
孙宪宗	1928—？	河南封丘	副段长（主持工作）	1983-06—1984-02
孙宪宗	1928—？	河南封丘	段长	1984-02—1985-10
岳南方	1951—	河南武陟	副段长（主持工作）	1985-10—1990-03
岳南方	1951—	河南武陟	段长	1990-03—1990-11
岳南方	1951—	河南武陟	副局长（主持工作）	1990-11—1991-12
岳南方	1951—	河南武陟	局长	1991-12—1994-03
张迎东	1954—	河南博爱	副局长（主持工作）	1994-03—1996-03
张效会	1957—	山东郓城	副局长（主持工作）	1996-03—1997-03
张效会	1957—	山东郓城	局长	1997-03—

姓名	生卒年	籍贯	职务	任职时间（年-月）
李广辆	1937—	河南沁阳	副段长	1989-03—1997-08
卢中州	1961—	河南济源	副局长	1997-03—
卫领头	1949—	河南济源	工会主席	1995-03—

（二）先进人物名录

表 6-2-11　省部级劳动模范、先进生产（工作）者名表

姓名	生卒年	籍贯	单位	表彰时间（年-月）	荣誉称号
吴天雷	1916—?	山东菏泽	博爱河务局	1955	水利部先进生产者
吴天勤	1926—2011	山东菏泽	武陟第一河务局	1979	水利部先进生产者
张红创	1963—	河南武陟	武陟第一河务局	1994	河南省劳动模范
杨天轩	1950—	河南孟州	孟州河务局	1989-03	河南省劳动模范
杨天轩	1950—	河南孟州	孟州河务局	1989-09	全国先进工作者
郭小同	1959—	河南武陟	武陟第二河务局	2009-12	全国水利系统劳动模范
崔锋周	1977—	河南长垣	武陟第二河务局	2010-12	全国防汛抗旱先进个人（等同于省部级劳模）

表 6-2-12　省五一劳动奖章名表

姓名	生卒年	籍贯	单位	表彰时间（年-月）	荣誉称号
谢执元	1949—2019	河南孟州	孟州河务局	1991-04	省五一劳动奖章
张红创	1963—	河南武陟	武陟第一河务局	1998-05	省五一劳动奖章
武世玉	1989—	河南武陟	武陟第二河务局	2019-04	省五一劳动奖章
行作贵	1955—	河南孟州	孟州河务局	2008	省五一劳动奖章

表 6-2-13　黄委会劳动模范、先进生产（工作）者名表

姓名	生卒年	籍贯	单位	表彰时间（年-月）	荣誉称号
董全修	不详	不详	不详	1960	劳动模范
杨汉昌	1927—2019	河南武陟	张菜园闸管理处	1955-12	劳动模范

续表 6-2-13

姓名	生卒年	籍贯	单位	表彰时间 （年-月）	荣誉称号
杨汉昌	1927—2019	河南武陟	张菜园闸管理处	1990	劳动模范
宋靖川	1951—	河南武陟	焦作河务局	1983	先进生产者
张长路	1962—	河南温县	供水局	1983	先进生产者
朱永福	1933—2009	河南原阳	张菜园闸管理处	1983	先进生产者
高宝武	1949—2019	河南封丘	养护公司	1982	先进生产者
高宝武	1949—2019	河南封丘	养护公司	1986	劳动模范
高宝武	1949—2019	河南封丘	养护公司	1990-03	劳动模范
谢执元	1949—2019	河南孟州	孟州河务局	1990-03	劳动模范
行作贵	1955—	河南孟州	孟州河务局	1986	劳动模范
熊俊峰	1917—2011	山东东明	孟州河务局	1960	先进生产者
熊俊峰	1917—2011	山东东明	孟州河务局	1964	先进生产者
张美林	1950—2016	河南濮阳	孟州河务局	1996	劳动模范
陈文儒	1927—	河南武陟	焦作河务局	1964	劳动模范、先进生产者
陈文儒	1927—	河南武陟	焦作河务局	1983	劳动模范
陈文儒	1927—	河南武陟	焦作河务局	1986	劳动模范
晁中建	1956—	河南濮阳	焦作河务局	1990	劳动模范
张灵山	1947—	山东东明	焦作河务局	1996	劳动模范
严金恒	1947—	河南孟州	焦作河务局	1982	先进生产者
杨维平	1951—	河南博爱	焦作河务局	1982	先进生产者
郭福元	1963—	山东菏泽	焦作河务局	2005	劳动模范
彭立新	1958—	河南沁阳	沁阳河务局	1983	先进生产者
田和群	1952—	河南沁阳	沁阳河务局	1982	先进生产者
张习瑞	1955—	河南沁阳	沁阳河务局	2000	劳动模范
杜绳祖	1920—1995	河南武陟	武陟第二河务局	1956	先进生产者
刘　坤	1952—	河南温县	温县河务局	1982	先进生产者

姓名	生卒年	籍贯	单位	表彰时间（年-月）	荣誉称号
李友武	1924—2011	山东鱼台	沁阳河务局	1983	先进生产者
刘超哲	1951—	河南沁阳	沁阳河务局	1994	劳动模范
刘长务	1949—	河南孟州	孟州河务局	1994	劳动模范
董殿魁	1930—2020	河南沁阳	沁阳河务局	1964-01	先进生产者
董殿魁	1930—2020	河南沁阳	沁阳河务局	1994	先进生产者
裴其栋	1934—2006	河南武陟	沁阳河务局	1980	先进生产者
李修武	1935—2011	河南博爱	沁阳河务局	1979	先进生产者
孙共产	1956—	河南沁阳	沁阳河务局	1982	先进生产者
郭定礼	1956—	河南沁阳	沁阳河务局	2005	劳动模范
张留柱	1955—	河南温县	温县河务局	2000	劳动模范
韩双印	1950—	河南武陟	武陟第二河务局	1982	劳动模范
王保良	1953—	河南博爱	博爱河务局	1983	先进生产者
关永波	1959—2016	河南原阳	武陟第二河务局	2005	劳动模范
岳保国	1957—	河南武陟	武陟第二河务局	1994	劳动模范
马培智	1954—	河南武陟	武陟第二河务局	1996	劳动模范
牛　顺	1925—2007	河南武陟	武陟第二河务局	1960	先进生产者
牛　顺	1925—2007	河南武陟	武陟第二河务局	1979	先进生产者
牛　顺	1925—2007	河南武陟	武陟第二河务局	1980	先进生产者
张世兴	1942—	河南获嘉	武陟第二河务局	1982	先进生产者
张世兴	1942—	河南获嘉	武陟第二河务局	1983	劳动模范
李富中	1964—	河北大名	焦作河务局	1996	劳动模范
吴天勤	1926—2011	山东菏泽	武陟第一河务局	1979	劳动模范
吴天勤	1926—2011	山东菏泽	武陟第一河务局	1980	劳动模范
吴天勤	1926—2011	山东菏泽	武陟第一河务局	1982	劳动模范
吴天雷	1916—	山东菏泽	博爱河务局	1955	先进生产者
吴天雷	1916—	山东菏泽	博爱河务局	1960	先进生产者

续表 6-2-13

姓名	生卒年	籍贯	单位	表彰时间（年-月）	荣誉称号
吴天雷	1916—	山东菏泽	博爱河务局	1964	先进生产者
李建荣	1909—2002	河北大名	武陟第一河务局	1964	先进生产者
张红创	1963—	河南武陟	武陟第一河务局	1994	劳动模范
闵晓刚	1960—	河南鄢陵	焦作河务局	1983	劳动模范
闵晓刚	1960—	河南鄢陵	焦作河务局	1993	劳动模范
王玉晓	1966—	河南邓州	焦作河务局	1994	劳动模范
宋 波	1923—2009	河南武陟	武陟第一河务局	1956	先进生产者
宋 波	1923—2009	河南武陟	武陟第一河务局	1979	先进生产者
李怀前	1962—	河南武陟	武陟第一河务局	2005	劳动模范
李鸿章	1932—2005	河南温县	温县河务局	1955	劳动模范
陈积起	1952—	河南沁阳	武陟第二河务局	1983	劳动模范
王福全	1934—1990	河南开封	孟州河务局	1983	劳动模范
杨忠勤	1954—	河南辉县	济源河务局	1994	劳动模范
王世英	1960—	河南荥阳	孟州河务局	2009	劳动模范
郭书歧	1955—	河南孟州	孟州河务局	2000	劳动模范
滑永坤	1959—	山东东明	焦作河务局	2013	劳动模范
贺志刚	1975—	河南中牟	武陟一局	2017	劳动模范
翟现军	1971—	河南武陟	武陟二局	2013	劳动模范
许国强	1964—	河南温县	温县河务局	2017	劳动模范
李春城	1964—	河南温县	温县河务局	2009	劳动模范
曹刚	1975—	河南郑州	华龙公司	2013	劳动模范
王玉新	1970—	河南沁阳	华龙公司	2017	劳动模范
王重喜	1966—	河南武陟	华龙公司	2013	劳动模范
宋建芳	1971—	河南武陟	焦作河务局	2013	劳动模范
关掌印	1960—	河南原阳	焦作河务局	2017	劳动模范
赵献军	1959—	河南武陟	焦作河务局	2017	劳动模范

（三）专业技术人员名录

表 6-2-14　正高级职称人员统计

姓名	生卒年	籍贯	技术职务	工作单位	获得技术职务资格时间（年-月）
李怀前	1962—	河南武陟	教授级高级工程师	焦作河务局	2016-04

表 6-2-15　高级职称人员统计

姓名	生卒年	籍贯	技术职务	工作单位	获得技术职务资格时间（年-月）
宋松波	1936—	河南巩义	高级工程师	焦作河务局	1992-08
马开欣	1933—2017	河南孟州	副高级会计师	孟州河务局	1993-03
赵子芳	1934—	河南武陟	高级工程师	焦作河务局	1993-06
苏文法	1938—	河南永城	高级会计师	焦作河务局	1999-01
曹金刚	1966—	河南宜阳	高级工程师	焦作河务局	2001-01
杨松林	1963—2009	河南沁阳	高级工程师	焦作河务局	2001-01
范法周	1945—	河南武陟	高级工程师	焦作河务局	2001-01
刘巍	1965—	河南获嘉	高级政工师	焦作河务局	2001-04
张文林	1952—2012	山东鄄城	高级工程师	焦作河务局	2002-01
王玉晓	1966—	河南邓州	高级工程师	焦作河务局	2002-01
李绍云	1966—	河南邓州	高级工程师	焦作河务局	2002-01
王法寿	1943—	河南武陟	高级工程师	焦作河务局	2002-05
陈德中	1954—	河南武陟	高级政工师	焦作河务局	2002-05
邢天明	1965—	河南孟州	高级工程师	焦作河务局	2003-01
李怀志	1966—	河南武陟	高级工程师	焦作河务局	2003-01
李栓才	1965—	河南温县	高级工程师	焦作河务局	2003-01
张伟中	1962—	甘肃榆中	高级经济师	焦作河务局	2003-04
岳南方	1951—	河南武陟	高级政工师	焦作河务局	2005-03
马吉星	1968—	河南济源	高级工程师	焦作河务局	2005-03
刘树利	1966—	河南沁阳	高级工程师	焦作河务局	2006-04

姓名	生卒年	籍贯	技术职务	工作单位	获得技术职务 资格时间（年-月）
宋艳萍	1965—	河南孟州	高级工程师	焦作河务局	2007-03
刘爱琴	1964—	河南栾川	高级工程师	焦作河务局	2007-03
郭丽芳	1964—	河南焦作	高级会计师	焦作河务局	2007-06
罗国强	1962—	河南沁阳	高级工程师	焦作河务局	2008-03
毋芬芝	1971—	河南沁阳	高级工程师	焦作河务局	2008-03
程存虎	1962—	河南博爱	高级会计师	焦作河务局	2000-04
李雄飞	1974—	河南陕县	高级工程师	武陟第一河务局	2008-04
刘长海	1963—	河南武陟	高级工程师	武陟第二河务局	2010-05
靳学红	1962—	河南开封	高级工程师	武陟第二河务局	2010-05
王昊	1971—	河南泌阳	高级工程师	焦作河务局	2011-04
李付龙	1971—	河南武陟	高级工程师	焦作河务局	2012-03
李孟州	1962—	河南安阳	高级工程师	孟州河务局	2012-03
孙振全	1964—	河南获嘉	高级工程师	华龙公司	2012-05
侯志毅	1975—	河南武陟	高级工程师	经济发展管理局	2013-04
史纪安	1959—	河南武陟	高级工程师	焦作河务局	2013-04
皇海军	1977—	河南博爱	高级工程师	焦作河务局	2014-04
王磊	1978—	河南开封	高级工程师	焦作河务局	2015-04
成洪凯	1964—	河南沁阳	高级工程师	温县河务局	2015-04
邱保卫	1975—	河南偃师	高级工程师	孟州河务局	2015-04
许发文	1969—	河南沁阳	高级工程师	孟州河务局	2015-04
赵利	1979—	河南温县	高级工程师	焦作河务局	2015-04
刘敏香	1972—	河南沁阳	高级工程师	华龙公司	2015-06
林攀	1972—	河南温县	高级工程师	焦作河务局	2016-03
马小战	1979—	河南武陟	高级工程师	武陟第二河务局	2016-03
陈润杰	1978—	河南武陟	高级工程师	供水局	2016-03
范伟兵	1979—	河南济源	高级工程师	孟州河务局	2016-04

姓名	生卒年	籍贯	技术职务	工作单位	获得技术职务资格时间(年-月)
行红磊	1981—	河南孟州	高级工程师	孟州河务局	2016-04
申胜斌	1965—	河南原阳	高级工程师	供水局	2016-04
杨保红	1968—	河南武陟	高级政工师	焦作河务局	2016-07
李 磊	1979—	河南原阳	高级经济师	孟州河务局	2016-07
孟虎生	1962—	山西代县	高级工程师	武陟第一河务局	2017-03
张 军	1969—	河南武陟	高级工程师	武陟第二河务局	2017-03
王培燕	1982—	陕西合阳	高级工程师	孟州河务局	2017-03
任玉苗	1978—	河南孟州	高级工程师	孟州河务局	2017-03
任晓慧	1981—	河南孟州	高级工程师	孟州河务局	2017-03
袁晓凤	1974—	河南新郑	高级经济师	武陟第一河务局	2017-06
冯艳玲	1978—	河南武陟	高级政工师	华龙公司	2017-06
王军霞	1982—	河南修武	高级经济师	华龙公司	2017-06
郭 炜	1982—	河南原阳	高级工程师	华龙公司	2018-06
衡瑞林	1976—	河南封丘	高级工程师	供水局	2018-06
王书宁	1976—	河南滑县	高级工程师	华龙公司	2018-06
王 俊	1983—	河南武陟	高级会计师	孟州河务局	2018-06
郭艳君	1978—	河南温县	副研究馆员（档案）	温县河务局	2018-10
赵文利	1975—	河南武陟	高级工程师	武陟第一河务局	2019-04
左好学	1978—	河南武陟	高级工程师	温县河务局	2019-04
张兴源	1978—	河南温县	高级工程师	信息中心	2019-04
李洪波	1978—	河南武陟	高级工程师	华龙公司	2019-04
李永慧	1983—	河南封丘	高级工程师	华龙公司	2019-04
李艳霞	1978—	河南温县	高级会计师	经济发展管理局	2019-06
章艳云	1972—	河南开封	高级会计师	经济发展管理局	2019-06

表 6-2-16 工人高级技师统计

姓名	生卒年	籍贯	技术工种	工作单位	获得技术职务资格时间(年-月)
刘文玉	1958—	河南濮阳	河道修防工	武陟第一河务局	2007-10
何卫星	1957—	河南武陟	河道修防工	武陟第一河务局	2009-03
郅随意	1958—	河南武陟	河道修防工	武陟第一河务局	2009-03
赵长来	1956—	河南武陟	河道修防工	武陟第一河务局	2010-06
史新平	1973—	河南武陟	河道修防工	武陟第一河务局	2013-02
许志强	1971—	河南武陟	河道修防工	武陟第一河务局	2013-10
任 焱	1968—	河南武陟	河道修防工	武陟第一河务局	2014-12
李素芳	1975—	河南武陟	河道修防工	武陟第一河务局	2016-08
杨香荣	1978—	河南武陟	河道修防工	武陟第一河务局	2018-06
贾双成	1970—	山西洪桐	河道修防工	武陟第一河务局	2018-06
徐保国	1975—	河南武陟	河道修防工	武陟第一河务局	2018-06
郭小同	1959—	河南武陟	河道修防工	武陟第二河务局	2003-04
赖国治	1960—	河南武陟	河道修防工	武陟第二河务局	2009-11
徐国强	1962—	河南武陟	河道修防工	武陟第二河务局	2009-11
李有生	1957—	河南武陟	河道修防工	武陟第二河务局	2010-09
岳松国	1957—	河南武陟	河道修防工	武陟第二河务局	2010-09
宋和平	1964—	河南武陟	河道修防工	武陟第二河务局	2012-09
闫金保	1964—	河南武陟	河道修防工	武陟第二河务局	2012-09
牛小军	1966—	河南武陟	河道修防工	武陟第二河务局	2013-10
张 军	1970—	河南武陟	河道修防工	武陟第二河务局	2014-12
苏运州	1974—	河南武陟	河道修防工	武陟第二河务局	2014-12
刘玉仙	1976—	河南武陟	河道修防工	武陟第二河务局	2014-12
岳五洲	1969—	河南武陟	河道修防工	武陟第二河务局	2015-12
范志纲	1974—	河南武陟	河道修防工	武陟第二河务局	2016-08
郭超	1988—	河南武陟	河道修防工	武陟第二河务局	2017-12
郑梅源	1973—	河南温县	河道修防工	温县河务局	2016-08
行作贵	1955—	河南孟州	维修电工	孟州河务局	2003-03

姓名	生卒年	籍贯	技术工种	工作单位	获得技术职务资格时间(年-月)
郭胜利	1952—	河南孟州	河道修防工	孟州河务局	2006-06
王 周	1968—	河南孟州	河道修防工	孟州河务局	2012-09
师树标	1964—	河南孟州	河道修防工	孟州河务局	2013-10
姚爱娟	1978—	河南孟州	河道修防工	孟州河务局	2014-12
刘书民	1967—	河南宜阳	河道修防工	孟州河务局	2014-12
安 勇	1966—	河南孟州	河道修防工	孟州河务局	2015-12
杜海潮	1979—	河南孟州	河道修防工	孟州河务局	2016-08
闫晓敏	1983—	河南孟州	河道修防工	孟州河务局	2018-07
张胜利	1959—	河南博爱	河道修防工	博爱河务局	2006-01
陈长庆	1957—	河南博爱	河道修防工	博爱河务局	2006-10
王 燕	1981—	河南博爱	河道修防工	博爱河务局	2018-06
史春生	1966—	河南武陟	河道修防工	供水局	2014-12
李春玲	1972—	河南武陟	河道修防工	养护公司	2014-12
谢彩红	1971—	河南武陟	河道修防工	养护公司	2015-12

第七篇　河政管理

第一章　水行政执法管理

1987年7月1日《中华人民共和国水法》(简称《水法》)颁布实施,水行政执法有了明确的法律依据,焦作河务局及所属各基层单位水行政职能由工务科兼管,并逐步建章立制,培训人员、配置设施,开始行使水行政执法职能。一是积极开展各种形式的普法宣传教育,强化自身及沿河干群的法制意识,二是积极运用法律法规解决各类水事问题。特别是河长制建立、设立黄(沁)河派出所、联合执法机制形成,进一步强化了水行政执法职能,为依法管理河道,维护正常的水事秩序,打击震慑违法犯罪,发挥了重要作用。

第一节　水行政执法队伍建设

一、水行政监察队伍建设

20世纪90年代以前,焦作河务局没有单独设立的水行政职能部门。1990年12月,河南河务局下发《关于市、县河务局机关职能设置的通知》,规定市、县河务局增设水政机构,设置为水政科。焦作河务局水政科对外称河南河务局焦作市水政监察处,县局水政科对外称监察所。水政机构主要职责为:负责《中华人民共和国水法》《中华人民共和国水土保持法》《中华人民共和国防洪法》等水法规的宣传贯彻实施;保护黄河水资源、水域、水工程、水土保持生态环境、防汛和水文监测等有关设施;对黄河水事活动进行监督检查,维护正常的水事秩序。对公民、法人或其他组织违反水法规的行为实施行政处罚或者采取其他行政措施;配合和协助公安与司法部门查处水事治安和刑事案件;对下级水政监察队伍进行指导和监督;依法管理黄河水资源,实施取水许可和用水管理制度。做好水费征收和水资源费的开征工作。负责采砂、渡口许可,按现定征收管理费。

1999年1月,根据《黄委会水政监察规范化建设工作意见》,市级水行政管理单位建立水政监察支队,县级水行政管理单位建立水政监察大队。支队长和大队长分别由所在单位分管水政工作的领导兼任;队员根据本单位工作需要,本着精简高效、有利工作的原则,按具体职能岗位设定。焦作河务局共组建水政监察大队6个,分别为武陟第一河务局水政监察大队、武陟第二河务局水政监察大队、温县河务局水政监察大队、孟州河务局水政监察大队、博爱河务局水政监察大队、沁阳河务局水政监察大队。并逐步建立起焦作河务局水行政监察支队。

2005年水管体制机构改革中,设置水政水资源科,负责水政监察工作,在辖区内开展水行政执法工作,查处水事违法行为,维护正常的水事秩序。同时,水政监察大队未予撤销,现在与水政水资源科属于同一部门。2019年水政监察队伍情况见表7-1-1。

表7-1-1　2019年水政监察队伍情况

（单位:人）

单位名称	编制			系统内现有水政监察人员				辖区内现有水政监察人员				黄河派出所干警
	总数	公务员	事业	小计	公务员	事业	企业	小计	水政部门	执法队伍	协警	
焦作河务局	4	4	0	9	6	3	0	9	5	4	0	0
武陟第一河务局	17	5	12	17	0	17	0	29	7	10	12	3
武陟第二河务局	16	2	14	17	2	15	0	17	5	10	2	0
温县河务局	15	3	12	15	4	9	2	15	6	9		2
孟州河务局	12	3	9	11	2	8	1	12	2	9	1	3
沁阳河务局	12	2	10	11	2	5	4	11	2	9		3
博爱河务局	5	2	3	8	0	7	1	8	3	5	0	0
合计	81	21	60	88	16	64	8	101	30	56	15	11

二、黄河公安队伍建设

20世纪80年代早期,各修防段设公安特派员,武陟第一、第二修防段建立公安派出所,随后屡有变化。武陟公安派出所目前共 17 人,其中公安局派来 3 名正式干警,协警员 12 名,另有普通职工 2 人。

温县黄河派出所根据《温县机构编制委员会关于成立"温县公安局黄河派出所"的批复》(温编〔2009〕9 号)于 2009 年成立,编制干警 5 人,由县公安局安排正式民警 3 人,合同警 2 人,并按照五类派出所标准建设,成立初期在温县大玉兰南防护堤和东防护堤交叉口的管理房内办公。截至 2019 年,在岗民警 2 人,由温县河务局提供办公场所。

沁阳黄河派出所根据《河南省人民政府省长办公会议纪要》(〔2009〕25 号)精神和沁河沿线治安工作需要成立,规格为股级,核定编制 3 名,其中所长 1 名,所需编制和警力由沁阳市公安局内部调整解决。沁阳市公安局黄河派出所以属地管理为主,以河务部门管辖的区域为管辖区域,主要职责是维护沁河沿线治安秩序,涉及治安、刑事等执法方面的工作受市公安局领导,涉及沁河河务方面的工作接受河务部门的指导。河务部门在派出所装备、日常工作等方面给予经费保障,沁阳市公安局负责人员经费。

孟州市公安局黄河派出所于 2009 年 8 月按照四类派出所标准在开仪控导工程移民防护堤 14+700—14+750 处(原开仪班组)建设,2010 年 2 月,孟州市公安局以(孟公党〔2010〕4 号)文件任命了黄河派出所所长及指导员。2018 年,在打击整治非法采砂专项行动中,孟州市公安局又调派 1 名协警。截至 2019 年,孟州市公安局黄河派出所有正式民警 2 名、协警 1 名。由于省公安厅未对该派出所进行验收,至今没有正式挂牌。

黄河公安派出所建立后,制定了《黄河派出所和水政监察大队工作配合制度》。水政监察与黄河公安相互协作,共同查处疑难案件,对查处辖区各类黄河水事违法案件起到了积极的推动作用。

2018 年 6 月,由武陟县公安局牵头,在黄河派出所现有力量基础上,从河务、水利、环保等部门抽调行政执法人员组建武陟县河道管理综合行政执法大队。综合执法大队负责武陟县所有河道的执法监管,查处非法采砂、河道排污、侵占河道等违法行为。

第二节　水法规宣传与教育

自 1986 年起,焦作河务局(修防处)根据河南河务局的统一安排与部署,结合本单位实际,积极、主动地开展"一五""二五""三五""四五""五五"和"六五""七五"普法宣传教育工作。高度重视普法宣传教育,特别是对各级领导干部和水政监察人员,采取脱产培训、在职自学、集中辅导等形式加强法律知识的学习,提高他们依法管理和依法行政的水平。从"二五"起,焦作河务局加强普法骨干的培训教育。除了选拔人员参加上级组织的普法培训班学习,还根据普法规划要求举办普法培训班,邀请有丰富工作经验和深厚理论知识的治河专家、学者及法律界人士授课。

为提高沿黄广大干部群众的水法意识,焦作河务局坚持"世界水日""中国水周""12·4法制宣传日"集中法制宣传与日常宣传相结合,深入沿黄乡村、集贸市场、繁华街道、建设工地等有关场所,大力宣传《中华人民共和国水法》《中华人民共和国河道管理条例》《中华人民共和国防洪法》《行政许可法》《黄河水量调度条例》等水利法律法规。在每年3月22日"世界水日",3月22—28日"中国水周"期间,焦作河务局都统一组织安排,组成宣传车队,深入到武陟、温县、孟州沿黄城乡开展大规模的水法规宣传活动。

焦作河务局高度重视国家每五年一届普法规划的贯彻落实,从1986年的"一五"普法到2016年的"七五"普法,焦作河务局(修防处)每届都成立由局长(主任)任组长,主管副局长任副组长,有关科室负责人为成员的普法工作领导小组。建立健全了局属各单位的普法组织和普法机构,明确了主管部门和专职工作人员,各单位普法工作办事机构人员均在3人以上。制定了法制宣传教育和依法治理工作规划及分年度实施计划,同时建立健全了《普法联络员制度》及其他各项普法工作和学习制度。2010年,市局抽调各县(市)局车辆组成宣传车队,邀请军乐队,在省、市、县局和地方政府领导的带领下,在沿河乡村、黄沁河滩区、施工现场巡回开展宣传活动。同时,在宣传形式上有所创新,如租用空中飞艇悬挂水法宣传横幅在闹市区,进行水法规宣传;在市广场播放电影,将水法规编成文艺节目,在闹市区进行宣传演出。做到了电视有影、电台有声、报纸网络有文。市、县河务局曾先后举办多次法律法规知识竞赛;举办普法资格考试,全局职工包括施工企业管理人员均参加了考试,并取得了普法合格证。2011年,焦作河务局与移动公司达成协议,设立短信平台,在中国水周期间(每年3月22—28日)向市民编发普法短信,通过短信进行宣传不仅教育对象多,而且普法效果好。荣获了"黄委'五五'普法先进集体"和"2006—2010年全市法制宣传教育和依法治理工作先进集体",荣获"河南省'六五'普法依法治理工作先进单位"称号,4人获得"黄委'六五'普法先进个人"。

"七五"普法期间,焦作河务局党组把该项工作纳入全局的重点工作项目,并列入年度目标管理考核内容。加强队伍建设,每年培训人数100余人次,制定了《焦作河务局依法治河管河实施方案》,配合焦作市人大开展了《焦作市黄(沁)河滩区土地综合利用规划》前期调研工作,积极开展水法集中宣传和"法律六进"活动,建设普法长廊13处。2019年9月荣获河南省"七五"普法中期先进单位,被黄委普法工作领导小组评为"谁执法谁普法"普法责任制示范点。

焦作河务局注重法治文化园建设,将法治与黄河文化相融合,积极打造焦作黄河法治文化阵地带,高标准建设6处法治文化基地。孟州法治文化苑,占地面积25.24万平方米,由开仪黄河文化苑和化工法治文化苑组成,宣传主题分别为河长制、法治历程、文明公约、法治长廊等。温县黄河法治文化苑位于大玉兰控导工程20—22坝,占地面积8700平方米,设置仿古法治宣传栏8个,宣传主题为宪法修正案、河长制、法治历程、水法规安全篇与法治篇、法治长廊等。武陟第二河务局法治文化苑位于武陟县方陵村黄沁河交汇处,占地面积约3500平方米,设置法治宣传栏5个,宣传主题分别为宪法修正案、河长制、黄河历史知识、河南省黄河防汛条例、河南省黄河河道管理办法等。武陟杨庄改道纪念亭法治文化示范基地占地1800平方米,位于沁河左堤72+000处,宣传内容以杨庄改道纪念碑为依托,分为法治文化和黄河文化的两个板块。黄河法治文化板块包括了河道、工程管理和水资源管理方面的相关法律、规章以及水事案件存档资料等内容,黄河文化宣传板块主要以杨庄改道为主的所辖堤防工程建设,大抢险及抢险机具的展示内容。2019年建成的博爱丹河口文化苑占地3500平方米,"孟州黄河法治文化示范基地"和"武陟杨庄改道纪念亭法治文化示范基地"被全国普及法律常识办公室评为"全国法治宣传教育基地"。

第三节　河长制与联合执法

2016年10月11日,习近平总书记主持召开中央全面深化改革领导小组第28次会议,审议通过水利部牵头起草的《关于全面推行河长制的意见》。2017年3月30日,焦作河务局成了以局长为组长、班子其他成员为副组长、机关有关部门及局属单位负责人为成员的推进河长制工作领导小组,全面贯彻落实推行河长制的工作意见。依照全面推行河长制六大任务,在河长制框架下,各县局水政部门联合有关部门共同开展黄(沁)河河道巡查执法等工作,共同维护河道水事秩序。河长制的实行标志依法治河工作进入新阶段。

一、河长制工作机制

焦作河务局深入贯彻落实以水资源保护、水域岸线管理、水污染防治、水环境治理、水生态修复、执法监管六项河长制任务,通过构建责任明确、协调有序、监管严格、保护有力的河湖管理机制,为维护河湖健康生命、实现河湖功能永续利用提供制度保障。焦作河务局先后印发《焦作河务局推进河长制工作联席会议制度》《焦作河务局关于贯彻落实全面推行河长制的工作意见》《焦作河务局河长制工作督察制度(试行)》《焦作河务局河长制职责分工意见》《焦作市河长制河长对口协助制度》《焦作市河长制工作市级联合执法制度》。编制完成了《焦作市河长制工作黄河焦作段综合整治方案》《焦作河务局河湖管理保护现状调查报告》《焦作辖区河湖分级名录》,督促县局编制印发《黄(沁)河县级河长会议制度》《黄(沁)河河长制成员单位联席会商制度》《黄(沁)河河道内联合巡查报告制度》《黄(沁)河河长制信息通报及反馈制度》《黄(沁)河河道内联合执法制度》《黄(沁)河河道内重大、应急突发事件协同处置制度》《县黄(沁)河河道内行政执法和刑事司法衔接制度》。配合市政府印发了《焦作市全面推行河长制工作方案》《焦作市辖黄河流域水污染防治攻坚战实施方案》,与市林业局共同印发了《焦作市黄(沁)河湿地保护区联防联控机制的通知》,与市公安局联合印发了《关于开展打击整治黄(沁)河河道非法采砂专项行动的通知》,与市公安局、环境保护局、食品药品监督管理局、农业局、国土局、水利局联合印发了《焦作市打击环食药环农资涉水犯罪工作会商制度》。与市人民检察院和焦作市河长办等单位联合出台了《焦作市保护生态资源共筑绿色水系专项行动实施方案》。

实行河长制以来陆续开展河流清洁百日行动、"清四乱"专项行动、河湖综合执法行动、打击非法采砂专项行动、河湖综合执法行动,探索建立联防联控机制,焦作市林业部门与河务部门建立了黄(沁)河河道湿地保护区联防联控机制;焦作市公安部门与河务部门建立了打击整治黄(沁)河河道非法采砂联动机制;武陟县整合公安、河务、水利、环保、住建、城管、畜牧等部门职能成立了河道综合执法大队;2018 年 7 月 10 日,经焦作市政府第 89 次常务会议研究通过印发实施《焦作市黄(沁)河河道采砂管理办法》,新增河长制相关工作内容。2020 年 8 月,《焦作市河湖管护长效机制实施意见》印发实施。

"清四乱"专项行动。2018 年 7 月"清四乱"专项行动开始后,焦作黄(沁)河共有 62 项"四乱"问题被纳入省河长办第一批河湖"清四乱"整治清单,水利部河湖中心暗访发现焦作黄河疑似"四乱"问题 16 个,经过各级河长的高位推动,严格督导,组织核查,多次批示,强力推进,截至 2019 年 11 月 30 日,焦作黄(沁)河列入清单的"四乱"问题已全部完成清理整治并验收销号。

河道与工程确权划界。按照《黄委建管局关于做好 2019 年河道和水利工程划界工作的通知》和《河南黄河河务局转发黄委关于做好 2019 年河道和水利工程划界工作的通知》的要求,焦作河务局河道与水利工程划界任务为武陟、博爱 2 县,实施单位为:武陟第一河务局、武陟第二河务局、博爱河务局,划界测绘面积 7484.62 亩,界桩 3687 根,标示牌 64 块。焦作河务局领导对划界工作高度重视,积极安排部署此项工作,协调划界 2 县及相关单位和部门做好地亩测绘、界桩、标示牌制作安设等工作,确保如期完成了划界任务。

打击非法采砂。焦作河务局为遏制黄(沁)河非法采砂行为,根据市政府印发的《焦作市河湖采砂专项行动方案》,联合市自然资源与规划局印发《关于依法严厉打击黄(沁)河河道非法采砂的紧急通知》等文件,建立起联合巡查和信息共享机制,协同打击非法采砂行为。同时,采取人防 + 技防手段,在黄(沁)河河道非法偷采易发地段共安装视频监控 116 个。加强河道堤防巡查,同时联合公安部门、乡(镇)政府,组织巡查队伍昼夜巡查,对非法采砂行为发现就抓、露头就打。

打击黄(沁)河非法电鱼专项行动。按照《河南省河长制办公室关于开展联合打击黄河非法电鱼专项行动的通知》,焦作市成立由农业、河务、交通、公安等部门联合打击黄河非法电鱼专项领导小组,构建起打击黄(沁)河非法电鱼长效机制。各沿黄(沁)县(市)也成立了县级专项行动领导小组,开展对非法制造销售及持有电鱼器具的查处与宣传工作,加强对电鱼活动多发频发水域巡查执法,设立省、市、县三级举报电话,发现问题,及时查处,有效震慑电鱼不法分子,使黄(沁)河电鱼非法活动得到有效控制。

通过推行河长制,河湖管理的责任更加清晰明确,实现了从没人管到有人管、从多头管到统一管、从管不住到管得好的转变。通过开展"三清一净"行动、联合执法活动、水污染防治攻坚战等,焦作市河湖生态系统初步实现了水体变清、环境变美、生态变好的转变。

二、建立"大水政"格局和联合执法机制

为深入推进河长制发展,焦作河务局在单位内部建设"大水政"格局,构建单位各部门网格联动的工作体系,在系统外加强联合执法,多次开展与地方部门配合的专项行动。

2019 年,焦作河务局制定了"一个号、一张网、一张卡、一平台"的工作思路。申报河南黄河水行政管理96322号码,取得"中华人民共和国电信网号码资源使用证书",标志着全国首个水政专用特服号在焦作投入使用,在一线运行班组和养护班组所在地设立了21个报警点,安设接警点公示牌,建立完善接(处)警工作制度,同步建设了水行政管理接警信息化平台,即"一个号";整合水政、运行、养护的堤防巡查、滩区巡查、河势观测职能,推动构建以一线班组为基点,以水政监察大队为骨干,以黄河派出所为依托,工程周边村庄为延伸的水事案件防范网络,即"一张网";向相关人员印发职责和监管范围明白卡,即"一张卡";以河道信息化监管建设为抓手,推动焦作河务局综合业务信息化管理平台建设,即"一平台"。

通过"四个一"加强焦作黄(沁)河河道管理,有效防范各类水事违法行为的发生。

第四节 水行政管理与执法

随着黄河流域经济社会的快速发展,跨堤、穿堤等各类建设项目和滩区开发活动逐年增多。个别单位未经河道主管机关批准,擅自在河道内进行工程项目建设的现象时有发生,损毁黄河工程设施、盗窃黄河防汛备防石、种植违章片林等违法案件屡见不鲜。上述行为严重干扰了正常的水事秩序,给黄河防洪安全带来较大的隐患。为此,焦作河务局各基层单位坚持定期巡查和不定期巡查相结合的原则,对所辖河道每月进行不少于两次的全面巡查,对巡查过程中发生的较大或重大水事违法案件,及时制止、及时上报、及时处理。为实现河道全方位巡查、消除死角盲区和项目稽查,焦作河务局利用无人机助力水资源监管,标配"鹰眼"云台镜头可高质量完成黑暗情况下的远距离侦查取证和影像数据的实时采集,并通过移动网络回传至市、县局监控调度中心,为决策人员提供实时图像信息以辅助指挥分析和调度。进一步补齐水政信息化建设的短板,强化执法监督立体组合监管,扭转水行政执法巡查模式单一、涉河违法行为证据难以固定的被动局面。

一、河道内建设项目管理

在审批黄河河道内建设项目过程中,市、县河务部门依据《中华人民共和国水法》《中华人民共和国防洪法》《中华人民共和国行政许可法》《中华人民共和国河道管理条例》等法律法规以及河道建设项目有关的规定,严肃认真地审批各类黄河河道建设项目。对符合审批条件的,积极支持,并按管理权限及时逐级上报审批;对不符合有关规定或者违法的,坚决予以制止和查处。同时,强化黄河河道巡查和管理,不断加大执法力度,切实做到有法必依,执法必严,违法必究。

1993年,黄委根据《中华人民共和国河道管理条例》《河道管理范围内建设项目管理的有关规定》和水利部《关于黄河水利委员会审查河道管理范围内建设项目权限的通知》,制定了《黄河流域河道管理范围内建设项目管理实施办法》。该办法对河南河务局所辖河道管理范围内建设项目的权限进行了授权,并对具体管理行为做出了明确规定。河南河务局结合实际制定了《河南黄河河道管理范围内建设项目审批规定》。自此,焦作河道管理范围内建设项目的管理步入了正规化、规范化轨道。

建设项目的工程建设方案应符合江河流域综合规划、区域综合规划及防洪规划、岸线利用规划、河道整治规划等专业规划;符合防洪标准和有关技术要求;对河势稳定、水流形态、水质、冲淤变化无不利影响,或者所造成的不利影响可通过采取措施予以补救;不妨碍行洪、不降低河道泄洪能力,或者所造成的不利影响可通过采取措施予以补救;不妨碍堤防、护岸和其他水工程安全,或者所造成的不利影响可通过采取措施予以补救;不妨碍防汛抢险;建设项目防御洪涝的设防标准与措施适当;不影响第三人合法的水事权益或与第三人达成有关协议;符合其他有关规定和协议。不具备或不符合上述条件之一的,不予批准。

建设项目经批准后,建设单位须将批准文件和施工安排、施工期间度汛方案、占用河道管理范围内土地情况等,报送发放建设项目审查同意书的河道主管机关审核。经审核同意后,发给黄河流域河道管理范围内建设项目施工许可证,建设单位方可组织施工。建设项目施工期间,由发放施工许可证的河道主管机关对建设项目是否按审查意见和批准的施工安排施工实施监督管理。

建设单位在建设项目竣工验收前应将有关的竣工资料报送河道主管机关。建设项目竣工后,经发放黄河流域河道管理范围内建设项目审查同意书的河道主管机关检验合格后方可启用。

截至2019年,焦作河务局所辖黄河河道内主要涉河项目情况见表7-1-2。

二、违建查处

近年来,随着国家对土地管理的日益严格,沿黄地区经济社会发展用地空间不断缩小,地方经济社会发展对滩区土地资源的巨大需求与严格的流域管理制度之间的矛盾愈发尖锐。焦作黄(沁)河滩区不仅是黄(沁)河洪水的行

表 7-1-2 焦作河务局所辖黄河河道内主要涉河项目情况统计

序号	类别	项目名称	项目类型	所在河流、湖泊	所在位置地理坐标		涉河建设项目许可监管情况		备注
					经度	纬度	审批单位	基层监管单位	
1	公路	国道207孟州至偃师黄河公路大桥	跨河桥梁	黄河	112°50′24″	34°50′5″	黄委	孟州河务局	在建
2		焦作至巩义黄河公路大桥	桥梁	黄河	113°3′15″	34°50′51″	黄委	温县河务局	
3		国道234焦作至荥阳段黄河大桥	桥梁	黄河左岸	113°18′4″	35°0′28″	黄委	武陟第二河务局	
4		郑州荥武浮桥	桥梁	黄河左岸	113°19′54″	34°57′8″	河南河务局	武陟第二河务局	
5		武西高速桃花峪黄河大桥	桥梁	黄河左岸	113°29′7.8″	35°0′34.8″	黄委	武陟第一河务局	
6		武陟县 X039 王园公路	道路	黄河左岸	113°29′54″	34°59′32″	河南河务局	武陟第二河务局	
7		风情大道	道路	黄河左岸	113°30′9″	35°0′15″	焦作河务局	武陟第一河务局	
8		郑州武惠黄河浮桥	桥梁	黄河左岸	113°33′33.6″	34°57′17.8″	河南河务局	武陟第二河务局	
9	铁路	郑焦城际铁路桥	桥梁	黄河左岸	113°31′36.4″	34°59′54″	黄委	武陟第一河务局	
10	输气输油管道	洛阳一驻马店成品油管道穿黄工程	穿河管道	黄河	112°41′36″	34°50′40″	黄委	孟州河务局	
11		安阳一洛阳天然气管道穿黄工程	穿河管道	黄河	112°41′44″	34°50′37″	黄委	孟州河务局	
12		博爱一洛阳煤层气输气管道穿越黄河工程	穿河管道	黄河	112°49′31″	34°49′44″	黄委	孟州河务局	
13		博爱一郑州一薛店天然气管道穿黄工程	穿河管道	黄河	113°10′46″	34°56′45″	黄委	温县河务局	
14		西气东输郑州黄河穿越工程	穿河管道	黄河	113°11′23″	34°56′60″	黄委	温县河务局	
15		南水北调中线一期穿黄工程	穿黄输水管道	黄河	113°11′41″	34°54′0″	黄委	温县河务局	

序号	类别	项目名称	项目类型	所在河流、湖泊	所在位置地理坐标		涉河建设项目许可监管情况		备注
					经度	纬度	审批单位	基层监管单位	
16	取水设施	温县大玉兰引黄闸	取水	黄河	113°0′18″	34°51′56″	黄委	温县河务局	
18		武陟县引黄续建配套生态治理工程	取排水设施	黄河左岸	113°14′57″	34°57′19″	河南河务局	武陟第二河务局	
19	光缆输电线路	晋东南—南阳 1000KV 交流输电线路工程	线路	黄河	112°54′32″	34°51′1″	黄委	孟州河务局	
20		三峡输变电工程郑西—新乡 500 千伏输电线	缆线	黄河左岸	113°30′27″	34°59′52″	河南河务局	武陟第一河务局	
21		北京至武汉光缆	光缆	黄河左岸	113°33′50″	35°1′12″	黄委	武陟第一河务局	
22	其他	黄河湿地国家级自然保护区孟州管理站 2018 年度省财政湿地保护补助项目	其他	黄河	112°45′52″	34°49′35″	焦作河务局	孟州河务局	
23		孟州市黄河游览区	其他	黄河	112°47′6″	34°50′24″	河南河务局	孟州河务局	
24		温县黄河大桥超限检查站	其他	黄河	113°3′12″	34°52′50″	河南河务局	温县河务局	
25		温县产业集聚区一期	其他	黄河	113°5′35″	34°54′16″	河南河务局	温县河务局	
26		河南嘉云生物科技有限公司病死畜禽无害化处理	其他	黄河左岸	113°27′26″	35°1′30″	焦作河务局	武陟第一河务局	

洪通道,也是滩区群众生产生活的居所。焦作所辖黄河河道有温孟滩移民安置区,涉及孟州市、温县2个市县,共5个乡(镇)、2个办事处,32个行政村,共计4.48万人,河道管理情况更为复杂。所辖黄河滩区内有国家级湿地、耕地、移民安置区等多个区域,广袤的黄河河道、滩区土地已经成为经济投资关注和介入的焦点。当地政府对黄河滩区的招商引资开发规模不断加大,黄河滩区的违章建筑明显增多,各类水事违法案件呈上升趋势,水行政执法工作压力增大。加大执法力度,对阻碍行洪的建筑物坚决予以清除,是法律赋予河道主管机关的重要职责。焦作黄河河务部门水政执法人员按照有法必依,执法必严,违法必究的原则,认真履行水行政管理职责,不断加大执法力度,严肃查处各类水事违法案件。

三、河道采砂治理

随着我国经济建设的快速发展,河道采砂业成为支撑各项工程建设的重要环节。焦作河务局所辖黄沁河河道采砂作业发展迅猛,违法开采时有发生。因此,合理规范采砂行为,防范和打击非法采砂成为水行政执法的重要任务之一。根据《中华人民共和国水法》第三十九条第一款"国家实行河道采砂许可制度。河道采砂许可制度实施办法,由国务院规定"。《中华人民共和国河道管理条例》《河南省黄河河道管理办法》为加强辖区采砂许可管理提供了法律依据。

根据规定,所有经许可的采砂场,必须按照《黄河下游河道采砂管理办法(试行)》第四条"黄河下游河道采砂实行统一规划制度。黄河河道采砂规划由黄河水利委员会负责组织编制,报国务院水行政主管部门审查批准后实施。黄河河道采砂规划批准执行前,确需开采砂石的,市级黄河河务部门应根据黄河防洪安全、通航安全及水工程保护等相关要求,编制所辖河道采砂实施方案,报省级黄河河务部门批准后实施。省际交叉河段的河道采砂实施方案应征得对岸黄河河务部门同意。"的规定,经黄委编制黄河下游河道采砂规划并经水利部审查批准后,或市级黄河河务部门编制河道采砂实施方案经省级黄河河务部门批准后,方可具备采砂许可条件。

按照《中华人民共和国行政许可法》、水利部《水行政许可实施办法》和《河南河务局水行政许可实施细则》,辖区黄沁河河道的采砂、采石、取土由县(市、区)河务部门许可;涉及其他部门的,会同有关部门或者征求国土资源等相关部门意见后许可。由申请人向县(市、区)河务部门如实提交申请书相应资料。

河务部门收到水行政许可申请后,应当对申请材料逐一进行核对,在申请书上加盖本单位许可专用印章和注明日期,并进行形式审查。河务部门对水行政许可申请形式审查后,如申请事项属于本单位职权范围,申请材料齐全、符合法定形式,或者申请人按照要求提交全部补正申请材料的,应当在 5 日内出具《水行政许可受理单》。

河务部门依法做出准予水行政许可的决定,自签发之日起计算。有效期届满如需继续开展的,被许可人应当在该水行政许可有效期届满 30 日前向河务部门重新提出申请。

焦作河务局对采砂场的监督管理,严格按照《黄河下游河道采砂管理办法(试行)》《河南省黄河防汛条例》《河南省黄河河道管理办法》等相关规定开展。截至 2017 年 5 月底,焦作涉及黄(沁)河河道管理的武陟、温县、孟州、沁阳、博爱五县(市)政府均印发了河道采砂联防联控机制,构建了以地方政府牵头,多部门共同参与管理的河道采砂联防联控机制。焦作河务部门严格落实采砂管理联防联控机制,在地方政府的统一领导下加强河道采砂监管工作,一是规范现场管理,采取车辆冲洗、覆盖密闭,砂堆全覆盖等防风抑尘防治措施;二是公示采砂范围、采砂船号、许可采砂量、期限监督举报电话等相关信息;三是加强河道采砂巡查管理,实行日常巡逻与重点监管相结合;四是在各砂场安装全天候高清视频监控系统,对开采范围边界实行实物桩体标识和电子围栏双控制;五是在开采河砂的同时对开采河道进行生态修复,全面落实河湖生态修复的有关要求。

2017 年 4 月 1 日前,依据谁审批谁收费的原则,采砂管理费用的收取根据《河道采砂收费管理办法》和《河南省黄河河道采砂收费管理规定》执行。采砂管理费的征收均办有行政事业性收费许可证、有当地物价部门核定的具体价格、使用财政部门核发的行政事业性收费票据、足额征收、由发放采砂许可证的机关征收,上交省财政。采砂管理费实行专户存储、严格实行收支两条线的相关规定。采砂管理费将用于防洪工程的维修养护、工程设施的更新改造和河道主管机关的管理费。

2017 年,财政部印发了《关于清理规范一批行政事业性收费有关政策的通知》(财税〔2017〕20 号),要求全国水利部门停止征收河道采砂管理费,焦作各级黄河河务部门严格执行相关通知要求,不再征收河道采砂管理费。

焦作河务局积极探索河道采砂新路径,规范采砂管理。2018 年,《焦作市黄(沁)河河道采砂管理办法》(焦政〔2018〕16 号)印发实施。

沁阳沁河河道采砂。2018 年,沁阳市成立了河长制框架下的沁河采砂管理工作领导小组,建立了政府主导采砂管理机制。2018年4月,沁阳市采砂办、焦作河务局编制了《沁阳市沁河河道采砂管理实施方案》,全面分析沁河河道采砂管理的必要性,经征求沁阳市国土、交通、林业、环保、河务等相关部门书面意见,对方案认真修订后上报至河南河务局,并于2018年5月底经河南河务局批复。沁阳市沁河河道采砂批复可采量共计400万立方米,每年预计采砂70万立方米。

2018年7月,按照国有资源处置程序和拍卖资质要求,对沁阳沁河河道7处标段的2年期采砂权发布了拍卖公告。经沁阳市采砂办严格审核,符合报名条件的共73家企业在沁阳市公共资源交易中心参加了公开拍卖,沁阳沁河河道采砂权7处标段2年期采砂权成功拍出。2018年12月,按照相关法规规定,沁阳市采砂办组织河务、国土资源、交通运输(海事)、环保、林业等相关单位联审联批,向7家中标企业颁发了采砂许可证。

孟州黄河河道采砂。孟州市黄河河道采砂管理工作领导小组办公室委托相应资质单位对孟州黄河河道采砂经营权出让项目进行公开招标,经按规定程序进行开标、评标、定标,确定了孟州黄河河道采砂经营权出让项目成交结果。

在3处可采区与禁采区分界线之间安设标志标牌,区分可采区与禁采区的位置;水面上由软件开发公司将可采区和禁采区的坐标点标出,制作电子地图和软件设置电子围栏,实现管控;采砂船只上安装GPS定位系统和报警系统,使用"采砂船只智能管理系统"采集船只位置及抽砂管道入水深度,在每个卸砂位置安装摄像头,控制开采量;采用智能监控远程和现场核查等手段相结合的方式,实现日、月、季、年统计功能。在采砂场全年累计采砂量即将达到批复开采总量时,采砂管理工作领导小组人员将对采砂场进行提示预警,并加大巡查监管力度。为保护黄河生态,堆砂区集散点采用轻钢、透光钢板密闭的场房。在采砂场车辆进出场入口处设置了环保喷淋区,进出场车辆需通过环保喷淋区冲刷后方可进出场;厂房四周设立喷淋设施,生产、销售期间要进行喷淋。

第五节　专项行动与典型案例

专项行动往往是水行政执法实践中的攻坚任务、重大任务或特殊任务,具有时间紧、规模大、战线长、影响深远等特点,需要动用较多的人力、物力、财力或多个单位部门联合行动才能完成。专项行动中有时会牵扯出大案、要案或典型案例,总结专项行动和典型案例的经验教训、成效得失,对于改进和提升水政执法工作具有重要意义。

一、专项行动

（一）清除阻水片林

2003 年,根据黄河防总印发〔2003〕3 号明传电报《黄河河道行洪障碍清除令》,河南省防指发布"清障紧急通知",要求在 6 月 30 日前对黄（沁）河河道内的所有片林进行全部清除。各县局联合地方政府,积极采取行动,沁阳市政府组织河务局、水利局、公安局、林业局等主要负责人巡查沁河河道阻水片林情况,并逐一登记造册。清除约 300 余亩片林 17000 余株树木和新植幼树。温县防指向祥云镇和招贤乡下发了《关于清除阻水片林的通知》,副县长胡义胜任领导小组组长,祥云镇镇长张惠玲任副组长。温县河务局成立了由局长申家全任队长,副局长李孟州任副队长,防办主任任毓冰、水政科科长付宝山、工程养护处处长王瑞平为成员的清障督察队,对其责任段内的 29 亩阻水片林进行了全部清除,确保了河道行洪畅通。孟州河务局积极与孟州市人民政府协商,召开清障会议,并同沿黄各乡（镇）签订目标责任书,实行责任追究制,务求取得实效。通过十余天的不懈努力,孟州河道内阻水片林的清除任务于 6 月 30 日前圆满完成,累计清除 1784.6 亩,计 115669 株,确保了行洪安全。

（二）禁止采淘黄河铁砂

2008 年焦作河务局针对辖区黄河河道存在非法采淘铁砂行为,根据上级指示精神,于 6 月 23 日下发了《关于停止河道内采砂采铁矿的紧急通知》（焦黄水政电〔2008〕8 号）。进入主汛期以后,焦作河务局加大河道巡查力度的同时,根据河南河务局通知精神下发了《关于加强河道采铁砂管理的通知》（焦黄水政电〔2008〕09 号）,要求局属各单位要重视此项工作,并积极与地方政府结合,打击违法采铁砂行为。

局属各单位通过与地方政府的结合,取得政府及相关职能部门的大力支持,武陟第一河务局、第二河务局定期向地方政府汇报当周采铁砂情况及针对措施;温县河务局通过政府下发《关于整治黄（沁）河河道非法淘金作业行为的公告》;孟州河务局与地方海事部门联合下发了《关于禁止河道采铁砂行为的通知》;通过努力,焦作河务局有效地遏制了违法开采行为。采取超常规措施对黄河河道内采淘铁砂进行集中清理,共清理非法采淘铁砂船只 249 只。焦作河务局、温县河务局被授予"全河禁止采淘铁砂工作先进集体"称号。

（三）绿盾行动

2015年10月1日《河南省湿地保护条例》颁布实施,孟州黄河水政监察大队依法要求黄河湿地国家级自然保护区孟州段内的各采砂场停止采砂行为。焦作市委市政府、孟州市委市政府对此高度重视,中共焦作市委办公室、焦作市人民政府办公室成立了焦作市环境保护督察整改工作领导小组(焦办电〔2016〕113号),焦作市环保督察整改工作由市委书记王小平、市长徐衣显负总责。市长徐衣显任组长,统筹推进全市环保督察整改工作落实。2016年12月、2017年3月,焦作市委副书记、市长徐衣显,分管环保副市长武磊重点就中央环保督察组反馈问题——黄河湿地国家级自然保护区孟州段违法采砂问题整改工作进行实地检查督导。孟州市政府下发了《孟州市人民政府办公室关于印发孟州市黄河湿地保护区违法采砂专项整治工作方案的通知》(孟政办〔2016〕84号),建立了整改任务清单及责任分工,逐项梳理,对号认领,研究措施,深入整改,明确完成时限和责任单位,抓好整改工作落实。截至2016年9月3日,鑫河砂场拆除了生产设备、油罐、房屋、电力等生产设施,彻底清理了砂石料及有关砂场标志标牌,完成了整改工作。截至2017年3月30日,黄河湿地国家级自然保护区孟州段内9家砂场整改任务全部完成。

（四）违建别墅清查整治

2019年7月6日,焦作河务局召开专项行动会议,认真传达学习领会市违建别墅清查整治专项行动视频会议精神。7月24日,焦作河务局成立违建别墅问题清查整治专项行动领导小组,要求有关部门和局属各河务局高度重视违建别墅清查整治专项行动。当天结合自然资源局移交的疑似违建别墅图册,迅速开展全覆盖、无遗漏、拉网式大排查,彻底查清违建别墅的建设主体、时间、位置、面积等情况。经排查,将武陟县詹店镇何营西荷苑凝香生态农庄认定为疑似违建别墅(疑似具有"别墅"风格的经营性项目)。项目建设时间为2017年,建筑呈现四合院结构,建筑面积约为924平方米,坐标位置为东经113°34′25″,北纬34°19′00″。11月12日,焦作市自然资源和规划局、焦作河务局和武陟县政府相关负责人在荷苑凝香生态农庄现场研讨,共同认定该建筑为违建别墅。11月14日,武陟县政府重新将荷苑凝香生态农庄录入违建别墅国家系统,确定为违建别墅。11月25日,在武陟县政府会议室联合召开的违建别墅拆除工作推进会中,确定11月29日前必须开始相关荷苑凝香生态农庄拆除事宜。11月27日,詹店镇政府组织相关部门开始拆除工作。12月1日晚上,完成荷苑凝香生态农庄主体建筑拆除工作,并做到"场光地净"。

（五）"携手清四乱 保护母亲河"专项行动

2018 年 7 月,开始开展"清四乱"行动。2018 年 12 月至 2019 年 8 月,焦作河务局与检察部门联合开展"携手清四乱 保护母亲河"专项行动。2019 年 8 月至 2019 年 12 月开展深入"清四乱"。至 2019 年底,共清理整治黄河焦作段"四乱"问题 326 个。

二、典型案例

（一）崔军非法采砂案

2019 年 5 月 24 日零时 30 分,群众举报博爱县西内都村河道内有大型机械进行非法采砂,现场一辆车牌号为豫 H1M432 的自卸汽车装满河砂和一台挖掘机正准备驶离滩区,水政监察人员出示执法证件并说明调查来意后,西内都村民崔军等人阻碍调查,帮涉案车辆强行驶离滩区,整个过程组织严密,频频阻碍执法,性质恶劣。

焦作河务局于 5 月 24 日立案调查。经勘验,涉及采砂方量较大,涉嫌构成非法采矿罪。5 月 27 日,崔军、崔晶晶在调查问询中承认挖砂,但与勘验方量出入较大。工作人员当日将情况报至博爱县政府及河长办,县公安局治安管理大队介入调查。6 月 7 日,县公安局治安管理大队对崔晶晶以寻衅滋事立案侦查,确定当事人非法挖砂边界。6 月 12 日,委托河南省自然资源厅鉴定,确定采砂方量为 5146.1 立方米,造成矿产资源破坏价值 257305 元,达到《河南省高级人民法院、河南省人民检察院关于确定我省非法采矿、破坏性采矿罪数额标准的通知》（豫高法〔2017〕340 号）相关规定标准。其行为违反了《中华人民共和国矿产资源法》第三条,涉嫌构成非法采矿罪。依照《中华人民共和国行政处罚法》第二十二条"违法行为构成犯罪的,行政机关必须将案件移送司法机关,依法追究刑事责任。"的规定,于 7 月 3 日将该案件移送博爱县公安局治安管理大队,博爱县公安局治安管理大队受理该案,出具了案件移交回执。2020 年 2 月 26 日,公安机关侦查终结移交博爱县人民检察院;4 月 10 日,博爱县人民检察院向博爱县法院提起公诉。5 月 13 日,法院开庭审判,未宣判。2020 年 5 月 27 日,法院开庭审判,判决:一、被告人崔某犯非法采矿罪,判处有期徒刑一年二个月,并处罚金 25000 元。二、对被告人崔某非法所得 20000 元,予以追缴,追缴到案后上缴国库。

（二）沁阳沁河天成马业违建拆除案

2016 年 7 月,沁阳市太行办事处丁庄村张跃祯、张迎军父子在未办理规划、用地等行政审批的情况下,擅自在沁阳市王曲乡北孔村沁河河道内投资建设占用滩地 10 余亩的沁阳天成马业(未注册),主要经营项目为马术娱乐。该跑马场位于沁河右岸 17+100 河道滩地内,距右岸大堤 335 米,建有简易彩钢结构房 1 座、马房 1 座、遮阳棚 1 座及跑马场 1 处,各类违法建筑面积 198 平方米。在跑马场建设过程中,沁阳河务局等部门多次责令其停止违法行为,撤除设施,恢复原貌,但截至 2019 年 3 月线索交办时,该马场仍在经营中,违法建筑亦未清除,对沁河河道的生态环境造成破坏,并持续影响沁河行洪安全。

2019 年 2 月,该跑马场被列入省河长办移交省检察院第一批"四乱"问题线索名单。2019 年 2 月 28 日,按照"携手清四乱、保护母亲河"专项行动工作要求,焦作市检察院、沁阳市检察院、沁阳市河长办、沁阳河务局和王曲乡人民政府联合到天成马业现场进行查看,认定其为违建建筑。

2019 年 3 月 1 日,沁阳河务局向张跃祯下达了《沁阳河务局责令(限期)改正通知书》(沁罚责改〔2019〕第 9 号),要求其于 2019 年 4 月 30 日前拆除简易房、马舍及马场围栏,因拆除产生的建筑垃圾一律清除出大堤之外。

沁阳市人民检察院于 2019 年 3 月 15 日分别向沁阳河务局和沁阳市王曲乡人民政府发出检察建议,要求督促当事人 2 个月内拆除违建。沁阳市河长办多次给王曲乡政府下发整改通知,要求及时拆除天成马业。沁阳河务局多次约谈当事人,释法明理,耐心做好思想工作,争取其积极配合整改;同时,积极与相关责任主体沟通联络,取得王曲乡党委、政府的理解与支持,联合沁阳市检察院、沁阳市河长办王曲乡政府召开联席会议,商定了清除方案和清除计划,做好两手准备。

在黄委、省局和地方政府的正确领导下,焦作河务局严厉打击非法采砂,维护河道水事秩序;推动河道采砂立法,建立联防联控机制,形成了"政府主导、规划先行、联审联批、公开招标、环保智能"的采砂管理新模式,实现了地方与流域互促发展,社会与经济效益同步达成。

第二章　财务审计管理

焦作河务局自1986年成立以来,结合本局实际,认真贯彻执行上级财政法规,不断深化预算管理、基本建设管理、国库集中支付管理,积极推行部门预算、基本建设和国库集中支付三项制度改革,加强与规范事业经费和各专项治黄资金管理,逐步建立起适应社会主义市场经济需要的财务管理模式。自1987年开始内部审计工作,履行审查监督职能,审计工作从无到有,逐步走向正规。

第一节　财务管理

焦作河务局财务管理工作从计划经济时期的以事业为主,发展到市场经济体制下的事业、基本建设、企业三个会计核算体系,财务管理工作在不断地适应新的变化和要求,各级财务管理机构认真贯彻国家各项财经法规和管理制度,加强财务管理,在黄河治理中充分发挥资产的使用效益,促进了黄河的治理与开发。

一、财务管理体制及制度建设

在计划经济体制下,水利财务体制以事业为主,事业经费由国家财政拨付,经费结余及零星的其他收入逐级上缴国家财政。1980年后,先后实行了预算包干、增收节支分成留用、基本建设投资包干责任制和事业单位全额以收抵支等多项财务制度改革。1988年,焦作修防处印发《焦作市黄河修防处关于深化财务改革若干意见》(焦黄财字〔1988〕9号),规定事业单位实行预算包干,收入抵顶预算支出的办法。1991年,根据国家财经法规,按照"统一管理,分级核算"的原则,进行各单位资金管理和使用,保证了各项工作的正常运行和资金安全使用。1998年,根据国家实行基本建设三项制度改革和事业单位财税制度改革的实际,进一步加强财务统一管理,建立了事业、基本建设、企业三个会计核算体系。2005年,进行水利工程管理体制改革试点工作,改革后的水管单位武陟第一河务局按照事业单位管理,执行《事业单位会计制度》,养护单位按照企业单位管理,执行《施工企业会计制度》。

2012年,为了适应财政改革和事业单位财务管理改革的需要,进一步规范事业单位的会计核算,根据《事业单位会计准则》(财政部令第72号),财政部修订印发了《事业单位会计制度》(财会〔2012〕22号),自2013年1月1日起全面施行。

焦作河务局于2019年1月1日起正式启用新会计制度。《政府会计制度》是服务全面深化财税体制改革的重要举措,对于提高政府会计信息质量、提升行政事业单位财务和预算管理水平、全面实施绩效管理、建立现代财政制度具有重要的政策支撑作用,在我国政府会计发展进程中具有划时代的重要意义。

1996年,焦作河务局转发了财政部制定的《中央级防汛岁修经费使用管理办法(暂行)》(焦黄财字〔1996〕6号),规定了防汛费、岁修费的使用范围;2000年,焦作河务局转发了财政部《水利事业费管理办法》(焦黄财〔2000〕19号),规定了水利事业费的来源和分类、水利事业费支出的范围、水利事业费管理等。

随着会计电算化工作的开展,2000年制定了《焦作市黄河河务局会计电算化管理制度》(焦黄财〔2000〕28号),明确了会计电算化管理职责、会计电算化操作管理、计算机记账及申报审批程序、会计电算化档案管理等;2001年印发了《关于进一步加强会计电算化管理的通知》(焦黄财〔2001〕53号),2002年印发了《关于加强会计电算化管理的通知》(焦黄财〔2002〕60号),对会计电算化工作中发现的问题做了进一步的规范。

2003年印发了《关于进一步加强防汛岁修水利专项资金使用管理的通知》(焦黄财〔2003〕32号),进一步规范了防汛岁修水利专项资金的管理和使用。

随着水管体制改革的开展,2004年黄委会印发了《关于对水利工程管养分离经费试点财务管理若干问题的意见的通知》,同年,河南河务局印发了《河南黄(沁)河工程管理维修养护经费管理办法(暂行)》,焦作河务局分别以焦黄财〔2004〕55号和焦黄财〔2004〕58号及时进行了转发,认真贯彻执行。2005年,根据工作需要,印发了《焦作河务局水利工程维修养护经费使用管理和会计核算暂行办法》(焦黄财〔2005〕35号),水管经费的使用管理更加规范化。

2007年,焦作河务局制定了《焦作河务局机关财务管理办法》(焦黄财〔2007〕37号),强化了事业单位预算、国有资产管理等,进一步落实了会计制度改革、财务管理新要求。

2013 年,焦作河务局转发了财政部《事业单位会计制度》和《新旧事业单位会计制度有关衔接问题的处理规定》(焦黄财〔2013〕38 号),进一步规范了会计核算要求。

2015 年,焦作河务局印发了《关于焦作河务局深化水管体制改革试点工作实施方案批复的通知》(焦黄财〔2015〕17 号),进一步深化水管体制改革。修订完善了《焦作河务局关于印发机关财务管理补充办法的通知》(焦黄财〔2015〕46 号)。

2018 年,焦作河务局印发了《地方政府拨付黄(沁)河防汛等经费使用管理办法》(焦黄财〔2018〕19 号),规范地方政府拨付财政(非财政)资金合法合规使用管理,保障黄(沁)河防汛度汛安全、防洪工程运行安全、河道规范管理。

2019 年,焦作河务局印发了《企事业单位资金调控平台管理暂行办法》(焦黄财〔2019〕15 号),建立了企事业间资金流通渠道,合理控制了资金流通规模,促进了企事业单位经济发展。

二、预算管理工作

1986 年,焦作河务局在上级统一部署下,开始对全额事业单位试行"以收抵支"的管理办法,规定局属预算单位继续执行"收入抵顶预算支出"的办法,对事业、综合经营等经济收入项目进行划分,对各项收入实行按净收入提成、收入抵顶预算支出和定额上交办法,进一步明确了提成比例,对罚没收入、以前年度支出收回、固定资产变价收入等做出了统一规定。

在总结 20 世纪 80 年代预算管理改革经验的基础上,对全额预算单位实行"收入全部抵顶预算支出,增收节支定额上交,超收节约全部留用,减收超支不补"的预算包干办法。对差额预算单位,区别情况,实行"收支全额管理,增收节支定额上交,超收节约全部留用,减收超支不补"的包干办法。对自收自支单位实行"收支全额管理,自收自支,增收节支定额上交"的管理办法。经济实体按照行业性质不同,分别执行行业会计制度。

焦作河务局作为防洪基建的建设单位执行基本建设会计制度。县局所属企业单位执行行业会计制度,同时要求各单位不得任意设置会计机构,非财务部门不得开立银行账户、办理会计业务,各项资金收支必须纳入财务部门统一核算管理,纳入国家报表体系,使会计报表种类唯一、格式统一,最终形成了事业财务报表、企业财务报表和国有建设单位财务报表三套并行的财务管理体系。

为提高财务管理工作水平,完善内部控制制度建设,2011 年制定了《焦作河务局关于印发河道采砂管理费堤防养护补偿费财务管理办法的通知》;2013 年制定了《焦作河务局关于印发预算执行考核实施细则及相关配套制度的通知》;2016 年制定了《焦作河务局关于印发防洪工程建设财务监管实施意见的通知》《焦作河务局关于印发防洪工程建设资金跟踪检查监督实施方案的通知》《焦作河务局关于印发机关财务管理办法的通知》;同时,对焦作河务局会计集中核算制订了实施方案,从而加强了各项财务监管。

部门预算改变过去按功能进行预算管理的办法,采取按部门归口管理预算方式,自 2000 年起部门和预算单位的各项收支统一纳入部门预算,集中归口管理。部门预算包括收入预算和支出预算两部分。2001 年,焦作河务局开始编制部门预算,实行"两上两下"部门预算编制程序,预算编制、汇总、报送、下达和执行程序初步建立,预算安排进一步细化透明,财政保障水平及支持力度逐步增强,预算管理水平不断提高。此后,焦作河务局不断规范部门预算编制、申报、批复和管理工作,开展部门预算编制执行情况监督检查,全面推行了部门预算改革。

三、基本建设财务管理

20 世纪 80 年代,国家对黄河工程的基本建设投资主要是"防洪基建基金"。初期,河南河务局规定各修防段承包基本建设工程实现的投资包干结余一律作为事业单位的净收入处理,并按照"分成事业收入"的有关规定在事业账上进行管理和核算,在基建会计核算上,对实行投资包干的工程项目,按结算的工程价款单列投资完成,不再核算和反映承包工程的实际成本和包干结余,也不再建立"事业发展基金"及"职工集体福利和奖励基金";对不实行投资包干的工程项目,按实际支出数列报投资完成,并核算其实际成本。1985 年国家预算内基本建设投资全部由拨款改为贷款,焦作黄河基本建设投资由河南河务局向河南省建行统一贷款,然后以下拨形式拨付资金。"拨改贷"投资由计划部门根据国家批准的计划安排,纳入国家五年计划和年度基建计划,贷款利息计入固定资产价值,防洪排涝工程等项目不计利息,免还全部本金等。

自 1990 年起,焦作河务局所报年度财务收支计划中申请有预拨下年度基本建设款的,要在建设银行开设预拨款资金户,专户储存,专款专用。当下年度投资计划下达并收到上级基本建设拨款时,按规定通过建行预拨款资金户将预拨款上交河南河务局。1996 年,焦作河务局贯彻执行财政部《关于加强基本建设财务管理若干意见的通知》及黄委《关于加强基本建设财务管理和会计核算工作的意见》,强调严禁在建设成本中列支与建设项目无关的费用,保证建设工程成本的真实性与完整性。1997年,国家对黄河基本建设投资增加了"水利基本建设基金",焦作河务局按照财政部《中央水利建设基金财务管理暂行办法》执行,保证了资金的安全、合理使用,发挥了应有的投资效益。1998年,国家大幅度提高了黄河工程基本建设投资,在前两项基金投资的基础上又增加了国债资金的投入。焦作河务局转发《河南黄河河务局基本建设财务管理和会计核算若干规定》,2001年按照水利部制定的《水利基本建设项目竣工财务决算编制规程》,开始编制水利基本建设项目竣工财务决算。2003年,按照黄委《关于加强水利基本建设项目招投标结余管理的通知》要求,各类基本建设项目招标投标结余,由黄委统一重新安排工程建设项目。招标投标结余外的其他基本建设项目结余,仍执行财政部《基本建设财务管理规定》的分配办法。为加强焦作黄河防洪工程建设财务管理,规范建设单位财务管理行为,提高投资效益,在原有制度的基础上,2016年又制定了《焦作河务局关于印发防洪工程建设财务监管实施意见的通知》《焦作河务局关于印发防洪工程建设资金跟踪检查监督实施方案的通知》,适用于焦作黄河防洪工程建设管辖范围内的所有基本建设项目。

四、政府采购

根据《河南河务局政府采购管理若干规定》(豫黄财〔2000〕54号)规定,焦作河务局自2001年1月1日起开始全面推行政府采购制度,并于2001年2月12日成立了"焦作市黄河河务局政府采购工作领导小组"(焦黄财〔2001〕9号),制定了《焦作市黄河河务局政府采购工作领导小组办公室制度》(焦黄财〔2001〕21号),转发了《河南河务局政府采购招标文件文本格式书》(豫黄财〔2001〕34号)。2000年,焦作河务局结合政府采购工作实际,及时总结政府采购经验,印发了《关于进一步完善政府采购手续的通知》(焦黄财〔2002〕29号),使政府采购工作更加完善。《中华人民共和国政府采购法》自2003年1月1日起施行后,焦作河务局开展了政府采购法的宣传、学习活动,做到了政府采购工作有法可依。2004年印发了《焦作市黄河河务局政府采购实施细则》(焦黄财〔2004〕17号),进一步规范和完善了政府采购工作行为。随着政府采购工作的深入开展,焦作河务局不断修订完善政府采购制度,逐步规范政府采购范围、采购程序等。

按照《关于加强公务机票购买管理有关事项的通知》(财库〔2014〕33号)要求,各级国家机关、事业单位因公出差需要购买机票的,优先在政府采购机票管理网站购买通过政府采购方式确定的我国航空公司航班优惠机票。

政府采购分为政府集中采购和分散采购,根据国务院办公厅印发的《政府集中采购目录及标准》,目录内和限额标准以上的货物、服务或工程,实行政府集中采购,目录外和限额标准以下的货物、服务或工程,按照单位内控制度实行分散采购。把政府采购与预算管理相结合,需要实行政府集中采购的货物、服务或工程,在编制部门预算的同时编制政府采购预算。按照批复的政府采购预算,在采购前编报政府集中采购申请,通过"中央政府采购网"实行批量集中采购或协议供货等方式,采购完毕后上报政府采购执行,每季度和每年上报政府集中采购季报、年报。通过开展政府采购工作,规范了采购程序,完善了采购手续,节约了采购成本,保障了资金安全,为焦作河务局治黄事业稳定发展奠定了物质基础。

五、民主理财

民主理财工作是大力推进民主执政建设的一项重要内容,也是深化政务公开的基本要求,对于构建和谐治黄新局面具有重要意义。根据河南河务局《关于印发大力推进民主执政建设构建和谐河南治黄新局面实施意见的通知》(豫黄党〔2005〕18号)精神,焦作河务局印发了《焦作河务局民主理财实施细则》(焦黄党〔2005〕37号),成立了"焦作河务局民主理财小组",在全局开展了民主理财工作。《河南河务局民主理财实施办法》(豫黄财〔2005〕44号)印发后,焦作河务局按照上级要求,进一步规范了民主理财程序和内容。2006年,河南河务局先后印发了《关于进一步加强民主理财工作的通知》(豫黄党〔2006〕1号)、《关于开展民主理财"回头看"活动的通知》(豫黄党〔2006〕86号),焦作河务局加大了民主理财工作力度,并认真开展民主理财"回头看"活动,通过自查自纠,列出了问题整改清单,提出了问题整改措施和时限,同时总结了民主理财工作取得的经验、做法及典型事例。

为进一步细化民主理财管理,2007年制定了《焦作河务局民主理财精细化管理工作规范》(焦黄财〔2007〕27号),进一步规范了民主理财程序,提高了民主理财工作的可操作性。2009年,焦作河务局将"完善民主理财工作机制,提高民主理财工作质量"列入各单位目标任务,明确了工作内容,完善了保障措施。随着民主理财工作的深入开展,2014年印发了《焦作河务局民主理财工作实施方案》(焦黄财〔2014〕23号),明确了民主理财的实施范围、主要内容、理财形式和工作程序,指导局属各单位有序开展民主理财工作。2019年8月14—15日,焦作河务局组织召开民主理财座谈会,相互交流学习民主理财工作经验,对改进民主理财工作方法、规范民主理财程序、提高民主理财效果起到了积极的推动作用。

　　焦作河务局紧紧围绕各项治黄工作和"基层为本、民生为重"的工作理念,加强对民主理财工作的组织领导,针对不同的经济事项,分别采取定期理财、随时理财、一事一理、多事一理、跟踪审理等多种形式,及时召开民主理财会议,认真审理各类经济事项,实现了民主理财常态化管理。通过对各类经济事项民主参与、民主监督,做到了公开透明,增收节支效果明显,有效杜绝了各种不正之风,促进了党风廉政建设,密切了干群关系,促进了单位和谐与稳定。

六、国库集中支付

　　国库集中支付制度是财政支付体制改革的主要方面,它是将所有财政性资金都纳入国库单一账户体系管理,收入直接缴入国库或财政专户,支出通过国库单一账户体系支付到商品和劳务供应者或用款单位。

　　2001 年,焦作河务局国债专项"'黄河下游险工加高改建'焦作段"开始实行国库直接支付。河南河务局本级水利事业费及基本建设资金开始实施国库授权支付。期间,按照规定对银行账户进行了彻底清理。2003 年,黄委印发《关于规范主管单位财务管理体制问题的通知》,规定实行国库集中支付的法人单位只能设立一个财务部门。焦作河务局本级财务和局属各河务局也照此办理。

　　为加快预算执行进度,确保资金使用安全,焦作河务局于 2020 年在制定《关于进一步加强国库集中支付工作的通知》的同时,要求严格按照年度部门预算批复项目内容进行结算支付,严格项目费用开支范围和标准,不得擅自改变财政资金用途,防范挤占挪用财政资金,发现疑点问题及时反馈,并跟踪监督落实。焦作河务局的此项工作多次受到上级业务部门的表彰。

七、资产管理与使用

(一)资产管理

　　建立健全国有资产管理机构,落实保值增值责任,各级国有资产监督管理机构均设在相关单位的财务部门。建立健全国有资产管理制度和管理办法,不断提高国有资产的管理水平。2001 年,焦作河务局转发了《河南黄河河务局国有资产监督管理办法》(焦黄财〔2001〕43 号),依据该办法国有资产处置权限,其中非经营固定资产超过 10 万元(含),流动资产超过 5 万元(含)必须上报河南河务局审批;固定资产超过 2 万元(含),流动资产超过 1 万元(含)报焦作河务局审批。根据《黄河水利委员会国有资产管理实施细则》(黄财

〔2010〕74号),自2010年8月17日起,取消基层单位的资产处置权限,单位价值或批量价值在500万元以下的,报上级单位审核、黄委审批;单位价值或批量价值在800万元以下、500万元以上(含500万元)的,报黄委审核、水利部审批;单位价值或批量价值在800万元以上(含800万元)的,报水利部审核、财政部审批。

焦作河务局认真贯彻执行上级国有资产管理有关规定,严格资产配置、使用、处置等工作。2003年印发了《焦作市黄河河务局报废物品处理暂行办法》(焦黄财〔2003〕38号),规定了报废物品公开处置程序,规定报废物品处理所得收入必须全部纳入单位财务统一管理;2006年印发了《焦作河务局机关固定资产管理暂行办法》(焦黄财〔2006〕28号),明确了固定资产标准,规范了固定资产购置、日常管理、处置等工作,要求每年开展固定资产清查,做到账、卡、物三相符;2010年印发了《焦作河务局机关办公设备管理暂行办法》(焦黄财〔2010〕63号),对机关办公设备配置、使用、报废、管理责任等事项进行了规定,并在工作中结合实际,对有关制度进行修订完善,不断提高国有资产管理水平。

把国有资产与预算管理相结合,在编制部门预算的同时编制国有资产配置预算。在国有资产配置中,严格执行《中央行政单位通用办公设备家具配置标准》(财资〔2016〕27号)。根据上级通知精神,焦作河务局分别于1993年、2000年、2007年、2016年开展了事业单位清产核资,其中1993年清产核资时,对堤防、涵闸进行了价值重估。

根据政府会计制度改革的要求,2019年将公共基础设施从固定资产中分离单独统计,截至2019年底,焦作河务局全局公共基础设施共计164369.16万元;对公共基础设施以外的固定资产进行了计提折旧,并对2019年以前年度固定资产折旧进行了补提,截至2019年底,全局固定资产原值(不含公共基础设施)10353.29万元,累计折旧5762.28万元,净值4591.01万元。

(二) 资产使用

资产使用包括对外投资、资产出租等事项。1999年,焦作河务局邀请焦作万桥会计师事务所有限公司对部分闲置资产进行了评估,并将这部分资产作为焦作河务局成立企业的初始投资。按照上级《关于办理中央级事业单位国有资产使用有关事项审核认定的通知》精神,焦作河务局对2009年9月1日以前未经批准已实施的对外投资进行了认真清理,审核认定焦作河务局对外投资共计2228.61万元;根据水利部《关于黄河水利委员会水管体制改革试点国有资产处置和使用的批复》(水财经〔2006〕634号),焦作河务局对试点单位(武陟第一河务局、孟州河务局)养护公司投资共计资产原值199.96万元,评估值179.28万元;根据水利部《关于黄河水利委员会水管体制改革资产管理事项的批复》(水财经〔2007〕297号),焦作河务局对水管体制改革成立的养护公司投资资产原值297.68万元,评估值295.21万元;根据2008年水利部《关于黄委焦作黄河河务局资产使用事项的批复》(水财经〔2008〕369号),焦作河务局对华龙公司追加投资400万元(货币资金);2018年根据《黄委关于焦作河务局对外投资的批复》(黄财务〔2018〕1号),焦作河务局对焦作金河水务有限公司投资450万元。截至2019年底,焦作河务局全局长期股权投资6636.97万元。

(三)公务用车制度改革

根据中共中央办公厅、国务院办公厅《关于开展党政机关公务用车问题专项治理工作的实施意见》(厅字〔2011〕6号)精神,焦作河务局开展了公务用车专项治理工作,严格了公务用车的配置、使用和管理等工作。为贯彻落实中央《关于全面推进公务用车制度改革的指导意见》(中办发〔2014〕40号)精神,根据属地化原则,按照《焦作市公务用车制度改革实施方案》(焦办〔2016〕18号)、《驻地方中央垂直管理单位公务用车制度改革实施办法》(中车改办〔2015〕84号)和《关于中央驻豫垂直管理单位公车改革实施方案制定与报送有关事项的通知》(财驻豫监〔2015〕152号)及有关要求,成立了焦作河务局公务用车制度改革工作组,并按时上报了《焦作黄河河务局关于报送机关公务用车制度改革实施方案的请示》(焦黄办〔2017〕14号)。《财政部驻河南专员办 水利部黄河水利委员会关于河南黄河河务局焦作黄河河务局公务用车制度改革实施方案的批复》(财驻豫监〔2017〕270号)批复后,焦作河务局成为黄委系统市级河务部门首家完成公务用车制度改革的单位。按照有关规定,焦作河务局对公务用车实行预算管理和政府集中采购,并按照《党政机关公务用车管理办法》的规定,严格公务用车配置数量和标准,根据2019年预算批复,焦作河务局、温县河务局分别通过中央政府采购网,购置红旗牌CA7185型轿车各1辆,成为焦作河务局公务用车制度改革后第一批购置的公务用车。

八、会计核算

焦作河务局目前执行政府会计制度,原事业会计制度以不完全的收付实现制为基础,主要满足预算管理需求,重点关注预算资金的分配和使用,政府会计制度引入了权责发生制,重构了会计要素及"财务会计与预算会计适度分离并相互衔接"的会计核算模式,新会计制度使得行政事业单位的财务状况、收入费用、预算执行情况等信息能够得到全面核算、监督和报告。政府会计制度分为财务会计科目和预算会计科目,财务会计科目以权责发生制为基础,包括资产类、负债类、净资产类、收入类以及费用类;预算会计科目以收付实现制为基础,包括预算收入类、预算支出类以及预算结余类。

事业单位经费来源主要依靠财政拨款,1986年后,财政拨款虽然逐年有所增长,但水利事业费紧张状态始终没有从根本上解决,单位组织创收的压力日趋增大。焦作河务局2015—2019年黄河治理事业财政拨款及财政保障率情况见表7-2-1。

表7-2-1　焦作河务局2015—2019年黄河治理事业财政拨款保障率统计

年度	基本支出财政拨款（万元）	项目支出财政拨款（万元）	财政拨款合计（万元）	全口径支出（万元）	财政拨款保障率（万元）
2015	4953.96	3781.85	8735.81	11546.93	75.65%
2016	5718.36	3868.87	9587.23	11916.33	80.45%
2017	5899.54	3802.85	9702.39	14628.98	66.32%
2018	6264.72	3652.44	9917.16	14923.81	66.45%
2019	6266.15	3458.07	9724.22	16793.95	57.90%

九、企业财务管理

1986年,焦作河务局(焦作市黄河修防处)从新乡市黄河修防处分离出来,下属的建安生产单位按照上级要求实行企业化管理。1988年印发了《焦作市黄河修防处关于深化财务改革若干意见》;1992年起,根据全局工作会议精神结合财务实际工作,每年制定印发财务管理相关工作意见(方案),要求局属企业遵照执行;2002年印发《焦作市黄河河务局局属公司(企业)和经济实体财会人员委派管理暂行办法》,2003年委派2名财务人员到局属企业。

2010年,焦作河务局设立会计核算中心,成为河南河务局首家设立该职能部门的市局,主要负责管理局属企业的货币资金、银行账户、会计核算等工作,引导规范企业各项财务管理工作。2010年,养护公司(本级)纳入集中核算。2012年,养护各分公司纳入集中核算;2016年,对华龙公司委派了总会计师;2017—2018年,先后将华龙公司(本级)、园林公司、金河水务公司纳入集中核算,至此,所有局属企业全部实现统一会计集中核算。2017—2019年,针对局属企业在财务管理工作中的薄弱环节,坚持问题导向,在全局先后开展"财务合规提升年""一创双提暨基础管理年"活动,不断巩固提高财务管理工作质量和效率。

第二节　审计管理

1987年,焦作黄河修防处设立科级内部审计机构,负责单位内部审计工作,履行审查监督职能。围绕焦作治黄需要和单位中心工作,制定年度审计工作意见,稳妥推进审计项目实施,维护治黄资金安全,促进焦作治黄事业发展。

一、机构职责和审计程序

审计科主要职责:以财经法规、财务制度及内部控制制度为依据,对各种计划投资、部门预算执行、国有资产保值增值、成本及利润核算、债权与债务的清理、专项资金使用与管理情况等进行审计监督;负责对局属领导干部进行经济责任审计;对重点建设项目和资金进行跟踪审计和竣工决算审计;负责局属企业财务收支、国有资产和经济效益审计;对严重违反财经纪律的问题进行审计和审计调查,配合有关部门查处有关经济案件;建立和完善各项内审规章制度。

审计程序:依据上级或人事部门委托,明确审计项目,制定审计实施方案,开展审前调查,下达审计通知书,召开审计进点会,调阅审计相关资料,审计人员调查取证,编制审计底稿,征求被审计单位意见,出具审计报告,下达审计意见书,督促被审计单位落实问题整改,开展审计"回头看",强化审计结果运用。

二、审计发展历程

1987年,焦作黄河修防处依据年度审计工作意见,先后对温县修防段、沁阳修防段、博爱修防段实施财务收支试审计。1990年,开展大规模综合经营审计调查,实现对所属各修防段的综合经营能力大摸底。1993年,对武陟第二河务局涵闸改建实施审计调查。1998年,对温县河务局主要负责人开展离任经济责任审计。1999年,对沁阳河务局王曲险工上延工程1—3坝基本建设工程实施竣工决算审计。2002年,对华龙公司总经理开展离任经济责任审计,第一次使用联合审计的方法,对领导干部履职情况进行全面、客观的审计评价。2003年,焦作河务局印发通知,对领导干部任期经济责任审计实行联席会议审议制度。2005年,为解决审计力量不足问题,出台《焦作河务局专(兼)职审计员管理暂行办法》,丰富审计人员构成,保障审计工作开展。2019年,成立审计工作领导小组,负责统筹全局审计工作,推进完善审计监督体系。

三、审计工作具体开展情况

（一）经济责任审计

1988年,按照河南河务局《关于印发处段领导干部任期主要经济目标责任考核审计项目表的通知》,重点对所属各修防段、处相关部门开展处（段）领导干部任期主要经济目标责任考核审计。

1998年,按照《河南河务局领导干部离任（任期）经济责任审计实施细则（试行）》的规定和要求,焦作河务局对温县河务局原局长开展离任经济责任审计,审计重点关注经济工作的开展情况,侧重于对经营创收能力的评价。

2002年,对华龙公司总经理开展离任经济责任审计,由工务科、财务科、审计科、劳人科、监察科等5个部门负责人组成审计组实施审计,这是第一次采用联合审计的方法,对领导干部履职情况进行全面、客观的审计评价。

2003年,焦作河务局印发《关于建立领导干部任期经济责任审计联席会议制度的通知》;2004年,印发《焦作黄河河务局领导干部任期经济责任审计暂行办法》《焦作市黄河河务局领导干部经济责任审计公示制度》,经济责任审计制度体系逐步健全,审计内容也愈发细致全面。

截至2019年,焦作河务局实施领导干部经济责任审计达40余项,有效促使领导干部履职尽责、勇于担当,为上级领导选拔、任用干部提供重要参考。

（二）财务收支审计

1987年,审计科依据年度审计工作意见,先后对温县修防段、沁阳修防段、博爱修防段开展财务收支试审计;1987—2003年,按照上级要求,对局属各单位实施年度财务收支定期审计。

（三）预算执行审计

2003年,按照河南河务局《开展水利部直属预算单位部门预算审计调查的通知》,焦作河务局实施了2002年部门预算审计调查;2004年,黄委下达《黄委会预算执行审计暂行办法的通知》,焦作河务局依据单位实际情况,制定并印发《焦作黄河河务局部门预算审计暂行办法》,预算执行审计正式替代财务收支审计,对预算执行与决算情况、财务计划执行与使用情况、国有资产的管理使用和保值增值情况等实行审计监督。2016年,黄委启动预算执行审计三年全覆盖计划,焦作河务局按照上级要求,2016—2018年,对局属6个预算单位实施预算执行审计,完成对所属县级河务局的全面"审计体检"任务,实现了"审计横向到边、纵向到底"的工作目标。2019年,新一轮预算执行审计启动,当年,对武陟第二河务局、孟州河务局开展预算执行审计,并配合黄委完成了温县河务局巡回审计。

（四）经济效益审计

1990年,开展大规模综合经营审计调查,实现对所属各修防段的综合经营能力大摸底;1993年,对焦作河务局建安处实施经济效益审计。建局伊始,为弥补经费不足,鼓励经营创收,各单位相继成立建安处、工程局、养殖场、制鞋厂等企业,探索实施综合经营,经济效益审计正当其时。通过对企业经济效益审计,分析资产、资金运营效率,摸清了企业家底,查找管理上的薄弱环节和影响经济效益的因素,促使企业单位进一步完善经营机制,堵塞漏洞,降低成本,提高施工企业管理水平和经营效益。2015年,局属企业清理整合后,按照审计全覆盖工作的要求以及市局党组的安排部署,陆续实施了华龙公司、养护公司、水务公司绩效审计,审计监督主要侧重于项目经理部管理、工程施工成本控制及风险防控方面,旨在客观评价企业经营管理效益,有效揭示企业风险隐患,帮助企业不断优化经营管理模式,提升风险管控能力。

（五）竣工决算审计

1999年,焦作河务局对沁阳沁河河务局王曲险工上延工程1—3坝基本建设工程实施竣工决算审计;2000年,依据河南河务局《关于立即开展竣工决算审计的通知》要求,相继实施了1999年汛前根石加固工程、汛前堤防道路工程、汛前防浪林等工程竣工决算审计。2002年起,依据水利部《水利基本建设项目竣工决算审计暂行办法》(水监〔2002〕370号)的规定,开始对基建项目竣工决算的真实性、合法性和效益性进行内部审计监督,陆续实施了辖区内所有符合审计权限要求的项目竣工决算审计,出具的审计意见和审计决定成为基本建设项目竣工验收的重要依据。竣工决算审计从项目概(预)算、招标投标、合同签订和履行、施工监理、资金结算等重要环节入手,紧抓资金流向主线,从立项、拨付、管理和使用等方面进行全过程监督,防止和纠正挪用、侵占治黄基本建设资金,确保治黄专项资金的投资方向和使用效益,促进降低建设成本,提高项目管理水平。

（六）专项审计调查

1992—2003年,焦作河务局先后实施了张菜园闸管段水费审计调查和武陟第二河务局涵闸改建审计调查,陆续开展了重大经济合同审计调查、政府采购审计调查、国库集中支付审计调查。2004年,依据河南河务局《关于开展河南黄河河务局工程施工项目经理部审计调查的通知》,焦作河务局开展了工程施工项目经理部审计调查;依据《焦作黄河河务局重大经济合同审计签证暂行办法》,开展了重大经济合同审计,并出具审计签证意见书。2007年,对武陟第二河务局、博爱河务局水管体制改革"管养分离"经费管理使用情况进行专项审计。2012年,实施焦作河务局2012年内部控制制度审计自查。2013年,对本级及局属单位开展会议费、公务接待费审计调查。2014年,委托外部审计对局属企事业单位实施财务收支及"小金库"专项治理检查。2017年,对局属4个河务局开展财务收支及"小金库"专项治理检查。2018年,对武陟第一河务局、武陟第二河务局和沁阳河务局的6个涉河补救工程项目进行审计调查。2019年,开展武陟第二河务局、孟州河务局债权债务专项审计和沁河防洪工程专项审计。

专项审计调查主要围绕各级党组重大决策部署和职工群众关注的重点、热点和难点事项开展审计监督,充分发挥审计"免疫系统功能",为焦作治黄事业健康发展保驾护航。

四、制度建设

2003年,焦作河务局印发《关于建立领导干部任期经济责任审计联席会议制度的通知》《焦作市黄河河务局"一把手"内控制度经济责任审计暂行办法》《焦作市黄河河务局内部审计建设三年(2003—2005)规划》。

2004年,印发《焦作黄河河务局领导干部任期经济责任审计暂行办法》《焦作黄河河务局领导干部经济责任审计评价暂行办法》《焦作市黄河河务局领导干部经济责任审计公示制度》。

2005年,印发《焦作河务局专(兼)职审计员管理暂行办法》;2009年,根据实际情况,进行修订完善。

2007年,制定《施工企业项目经理部跟踪审计工作规程(试行)》。

2014年,印发《工程项目经理部跟踪审计实施细则》。

2016年,制定印发《焦作黄河河务局专(兼)职审计人员管理办法》。

2019年,印发《中共焦作黄河河务局党组关于成立审计工作领导小组的通知》,着力加强局党组对审计工作的领导,构建集中统一、全面覆盖、权威高效的审计监督体系。

第三章　人事劳动教育管理

20世纪80年代以前,在计划经济管理体制下,黄河治理与开发实行专业队伍和群众队伍相结合的管理模式,堤防工程的建设与维修养护主要依靠沿河群众来完成。专业队伍发展缓慢,整体文化水平低,技术力量薄弱。20世纪80年代初,根据黄河治理的需要,河务部门招收一大批工人,开展了职工扫盲、文化补课、学历教育和技术补课活动,使职工队伍的文化素质和业务技术水平能够较快地适应改革开放形势下黄河治理的需求。当时,河务部门国家正式干部较少,大部分干部岗位上是"以工代干",即以工人代替干部身份。1985年,通过考核,一些"以工代干"的职工转为正式干部。1986年,焦作黄河修防处成立后,非常重视专业队伍建设,1987年开始在"五大"毕业生中录用干部和实行技术职务评聘制度。20世纪90年代,干部制度不断深化改革,通过公开选拔、竞争上岗等,符合"四化"标准的青年干部脱颖而出,有的走上行政领导岗位或技术领导岗位;同时,持续开展工人业务技能培训,通过技能等级鉴定,不同工种的职工取得相应等级的职业资格证书,职工队伍的技能水平得到大幅度提升。之后,通过大中专毕业生招录、退伍军人安置等方式,焦作黄河治理开发与管理队伍不断壮大。2006年,根据国家水利工程管理体制改革政策,全部解除群众护堤员,焦作黄河治理开发实行专业队伍管理。随着国家不同时期的经济发展,通过多次工资制度改革,焦作黄河部门基本建立起"按劳分配,兼顾公平与效益"分类管理的工资制度,职工整体收入水平逐步提高。计划经济体制下,黄河职工实行国家公费医疗政策。20世纪90年代进行医疗制度改革,实行职工医疗费包干;2001年,医疗制度再次改革,全局职工纳入社会医疗保险,实行社会医疗保险制度。

第一节　队伍建设

2019年底,焦作河务局有下属单位14个,共有干部职工1683人,其中在职职工984人(其中,参公管理人员140人、事业人员521人、企业人员323人),离退休职工699人。

一、干部队伍建设

20世纪五六十年代,由于缺乏正常的吸收录用干部制度,干部不足问题比较突出,为满足干部工作岗位的需要,选调一些具有干部素质的工人从事干部岗位工作,即"以工代干",但没有办理转干手续。20世纪80年代初,新乡修防处具有正式干部身份的人员仍然较少,干部岗位上大部分人员是"以工代干"身份。1984年,根据中组部、劳动人事部《关于整顿"以工代干"问题的通知》精神,对"以工代干"人员进行整顿。通过考试、考核,于1985年将符合条件的"以工代干"人员转为正式干部。

1986年,焦作修防处成立后,根据黄委《关于电视大学、职工大学、职工业余大学、高等学校举办的函授和夜大学毕业生若干问题的通知》和劳动人事部《吸收录用干部问题的若干规定》精神,并经河南河务局批准,为夜大、函授大学、广播电视大学、职工大学、自学考试毕业生和符合吸收录用干部条件的工人办理干部录用手续。1989年,开始在具有中专及其以上学历的工人中聘用干部。1991年以后,根据中共中央《关于抓紧培养教育青年干部的决定》,加强对干部的选拔任用和管理工作,建立后备干部人才库,促使优秀年轻干部尽快走上领导岗位。同时,加大培训和学历教育力度,不断提高领导干部的理论素质和创新思维能力。1998年内部体制改革时,按照《焦作河务局科级领导干部竞争上岗实施办法》,干部通过竞争上岗。

2002年事业单位机构改革时,仍然采取了竞争上岗的办法。2004年,根据人事部、水利部联合印发的《流域机构各级机关依照公务员制度管理人员过渡实施办法》,事业单位机关开始实行依照公务员管理制度,焦作河务局对全局各事业单位机关符合依照公务员管理的人员的资格进行初审。按照公开、平等、竞争、择优的原则,对具有干部身份(不含聘用制干部)的机关工作人员采取考核的办法过渡,对聘用制的机关工作人员采取参加黄委组织的统一考核的办法过渡。之后,按照单位编制和年度计划,采取国家公务员统一考试录用和公务员调任两种方式,对依照国家公务员制度管理的人员进行补充。

2006年,在水管体制改革后,遵照《黄河水利委员会新录用公务员基层锻炼实施办法(试行)的通知》要求,机关新录用的公务员被正式录用前在基层工作不满一年的,需要安排到基层单位锻炼,以提高新录用公务员的综合素质,增强新录用公务员的群众观念、服务意识、敬业精神和实践能力。2010年8月,成立焦作河务局公开选拔优秀青年干部到基层任职和公开选调机关工作人员领导小组,机关与基层一线的干部交流工作得到全面加强。2017年2

月,按照黄委《领导干部容错纠错办法(试行)》及河南河务局《领导干部不作为处理办法(试行)》的要求,鼓励领导干部大胆创新、锐意进取、担当作为,努力探索工作新路径、新方法,推动治黄事业加快发展。

2019年5月,印发《焦作河务局工作人员选调及调配管理办法》,年内根据办法选调8名工作人员到市局机关或局直单位工作;2019年6月1日,中共中央办公厅印发的《公务员职务与职级并行规定》正式实施,6月,完成了非领导职务套转72人次,11月、12月分别开展了职级第一次和第二次晋升工作,合计职级晋升113人次,近50人实现了级别跨越;10月,印发《焦作河务局公开选拔科级后备干部实施方案》,并于11月组织了科级后备干部考试和考察工作。

二、专业技术人才队伍

20世纪八九十年代,在专业技术人才队伍建设上重点是落实有关政策。1995年,转发"关于重申《黄河水利委员会专业技术人员工作、生活待遇的规定》的通知",落实专业技术人员工作、生活待遇。

1987年,按照河南河务局要求,开始职称制度改革,实行专业技术职务聘任制。当年,焦作河务局成立技术初级职务评审委员会。1990年,焦作河务局成立工程技术中级、社会科学初级专业职务评审委员会。1992年7月17日,根据河南河务局技术职务评聘工作领导小组要求,成立焦作市黄河河务局工程系列初级技术职务评审委员会,原市局成立的各类各级评审委员会一律自行解除。随后,专业技术职务评聘工作步入正轨。

1993年,根据水利部《关于当前职称工作若干问题的通知》要求,进一步深化职称改革,调动和发挥专业人员的积极性,促进水利改革和发展;根据黄委《关于转发水利部办思政〔1992〕27号文件的通知》、河南河务局《关于成立思想政治工作专业初级职务评委会的通知》精神,对企业中直接、专职从事思想政治工作的人员首次进行评聘。

1994年,水利部印发《水利工程中、高级技术资格评审条件(试行)》,客观公正地评价水利工程技术人员的学识水平和业绩贡献,调动了广大专业技术人员的积极性,促进了水利现代化建设事业的发展;根据《关于93年度专业技术职务评聘工作若干问题的通知》(黄人劳〔1994〕8号),实行评审与聘用分开,2003年按新的赋分标准进行赋分评审,减小学历、资历、外语、计算机、专业理论的分值,加大经历、业绩成果及论文著作的分值。

1995年,按照河南河务局《关于开展1994—1995年度专业技术资格评审工作若干问题的通知》要求,在坚持专业技术资格制度和专业技术职务聘任制度基本做法的基础上,进一步巩固已取得的改革成果,完善评聘办法,提高评审质量。

1997年,按照河南河务局《河南黄河河务局1997—2005年人才开发工作意见》要求,大力实施人才开发战略,人才资源开发进入新阶段。在这期间,焦作河务局不断加大人才开发投入力度,继续开展各类人员培训工作,让优秀人才"走出去",将好的工作做法和先进经验"引进来",建立经营管理人才奖励制度,推行管理岗位竞争上岗;广泛开展岗位练兵、技能竞赛等活动。

2010年,焦作河务局转发《黄河水利委员会专业技术人员破格获取专业技术任职资格暂行规定的通知》,对职称评审工作进行了进一步规范。

2011年,焦作河务局转发《水利部关于专业技术职务任职资格证书管理暂行办法的通知》,对全局专业技术人员资格证书进行统一管理、发放。

截至2019年底,焦作河务局共有专业技术人才564人。其中,正高级职称1人、高级职称44人、中级职称249人,中、高级技术人才占技术人才的52%以上,专业技术结构更趋合理。

三、技能人才队伍建设

1986年6月,印发《劳动合同制工人流动暂行办法》,搞活用工制度,促进企业劳动力合理流动,发挥劳动合同制工人的生产积极性;印发《关于加强工人调配工作的通知》,进一步适应城市经济体制改革和行政区划需要,解决企业盲目增人、混岗严重问题,做好劳动人员余缺的调剂。

1991年12月16日,执行《黄河水利委员会工人技师管理办法》,技师考核每两年进行一次。1993年,工人专业技术职务开始考评。1997年,河南河务局水利行业特有工种职业技能鉴定站和河南河务局国家职业技能鉴定站分别成立。1998年,按照河南河务局的部署和要求开始执行《河南黄河河务局职业技能鉴定实施办法》,五年申报一次。取得技师资格三年以上可申报高级技师。

2003年,转发《黄河水利委员会技术工人申报技师高级技师评审材料的暂行规定》。2016年,焦作河务局印发了《焦作黄(沁)河防汛抢险技能人才管理办法》。

2018年,制定印发《焦作河务局高技能人才选拔培养方案》,建立高技能人才库,其中,对获得"中华技能大奖""全国技术能手""全国水利技能大奖""全国水利技术能手""河南省技术能手""全河技术能手"的技能人才直接认定为焦作河务局高技能人才。同时,实行高技能人才特殊奖励津贴,入选高技能人才库的人员,每人每月享受由所在单位发放的技术津贴100元。

截至2019年底,全局595名工人队伍中,有高级技师22人、技师145人,技师及以上技能人才占工人总数的28%。高层次人才培养成效显著,其中取得"全国水利行业技术能手"称号2人、"河南省首席技师"称号14人、"黄委技术能手"称号6人、"黄委首席技师"称号2人、"省局首席技师"称号3人、"河南省五一劳动奖章"称号1人。

四、离退休职工管理

1998年前,离退休职工管理工作由焦作黄河河务局人劳科负责。1998年,成立焦作黄河河务局离退休职工管理科,同时成立离退休职工管理领导小组,建立在职领导及各部门联系离退休职工制度、离退休职工活动室管理制度。此外,还建立重大节假日走访慰问制度、学习与活动制度、参观与考察制度、就医与体检制度、后事处理制度及老同志参加重要会议和重大活动等制度。

1998年,贯彻中组部《关于进一步加强老干部工作的通知》精神,把老干部工作列入重要议事议程。从政治上关心爱护离退休干部,建立老同志阅文、学习制度,及时向老干部传达重要会议精神,定期通报工作开展情况;组织老干部指导防汛、工程建设和工程管理等工作,发挥老干部的作用。转发《水利部关于保证离退休人员养老金按时足额发放的通知》,进一步确保了离退休人员的生活保障,帮助离退休干部解决实际困难;组织老同志开展有益活动,丰富他们的生活。同年,建立离退休职工活动室,作为老干部学习和娱乐的场所,制定《离退休职工活动室管理制度》,配备专职服务人员,定期组织离退休职工参加集体学习和棋艺比赛等有益于老年人身心健康的文体活动,活动室内订阅有《河南日报》《黄河报》《焦作日报》《中国老年报》《老人春秋》《老人世界》《党课》等多种报刊、杂志和内部读物,丰富离退休职工的文化生活。

2001年,按照河南黄河河务局《关于发挥离退休专家作用的意见的通知》精神,组织离退休治河专家成立防汛督导组,协助在职领导检查指导度汛工程建设、工程管理和防汛等工作。

2006年后,贯彻执行《水利部黄河水利委员会离退休工作管理办法》,保证离退休人员老有所养、老有所医、老有所学、老有所乐、老有所为,使其晚年生活水平和生活质量逐步得到提高。

2015年4月,对机关离退休活动室进行了升级改造,设置了KTV音响、计算机、电视、自动麻将桌、棋牌桌、健身器、书报架等设备,形成集文化学习、娱乐休闲于一体的综合性活动场所,基本满足了离退休职工不断增长的文化养老需求。同年,根据《河南黄河河务局离退休职工管理工作职责》和《河南黄河河务局离退休管理工作年终考核办法》,开始将离退休职工管理工作纳入年度目标考核管理,进一步加强和规范离退休职工的管理工作。邀请离退休干部职工代表参加重要工作会议和重大活动,定期向离退休职工报告黄沁河治理开发与管理、经济发展、重大决策等情况,听取离退休干部职工的意见和建议,争取他们对现职领导工作的支持与指导。

第二节　职工教育

一、学历教育

1985年,焦作河务局安排部署成人高等教育招生工作。为提高职工队伍三大素质,鼓励职工报考,同时规定考生可享受自学补贴。对于单科和各科学习成绩合格者,学习期间的学费由单位支付。

2002年,根据黄委和河南河务局的要求,对干部职工1980年以后通过在职学习获得的大专及以上学历、学士及以上学位以及党校学历进行了全面检查清理。对属于清查范围内的学历、学位证书,通过个人自查、核对档案,然后送交有关学历、学位管理部门和相关院校核查进行核对认证。对将非学历学位证书登记为学历学位的情况进行了更正。

针对学历清查工作中发现的问题,2003年转发了《河南黄河河务局学历、学位证书审验管理办法》,对学历、学位证书审验管理的原则、职责分工、审验程序、方法、处罚等做出了明确规定,规范了职工学历、学位证书的审验管理工作。

2011年,焦作河务局转发了《水利部干部教育培训学时制管理暂行办法的通知》,次年印发了《焦作河务局职工学历教育管理若干规定》,对焦作河务局职工的学历认定、教育管理进行了规范。

2015年,焦作河务局转发了《河南河务局关于印发进一步加强和改进培训办班工作意见的通知》,进一步规范了培训办班的流程,提高了培训办班的质量。

2017年,焦作河务局转发《水利部干部教育培训学时制管理办法》和《水利部干部教育培训质量评估管理办法》,进一步规范了全局干部教育培训学时的管理,提高了干部教育培训的质量。

二、岗位培训

20世纪80年代后期,岗位培训以黄委举办为主,培训对象是市、县修防处、段的中层干部。1989年,按照河南河务局印发《修防处处管干部(部分)岗位规范》,对修防段段长,业务副段长,修防处办公室主任及人劳科、工务科、财务科和审计科科长的职责、文化程度、能力与经历做出了明确的规定。

1990年,组织人员参加了河南河务局开展的河道管护修防班、组长岗位资格培训试点。试点工作主要是按照岗位需要,对具有一定文化基础的从业人员进行的以提高政治思想水平、工作能力和生产技能为目标的定向培训。

1994—1995年,重点参加了河南河务局举办的现代经营管理干部研修班,对经营管理干部进行了水利经济知识、社会主义市场经济、领导科学与科学决策、新会计制度、税制改革、资产评估、期货与股票、企业经营管理知识、法律等方面知识的培训。

2015年,焦作河务局印发了《新招录大学生入职培训管理办法的通知》,明确新招录大学生入职培训的内容、方式和时限。

2017年,焦作河务局印发了《关于贯彻落实加强河长制学习培训工作的通知》,组织系统学习,提高了河长制工作相关人员的业务水平和专业能力。

第三节　劳动工资与医疗卫生

一、工资制度发展

1956年以等级工资制取代供给制、1985年将等级工资改为以职务工资为主的结构工资制,是中华人民共和国成立以来我国在工资制度上两次大的改革,这两次工资制度改革在当时都起到了积极的作用。随着国家工资制度改革的推进,河务部门又先后经历了1993年和2006年两次大的工资制度改革,劳动工资制度得到不断完善。

1985年工资制度改革后,按照职能的不同,工资由基础工资、职务工资、工龄津贴、奖励工资等4部分组成。1993年工资制度改革后,工资构成中固定部分为60%,浮动部分为40%。建立正常晋升工资档次的制度,即两年考核成绩均为合格以上的人员可在本职务所对应的工资标准内晋升一个工资档次。

1986年6月，印发《关于借用人员的工资、福利等发放办法的通知》，明确自1986年6月1日起，借用人员的出差补助费、住勤补助费由借用处发给，借用人员的工资、奖金、劳保福利、生活补助等，由本人所在单位发给。

2004年3月，依照国家公务员制度管理过渡合格人员名单确定，依照公务员管理人员执行国家机关公务员职级工资制度，并将过渡合格人员按照机关工作人员工资进行了套改，从2004年1月开始按照机关工作人员职级工资制度执行工资。

2006年7月工资制度改革后，公务员基本工资构成由现行的职务工资、级别工资、基础工资和工龄工资调整为职务工资和级别工资两项，取消了基础工资和工龄工资；公务员年度考核累计两年为合格及以上的，从次年的1月1日起晋升一个级别工资档次，年度考核累计5年称职及以上的，从次年的1月1日起晋升一个级别。事业单位实行岗位绩效工资制度，岗位绩效工资由岗位工资、薪级工资、绩效工资和津贴补贴4部分构成，其中岗位工资和薪级工资为基本工资。对从事公益服务的事业单位，根据其功能、职责和资源配置等不同情况，实行工资分类管理，基本工资执行国家统一的政策和标准，绩效工资根据单位类型实行不同的管理办法。其中，由于国家政策等相关原因，绩效工资改革暂缓实施，于2018年改革完毕。完善工资正常调整机制，事业单位人员年度考核结果为合格及以上等次的人员，每年增加一个薪级。

2019年6月开始，按照国家公务员职务职级并行制度改革要求，焦作河务局公务员进行了职务职级套转和一次、二次晋升，实行了公务员职务与职级并行制度，并按规定执行了职级序列工资政策。其中，公务员职级序列基本工资实行全国统一的制度，分职级工资和级别工资两项，标准由国家统一制定。职级序列工资政策暂按中共中央组织部、财政部印发的《公务员职务与职级并行制度职级序列工资政策》的相关要求执行。

二、劳动工资

1985年工资制度改革的主要内容是将原标准工资加上副食品价格补贴和行政经费节支奖后，就近就高套入本职务的工资标准。按照工资的不同职能，分为基础工资、职务工资、工龄工资、奖励工资4个部分。

根据国务院《关于印发机关、事业单位工资制度改革三个实施办法的通知》和水利部《关于印发水利部直属事业单位工资制度改革实施意见的通知》精神，以及黄委《关于黄河水利委员会事业单位工资制度改革实施意见的通知》规定，1994年焦作河务局进行了工资制度改革，工资构成中固定部分为

60%,浮动部分为40%。当年,河南河务局批复焦作河务局参加工资制度改革,新工资标准从1993年10月开始执行。从1993年10月开始,以后每两年正常晋升工资档次。

1993年10月进行工资改革后,1997年7月、1999年7月、2001年1月、2001年10月和2003年7月按照国家政策分别对机关事业单位在职职工工资标准进行了调整,对离退休人员也按照相应职务增加了离退休费。

2004年3月,按照人事部、水利部《印发〈流域机构各级机关依照国家公务员制度管理人员过渡实施办法〉的通知》精神,焦作河务局严格按照政策规定,本着公开、平等、竞争、择优的原则,将通过考核和考试合格的人员过渡为依照国家公务员管理人员,并对过渡人员的工资进行了套改,从2004年1月起按照国家公务员职级工资标准进行发放。

2007年3月,根据水利部《关于印发水利部机关事业单位工资收入分配制度改革实施意见的通知》和黄委《黄河水利委员会参照公务员法管理的机关工作人员工资制度改革实施意见》《黄河水利委员会事业单位工作人员收入分配制度改革实施意见》《黄河水利委员会机关事业单位离退休人员计发离退休费等问题的实施意见》精神,对全局参照公务员法管理的人员和事业单位职工工资进行了改革。从2006年7月开始执行新的工资结构。

2014年10月、2016年7月、2018年7月,按照国办发相关文件要求,焦作河务局对在职和离休人员的基本工资及离休人员的离休费进行了调整,并补发了增资差额。其中,公务员的职务级别工资、事业人员的岗位薪级工资、离休人员的离休费,在三次调资中均有一定幅度的增长。

2019年1月,依据《水利部事业单位工作人员绩效考核指导意见》(水人事〔2018〕52号)精神,按照公开、公正、公平的原则,焦作河务局印发了局直事业单位绩效工资考核及分配两个办法,并对局属各事业单位绩效工资考核及分配两个办法进行了批复,正式施行中央驻豫单位事业人员绩效工资政策,全局事业在职职工513人参与了绩效工资改革。绩效工资分配实行总量调控,焦作河务局在上级主管部门核定的绩效工资总量内,按照规范的分配程序和要求,对绩效工资进行合理、规范的分配。绩效工资分为基础性绩效工资和奖励性绩效工资。其中,基础性绩效工资占比70%,奖励性绩效工资占比30%。

三、其他工资

按照国务院工资制度改革小组、劳动人事部《关于1986年调整部分工资区类别的通知》,1986年焦作河务局符合调整部分工资区类别的在职职工和离退休职工,月人均增资额 1~2 元。按照水利部《关于调整水利水电、送变电职工流动施工津贴标准的通知》,焦作河务局所属执行施工津贴的单位施工补助费自 1992 年 7 月 1 日起执行。1993 年,职工书报费、洗理费在原标准的基础上每人每月增加 10 元。自 1993 年 7 月起,县以下修防单位职工实行浮动一级工资。从 1994 年起,对年底考核合格及以上的人员,年终发给一次性奖金,奖金数额为当年 12 月的基本工资额。

2009 年 7 月,按照黄委《关于河南黄河河务局各级机关退休人员待遇有关问题的批复》和《关于河南黄河河务局离休人员待遇有关问题的批复》文件精神,对局属事业单位 2004 年 1 月 1 日前离退休人员的津补贴进行了规范,规范后津补贴项目为国家统一规定项目、改革性津补贴项目和归并后所在地离退休人员补贴,经过水利部、黄委同意,文明奖继续执行,黄委劳模津贴继续执行。新的津补贴标准从 2009 年 1 月起开始执行。

2011 年 12 月,按照河南河务局《关于焦作河务局机关及所属县级河务局机关参照公务员法管理在职人员津贴补贴项目分类的批复》精神,焦作河务局局属 4 个县局对参公在职人员的津补贴进行了规范,规范后津补贴项目分为国家统一规定项目、改革性补贴项目和归并后所在地在职人员补贴,经过水利部同意,文明奖继续执行,新的津补贴标准执行时间为 2009 年 7 月 1 日。

四、医疗卫生

计划经济时期,国家实行"救死扶伤的革命人道主义",大力开展积极防病治病工作。治黄职工药费(不分门诊或住院)报销 100%,直系亲属(父母、子女)药费(不分门诊或住院)报销 50%。报销程序为:职工所在单位工会审核,主管财务领导批准。

1984—1992 年,焦作河务局执行的是国家公费医疗政策,基本原则是积极防病,保证基本医疗,克服浪费。

2001 年,《河南省省直职工基本医疗保险实施办法》出台,2002 年,焦作河务局机关全体职工参加焦作市社会医疗保险。除离休职工、老红军及二等乙级以上伤残军人医疗待遇不变,职工因工伤、生育发生的医疗费按现行规定执行外,其他人员均按新的医疗保险制度执行。原公费医疗的有关制度及其配套制度于 2001 年 11 月 30 日停止执行。

2002 年 12 月 1 日,焦作河务局参加焦作市社会医疗保险。2002—2003 年,焦作河务局机关为职工个人医疗保险账户注入铺底金,保证了从公费医疗向医疗保险的平稳过渡。

至 2013 年,根据《河南省省直职工基本医疗保险门诊慢性病管理暂行办法》,为职工申报门诊慢性病。2019 年 9 月,经过积极争取,焦作河务局局直事业单位全体事业职工加入了公务员补充医疗保险。

（一）生育保险

2008 年,河南省政府印发《河南省职工生育保险办法》和《河南省省直职工生育保险实施细则》。按照文件精神,焦作河务局机关参加生育保险。本细则实施前发生的生育医疗费用及相关待遇不变,原有关制度及其配套制度于 2008 年 12 月 31 日停止执行。2019 年底,生育保险并入基本医疗保险,不再单独缴纳。

（二）基本养老保险

按照黄委《关于印发加强黄委水管企业职工基本养老保险纳入省级统筹工作实施意见的通知》和《关于进一步加强黄河水利工程维修养护企业职工基本养老保险工作的通知》,养护公司和华龙公司分别于 2006 年和 2007 年参加了省直单位养老保险。

2014 年 10 月至 2018 年 4 月,焦作河务局按照中央直属单位养老保险制度改革进度要求,顺利完成了养老保险参保登记,实现了应保尽保,并受到省局嘉奖。此项工作共完成了在职 634 人、退休 632 人的参保登记,并在当年办理省社保退休 23 人,养老保险中断 4 人、新增 44 人。

（三）工伤保险

2011 年,河南省人力资源和社会保障厅印发《关于事业单位等组织工伤保险有关问题的通知》和《关于做好省直事业单位等组织参加工伤保险有关问题的通知》。焦作河务局按照属地管理原则,参加所在地工伤保险统筹,纳入医疗保险经办范畴。

2019 年 6 月,工伤保险与医疗保险分开,工伤保险由焦作市社会保险中心办理,医疗保险继续由焦作市医保中心办理。

第四章　科技与信息管理

第一节　科技管理

自 1986 年建局以来,焦作河务局始终重视治黄科技工作,围绕"科技是第一生产力",以科技创新为目标,按照"民生水利"和"维持黄河健康生命"的要求,深入贯彻落实"四位一体"治黄工作理念和"基层为本、民生为重"的管理理念。

1951 年起,武陟县黄沁河堤防普遍开始人工锥探,在锥眼内灌沙,后改为灌泥浆。1974 年 4 月,温陟黄河沁河修防段职工曹生俊、彭德钊带领技术人员,成功改制了"黄河 744 型打锥机",其工效是人工打锥机的 10 倍。这一机械的发明,也使得锥探灌浆成为 20 世纪后期黄河堤防消除隐患、增强抗洪能力的主要措施之一。水电部及时把这项成果推广到长江、淮河、汉江等大江大河的堤防上,还用于中国援建斯里兰卡的金沙堤防加固工程项目。1958 年建成的共产主义闸运行多年后,部分渗压管堵塞给测流带来不便,1986 年 4 月,张菜园闸管理段职工设计、制作了清污器。项目被全河推广应用。

在大规模放淤固堤过程中,科技人员成功地研究开发了大小组合泥浆泵抽吸加压放淤技术,改进了绞吸和冲吸挖泥船,解决了远距离输沙技术难题。该技术除广泛应用于黄河堤防加固、消除背河潭坑外,还成功地运用于小浪底水利枢纽温孟滩移民安置区改土造田工程,取得了较大的经济效益和社会效益。

2000 年以来,焦作河务局围绕防洪抢险与工程养护,相继研制了 YBZ 拔桩器、集成式多功能移动维修养护工作站、KG - 60 一体化栽树机、抢险加固抛石机、木桩加工一体机、MCT - 130 全液压遥控割草机、HH - 1 黄河泥沙筛分机、多功能钻机等。为解决机械化装袋、运袋,方便抗洪抢险及水利工程建设,焦作河务局相继研制组合式装袋机、双向出料式泥土装袋机及装输系统、防汛抢险系列装备。防汛抢险联合装袋机列入水利部 2017—2018 年度水利技术示范项目,获得 45 万元资金资助,与防汛抢险长管袋充填机一起被列入水利部 2019 年度水利先进实用技术重点推广指导目录。随着治水新理念和

"原型黄河、数字黄河、模型黄河"建设思路的提出,科研工作的重点开始向高新技术应用和治黄工作现代化方向发展,以"数字黄河"工程为代表的信息化建设后来居上,治黄工作面貌焕然一新。焦作河务局坚持以"数字黄河"建设为重点,锐意进取,扎实工作,尽职尽责,积极推进科技成果的研究、开发、转化和应用,努力提升以"电子政务系统"为龙头的"数字黄河"成果的应用和服务质量,为焦作治黄及各项工作的发展提供了强有力的支撑。2001—2019 年,共获得《黄河坝岸险情监控报警报险系统研究与应用》《防汛抢险装袋系列装备研制与应用》等 15 项黄委科技进步奖(表 7-4-1)。近两年,焦作河务局积极参加河南省水利创新成果奖评选,共有 8 项成果获奖(表 7-4-2)。1986—2019 年焦作河务局获得河南河务局科技进步奖(二等奖以上)情况见表 7-4-3。

表 7-4-1　2001—2019 年焦作河务局获得黄委科技进步奖情况

年份	名称	等级	完成单位
2001	YBZ 拔桩器的研制	三	焦作市黄河河务局
2002	温孟滩移民安置区放淤改土工程实用管道黄河浑水沿程阻力系数研究与工程应用	三	河南黄河河务局温孟滩工程施工管理处,焦作市黄河河务局
2003	(防汛抢险)组合装袋机的研制	二	焦作市黄河河务局
2008	集成式多功能移动维修养护工作站	一	孟州河务局
2008	双向出料式泥土装袋机及装输系统的研制和应用	二	武陟第一河务局
2009	KG - 60 一体化栽树机	二	孟州河务局,河南河务局
2010	抢险加固抛石机研制	三	孟州河务局
2014	木桩加工一体机的研制与应用	三	孟州河务局
2016	河南黄河防洪工程信息网络覆盖研究与应用	三	焦作河务局,河南河务局信息中心
2016	MCT - 130 全液压遥控割草机的研制与应用	三	焦作河务局
2016	HH - 1 黄河泥沙筛分机的研制与应用	三	武陟第二河务局
2017	黄河坝岸险情监控报警报险系统研究与应用	二	焦作河务局,河南河务局防汛办公室

续表 7-4-1

年份	名称	等级	完成单位
2018	黄河泥沙资源利用关键技术与应用	特等奖	黄河水利委员会黄河水利科学研究院,清华大学,大连理工大学,焦作河务局,洛阳中冶重工集团有限公司
	多功能钻孔机的研制与应用	三	武陟第二河务局
2019	防汛抢险装袋系列装备研制与应用	二	焦作河务局

表 7-4-2　焦作河务局获得河南省水利创新成果奖情况

年份	名称	等级	完成单位
2018	防汛抢险联合装袋机研制与改进	一	焦作河务局
	黄河坝岸险情监控报警报险系统研究与改进	一	焦作河务局,焦作市黄河华龙工程有限公司,河南河务局防汛办公室
	多功能钻孔机的研制与应用	一	武陟第二河务局
	河南黄河防洪工程信息网络覆盖研究与升级	二	焦作河务局,河南河务局信息中心,焦作市黄河华龙工程有限公司
2019	基于专网应急信息采集传输系统升级与应用	一	焦作河务局,沁阳河务局
	土工碎石枕帘应急护坡技术研究与应用	一	焦作河务局
	水工隧洞移动式多功能台车的研制及应用	二	焦作市黄河华龙工程有限公司
	便携式野外应急电源的研制与应用	二	武陟第二河务局
	手扶式护堤地界埝成型机的研制与应用	二	武陟第二河务局

表 7-4-3　1986—2019 年焦作河务局获得河南河务局科技进步奖(二等奖以上)情况

年份	名称	等级	完成单位
1986	渗压井清污器	二	张菜园闸管理段
2000	YBZ 拔桩器的研制与应用	二	焦作河务局
2001	温孟滩移民安置区放淤改土工程实用管道黄河浑水沿程阻力系数研究与工程应用	一	河南河务局温孟滩工程施工管理处

年份	名称	等级	完成单位
2001	温孟滩移民安置区改土工程土壤颗粒组成调配试验及应用研究	二	河南河务局温孟滩工程施工管理处
	焦作黄沁河防汛综合数据库	二	焦作河务局
2002	(防汛抢险)组合装袋机的研制	一	焦作河务局
	多功能防汛抢险车研制与应用	二	孟州河务局
2003	三毛杨栽培技术研究与应用	二	焦作河务局
2004	黄河防汛物资信息管理系统	二	焦作河务局,郑州天诚信息工程有限公司
2005	"柳石混合滚箱"抢险及水中进占技术	二	孟州河务局
	悬臂式多功能割草机研制	二	温县河务局
2006	抢险现场规范化管理运行系统的研究开发与推广应用	一	河南河务局,焦作河务局,孟州河务局
	多风道堤顶清洁机的研制与应用	二	孟州河务局
2007	黄河焦作老田庵控导工程坝岸变形监测研究	一	焦作河务局,清华大学,台湾交通大学
	双向出料式泥土装袋机及装输系统的研制和应用	一	武陟第一河务局
	便携式多功能抢险床研制	二	温县河务局
	BQS-2 型智能遥测水位系统	二	博爱河务局
2008	集成式多功能移动维修养护工作站	一	孟州河务局
	沁河沁南滞洪区研究	一	焦作河务局
	DGN-4 型便携式抢险救灾房研制与应用	二	温县河务局
	土工包进占及护岸技术研究	二	武陟第一河务局
2009	KG-60 一体化栽树机	一	孟州河务局,河南河务局建设与管理处
	扶桩器的研制与应用	二	武陟第一河务局
2010	堤防边埂草皮裁剪机的研制与应用	一	武陟第二河务局
	抢险加固抛石机研制	一	孟州河务局

年份	名称	等级	完成单位
2010	YQ-1 浮式自动排水器的研制及应用	二	焦作市黄河工程局,武陟第一河务局
2011	铅丝笼气动封口机的研制与应用	一	博爱沁河河务局
	黄河固话移动融合技术的研究与应用	二	焦作河务局
	YDYJ-Ⅰ型移动应急抢险仓库	二	孟州河务局
	"紫铜片止水"电动油压成型机的研制与应用	二	焦作市黄河华龙工程有限公司
2012	隐蔽式堤防灌排系统	一	焦作河务局
	WPG-Ⅰ型无人驾驶坡面割草机	一	焦作河务局
	zJ-1 堤防植草一体机的研制与应用	二	武陟第二河务局
2013	木桩加工一体机的研制与应用	一	孟州河务局
	YSP-4 型养水盆的研制与应用	二	武陟第一河务局
2014	水平定向钻反水孔扶正器的研制与应用	一	焦作市黄河华龙工程有限公司
	多功能文档资料整理一体机的研制与应用	二	武陟第一河务局
2015	MCT-130 全液压遥控割草机的研制与应用	一	焦作河务局
	HH-1 黄河泥沙筛分机的研制与应用	二	武陟第二河务局
	焦作黄河专网改造及管理系统的开发应用	二	焦作河务局
	便携式植草器研制与应用	二	温县河务局
2016	黄河坝岸险情监控报警报险系统研究与应用	一	焦作河务局,河南河务局防汛办公室
	人机配合装抛铅丝笼技术的研究与应用	二	焦作河务局
	堤肩整修机的研制与应用	二	孟州河务局

续表 7-4-3

年份	名称	等级	完成单位
2017	防汛抢险联合装袋机的研制与应用	一	焦作河务局
	多功能钻孔机的研制与应用	二	武陟第二河务局
2018	防汛抢险长管袋充填机的研制与应用	一	焦作河务局
	黄河防洪工程信息网络升级关键技术研究及应用	一	焦作河务局,焦作市黄河华龙工程有限公司
	基层黄河防汛指挥决策支持系统研发与应用	二	焦作河务局,河南河务局科技处
	沉降式浮体泵站的研制与应用	二	孟州河务局
2019	基层云视频会商系统研发与应用	二	焦作河务局
	道路限高设备智能管理系统研发与应用	二	武陟第二河务局,焦作河务局
	自行式打药修剪养护一体机的研制与应用	二	温县河务局

第二节 通信与信息化建设

黄河报汛,自古以来不受到重视。明万恭在《治水筌蹄》中说:"黄河盛发,照飞报边情摆塘马,上自潼关,下至宿迁,每三十里为一节,一日夜驰五百里,其行速于水汛。"这是黄河从潼关向下游传送水情的最早记载。乾隆三十年(1765),南河总督李宏奏准于陕州、巩县各立水志,每年自桃汛至霜降,水势涨落尺寸,逐日查记,据实具报;在武陟木栾店龙王庙前另立水志,按日查报。光绪年间,电信技术传入中国后,黄河开始用电话、电报报汛。民国期间,黄河上的电话、电报技术有所发展,但规模不大。

中华人民共和国成立后,黄河通信事业得到快速发展。20世纪50年代新乡修防处架通与河南河务局及所属各修防段的电话。60年代电话线路延伸到一线。70年代,河南河务局开通载波机,扩大了电话容量。

从1986年焦作市黄河修防处成立至今,焦作黄河信息化网络经过30多年的发展,通信保障业务和手段已经发生了巨大的变化。通信保障模式由原来的黄河通信专网保障模式转变为黄河通信专网+社会公众网保障模式。黄河通信专网结构发生了巨大的变化,保障业务由原来单一的语音业务转变为集语音、数据、视频、融媒体为一体的通信业务。传输方式由原来的架空明线发展为模拟载波通信,由无线短波电台、模拟微波到数字微波、光缆传输、互联网传输、卫星、无人机。语音交换系统由原来的磁石交换机逐步发展为纵横制交换机、空分制交换机、时分制程控交换机。计算机数据交换网络日渐成熟,业务办公方式由原来的手写笔录,到现在的电子政务办公系统,建立了完备的办公数据网络系统。截至 2019 年,焦作河务局拥有办公计算机 690 余台、9套智能化支撑系统、28 套业务应用系统,沿河建立了视频采集点 298 处。

一、有线通信

1950—1952 年,黄河通信改单线通信为双线通信,通信质量得到改善。1965 年,河南河务局电话队对武陟庙宫至沁阳 65 杆公里的明线线路进行改造,解决了通话难的问题。1966 年,河南黄河通信开始使用架空明线高频电子管载波通信,提高了有线线路利用率和音质音量。郑州至焦作的载波电话电路开通。20 世纪 70 年代以后换用晶体管多路载波机。1966—1978 年,河南黄河开始加大无线通信投资,陆续配备了一批无线通信设备,黄河的无线通信也随之兴起。河南河务局自 1986 年开始,为改善通话质量,确保线路畅通,在黄河下游防洪基建投资内列专款对通信干线进行改造。

1986 年,为配合焦作市黄河修防处成立,河南河务局通信站组织完成了焦作至北凡 16 杆公里、112 对公里新建明线线路的架设工程;焦作黄河修防处至各修防段和部分防汛点逐步开通 3 路或单路载波机。

1986—1989 年,焦作市修防处组织并完成了武陟庙宫至老黄河桥、孟州至孟津架空明线改造工程。至此,焦作黄(沁)河已拥有了较为完备的有线通信网络。

20 世纪 90 年代后,黄(沁)河通信建设的步伐加快。1990 年完成了焦作至孟州 81 杆公里明线架设任务。1991 年,安装开通了焦作至孟州、沁阳至孟州、焦作至武陟、焦作至博爱 3 路、12 路载波线路,焦作河务局所属的主要县局实现了有线载波通信。1995 年,焦作河务局将磁石交换机更换为 HJD256型空分制电子交换机,彻底告别了"摇把子"电话机。

1996—1997 年,河南黄河通信交换设备实施改造,焦作河务局换装了 512线 Harris2020M 型时分制程控交换机及艾默生 48 伏高频开关电源系统,开通了至省局、县局、公网等 10 个局向的 2 兆数字中继线路,实现了电话号码的等位直拨。武陟第一河务局、孟州河务局换装 1920 线华为 CC08A 型时分制程控交换机;武陟第二河务局、温县河务局、沁阳河务局、博爱河务局换装 1920 线华为 EAST8000 时分制程控交换机,都配置了北京动力源 48 伏高频开关电源系统。

2001 年,武陟第二河务局由武陟县大虹桥乡岳庄村搬迁至武陟县城,2002 年配套新建了三层通信楼。并开通了至武陟第一河务局通信楼的 8 芯光缆线路和 200 对用户电缆。

2007 年,焦作河务局丰收路新办公楼建成,"焦作河务局通信汇接工程"得到实施,新办公楼通信系统换装飞利浦 is3050 程控交换机,敷设开通了市局机关至机关老址 6 千米光缆线路,开通了黄河专网至焦作移动分公司、焦作联通分公司、焦作电信分公司光缆数字中继。安装了黄河华龙工程公司、张菜园闸管理处、黄河工程局 3 个远端模块电话用户共计 128 线。

2008 年,武陟第一河务局木栾大道新办公楼主体建成,省局信息中心实施了武陟第二河务局至武陟第一河务局 1.5 千米地下光缆管道工程,开通了 8 芯光缆通道。

2010 年,武陟第一河务局办公楼搬迁新址,新装了 120 线飞利浦 3000 程控交换机。2012 年,温县河务局搬迁至新址,新建 30 米铁塔 1 座,新装 90 线 Harris2020L 程控交换机 1 台。

2018 年,焦作黄河防汛及河道管护通信设施改造项目全面开启,先后完成了焦作河务局机关、武陟第一河务局、武陟第二河务局、温县河务局、孟州河务局、沁阳河务局、博爱河务局 7 台语音程控交换机更新为华为语音软交换系统,全局共有 1280 个用户接入模块,从此焦作黄河语音通信迈上了一个新的台阶。

二、无线通信

民国 23 年(1934),为传递黄河汛情,黄河水利委员会分别在开封和秦厂设置无线电报机 2 部,成为治黄工作最初的无线通信设备;中华人民共和国成立时,每年汛期均租用原邮电部门电台发送水情。

1982 年,河南黄河河务局各处段(现各市、县局)的无线电台已配套成网,其中郑州—庙宫开 208 电台,庙宫—武陟二段—沁阳段开 A-350 电台,均可接入有线电话交换机。1989 年,河南局用防大汛经费建成了郑州—焦作无线六路接力通信网。

1991—1992 年,水利部调拨预警设备,组建了武陟第一河务局、温县河务局预警通信系统(发射机 8 台,接收机 1300 台),该系统的开通使用,为河南黄河滞洪区的迁安救护工作奠定了信息发布、传递的基础。

1994年，开通了郑沁诺基亚微波线路，微波通信由此成为河南黄河的主要通信干线。

1997年，随着防汛信息业务需求的增加和无线通信技术的进步，黄委完成了黄河下游地(市)河务局至县级河务局"一点多址"微波通信工程建设，在焦作境内建基站7个，该系统中心站设在焦作，共有武陟第一河务局、武陟第二河务局、温县河务局、孟州河务局、沁阳河务局和博爱河务局6个外围站(安装微波铁塔7座)，解决了市局到所属各县局的中继线路问题。同时，完成了孟津—孟州微波工程。微波设备的开通，首次实现了市局对所属各县局的微波传输。焦作黄河防汛传输专网初具规模。

1998年，黄河下游县局至险工涵闸无线接入系统工程全面展开，至当年底，武陟第一河务局、孟州河务局、沁阳河务局等基站全部建成，每个基站拥有5个信道，系统共拥有外围终端用户110个。一线班组、险工险点都安装了450无线固定台，首次实现了县局到各险工、险点、控导闸门的自动拨号通话，解决了县局以下通话难的问题。

1999年，为解决黄河防汛巡堤查险工作的通信问题，黄委通信局完成了黄河下游800兆集群移动抢险通信网防汛工程建设及配套电源安装工程。焦作辖区建武陟第一河务局、沁阳河务局两个基站，共拥有800兆手机227部，每个基站拥有10个信道，形成了防汛专用通信网络系统。同时，购置400兆对讲机20部用于抢险现场调度之用。

2002年6月，为了解决焦作市河务局程控交换机与省河务局程控交换机数字中继联网和IP宽带局域网的联网传输通道问题，黄委投资90多万元，建设了郑州至焦作PDH微波，容量为2兆×16。

2007年，为解决新办公楼到省局、各县局通信传输问题，将老通信楼对省局的DMC微波设备搬迁至新办公楼解决了市局到省局的传输问题。省局新安装了市局到温县、孟州、沁阳、博爱4个县局四套窄带数字微波系统，带宽为2兆×16，2012年由于传输路径被阻挡，四套微波系统已退出服务。

2011年，为了解决无线设备存在的不足，焦作河务局为防汛办公室和一线班组配备G3移动电话，使黄河查险、报险可以不受有线设备和无线设备的影响，第一时间将水情、险情上报给上级有关部门。

2013—2016年，为解决市局到各县局及一线班组语音及数据的传输问题，通过自建5.8G无线宽带微波线路完成数据传输。共建干线13跳，支线31跳，共安装71端设备，解决了一线班组的信息传输问题。

三、信息化建设

2003 年,基本建成上至河南河务局,下至局属各单位的三级黄河计算机网络。基于计算机网络、防洪工程查险管理系统、水情实时监测及洪水分析系统、黄河水情信息查询及会商系统、黄河水情整编系统、防洪预案管理系统、涵闸监控系统、电子政务系统等各方面应用软件的广泛使用,推动了焦作黄沁河治理开发与管理信息化水平的不断提高。

（一）计算机网络

焦作河务局计算机网络始建于 2003 年,以焦作河务局为数据汇接中心,核心设备在焦作机房。2019 年全局办公终端增至 695 台。焦作黄河网络划分 VLAN 分 8 个网段,焦作市局机关 10.104.25.X 网段,张菜园闸管理处 10.104.24.X 网段,武陟第一河务局 10.104.26.X 网段,武陟第二河务局 10.104.27.X 网段,温县河务局 10.104.28.X 网段,孟州河务局 10.104.29.X 网段,沁阳河务局 10.104.30.X 网段,博爱河务局 10.104.31.X 网段,华龙工程有限公司 192.168.8.X 网段。

2008 年 2 月,焦作黄河网开通运行,成为传播焦作黄河治理开发信息、展示焦作黄河形象的窗口平台。根据国家政务网站集约化管理要求,2017 年 2 月,焦作河务局向省局上报《焦作河务局关于关停焦作黄河网的请示》。2017 年 4 月,通过全国政府网站信息报送系统申报永久关停焦作黄河网,经上级批准。2017 年 8 月,焦作黄河网永久性关停。

网络安全建设方面:2008 年,在机房安装天融信防火墙,服务器部署趋势杀毒系统,在市局电脑终端安装趋势客户端软件。2018 年,开展了软件正版化工作。2019 年,在机房安装 360 网神防火墙,服务器上部署 360 天擎杀毒系统,为全局计算机终端安装 360 杀毒客户端软件,定期开展病毒及漏洞扫描,保障了网络安全运行。

（二）互联网业务

2008—2013 年,焦作河务局租用焦作联通互联网出口 100 兆带宽,实现了所属各县河务局互联网出口共享。2013 年,焦作河务局扩容互联网带宽,带宽由 100 兆增加到 500 兆。2016 年,带宽由 500 兆增加到 1000 兆,办公网络环境得到明显改善,为焦作黄河信息化高速建设奠定了基础。

（三）视频采集点建设

截至 2019 年,焦作黄沁河共建设信息采集点 298 个,提升了焦作治黄工作智能化监管水平。其中,河道监测视频采集点 32 个,工程监控 44 个,仓库监控 31 个,砂场监控 106 个,限高杆 36 座(包含 72 个视频点),供水视频监控 13 个。

(四)支撑系统建设

1. 焦作黄河电子政务系统

2002 年 6 月开通。2010 年 6 月,对电子公文数据库进行系统调整及进一步完善,同时电子印章服务进行数据库安装调试应用,保障了无纸化办公的顺利推广。2018 年,焦作黄河新版电子政务系统开始升级改造,2019 年 3 月完成并投入运行,焦作河务局机关、局属 6 县河务局、张菜园闸管理处和华龙公司、养护公司、金河水务公司正式启用新版焦作黄河电子政务系统,同时移动办公手机端 App 投入使用,焦作河务局智能化办公水平进一步加强。

2. 华为网络语音软交换系统

2019 年完成安装并运行,共计 8 台交换系统 1280 个用户投入使用。

3. 焦作河务局云视讯高清视频会议系统

2018 年建成投入使用,实现了视频会议的自由发起。分别在市局机关和局属 6 县河务局开通网络专线,在全市局范围内实现了高质量视频会议的自由发起和常态化应用。目前,视频会议系统已经在防汛会商、工程管理、水行政管理和局务会议等业务工作中发挥了重要作用。

4. 大疆无人机系统

2018 年 4 月投入使用,由单兵系统和六旋翼无人机、云端软件系统组成,实现了对河势变化、工程概貌情况的实时视频采集和远程传输。多次参加供水渠道巡查、河势滩区巡查和应急演练等。

5. 焦作黄河水行政执法平台

2019 年建成了"焦作黄河水行政 96322 执法平台",推进了焦作黄河"大水政"格局建设。

6. 黄河坝岸险情监控报警报险系统

项目于 2015 年 9 月在温县大玉兰控导工程 30—34 坝启动,旨在实现坝岸险情监测及工程现场信息采集,黄河坝岸险情的监控、查险、报险一体化解决方案。该系统具备可视化界面和联动等功能,为险情的及时有效抢护,保障防洪工程安全提供了重要技术手段。已在老龙湾险工 7 垛、兰考蔡集控导 9 坝及长垣周营控导 5 坝、沁阳水南关险工等处安装应用。

7. 河道采砂及引渠清淤智能管理系统

2018 年 6 月至 2019 年 12 月,设计研发了"河道采砂及引渠清淤智能管理系统",实现现场远程视频实时监控、范围越界自动报警、运砂自动计量、环境质量检测、现场无人值守管理、远程数据存储等功能。该系统于 2020 年 3 月在武陟第一河务局引黄入武清淤工程项目现场正式启动。

8．基层治黄业务综合管理平台

该项目于 2019 年研发,2020 年 3 月推出试运行版本,并被焦作河务局确定为 2020 年推广应用项目。平台融合了坝岸监测、智能限高、云视频、河道及仓库监控、河道采砂及引渠清淤、供水、水政执法、无人机实时画面等多种信息化资源,有效发挥了现有信息化系统的汇集、分类、控制、监控等功能,实现了信息化建设与治黄业务深度融合。

9．道路限高设备智能管理系统

该项目于 2018 年研发,2019 年 3 月在武陟第二河务局沁河堤顶道路首次投入使用,5 月被焦作河务局确定为重点项目进行推广,目前该系统已在 6 个单位 36 处路口进行了安装应用,实现了堤顶限高设备的智能管理与远程调度的有机结合。

（五）应用系统建设

开展了国家防汛抗旱指挥系统二期工程建设和黄河下游防洪非工程措施项目建设。开通了"焦作河务局水情信息短信平台""河南局工情险情会商系统""河南黄河防汛指挥决策系统""河南黄河防汛抗旱信息互联互通系统""预案管理系统""河南黄河视频监控系统""防汛值班及查询系统"等,初步实现了防汛洪水预报、调度环节互联和耦合,在黄河防汛工作中发挥了较好作用。制定了汛期"防洪预警信息发布机制",实现了预警信息的快速定点推送。建设了无人机巡查系统,实现了对河道河势的实时观测。利用卫星遥感技术对黄河工程概貌、河势变化和引黄灌区进行了数据分析。截至 2019 年,焦作河务局在用各类应用系统 28 个。

第三节　档案管理

一、发展过程

为了集中统一保管机关形成的文件材料,1991 年 12 月,焦作河务局成立了机关综合档案室,配备专职档案管理人员 1 名。焦作河务局档案管理的职责是宣传、贯彻、执行上级有关档案工作的方针、政策、法律、法规,制定本单位档案管理的规章制度;指导本单位文件、资料的整理和归档,负责本单位档案、资料的接收、整理、鉴定、保管、提供利用;对所属单位档案工作进行监督、检查和指导;组织档案人员培训,做好档案基本情况的统计工作等。

档案管理工作是治黄事业的一个重要组成部分,为进一步提高档案管理整体水平,切实发挥其作用,成立了档案工作领导小组,完善了由主管局长、办公室主任分管、专兼职档案员具体管的档案管理网络,实现了各门类档案资料的集中统一管理。同时,在贯彻执行《中华人民共和国档案法》《中华人民共和国档案法实施办法》的基础上,焦作河务局档案管理制度化建设取得了新进展,建立了档案人员岗位责任制,实行了部门立卷制度,对各项规章制度进行了补充完善,使档案管理工作从接收、整理、保管到借阅各个环节都能做到有章可循。

至 2020 年,焦作河务局档案室库存文书、科技、会计等档案 9731 卷。其中,文书档案 2086 卷、科技档案 4665 卷、会计档案 2980 卷。

二、档案升级达标活动

焦作河务局档案管理工作于 1995 年晋升为部级,2000 年晋升为国家二级。2001 年 4 月 25 日,焦作河务局获黄河系统档案工作先进单位。

三、档案分类

焦作黄河档案系统的分类按照黄河档案馆的分类办法进行,共分为文书档案、科技档案和会计档案,以及实物档案、声像档案、印信档案等 6 类。其中,实物档案管理遵照《黄委实物档案管理办法》执行;声像档案管理遵照《黄委声像档案管理办法(试行)》执行;印信档案管理遵照《黄委系统印信档案管理办法》执行。

焦作河务局档案的分类经历了几个阶段。1991 年,按照黄委印发《治黄文书档案分类及保管期限表》,将文书档案分为 10 类,分别为综合类、劳动人事类、计划统计类、财务物资类、审计类、党务类、团务类、工会类、多种经营类、会计类。1992 年 4 月 23 日,黄委印发《黄河水政水资源档案保管期限表》,将水政水资源档案列为第 11 类,即水政水资源类。1997 年,黄委印发了新的《治黄文书档案分类机保管期限表》,文书档案仍分为 11 类,用 W 代表。2007 年,黄河档案馆印发了《黄河水利委员会归档文件整理办法(试行)》和《黄委系统机关文件材料归档范围和保管期限规定(试行)》的通知,要求 2007 年及以后形成的机关文件材料遵照执行。文件规定,立档单位对归档文件实行以"件"为单位进行整理。取消"卷"级整理,"卷"不再作为文书档案的保管单位和统计单位。

1991 年,按照黄委印发的《黄河下游科技档案分类办法及保管期限表》,科技档案共分为 14 类:G1 综合类、G2 堤防类、G3 河道治理类、G4 涵闸虹吸类、G5 引黄淤灌类、G6 防洪防凌类、G7 枢纽工程类、G8 水文水情类、G9 科研技革类、G10 机械仪器类、G11 计划统计类、G12 通讯类、G13 房屋建设类、G14 其他类。1997 年,按照黄委印发的《黄河河务科技档案分类办法及保管期限表》,科技档案仍分为 14 类,只是将 G4 改为"涵闸、虹吸、扬水站工程类",G5 改为"引黄开发利用类",G6 改为"防汛类",G7 改为"水利枢纽工程类",G9 改为"科学研究类",G10 改为"设备、仪器类",G13 改为"房建类",其他类别不变。2008 年,黄河档案馆制定了《黄河河务科技档案分类及归档办法(试行)》,将科技档案分为 4 类:①日常维修养护类(代码为 GR);②专项维修养护类(代码为 GZ);③工程建设项目类(代码为 GC);④工程规划设计类(代码为 GS)。

根据财政部、国家档案局 1984 年 6 月 1 日发布的《会计档案管理办法》规定,将会计档案分为 3 类:会计账簿类、会计凭证类、会计报表类。1998 年 8 月 31 日,财政部、国家档案局印发了新的《会计档案管理办法》,于 1999 年 1 月 1 日开始执行,将会计档案分为 3 类:会计凭证类、会计账簿类、财务报告类。黄委同时下发补充规定:会计档案以大写字母"K"为代号,排序为:K1 报告类、K2 账簿类、K3 凭证类。

四、档案检索

为提高档案检索利用效率,焦作河务局机关档案室编制了《案卷目录》《案卷文件目录》《文号与档号对照表》《专题目录》《著录卡片》等。2003 年初,局机关购买并安装了清华紫光档案管理软件,其中,局机关安装了网络版,并于 2005 年 9 月开通了档案网上查询系统。2006 年 5 月,局机关购买并安装了档案专用服务器,与 V5.0 版 OA 接口,实现了电子政务系统与档案数据的实时传输,加快了焦作河务局档案管理现代化进程。截至 2020 年,焦作河务局使用的飞扬综合档案系统升级至 V7.5.2(网络版),完成了 2010—2019 年机关文书档案及发文汇集类目电子档案录入,实现了对机关档案文件的高效查阅。

五、档案人员

焦作河务局设专人对档案室的档案资料实行统一管理,并要求局属各县局按照市局标准执行。将各类档案的接收、分类、编目、编制、检索工具进行科学的系统管理,借出的档案进行登记,并负责定期追还归档,确保档案齐全完整。定期检查旧档案,确保档案材料安全。

第五章 经济工作

焦作河务局从1986年建局以来,在做好"防汛抗旱"这一中心工作的同时,因地制宜开展多种经营。伴随着经济社会各领域的深刻变革,焦作河务局的产业发展取得了巨大成就,产业布局结构不断优化,劳动生产率较快提升,优势产业逐渐发展壮大,为焦作治黄工作提供了重要支撑。

第一节 生产经营发展历程

1987年5月,焦作修防处成立生产经营科,起初以庭院经济为主要形式,以投资小、见效快的项目为主,发展多种经营,弥补职工收入。所属各单位结合一线实际,充分利用人力、物力、水土资源和设备能力,发展经营项目。先后兴办了涉及种植业(粮食、林果等)、养殖业(小规模养殖猪、羊、鸡等)等多个实体。1989年新上投资5万元以上的经营项目4个,1992年新上项目投资达100余万元。

20世纪90年代起,各单位经营项目发展迅猛,产业经济加速从计划经济向市场经济、从生产福利型向经营效益型、从小农经营型向高效型和规模型转变。1997年3月,焦作河务局按照"一局两制"的原则,职工队伍形成治河与经营两大块,为经济工作营造了良好的发展氛围。为实现规模经营,确定了"龙头带动,重点突破,全面推进"的发展思路。如以武陟第一河务局万头猪场为龙头,带动家畜养殖业的发展;以武陟第二河务局的系列养鸭为龙头,带动家禽养殖业的发展;以华龙公司为龙头,带动建筑施工业的发展;以孟州河务局为龙头,带动果树种植业发展。截至1998年,投资在100万元以上的经营项目达5个,土地开发、种植业也有了较大发展。1999年后,以提高经济效益为目标,以产权制度为核心,建立了现代企业制度,奠定了企业法人实体和市场竞争主体地位,产业结构和产品结构逐步得到调整,以建筑施工、引黄供水、土地开发和第三产业为支柱的优势产业转向规模化、集约化经营,资源优势逐渐转为经济优势。

进入21世纪,伴随着中国加入WTO,改革的步调趋于"平稳",工作重点转向经营管理体制改革阶段。2001年,焦作河务局积极调整经济结构,对个别企业进行经营体制改革,至2006年,焦作河务局初步形成了以工程施工、引黄供水、绿化苗木为主体的经济发展新格局,拥有经营性资产近亿元,年经济收入达1.6亿元,拥有各类经济实体30余个,经营项目涉及水利水电、公路交通、桥涵施工、工程维修养护等多个领域。

"十二五"期间,焦作河务局局属企业向绿化、养护、供水多元化产业转型,资源优势产业经营结构调整升级,供水产业向市场化运作转型,砂石产业由规费收入向经营盈利转变,土地开发向多元化经营方式转换。2015年以全面深化水管体制改革为契机,按照"一企一策、因企施策"的原则,优化整合产业结构,全局撤销企业4个,整合规范企业4个,清理企业外设分支机构5个、规范6个,实现养护公司独立运行,全局形成了以工程施工为主,养护、供水、土砂资源齐头并进的多元化经济发展格局,产业呈现出稳定、持续、健康、协调的发展势头。

伴随着经济步入新常态,按照建设现代化经济体系、推动高质量发展要求,焦作河务局更加注重在监管、产权、经营等多个方面全面深化改革,推动经济提质增效升级。2016—2018年,在狠抓特色产业发展的同时,进一步优化供水结构,探索土地开发管护新模式,着力完善采砂管理机制。在大力拓宽新的经济增长点方面,积极开展简易仓储设施项目和浮桥项目论证,推进"风能"项目和信息产业开发,拓展了南水北调维修养护和浙江、海南、福建、广东等社会市场。

2019年,焦作河务局深入融入区域经济社会发展,按照"调结构、优布局、强产业、全链条、防风险"的思路,科学谋划经济高质量发展的目标任务,着力抓预算、调结构、挖资源、上项目,夯实"争、挣、帮、管"发展举措,黄(沁)河生态涵养带建设、河道采砂经营模式、非农和生态供水水费收入、科技信息建设、企业监管及转型发展等都上了一个新台阶。至2019年底,焦作河务局共有各类企业3个,拥有总资产33686.63万元。全局经济收入达6亿元,经营项目涉及水利水电、公路交通、桥涵施工、工程维修养护、土地开发、水费征收、采砂经营及信息化等多个领域,企业资质(资信)水平显著提高。

1987—2019年焦作河务局经济收入情况见表7-5-1,2019年底焦作河务局企业资产情况见表7-5-2。

表 7-5-1　1987—2019 年焦作河务局经济收入情况一览表

（单位：万元）

年份	总收入	利润
1987	172	11.9
1988	286.6	32.9
1989	275.6	35.1
1990	358.7	24.3
1991	434.6	26.48
1992	365.94	51.35
1993	1050	110
1994	2464	289
1995	3539.2	283.6
1996	6048	578
1997	16186.81	709
1998	12000.68	900
1999	11146	713
2000	16614	277
2001	17251	270
2002	12800	202
2003	15616	619
2004	16156	126
2005	16114	66.5
2006	19827	119.99
2007	31672.2	213.73
2008	34845.69	450.66
2009	31540	805.97
2010	36820.95	557.44
2011	50087	475.88
2012	50613.54	621.53
2013	64346.77	672.15

年份	总收入	利润
2014	58575.11	861.08
2015	73513.46	858.09
2016	51000	1290.5
2017	56996.44	2131.15
2018	59476.74	1532.69
2019	60670.86	180.21

表 7-5-2　2019 年底焦作河务局企业资产情况

企业名称	注册资本金(万元)	主项资质等级	资产总额(万元)	净资产额(万元)
焦作市黄河华龙工程有限公司	10563.7	水利水电工程施工总承包一级,市政公用工程施工总承包二级	30399.97	10241.28
焦作黄河水利工程维修养护有限公司	1157.91	建筑劳务分包一不分等级	1510.86	1318.49
焦作金河水务有限责任公司	890	无	1775.80	617.33
合计			33686.63	12177.10

第二节　建筑施工业

一、黄河工程施工

在计划管理体制下,焦作河务局对黄河堤防、险工、控导、涵闸的兴建和改扩建及维修等防洪工程建设以所属各修防段为工程施工单位。1988 年,黄委颁发《黄河基本建设项目投资包干责任制实施办法》,明确工程项目包干的基本方式是:市河务局为建设主管单位,各有关县河务局为施工方,由双方签订项目包干合同。县河务局与小型包工队签订合同,以"按件计资"方式结算。

工程建设"三项制度改革"后,工程项目由符合项目要求资质等级的施工单位参加投标。为应对"三项制度改革"招标投标制对施工企业资质的条件要求,焦作市黄河工程局、焦作黄河华龙集团有限公司(简称华龙公司)于1995年、1997年先后成立,充分发挥职能作用,积极承揽焦作黄河治理的工程任务。之后,焦作河务局所属各县局相继成立了华龙公司各分公司,1998年12月武陟第一河务局还成立了安澜公司,积极加入黄河工程施工队伍当中。

进入21世纪以来,焦作河务局紧抓发展机遇,局属各施工企业利用资质、业绩、技术和地域优势,积极参与了多项焦作防洪工程建设,例如,2007年张王庄、东安、老田庵三处控导工程开工建设,武陟黄河机淤固堤和共产主义闸改建等30多项防洪建设任务,总投资高达4.38亿元。2015年9月,根据《焦作河务局企业整合实施方案》,华龙公司吸收合并鑫河公司(原焦作市黄河工程局)、安澜公司。"十三五"期间,焦作辖区黄(沁)河下游防洪治理工程建设总投资达11亿元。经过多年的实践与发展,焦作黄河施工企业逐渐形成以华龙公司为龙头,其他施工企业共同发展的整体格局。

1998—2019年焦作河务局各单位承揽系统内工程总产值情况见表7-5-3。

表7-5-3　1998—2019年焦作河务局各单位承揽系统内工程总产值情况

(单位:万元)

年份	华龙公司	黄河工程局	安澜公司
1998	386.72	1200.00	247.32
1999	1044.32	583.80	842.56
2000	336.1	164.59	429.89
2001	324.59	907.60	1141.99
2002	1043.41	403.91	1467.51
2003	856.8	587.26	1245.16
2004	948.44	1040.00	599
2005	2127.42	1739.81	302.72
2006	2128.13	1743.90	617.46
2007	4073.8546	4372.58	3201.08
2008	949.59	1379.75	2116
2009	10.24	257.89	997.33
2010	280.18	330.05	513.85

年份	华龙公司	黄河工程局	安澜公司
2011	498.30	133.70	728.10
2012	3830.81	77.18	2143.59
2013	7723.57	481.72	2130.91
2014	1946.17	570.99	3137.75
2015	2486.39	118.85	
2016	943.88	1676.03	685.2
2017	2711.56	32.88	1375.33
2018	6086.9		839.96
2019	8981.78		847.09

二、对外承揽工程

20 世纪 80 年代中期至 90 年代中期,随着国家对黄河的投入相对减少,黄河内部工程已不能满足施工企业需求。焦作河务局坚持"保内拓外"的主导思想,强化、引导局属施工单位克服"等、靠、要"惰性思想,积极走向社会闯市场,不断开创社会工程承揽新局面。焦作市黄河工程局按照"立足黄河,走向社会"的经营思路,以质量求生存,以信誉求发展,壮大了施工队伍,增强了经济实力;华龙公司抢抓机遇,主动出击,扩大了市场份额,树立了良好形象。

2003 年后,焦作河务局进一步强化、优化施工建筑业,建立竞争激励机制,激发企业活力,以华龙公司为龙头,带动其他施工企业跨地区、跨流域、跨行业承揽各类社会工程,建筑施工业整体实力快速增长,施工领域和地域不断拓展,对外承揽工程的竞争力不断提高,社会工程总额占经济总量的比率逐年增长。2006 年,新签社会工程合同 48 项,仅华龙公司就签订社会工程合同 20 余项,合同额首次突破亿元大关。2008 年,承揽单项合同额超 1000 万元以上工程项目达 7 项,其中,单项合同额 3000 万元工程 1 项,超亿元项目 2 项(广州番禺"一村三岛"工程 1.2 亿元、四川大唐电力工程 1.78 亿元),创下焦作河务局自成立以来年承揽社会工程合同总量和单项工程合同额两项最高纪录。

"十二五"期间,焦作河务局在内部工程几乎为零的形势下,引导企业深入挖掘自身潜力,加快经济转型步伐,2015 年局属企业华龙公司承揽南水北调安保任务 150 余千米,合同额 700 多万元。同时,出台了相关奖惩机制,促进了企业市场份额的进一步扩大,社会工程承揽合同额达 22.6 亿元,其中,超亿元项目8项,社会自建工程合同额连续五年突破亿元。"十三五"期间,按照"规范管理,加快发展"的要求,焦作河务局坚持市场开发与风险防控并举,在加大市场开拓力度的同时,更加注重市场开发质量。

1998—2019年焦作河务局各单位承揽系统外工程总产值情况见表7-5-4。

表7-5-4 1998—2019年焦作河务局各单位承揽系统外工程总产值情况

（单位:万元）

年份	华龙公司	黄河工程局	安澜公司
1998	270	607.20	64.9
1999	13.65	797.34	76.14
2000	71	269.45	98.02
2001	515.72	938.57	463.71
2002	726.01	1029.08	82.80
2003	934.77	2113.84	76
2004	1410.84	1155.52	573.59
2005	2375	2266.87	697.21
2006	2788	2559.38	1411.64
2007	3103.916	1336.93	2207.31
2008	6141.6	2846.04	816.33
2009	12507.64	3449.29	3182.67
2010	17594.89	6380.10	4067.93
2011	26442.31	4727.99	6070.01
2012	15204.86	4128.63	4030.18
2013	20599.54	6353.16	4991.23
2014	22064.71	6111.12	1414.3
2015	44863.51	5019.81	2457.12
2016	26810.23	4898.50	2729.79
2017	4647.89	2776.64	905.18
2018	7773.31	7577.26	283.17
2019	24068.61	7989.84	117.21

第三节 综合经营

一、多种经营与土地开发

焦作河务局的土地资源主要集中在武陟、温县、孟州、沁阳、博爱等河务局管辖的黄沁河堤防工程周围,包括护堤地、护坝地、淤背区、整治河道新出的滩地等。1986年后,焦作修防处所属沿河基层单位充分利用土地资源优势,相继发展了农作物及经济果林种植业和养殖业项目。工程管护地开发从庭院经济开始起步,经历了福利型开发、粗放型开发、规模效益型开发等阶段。在不同时期,分别起到了解决职工菜篮子、增加职工收入、稳定一线职工队伍、促进防洪工程管理、优化经济结构等作用。

20世纪80年代初,河务部门主要利用这些土地资源种植防汛用材林。80年代中后期开始进行有计划的开发,主要种植农作物及经济果林。

1990年,工程管护地开发利用作为综合经营的突破口,提出了"以种促养,以种养带加工"的指导方针,以种植粮食、蔬菜和经济作物为主。此后,日光温室、杂果等高效种植逐步推广,养殖业也从无到有,迅速发展起来。1992年,局属各县局加强土地确权划界工作,为大搞水土资源的开发利用展现了良好前景。1993年,焦作河务局利用水土资源制定了三年规划,提出三年达到人均收入5000元的口号,局属各县局相继做出了各自的实施方案,积极施行转轨变型,以种植龙须草、粮食、蔬菜和经济作物和发展养殖业为主,大搞综合开发,1995年初步形成了武陟第一河务局万头猪场、武陟第二河务局养鸭厂、温县养牛场、孟县果业种植的"四大龙头"经济发展模式。

1998年后,焦作河务局大力发展速生林和绿化苗木,2000年确定了以三倍体毛白杨为主的经济林开发模式。至2006年形成了以速生林为主导、以绿化苗木为亮点的种植结构,共种植速生林11600亩、绿化苗木1580余亩。

随着工程管护地开发的逐步深入,经营方式由分散经营向"公司+基地+种植户"方向转化,而经营范围则由单一种养向农林牧渔及旅游服务业等多种经营方向发展,产业投资也由过去主要依靠国家拨款改为投资主体多元化,并积极探索了股份制和股份合作制产权制度改革。2008年,孟州开仪黄河风景区正式列入第八批"国家水利风景区"。2013年,林木种植由成材树木向绿化苗木转型,土地亩产效益大幅提高,新增绿化苗木土地1000余亩。

2016年,土地开发由对外承包模式向引导职工承包转变,承包面积逐年递增,土地亩产效益大幅提高。2017年,编制"嘉应观土地置换方案"并完成了确权认证。截至2019年底,焦作河务局共有土地资源1.7万亩,开发种植1.6万余亩。种植业主要品种有适生林(以杨树为主)、绿化苗木、柳树及少量蔬菜、果树等。

表7-5-5 焦作河务局2000—2019年工程管护地开发收入一览表

(单位:万元)

年份	收入	年份	收入	年份	收入
2000	33.12	2007	222.19	2014	722.02
2001	41.95	2008	552.68	2015	862.6
2002	66.66	2009	949.6	2016	1356.99
2003	101.8	2010	706.58	2017	1976.82
2004	315.06	2011	499.72	2018	940.64
2005	311.2	2012	613.24	2019	1009.46
2006	428.95	2013	1002.18		

二、水费收缴

焦作河务局水费征收从1982年开始,当时没有专门的供水队伍,供水方式单一,水费收入低,水费收入占经济总收入的比重很小。2004年起组建了专职供水队伍,逐步将辖区所有取水口纳入管理,规范计量,水费收入大幅增加,同时对供水方式多样化进行了有益的探索。2008年之后,焦作河务局紧紧抓住区域经济社会发展与供水需求的有利时机,完善供水体制,狠抓项目管理,优化供水结构,供水市场比例逐渐增加,黄沁河水资源利用率和效益得到充分发挥。2009年,在河南省抗旱保麦期间,完成3千米引渠开挖任务,张菜园闸、共产主义闸、老田庵闸3个灌区共计引水3.8亿立方米,保证了65万亩农田用水。

"十二五"期间,注册成立焦作金河水务有限责任公司,供水产业向生态用水供给、企业模式运作转变。积极探索新的供水产业发展模式,采取预交水费、代建制、股份合作等方式筹措与吸纳社会资金,先后建成了白马泉供水项目、沁北引黄灌区引黄入焦项目、沁阳王召灌区供水项目、蒋沟河引沁补源和孝敬镇蔬菜基地引沁项目等供水工程,新开发博爱留村闸生态供水、武陟西大原闸工业供水和五车口闸旅游供水等项目,延伸了供水发展的链条,为焦作黄沁河供水产业的发展进行了有益尝试。2018年,供水项目覆盖焦作6县(市)黄(沁)河供水需求的同时,开发了新乡生态用水项目。2019年武陟白马泉、孟州逯村供水项目取得取水许可证;争取人民胜利渠管理局补缴2018年非农水费200万元并达成突破性供水协议,年水费增加1000万元;孟州逯村项目日供水突破3万立方米,实现量费双升;博爱局留村项目正式通水;厚源生物供水项目单价达1.67元/立方米,创省局最高收益单价;引黄(沁)供水5.8亿立方米,非农供水比例33%,应收水费突破4000万元。

水费收取标准:多年来,焦作供水分局严格按照《国家发展改革委关于调整黄河下游引黄渠首工程供水价格的通知》中的水费标准收取,即:工程供非农业用水价格,自2013年4月1日起,4—6月0.14元/立方米,其他月份0.12元/立方米;供农业用水4—6月0.012元/立方米,其他月份0.01元/立方米。

水费收取方式:按照放水量的结算凭证由用水单位直接将水费汇至焦作河务局供水局收缴水费专用账户,焦作河务局供水局开具水费征收专用票据。

2000—2019年焦作河务局供水水费收入见表7-5-6,直供水水费收入见表7-5-7。

表7-5-6　2000—2019年焦作河务局供水水费收入一览表

(单位:万元)

年份	收入	年份	收入	年份	收入
2000	139	2007	500.27	2014	1273.53
2001	205	2008	502.01	2015	697.99
2002	270	2009	550	2016	737.91
2003	251	2010	563.9	2017	853.79
2004		2011	561.56	2018	1500.09
2005	348	2012	700.02	2019	2604.86
2006	385	2013	814.58		

表7-5-7　2014—2019年焦作河务局直供水水费收入一览表

(单位:万元)

年份	收入	年份	收入	年份	收入
2014	188.68	2016	520.11	2018	696.38
2015	407.2	2017	707.41	2019	728.84

三、商业

20世纪90年代至2019年,焦作河务局所属的经济实体主要是黄河大酒店。该酒店于1995年正式对外营业。营业之初,设餐饮部、住宿部,共有正式职工5人,招聘临时工48人。酒店设有暖气、洗澡间、总机、电工房、洗衣房和锅炉房以及电梯等配套设施。1996年增设歌舞厅。黄河大酒店在20世纪90年代是一座设施比较齐全的酒店,经营规模当时在焦作市整个服务业属中等酒店。2000年对餐厅进行装修改造。2002年酒店职工人数增加至9人,招聘临时工38人。经营项目主要包括餐饮(东厅、西厅)、住宿、娱乐(戏楼、歌厅)。但客房设备落后、设备不齐全影响了酒店整体的正常发展,加之焦作市旅馆业异军突起、资金及机构管理等多重不利因素导致出现经营困境。2003年以后,酒店实行对外承包经营,职工陆续分流至华龙公司。

第四节　生产经营管理

1988年后,焦作河务局经营管理逐步走向规范化,"一个单位,两个队伍,一个搞防洪,一个搞经营",各负其责的体制模式初步形成。市、县河务局均成立经济工作领导小组,加强并充实经济管理机构和人员,强化目标管理,增加经济发展目标在管理考核中的比重,基本形成了较系统的经济管理体系。2002年,出台了多项奖励政策,实施企业年薪制试点,建立了经营项目、效益和资产保值增值责任追究制度。

2003年,建筑施工企业由产值增长型向效益增长型转变。同时,积极进行"水商品"经营,探索了产业供水的新路子,推进供水向产业化方向发展。对土地开发的管理体制和管理机制也进行了大胆尝试,把长远效益和近期效益结合起来,在注重经济效益的前提下,兼顾社会效益和生态效益,逐步建立工程管护地开发产业化经营理念,建立适应市场经济运行规律的管理体制,使土地资源优势尽快转变为经济优势,推动土地开发向经营市场化、管理专业化和生产专业化方向发展。经过不断探索、研究,经济行业管理体系框架初步构建。

2011年后,焦作河务局各县局均成立了供水处,进一步理顺供水产业管理体制和运行机制。大力整改不合理利用土地,职工承包土地开发模式占据主流。砂石产业不断向规模化、现代化、市场化转型。信息技术产业发展逐步成熟,变成新的创新引擎。2015年,以企业清理整合为平台,以"做实做强一级企业,整合二级企业,发展基础产业"为目标,焦作河务局进一步理顺产业经营运行机制,完善了企业运行管理体制。

一、管理机构

1987年5月,成立焦作市黄河修防处生产经营科。1989年4月,撤销生产经营科,成立综合经营办公室。主要职责是负责全局的综合经营开发,服务、指导、协调综合经营开发工作的开展,负责制订年度经营计划,进行经营统计等。

1990年11月,焦作市黄河修防处更名为焦作市黄河河务局。1991年4月,设立焦作市黄河河务局综合经营科,撤销焦作市黄河河务局综合经营办公室。2002年12月,根据上级批复精神,焦作市黄河河务局进行机构改革后,成立焦作市黄河河务局经济发展管理处。各县级河务局相应成立了经济发展管理处。

2004年2月,焦作市黄河河务局更名为河南黄河河务局焦作黄河河务局。焦作市黄河河务局经济发展管理处更名为焦作黄河河务局经济发展管理处。原人员构成和职责不变。2006年5月至2019年,根据上级关于水管体制改革方案的批复,焦作黄河河务局经济发展管理处更名为焦作黄河河务局经济发展管理局,成为焦作河务局直属事业单位。

二、管理制度

1996年,经营管理逐步规范,经营目标逐渐量化,焦作河务局相继印发了《焦作市黄河河务局综合经营考核办法》《焦作市黄河河务局经济实体经营项目管理办法》。

《焦作市黄河河务局综合经营考核办法》明确了加强综合经营项目管理,促进经济工作进一步发展的定位,将经营产值、净利润、人均净收入、固定资产增值、综合经营人数等指标纳入年度经营考核项目,通过奖励、优先晋职等政策激励各单位大力发展经济工作。《焦作市黄河河务局经济实体经营项目管理办法》对经济实体的发展方向、权利和义务及经营、奖惩等方面做了详细规定。

1997年,印发了《焦作市黄河河务局综合经营考核奖励办法的通知》,考核指标重点向经营产值和净利润倾斜,评奖标准也由95分下调至90分。

2002年,着重加强了行业管理和资本运营职能,并从经营观念、经营战略、管理体制、管理机制及项目管理等方面对管理制度进行了系统化。

2003年,明确了主抓经济发展的专职副局长,全面推行经营工作全员责任制。同时,对全年的经济指标逐项细化、量化,层层分解到责任单位、责任部门、责任领导和责任人,建立了经济岗位责任体系和经济目标运行监控体系。当年还出台了《焦作市黄河河务局经济管理督察办法》《焦作市黄河河务局经济工作例会制度》《焦作市黄河河务局经营项目跟踪管理办法》,修订了《焦作市黄河河务局经营工作考核办法》,下发了《焦作市黄河河务局企业经营者年薪制试点工作的指导意见》《焦作市黄河河务局绿化苗木管理办法》《焦作市黄河河务局企业资质(资信)管理工作指导意见》《焦作市黄河河务局土地开发考核细则》《关于进一步加强水利经营统计工作的意见》。

2004年,为强化经营项目和资产管理,出台了《焦作市黄河河务局经营项目资产管理办法》《焦作河务局经营项目综合管理水平评比办法》《焦作河务局施工企业项目部管理办法(试行)》《焦作河务局经营项目效益和经营性资产保值增值责任追究制》《焦作市黄河苑园林绿化工程有限公司管理有关规定》,规范了各级投资主体、经营主体、监管主体对经营项目在调研、咨询、立项、审批、筹资、经营、管理、监察等方面的权利和责任。

2007年,制定了《焦作河务局经营管理年活动实施意见》《焦作河务局经济发展第一责任部门工作职责》《焦作河务局加强企业人才队伍建设的指导意见》《企业急需人才引进管理办法》《一级建造师考试奖励办法》,修订了《焦作河务局经济工作考核奖惩办法》,从多个领域和维度,夯实企业发展组织、责任、人才、激励等保障,进一步改善和优化了行业管理体系。

2008年,全面推进水利工程日常维修养护精细化管理,相继出台了《焦作黄沁河水利工程精细化管理若干意见》《工程管理考核办法》《日常维修养护检查考核办法》《工程管理维修养护评分标准》《焦作养护公司维修养护管理办法(试行)》等规章制度,形成了一套较为科学、完整的制度体系。同时,印发了《预算执行监督管理若干意见》及《内部预算执行监督管理考核奖惩办法(试行)》,对预算的编制、核定、执行、监督、奖惩等方面进行了详细的规定。

为加强风险防控,2009年起先后出台了《焦作河务局社会工程巡检制度》《焦作河务局重大施工项目管理办法》《焦作河务局企业资质内部使用办法》《焦作河务局重要施工项目巡检管理办法(暂行)》《焦作河务局企业重大工程项目巡视督查制度》《焦作河务局企业内部工程项目成本控制管理监督实施办法》《焦作河务局工程施工成本控制管理办法》《焦作河务局施工企业劳务队伍管理办法》等,制定了《焦作河务局重大工程项目领导分工责任制》《焦作河务局投资企业出资人的权力清单和责任清单(试行)》和《焦作河务局局属企业经营者责任追究办法》，科学界定了各级投资主体、经营主体、监管主体对经营项目在经营、管理、监察等方面的权利和责任，从党纪、政纪等方面强化对企业依法监管。同时，多次修订《焦作河务局经济工作考核奖惩办法》，对考核指标、奖惩力度等科学部署，适时调整。

2017年以来，进一步完善经济工作领导方式，先后出台了《焦作河务局投资企业委派制度》《焦作河务局企业干部任用条例》《焦作河务局企业项目风险管理办法》《企事业单位重大经济事项监督管理实施细则》《焦作河务局企业项目监督稽查管理办法（试行）》《焦作河务局市场监管"黑名单"制度》等，领导班子严格落实"五个决不允许"，建立劳务队伍实名公示，在单位筹资、投资、重大资金使用、重大资产处置等方面，明确了审核、审批程序和管理权限，对局属各单位重大经济事项实现全面监管。各项制度的贯彻实施，有效提升了企业经营管理水平和风险防控能力，保障了企业持续稳步发展。

第五节　经济规划

根据上级精神和自身发展实际，1995年制定了焦作黄河经济"九五"发展规划，明确了"立足黄河，走向市场，努力提高经济效益"的指导思路，确立了以项目开发为重点的经营发展目标，迈向市场经济的步伐进一步加大。之后，相继制定了"十五""十一五""十二五""十三五"发展规划，通过不断总结经济发展经验、教训，结合市场经济发展形势，科学谋划焦作黄河水土砂石、施工养护及园林等优势资源产业发展思路、目标和保障措施，推动焦作黄河经济工作依法依规、高效有序开展。

2018年，编制了《2018—2020年工程管理范围内土地利用规划》，确立了2020年前实现土地利用率达95%以上，自主开发不低于80%的目标。

2019年，制定了《焦作河务局"规范管理、加快发展"三年经济发展实施规划（2019—2021）》，明确了以"争、挣、帮"为抓手，依托资源优势，深度融入区域发展；持续深化改革，尽快步入现代企业市场化运作轨道；增强法律意识，强化风险管控，不断提升经济发展的质量和效益，实现"事业进步、单位发展、职工受益"的总目标。通过细化供水、土地、砂石、施工、养护产业及涉河项目经营发展举措，实现焦作黄河经济健康长足发展。

第八篇　党群工作与文化遗存

第一章　党群工作

1986—2019 年,焦作河务局不断加强党的政治、思想、组织、作风、纪律建设,党组织的凝聚力、战斗力不断提高;广泛开展精神文明创建活动,各级文明单位创建成果显著;全面推进从严治党、党风廉政建设和反腐败工作,为高质量发展营造风清气正政治生态;注重发挥工会、共青团等群众组织的桥梁和纽带作用,思想政治工作坚强有力,为提升焦作黄沁河治理体系和治理能力现代化建设汇聚力量。

第一节　党组织建设

1986 年 10 月 11 日,组建中共焦作市黄河修防处机关支部委员会,赵宗喜同志任支部书记,归属焦作市直属机关工作委员会领导;1991 年,中共焦作市黄河河务局机关总支委员会成立,下设有机关、建安处、工程处、老干部处 4 个支部,郭纪孝同志任党总支书记;1999 年,撤销中共焦作市黄河河务局机关总支部委员会,建立中共焦作市黄河河务局直属机关委员会,花景胜同志任机关党委书记;2004 年 7 月 16 日,中共焦作市黄河河务局直属机关委员会召开第二届全体党员大会,进行换届选举,岳南方同志任直属机关党委书记;2009 年 11 月 19 日,中共焦作河务局直属机关委员会召开第三届全体党员大会,进行换届选举,关永波同志任直属机关党委书记;2015 年 12 月 29 日,中共焦作黄河河务局直属机关第四届委员会换届大会,李怀前同志任直属机关党委书记;2019 年 12 月 17 日,中共焦作黄河河务局直属机关第五届委员会换届大会召开。李怀前当选为机关党委书记。根据选举办法,成立第一届中共焦作黄河河务局机关纪律检查委员会,魏海生同志为中共焦作黄河河务局机关纪律检查委员会书记。

第二节　党务工作

一、基础党务管理

焦作河务局紧密围绕焦作治黄中心工作,坚持以党建工作为统领,加强党的政治建设、思想建设、组织建设、作风建设、纪律建设,始终把党建工作列入重要工作内容,严格做到党建工作和治黄业务统一研究、统一部署、统一落实。在思想上进一步树立了"抓好党建是本职,不抓党建是失职,抓不好党建是不称职"的理念,建立"一岗双责"党建工作责任体系,积极推动党组(党委)书记抓机关党建工作责任制的落实。积极开展学习型党组织建设、服务型党组织建设、创新型党组织建设。自 2008 年以来,连续荣获焦作市"党组中心组理论学习先进单位"。局领导张伟中、程存虎、王昊等先后荣获焦作市理论学习先进个人。2019 年,中心组理论学习质量工作在全市受到表彰,做法及经验在全市推广。自 2018 年起,全面启用焦作"党建 e 家"管理系统,实现"网上网下"双线同步学习。2019 年初,在全体党员中开展"学习强国"学习。2011年 6 月,被黄委评为全河"先进基层党组织"。2012 年,被焦作市委授予"创先争优先进基层党组织"荣誉称号;2014 年,荣获"先进基层党组织"荣誉称号。2015 年,再次被市直工委评为"先进基层党组织"荣誉称号。2016 年,荣获河南河务局"先进基层党组织"荣誉称号。2018 年,荣获焦作市"先进基层党组织"荣誉称号。2018 年,焦作河务局机关第一党支部成功创建"黄河先锋党支部"。自 2011 年起,按照焦作市市直机关工委要求,开展"五型"(学习型、创新型、服务型、和谐型、廉洁型)机关创建活动,市局机关被市工委评为 2013年度"服务型机关";2014—2017 年连续荣获全市"五型机关"荣誉称号。为建设党建引领、环境美好、业务优秀、事业兴盛的一线班组,2019 年开始组织开展一线班组"党建红""业务优""事业兴""环境美"四面红旗达标考核。当年 7 月进行首次"四面红旗"达标考核,发放奖励资金 40 余万元。

1986—2019 年期间,各支部在"民主评议党员"活动中,没有评出不合格的党员。

二、党员、党费管理

1986 年,中共焦作市黄河修防处机关支部委员会成立时仅有 10 名党员,截至 2019 年底,中共焦作黄河河务局直属机关委员会共有党员 180 人。每年按要求开展"民主评议党员"活动,每年"七一"前后,开展"两优一先"(优秀共产党员、优秀党务工作者,先进基层党支部)评选活动。党员发展坚持"三推荐一公示"制度。积极发挥党组织的"关怀帮扶"作用,每年对老党员和困难党员进行走访慰问和帮扶。2017年,完成党组织关系排查和党员信息库资料更新与维护工作,党员信息全部纳入全国党员信息系统管理。党费收缴按照《关于中国共产党党费收缴、使用和管理的规定》(中组发〔2008〕3号)要求,以党支部为基本单位,做好党费收缴工作。党费计算标准按照规定比例计算,每年按季度向市直工委指定的账户上缴党费。2018年,按照《关于开展党费收缴、使用和管理专项整治工作方案》(焦直文〔2018〕69号)文件要求,机关党委下属的8个基层党支部134名在职党员均严格按要求补交了2008—2016年党费共计100038元,其中,向工委账户补交党费50019元,本级党费专户自留党费50019元。截至2019年底,党费专户累计结存党费127592.89元。

三、党内主题教育

1996—2000年,着力推动邓小平理论学习向纵深发展,进一步加强党员干部理论教育工作。2000年,以讲学习、讲政治、讲正气的"三讲"教育为契机,广泛开展"三个代表"重要思想的学习宣传活动,将党员政治理论学习与进一步加强党的建设紧密结合起来。从2005年1月开始,在全党开展了以实践"三个代表"重要思想为主要内容的保持共产党员先进性教育活动,历时一年半,到2006年6月基本结束。焦作河务局先进性教育活动从2005年1月26日正式启动,经过学习动员、分析评议、整改提高三个阶段,于2005年6月15日结束。从2008年9月开始,用一年半左右时间,在全党分批开展深入学习实践科学发展观活动。局党组按照上级要求,制定活动实施方案,通过学习讨论,查找在党性、党风和党纪等方面存在的问题,制定整改措施,并按要求限时整改,树立了良好的作风,促进了科学发展。焦作河务局作为第一批党的群众路线教育活动单位,根据黄委、省局的统一部署,2013年8月初正式启动党的群众路线教育实践活动,到2014年1月底基本结束。活动开展期间,焦作河务局共有15个基层党组织的515名党员干部参与活动。各级共召开听取意见座谈会51次,发放征求意见函735份,发放调查问卷329份,梳理汇总各类意见建议415条,其中,涉及"四风"方面的意见建议199条。全局各级召开专题民主生活会10次,召开专题组织生活会22次。2015年5月,焦作河务局严格按照黄委、省局要求,制定印发了《关于在全局处级以上领导干部中开展"三严三实"专题教育的实施方案》，扎实开展专题教育。局党组将深入开展"三严三实"专题教育作为改进工作作风的强大动力，完善了相关制度，规范了权力清单、责任清单和监督清单，制定了《焦作河务局关于抓好工作五个环节、持续改进工作作风的意见》，制定了《焦作河务局机关干部平时考核试点实施细则（试行）》等。2016年5月10日，焦作河务局召开"两学一做"动员会，对"两学一做"学习教育进行安排部署，2017年6月21日，组织召开"两学一做"学习教育常态化制度化工作会议，对推进学习教育常态化制度化暨开展"深化学习找差距，转变作风促发展"专题活动进行安排部署。焦作河务局自2019年9月，认真落实中央和上级决策部署，在全局全面开展"不忘初心、牢记使命"主题教育。局党组及全局各级党组织共17个党支部562名党员参加了主题教育。主题教育期间，中央第11巡回督导组组长宋秀岩莅临指导。主题教育牢牢把握"守初心、担使命、找差距、抓落实"总要求，坚持学习教育、调查研究、检视问题、整改落实"四个贯穿始终"一体推进，领导班子聚焦党的政治建设、全面从严治党等八个方面内容，跟进学习习近平总书记在黄河流域生态保护和高质量发展座谈会上的重要讲话、十九届四中全会等会议精神，领导班子集中学习研讨20次，全局各级共开展学习研讨182次。领导班子检视问题清单45项，领导班子个人检视问题清单62项，并一一整改落实。实现了党员干部受教育、单位面貌有改变、短板项目有突破、事业发展有进步、职工群众有感知。

四、脱贫攻坚对口帮扶工作

按照焦作市精准扶贫工作要求，焦作河务局机关自2015年9月起与沁阳市王曲乡古章村结成帮扶对子，正式启动驻村帮扶工作。焦作河务局将党建引领、经济推动、精准扶贫、文化助力作为帮扶的重要举措，通过"领、带、促、推"等方式，帮扶沁阳古章村由一个"软弱涣散"落后村跃升为全市精准扶贫工作先进典型。2018年12月被焦作市委组织部评为"五星级基层党组织"，2019年6月被评为2018年度"市级文明村镇"。2019年沁阳古章村成功申报"省级文明村镇"。自2012年扶贫工作开展以来，焦作河务局各级将扶贫工作作为重大政治任务，计划周密，措施实在，稳步推进，焦作河务局及所属县局共选派扶贫干部75人，深入15个帮扶村开展帮扶工作。截至2019年底，共有建档立卡贫困户192户，脱贫176户。2020年实现全部脱贫摘帽。

五、工、青、妇群团工作

1986 年建局即开展工会工作,2002 年 11 月设置焦作黄河工会。2019 年 8 月,河南黄河工会出台《河南黄河工会关于各市局和建工集团成立工会的通知》(豫黄工会〔2019〕10 号),根据文件要求,同年 12 月,焦作河务局成立河南黄河工会焦作黄河河务局委员会。1986—2019 年,获得国家级荣誉 1 人,省部级以上劳模荣誉和"五一"劳动奖章的有 6 人,黄委以上劳模 37 人,省局劳模 52 人。1986—1999 年,建成先进职工之家 8 个、模范职工之家 9 个、模范职工小家 13 个。焦作河务局 2010 年、2012 年连续两次被中国农林水利工会授予"全国水利系统模范职工之家"荣誉称号;2013 年被全国总工会授予"全国模范职工之家"荣誉称号。自 2013 年起,已成功举办四届一线班组职工运动会,设置项目贴近一线职工的工作生活,如防汛物资搬运赛、土牛堆放、手硪打桩等。2014 年和 2017 年,成功举办了两次全局职工运动会。

1996 年,焦作河务局成立女职工委员会,1996—2011 年,被黄委评为"三八红旗手"1 名,"先进女职工"1 名;武陟第一河务局女工委员会先后被省局、黄委评为"先进女职工组织"。

焦作河务局机关团委成立于 2007 年。2010 年,华龙公司荣获黄委"青年文明号"荣誉称号。2011—2012 年,办公室荣获黄委"青年文明号"荣誉称号。2018 年,机关团委荣获"焦作市五四红旗团委"荣誉称号,机关办公室荣获"焦作市新长征突击队"荣誉称号。2018 年 9 月,焦作河务局"保护母亲河青年在行动"志愿服务项目荣获河南青年志愿服务项目大赛银奖。2018 年 11 月,"河小青助力河长制"志愿服务项目荣获第四届"焦作市志愿服务市长奖"。

第三节　纪检监察

一、党风廉政建设责任制

2003—2019 年,焦作河务局每年逐级签订《党风廉政建设责任书》,完善了党风廉政建设责任制度。局属各单位坚持"一把手负总责"和"谁主管谁负责"的原则,把严格责任追究作为贯彻落实党风廉政建设责任制工作的核心工作来抓。焦作河务局被焦作市委、市政府评为"2005 年度落实党风廉政建设责任制工作先进单位",2006 年,焦作河务局纪检组监察科被评为"黄委纪检监察工作先进集体",2006 年获河南河务局"廉政文化"优秀组织奖,2007

年被焦作市委、市政府评为"党风廉政建设责任制工作先进单位",2011 年被焦作市纪委评为"焦作市廉政文化进机关示范点",荣获 2015 年度"焦作市作风建设和反腐倡廉建设工作优秀单位"。焦作河务局纪检组监察室被评为全河纪检监察系统先进集体。

二、惩防体系建设

为认真落实中共中央《建立健全教育、制度、监督并重的惩治和预防腐败体系实施纲要》和《黄河水利委员会建立健全惩治和预防腐败体系 2008—2012 年工作规划》,扎实推进焦作河务局惩治和预防腐败体系建设,2006 年印发了《关于构建焦作黄河特色惩治和预防腐败体系的实施意见》;制定《焦作河务局贯彻落实〈建立健全惩治和预防腐败体系 2013—2017 年工作规划〉实施意见》,逐步建成完善的具有焦作黄河特色的思想道德教育长效机制、反腐倡廉制度体系和权力运行约束机制的惩防体系,实现了工程安全、资金安全、干部安全、生产安全。2015—2019 年给予组织处理 62 人,政纪处分 13人,党纪处分 3 人。

三、廉政风险防控

纪检监察部门围绕各个时期的治黄中心任务,对局属各单位及机关各部门正确履行职责进行监督检查。重点监督人、财、物权力职能部门。同时,对焦作治黄工作中的重大问题,有重点、有计划地进行监督检查。2011 年,在全局推行廉政风险防控管理工作。2015 年,全面梳理权力和有关责任,编制完成权力清单,修订完善风险防控表和工作流程图。2019 年结合工作实际,全面深入排查风险点,编制完成《焦作河务局廉政风险防控手册》。

四、纪检监察体制改革

2015 年,作为黄委纪检监察体制改革试点单位,根据河南河务局批复改革试点方案,制定出台了《焦作河务局纪检监察体制改革试点方案实施细则》,及时对纪检组长分工进行调整,清理规范原有议事协调机构;印发《焦作河务局关于监察室机构设置人员编制的通知》,监察科更名为监察室,明确为副处级,纪检组和监察室合署办公,在 4 个县级黄河河务局明确专职纪检组长,2 个沁河河务局设置兼职纪检组长,华龙公司、养护公司配备专职纪检委员。2019 年 12 月,按照《中共河南黄河河务局党组关于实行对市级河务局纪检监察机构直接管理的通知》(豫黄党〔2019〕103 号)精神,河南河务局对市级河务局纪检监察机构直接管理,从领导体制、工作职责、工作关系、干部管理和后勤保障及工作要求等方面提出明确要求。

第四节　精神文明建设

1997 年,焦作河务局局机关荣获焦作市"市级文明单位";2006 年,荣获省级"卫生先进单位"和"军民共建单位"称号;2007 年 9 月,焦作河务局下属的武陟第一河务局、孟州河务局、沁阳河务局、张菜园闸管理处 4 个单位被评为"黄委文明单位";2001 年 12 月,焦作河务局首次成功创建"省级文明单位"。按照"五年到届再创"要求,分别于 2007 年、2012 年成功届满再创省级文明单位并保持荣誉;2015 年 2 月,荣获第四届"全国文明单位"称号,首次迈入国家级文明单位行列。2017 年,"全国文明单位"到届再创顺利通过验收,继续保持"全国文明单位"荣誉称号至今;2006 年,被水利部评为"全国水利系统文明单位"。按照"三年一复验"要求,市局机关连续多次顺利通过"全国水利文明单位"复验。

武陟第一河务局于 2015 年 4 月成功创建"省级文明单位";武陟第二河务局于 2007 年 4 月成功创建"省级文明单位";温县河务局于 2011 年 12 月成功创建"省级文明单位";孟州河务局于 2007 年 4 月成功创建"省级文明单位";沁阳河务局于 2004 年 2 月成功创建"省级文明单位";博爱河务局于 2003 年 2 月成功创建"省级文明单位"。6 个水管单位持之以恒抓创建,分别多次顺利通过届满再创,保持荣誉至今。

2015 年,武陟第一河务局侯保卫荣获河南河务局"爱岗敬业模范"荣誉称号;2016 年,孟州河务局职工安勇被河南河务局评为年度"孝老爱亲模范",武陟第二河务局张军荣获河南河务局"爱岗敬业模范"荣誉称号,董栋被评为"河南河务局最美黄河人";2018 年,焦作河务局派驻沁阳古章村第一书记韩占平被河南河务局评为"爱岗敬业"模范;2019 年,博爱河务局张新生荣获河南河务局"孝老爱亲模范"荣誉称号,武陟第二河务局武世玉、张菜园闸管理处岳小涛 2 人荣获河南河务局"爱岗敬业模范"荣誉称号;孟州河务局李新平家庭荣获黄委第一届"文明家庭"荣誉称号。

第二章 文化遗存

第一节 古 迹

一、古遗址

(一) 邸邰遗址

邸邰遗址位于武陟县乔庙镇邸邰村北。该遗址高出周边地面 3 米,东邻南北大道,东北 100 米处有长 200 米、宽 10 米、高 5 米的一段古阳堤。遗址西、南皆为农耕地,北部 10 米处有宽 8 米的东西向沙河沟,沟北 50 米处有民国初年修筑的大堤。邸合遗址是一处以龙山文化晚期为主的大型古文化遗址,遗址文化积淀丰富,特征明显,为探讨古人类文化和社会生活具有重要的学术价值。其文物内涵丰富,地表遗存随处可见,出土的龙山晚期至战国时期的绳纹、方格纹轮制陶器较为珍贵,为研究古人类生息提供了重要实物资料,具有重要的学术价值。

2016 年 1 月,河南省人民政府公布其为省级文物保护单位。

(二) 商村遗址

商村遗址位于武陟县乔庙镇商村和宋陵之间,属新石器时代(龙山文化)。遗址高出地面 1 米左右,南北宽 250 米,东西长 267 米,文化层最深处达 3 米左右。在断层发现有龙山时期蓝纹、方格纹的黑陶和灰陶片以及陶鬲、碗、石镰、石铲、铜箭头之类器具。从地形上看,该遗址属于黄河北岸台地,俗称清风岭余脉。

清风岭是一座东西走向,贯穿武陟、温县、孟州三地的山岭。乾隆五十四年(1789)《怀庆府志·舆地志》记载,武陟县清风岭"在县南十里,西连孟、温,南瞩广武,蜿蜒而东,抵于黄、沁之汇流,中多名刹"。还载温县清风岭"在县东北,东西长四十五里。"1993 年版《武陟县志》记载清风岭岗地"西起大封乡董宋,东至北郭乡方陵,高出地面 2~7 米,面积 3 万余亩,地下水深,土壤类型以褐土化两合土为主"。

遗址上原有汤帝陵和商王庙,今庙已毁。现存有汤帝陵以及宋绍圣四年

(1097)《重建商王庙大殿之记》、元皇庆二年(1313)《重修商王元殿之记》、元泰定元年(1324)《怀庆路武陟县商村创建商汤王庙三门记》等宋元碑刻,对相关历史文化研究具有重要价值。

1963 年被列为省级文物保护单位,2013 年 5 月被国务院公布为第七批全国重点文物保护单位。

（三）古阳堤遗址

古阳堤是起自武陟,经获嘉、新乡、延津、汲县、浚县,终至滑县的古黄河大堤,它是黄河最古老的左岸堤防。它兴起于春秋,形成于战国,统一完臻于秦,具有相当规模于汉。《河南通志》及 1983 年出版的《黄河史志资料》称其为"太行堤",当地统称"古阳堤"。在今武陟县商村东北,还残存堤基约 30 余米,顶宽 6 米左右,高出堤北地面约 1.5 米(该地面因历代沁河决泛和 20 世纪五六十年代引黄沉沙,已有所抬高)。

（四）东石寺遗址

东石寺遗址位于武陟县城北 2 千米的东石寺村西 100 米处。遗址东西长1000 米,南北宽约 800 米,现存面积约 80 万平方米。文化层堆积 1~6 米。断崖上到处可见袋形和圆形灰坑,并发现有瓮棺葬。采集到石斧、石铲、石锛、石球、石环等石器,骨锥、骨簪等骨器,蚌镰、蚌刀等蚌器。陶器分属仰韶文化、龙山文化和商文化。仰韶文化陶器有泥质陶和夹砂两种。器形有彩陶钵、彩陶罐、彩陶碗、盆、澄滤器、罐、缸、鼎、双唇小口尖底瓶等。纹饰有附加堆纹、弦纹、划纹。彩陶以红彩为主,其次是黑彩和褐彩,白衣彩陶占有一定比例,有红、黑兼施现象,彩陶图案以网关纹与带状纹为主,单体纹有逗点纹、变形逗点纹、曲线纹、竹叶纹、山形纹、鸡尾纹等。龙山文化陶器分泥质陶和夹砂灰陶两种。器形有罐、盆、瓮、缸、钵、小罐、杯、甑等,器物以素面为主,少量饰有弦纹、方格纹和篮纹等。商文化陶器多呈灰色,个别呈红褐色;多数为素面,少量饰以弦纹、绳纹等。器形有大口尊、缸、罐、盆、瓮、坩埚等。从地形上看,该遗址位于郇封岭岗地的起始处。

郇封岭岗地西起武陟县孙庄,东经武陟县小段和修武县郇封镇,至获嘉县照镜,是在一条呈东北—西南走向的高地,长 80 千米,宽 3~5 千米,高出两侧地面 2~4 米。因地势较高,20 世纪 90 年代地下水已深达 21 米以上,土壤一般为褐土化两合土。

1963 年 6 月,河南省人民政府公布东石寺遗址为省级文物保护单位。

（五）隰城故城

隰城故城位于武陟县北郭乡城子村北,该城南距黄河大堤 500 米,四周为农田,城东西长450米,南北宽390米,其南、西残存城墙高出地面1.5~2.5米,宽5~6米,西部大部分城墙被压于村庄下。北面残存城门一座,高3米,深3米,城门在清康熙、嘉庆、光绪年间均有修缮。由于黄河多次淤漫,城基及城内遗存埋于地下。

隰城春秋为周畿内邑,《左传·隐公十一年》载:"王以苏忿生田与郑,有隰城。"司马彪曰:"怀有隰城。"据清道光九年(1829)《武陟县志》载:"隰城在县西南15里城子村。旧志云:《左传》王与郑隰城,即此。"在此,曾铸造过"隰城"字样的圆形穿孔东周货币。

2008年6月,河南省人民政府公布其为省级文物保护单位。

（六）永济渠首故址

据《隋书·炀帝纪》记载:"大业四年乙巳,诏发河北诸郡男女百余万开永济渠,引沁水,南达于河,北通涿郡。"另据《水部备考》的说法:"沁水一支,自武陟小原村东北,由红荆咀经卫辉府,凡六十里入卫河。昔隋炀帝引沁水北通涿郡,盖即此地也。"明万历《武陟志》记录有武陟县的128个村庄,其中只有一个"小原",从其区划来看无疑是今武陟县东"小岩"村。隋开永济渠的渠首当在此地(今武陟县小岩冈头宝家湾一带)。

（七）怀城故城

怀城故城位于武陟县大虹桥乡东张村西北。遗址南面有城门券顶,整座城东西宽800米,南北长140米,仅存部分城垣,断续可辨,其余被淤埋于地下。

顾祖禹《读史方舆纪要》记载武陟有怀城:"县西南十一里……《竹书纪年》:'秦师伐郑,次于怀。'汉置怀县,为河内郡治。"《中国古今地名大词典》载:"怀县,春秋郑邑,战国属魏,汉置怀县,隋初省,唐初复置,又省。故城在今武陟县西南。"汉代,怀城是政治、经济、文化、军事要地和民间手工业的兴盛区,曾设有工官,制造铜钱、陶艺等手工业制品,特别是汉光武帝多次到此祭祀祖先,在怀城内建有行宫和宗庙。《后汉书·光武本纪》载:建武元年(25)八月,"癸丑,祠高祖、太宗、世宗于怀宫"。清道光九年(1829)《武陟县志》载:"怀宫:汉光武帝数幸怀,故曰怀宫。《范升传》曰:'征诣怀宫',《本纪》曰:'祠高祖、太宗、世宗于怀宫。'即此也"。

2008年6月,河南省人民政府公布其为省级文物保护单位。

（八）赵庄遗址

赵庄遗址位于武陟县城西南26千米赵庄村南、黄河大堤北岸,为蟒河、济水交汇处,东距董宋村250米,西北部边沿延至赵庄村民房下,东南分别以黄河大堤及蟒河为界,东北延至西岩村边,其南边因黄河冲刷而形成一大断崖,由南向北呈倾斜状。文化内涵有仰韶文化,龙山文化,二里头文化和西周、战国文化。遗址西部主要为二里头文化区,出土有大量泥质灰陶细绳纹陶鬲、大口尊、平口瓮和骨针等。中部为仰韶文化区,曾出土有完整的泥质红陶瓮棺葬具和彩色陶罐、红陶瓮红陶鼎等。东部为龙山、早商和东周文化区,出土有筒瓦、板瓦、空心砖等。

1986年11月,河南省人民政府公布其为省级文物保护单位。

(九)北平皋遗址

北平皋遗址位于温县县城东南10千米处的赵堡镇北平皋村,村四周皆为古文化遗址。遗址内涵丰富,延续时间长,经过仰韶文化、龙山文化、夏、商、西周、春秋、战国、汉代等历史时期。遗址分四部分,分别是村西仰韶文化遗址、村北龙山文化遗址、村东二里头文化遗址和村东北古邢丘城遗址。

据《竹书纪年》《史记》记载:"祖乙迁邢",即商朝第十三代王祖乙,因避河决之患而迁于邢。王国维在《观堂集林·说耿》中认为:这座古城"地近河内怀",即为古邢丘城。《左传·宣公六年》载:"赤狄伐晋,围怀及邢丘。"杜预注曰:"邢丘,今河内平皋县。"遗址所发现的"邢公""公"陶文陶片,也充分证明此地即为古邢丘城。邢丘春秋时属晋国,战国时属韩国,汉在此置平皋县,北齐时撤平皋县并入温县。"邢公"陶片,为春秋时期之遗物。邢公乃指楚申公巫臣之子狐庸。楚申公因故曾投奔晋国,晋国国君赐封其于邢地,其子袭其封地,故称"邢公"。

1986年11月,河南省人民政府公布其为省级文物保护单位。

(十)陆庄遗址

陆庄遗址位于温县张羌街道陆庄村南,为黄河故道二级台地。台地高出周边地平面约5米,称为清风岭。该遗址平面呈长方形,东西长约600米,南北宽约250米,面积约15万平方米。文化层厚约2.5米。遗址上曾采集有陶罐、鼎、豆、鬲、石铲、石凿等器物。就采集的石器以及陶器分析,陆庄遗址为新石器时期龙山文化遗址。由洪水冲刷而成的河沟自遗址中部南北穿过,将遗址分为东西两部分。遗址周边地区遗存有两处同时期文化遗存和汉代九女冢。目前,地下遗址保存完整,未遭到大的破坏。

2016年1月,河南省人民政府公布其为省级文物保护单位。

(十一)西梁所遗址

西梁所遗址位于温县温泉镇西梁所村西北400米处的岗地上。遗址东西长300米,南北宽250米,总面积约7.5万平方米。文化层厚约6米。20世

60年代初多次调查并采集,以后又多次发掘,证明该遗址包含仰韶文化、龙山文化、二里头文化、早商文化等类型。大量的红胎磨光陶片上多施黑褐彩;器形有罐、钵等;纹饰有网状纹、几何纹、睫毛纹等,为仰韶文化时期遗物。出土的磨光黑陶片上多施方格纹、绳纹等;器形有鼎、鬲、盆等,为龙山文化时期遗物。出土的黑胎、灰胎陶片上多施绳纹;器形有大口尊等,为二里头文化类型遗物。另外,还发现有早商文化时期的灰胎夹砂陶片。

1963年6月,河南省人民政府公布其为省级文物保护单位。

(十二)古温城遗址

古温城遗址位于今温县西15千米之上苑村北一带,西紧临古济水(今猪龙河),面积约0.8平方千米。周武王赐大司寇苏忿生十二采邑,温为首邑,故又称"苏封"或"苏城"。自春秋置县,历战国、秦、汉至魏,均为温县治所。自晋初,县治移于晋城(即今招贤),古温城遂废。

(十三)徐堡古城址

徐堡古城址位于温县武德镇徐堡村东至大善台村西一带,北临沁河。城址平面呈圆角长方形,南城墙保存完好,长约500米,西城墙残长400米(北段被沁河冲毁),东城墙残长200米(北段被沁河冲毁),北城墙被沁河冲毁,现压于河床之下。经对城址进行文物勘探,发现城墙除沁河冲毁北部外,其他大部分保存十分完整,城墙外侧还保留有护坡。在城址中部发现一处堆筑台地,平面呈不规则长方形,东西长90米,南北宽70米,面积6300平方米,可能为城址中一处重要的部位。该城的使用年代为龙山文化中期至西周。

2006年,焦作市文物工作队在配合南水北调中线工程徐堡段文物勘探时被发现。由洛阳市文物工作队和焦作市文物工作队联合发掘,发掘面积5000平方米,清理了城墙、灰坑、房址、墓葬等大批遗迹,出土了卜甲等一批重要的文物。

2013年5月,国务院公布其为全国重点文物保护单位。

(十四)子昌遗址

子昌遗址位于孟州市东北15千米城伯镇子昌村西北的高岗上,紧邻子昌仰韶文化遗址。该遗址长300米、宽150米,面积达4.5万平方米。

1978年,原新乡地区文物工作队曾采集到一些白衣彩陶、红衣彩陶和红陶片等,并定名为仰韶文化遗址。1980年春,原孟县文化馆征集到鞋底状石磨盘、石耒、大石铲和一些破碎的陶片,经专家鉴定,初步确定为裴李岗文化遗物。对此,河南省文物考古研究所高度重视,1982年曾两次派专家到子昌遗址采集标本,最后确定为裴李岗文化遗址。

子昌裴李岗文化遗址是黄河以北地区较早发现的一处新石器早期文化遗址,意义重大。子昌裴李岗文化遗址发现之前,考古界一般认为,裴李岗文化仅分布在黄河以南的河南部分地区,不可能传播到黄河北岸。子昌裴李岗文化遗址的发现,不仅拓展了考古界的认识水平,而且对研究黄河两岸的新石器早期文化的差异提供了最宝贵的实物资料。

1999 年 12 月,孟州市人民政府公布其为文物保护单位。

（十五）义井遗址

义井遗址位于孟州市西 6 千米的义井村村西南的台地上。遗址南北长 700 余米,东西宽 650 米,总面积约 45.5 万平方米。遗址东临村中大道,西、北临曹马沟,南接黄河滩。遗址西、南部因雨水和河水的多年冲刷,特别是南部,形成了一条大的断崖面,地层已暴露至生土层。从断面可以看到,距地表 1 米以下为文化层,厚度一般在 3 米左右,最厚处达 5 米。

义井龙山文化遗址是豫北地区发现的内涵最为丰富、保存最完整、面积最大的新石器时期文化遗址之一,对研究豫北地区以及黄河中下游地区的新石器时期文化具有重要的价值和意义。

1986 年 11 月,河南省人民政府公布其为省级文物保护单位。

（十六）韩愈墓

韩愈墓位于孟州市焦洛路中段,墓冢坐落在丘陵之上。墓前韩文公祠为清代乾隆年间所建。祠中两株桧柏遮云蔽日,树下立有碑石,上刻"唐柏双奇"。

韩愈是唐代杰出的文学家、哲学家,字退之,号昌黎,河阳（今孟州市）人。韩愈出生后母丧,三岁又丧父,由兄嫂抚养,刻苦自学,尽通六经百家之学,为贞元年间进士,贞元十二年（796）踏入仕途,曾任国子监博士、监察御史,后官至刑部侍郎、兵部侍郎。长庆四年（824）病卒于长安,次年归葬河阳,终年 56 岁,谥号"文",世称韩文公。

2006 年 5 月,国务院公布其为第六批全国重点文物保护单位。

（十七）西金城遗址

西金城遗址位于博爱县金城乡西金城村,西北距县城 7.5 千米,北距太行山地 10 千米,海拔高度 107 ~ 108 米,南水北调中线干渠穿过遗址东部。受河南省文物局南水北调文物保护项目办公室委托,山东大学考古队于 2006—2007 年连续 4 次发掘和钻探。共开 10 米 × 10 米探方 50 个,连同 3 条解剖探沟共计发掘面积 5200 平方米,发现龙山文化城址 1 座,基本摸清了城址周围的古地貌和经济生产区划,并首次在河南龙山文化遗址中发现小麦遗存,对研究中原地区的文明起源和人地关系演变具有重要的学术价值。

2013 年 5 月,国务院公布其为第七批全国重点文物保护单位。

（十八）古羊肠坂道

古羊肠坂道位于沁阳市西北常平乡与山西省接壤的崇山峻岭中,山崖遗存有清代同治元年(1862)镌刻的"古羊肠坂"四字,有孟良石寨遗址。另在原长白公路西侧也有一处古关隘遗址。两处关隘扼羊肠坂通道。明代立有晋豫交界碑(已毁)。

坂道周代已有。春秋时为赵国重要的通道,孔子北说赵国曾过此地。战国时,秦将白起率军克羊肠攻赵,取得了长平之战的胜利。魏武帝曹操北征高干,在此写下了著名诗篇《苦寒行》。以后历代均在此筑城设卡。抗战期间,这里是国民党四十军常平阻击战的重要战场。

1986 年 11 月,河南省人民政府公布古羊肠坂道为省级文物保护单位。

（十九）山阳故城

山阳故城位于焦作市山阳区新城街道墙南村,是一处以汉代遗存为主的古城址,面积近 300 万平方米,城址平面呈不规则长方形。北城墙长 1850 米,东城墙长 1350 米,西城墙长 1000 米,南城墙基本毁坏殆尽。城有 9 门(北 5 门、南 2 门、东西各 1 门),城墙宽 14～35 米,残墙高 4～6 米,为夯筑而成。据《三国志》记载:东汉末年,曹丕称帝,贬汉献帝刘协为山阳公,山阳城为其食邑。城内原有法明寺、藏梅寺(俗称千佛寺)等名寺古刹。唐代刘禹锡有《山阳城赋》。

2006 年 5 月,国务院公布其为第六批全国重点文物保护单位。

二、古建筑

（一）嘉应观

嘉应观俗名庙宫,始建于清雍正二年(1724),在武陟县城东 13 千米,系雍正皇帝为祭祀河神而修建的龙王庙。

据《清史稿·河渠志》记载:康熙六十年(1721)"八月,决武陟詹家店、马营口、魏家口"。康熙六十一年(1722)"正月,马营复决,……九月,秦家厂南项甫塞,北坝又决,马营亦漫开"。又据《续行水金鉴》资料,雍正元年(1723),"六月,河决于中牟十里店、娄家庄"。同月,黄河北岸"决(武陟)梁家营、二铺营土堤及詹店、马营堤"。九月,再决郑州来童寨民堤,冲中牟杨桥官堤。

黄河南北两岸的频频冲决,致使田畴失耕,害及漕运,使刚刚亲政的雍正皇帝难以安枕。于是清廷屡下谕旨,亟发帑金,允准河道总督齐苏勒治河奏疏,塞决筑堤整顿河弊,并增派兵部侍郎嵇曾筠参与堵决工程,复遭大学士张鹏翮前往协修,力图扭转河防四处倾圮的局面。在塞决及筑堤取得显著成效后,雍正欣喜下诏书大兴土木,命河臣于武陟修建淮黄诸河龙王庙一座,以祭祀并祈求河神的佑助。

嘉应观规模宏伟,建筑精致,是豫北少有的清代宫式建筑群,建筑占地面积21750平方米,各种殿宇沿轴线进深的排列次序为:山门、御碑亭、前殿、中大殿、过庭及禹王阁,两侧还有掖门、钟楼、鼓楼、更衣室、配殿、厢房等,布局严谨,主次有序,加之雕梁画栋,飞檐重叠,使整个建筑群古朴肃穆,蔚为壮观。

御碑亭为嘉应观之精粹,亭内竖立雍正皇帝铜质"御碑"一座,碑文雍正手书,碑座俯卧一镶铜独角兽,工艺精美,堪称珍品。

2016年6月,国务院公布其为第五批全国文物保护单位。

(二)东岳庙遗址及五龙池

东岳庙遗址及五龙池位于武陟县圪垱店乡董贾村西北,始建于唐代。清道光九年(1829)《武陟县志》卷十九《古迹志》载:"东岳庙,在董贾村西,建于唐,明万历年间增修,郑世子之功也。内有明碑四通,国朝雍正六年重修,有尚书张公伯行撰碑。"自唐代以后,屡有修葺或增建。清末民初,东岳庙占地120余亩,有古代建筑52座250间,为一处规模宏大的道教建筑群。现仅存五龙池和明清碑刻20余通。

五龙池,又名舍身池,位于东岳庙凌烟阁前。该池由上、下两部分组成,上为池,下为井。池平面呈长方形,南北长7.2米,东西宽6.2米,池底距现地表8.25米。四壁结构为五层砖砌台阶式,残壁最高处2.65米。台阶砌筑方法多样,无规律,为历代修葺所致。池底无铺地砖,底部四周用直径0.1~0.2米的柏木桩相围,以维护墙体。池底有五口井,池中心及东、西、南、北各置一眼,呈梅花形分布,井呈圆形,直径1.1~1.85米。井壁用青砖砌筑。1990年曾从池中清理出土部分石雕,有石雕狮子望柱9根、仰莲形柱4根、石栏板15件等。构件雕饰卷草纹,其中两块为宋代以前遗物,花形肥大,其余为明清修葺时遗物。

五龙池保留了唐至明清各个时期修葺的遗存及手法,且池内出土的历代建筑构件和碑刻,为研究各时期古建筑风格特征演变提供了实物例证。

2016年1月,河南省人民政府公布东岳庙遗址及五龙池为省级文物保护单位。

(三)千佛阁

千佛阁位于武陟县南大街北端,明嘉靖三十六年(1557)建,清咸丰六年

(1856)重修,重修时保留了明代主要构件和建筑风格。千佛阁坐北面南,占地 15 亩。原建筑有山门、钟鼓楼、中佛殿、千佛阁、关帝庙、城隍庙、白衣殿、陪殿等。现仅存千佛阁、中佛殿和山门。

千佛阁为三重檐歇山回廊式建筑。上层面阔三间,进深三间。中下层面阔五间,进深五间,七架梁结构,绿色琉璃瓦覆顶。阁顶部巴砖上绘有 18 组天干地支阴阳五行八卦太极图。

千佛阁古建筑群,从整体上看,建筑宏伟,高大古朴,建筑艺术高超,雕刻艺术精湛。有佛教阁殿,又有道教庙宇,是明清时释道合一的具体表现。现存主体建筑千佛阁、中佛殿、山门不在一条中轴线上,即"三不照"建筑,有明显的地方特色,具有较高的文物研究和旅游观赏价值。

2006 年 5 月,国务院公布其为第六批全国重点文物保护单位。

（四）青龙宫

青龙宫位于武陟县龙源镇万花庄村,俗称龙王庙,原为青龙祠,始建于明永乐年间,清嘉庆十八年(1813)奉旨重修,重修时保留了原来的建筑风貌,并将青龙祠更名为青龙宫。清道光、光绪年间相继增修。坐北面南,占地面积 28.4 亩,现存古建筑 10 座 34 间,整个建筑为中轴线布局,依次为主门厦戏楼、东西掖门、拜殿、东西官厅、东西厢房、玉皇阁、后寝宫等,是一处规模宏大、布局合理、保存完整的古建筑群体,具有较高的文物研究和旅游观赏价值。

2013 年 5 月,国务院公布其为第七批全国重点文物保护单位。

（五）妙乐寺塔

妙乐寺塔又名妙乐寺真身舍利塔,位于武陟县大虹桥乡东张村古怀城遗址上。据《法苑珠林》载:阿育王塔在中国有十九所,妙乐寺塔为其一,序列第十五。唐释道宣《大藏经·广弘明集》(第十五卷)记载妙乐寺塔曰:"武陟县西七里妙乐寺塔。方基十五步并以石编之。石长五尺阔三寸。以下极细密。古老传云:其塔基从泉上涌出。"明万历十九年(1591)《武陟县志》亦记载:"舍利塔在县西十里张村,高插云汉,雄崎一方。汉侍御苏允年有记。"清康熙《武陟县志》亦曰:"舍利塔在县西十一里张村,怀城西南。高凌云汉,雄崎一方,建自唐,后周显德二年重修。侍御苏允平有记,今字勒磨不可考也。"

宋皇祐五年(1053)曾刷洗塔。明万历岁次甲午(1594)冬十一月十六日洗塔,明万历四十一年(1613)塔东南隅坠下一角,明万历、泰昌、天启至崇祯元年(1628)又曾多次修复,清康熙四十年(1701)再次对其维修。目前,寺院全毁,唯塔独存。

2001 年 6 月,国务院公布其为全国重点文物保护单位。

（六）遇仙观

遇仙观位于温县徐堡村北沁河堤下。据观中所存清嘉庆五年(1800)《玉皇殿重修记》碑文记载,遇仙观"后三清殿,左三皇殿,右广生殿。其两庑左则三官殿、天师殿、天将东殿、关圣殿;右则四圣殿、瘟神殿、天将西殿、都土地殿。其山门内有朱雀、玄武、苍龙、白虎四大帅,规模俱极壮丽。"

遇仙观始建于元世祖年间,经历明、清、民国屡次重修。明嘉靖元年(1522),重修三清殿,明嘉靖六年(1527)新建玉皇殿。清嘉庆二年(1797)至嘉庆五年(1800),重修玉皇殿、山门等,清道光三十年(1850)重修三皇、关帝、天师殿,又继修玉皇三官四圣诸殿。

遇仙观主体建筑玉皇殿雄伟高大,梁架斗拱制作标准精细。山门两石窗及门前石狮均为元代遗物。三清殿仍保持着明代结构风格。遇仙观建筑群从平面布局、梁架结构到斗拱形式,均受清代官式建筑影响,是研究明清官式建筑特点的重要实物资料。

2000年9月,河南省人民政府公布其为省级文物保护单位。

（七）慈胜寺

慈胜寺位于温县番田镇大吴村,始建于唐代初年。当时建筑规模极为宏大,前后四进院落,中轴线上有五座殿宇,两旁有配殿、僧房百余间,占地百余亩。现存山门、天王殿、大雄殿三座建筑。慈胜寺东西宽60米,南北长120米,总占地面积约7200平方米。天王殿又称"无梁殿",为元代利用力学原理的建筑典范;四大天王壁画中原地区绝无仅有;五代经幢雕刻华丽,实为艺术珍品;慈胜寺是河南省现存较早的古代建筑之一。为中原地区保存最完整、元代部件最纯正,最具代表性的元代官式建筑。元至元五年(1268)制作的"风"字形匾额世上仅存无几。

2001年6月,国务院公布其为第五批全国重点文物保护单位。

（八）锁水阁

锁水阁又名"文峻阁",位于孟州市化工镇北开仪村南的黄河大堤旁。锁水阁高30米,周长13.3米,砖石结构,坐北朝南,正面上下各有砖券拱门,下楣横嵌青石,阴镌楷体"锁水阁"字样。字体0.3米左右,苍劲隽拔,洒脱大方。背高层为砖券长方门窗,间含正方小孔木棂,雅以美观。东西两厢中上层各为砖券圆窗,内含斜方小孔木棂,剔透玲珑。阁顶呈坡面形状,朱脊飞檐,琉璃宝顶,直插云天。

据《孟县志》记载:"锁水阁在城东五里海头村;文峻阁在城东南四里开仪村。"相传二阁均系明代崇祯年间邑令李希揆建造,位于海头村南的"锁水阁"

高16.2米,长宽各6.2米。李希揆修造"锁水阁"的用意是锁住黄河水不使为患,却事与愿违,黄河水仍泛滥不断,清乾隆三十年(1765),黄河泛滥孟州,冲毁大量良田房屋,许多百姓流离失所,原本用来镇守黄河水的"锁水阁"也被咆哮的黄河水吞没。

清同治十二年(1873),时任孟县知县的姚诗雅在原阁遗址重修"锁水阁",并雇专人管理"锁水阁",还将附近的12亩土地划归其管辖,立上了"桃潭书院"的名字。

(九) 显圣王庙

显圣王庙位于孟州市会昌街道堤北头村,现存大殿3间,舞楼9间,戏楼3间。大殿坐北向南,始建于元至正十一年(1351),原址在堤北头村东南约1千米处的小金堤之东侧,由于水患,清乾隆二十四年(1759)迁至此处。舞楼建于清光绪二十二年(1897),原址位于大殿东邻,坐南向北,1994年将舞楼搬迁到显圣王庙大殿东侧,改为坐东向西。戏楼建于清乾隆年间,坐南向北,与大殿相对,1996年对戏楼进行维修。显圣王庙大殿是河南省现存的原始构件纯度较高的元代建筑之一。

2013年5月,国务院公布其为第七批全国重点文物保护单位。

(十) 天宁寺三圣塔

天宁寺三圣塔位于沁阳市沁园街道市博物馆院内。天宁寺始建于隋代,三圣塔始建于金大定十一年(1171)。明洪武十年(1377)对天宁寺三圣塔进行维修,加固基座,增方石包砌。清嘉庆十七年(1812)再次修葺。抗战时期,日军炮击城内,将塔第九至十二层南面塔檐击坏。1953年按原样进行了维修。

天宁寺三圣塔系十三级密檐叠涩式砖塔。塔平面为方形,塔门南向,由基座、塔身、塔刹三部分组成,总高32.76米。石造基座,第一层塔身四面设门,施隐窗,在普柏枋以上设砖砌斗拱承托撩檐枋,以上各层叠涩密檐下均施棱角牙子砖,并砌出腰檐。各层高度由下向上逐层递减,宽度也逐级收敛,使整体外轮廓呈抛物线形。三圣塔为河南省金代塔中形体最大、保存状况最好、石刻艺术资料及塔铭题记最丰富的一座。该塔整体外观仿唐,内部结构又似宋代作法,内部中空、四壁等分,是唯一一座保留回廊的金代塔。

2001年6月,国务院公布其为第五批全国重点文物保护单位。

三、石刻

（一）武陟县商村创建商汤王庙三门记碑

该碑螭首，青石质，高205厘米，宽7.5厘米，厚23.5厘米，篆额"帝汤之殿"。两侧饰以花卉纹饰。碑题为"怀庆路武陟县商村创建商汤王庙三门记"。碑阴篆额"创建三门之记"。该碑现存于武陟县商村汤帝陵。碑文首先历数了商汤王庙的创建、重修过程，继而记述了元泰定元年（1324）创建三门之事，最后歌颂了商汤的恩德。

（二）修筑岗头小原堤岸记碑

该碑位于武陟县圪垱店乡小岩村禅安寺内，青石质地，圆首，通高1.77米，宽0.75米，厚0.19米，已断裂两节。碑首正中阴刻"修筑岗头小原堤岸记"为获嘉县知县篆书，碑文通体楷书，竖20行，满行46字，为武陟县知县撰文。碑额线刻云龙纹，两边雕卷草纹，大明成化十一年（1475）岁次乙未夏六月三十日立石。

（三）御坝石碑

该碑位于武陟二铺营乡御坝村南，黄河大堤北侧，清康熙六十年（1721），黄沁河溃决成灾，雍正元年（1723），为治河堵口，皇帝决定在此筑坝堵口，次年坝成，称为御坝。雍正皇帝降旨立石碑一通，碑首雕有盘龙图案，碑身阳刻"御坝"二字相传为雍正帝隶书。

（四）嘉应观御碑

清雍正二年（1724），雍正为祭河神在武陟县境修建龙王庙——嘉应观，并立铜碑一通。碑质为铸铁，外为黄铜。碑分额、身、座三部分，碑总高430厘米，宽95厘米。碑额正中刻"御制"二字。

康熙、雍正两帝交替之际，黄河屡次决泛，波及漕运及国计民生。雍正帝屡下谕旨，拨付帑金，派河道总督齐苏勒等重臣治理，待治河取得一定成效后，雍正帝下诏书，命于武陟县建"淮黄诸河龙王庙"，刻石立碑，亲撰碑文并书丹，此即嘉应观御碑。碑文概要叙述了黄河的河道、灾害、治理，表达祈神保佑之愿望。

（五）1951年武陟县修堤纪念碑

碑文记述了新乡地区行政公署集中博爱、武陟、修武、获嘉、新乡、原阳、延津7县，民工14.7万人，修筑武陟县黄河大堤的历史，碑阴是光荣榜，复堤英雄35人，复堤模范村26个。

（六）人民胜利渠开闸灌地30周年纪念碑

该碑位于武陟县人民胜利渠首闸南侧,此碑立于1982年4月。记述了人民胜利渠兴修过程与成就。

（七）黄河左堤0公里碑

该碑位于孟州市曹坡村,建于1997年,由孟州河务局自行设计、施工建造。该碑由碑座与石碑2部分组成,共分4层。纪念碑正面刻着黄委原主任袁隆题写的"黄河左岸堤防起点中曹坡"11个刚劲有力的大字,背面碑文介绍黄河风情、历史概况,颂扬人民治黄50年的巨大成就。

（八）沁河口碑

该碑位于武陟县沁河入黄口的左堤上,建于1999年,由武陟第一河务局自行设计、施工建造。碑文记述了沁河以及沁河工程、防洪、历年沁河洪水泛滥及人民治河确保安澜等情况。

（九）京广铁路穿黄河左堤遗址碑

该碑位于武陟县詹店村南黄河堤上,建于2018年。碑文记述了京广铁路穿黄河左堤闸口遗址历经风雨,见证了中华民族百余年的荣辱兴衰和近代治黄史。

第二节　非物质文化遗产

一、黄河号子

黄河号子是黄河文化的一种表现形式,是我国人民在劳动中创造的最古老、最原始的民间艺术之一,具有较高的艺术价值。远古时代,人们在与大自然搏斗时发出的呼喊声。收获时,愉快地敲击石块、木棒,发出的欢呼声和歌唱声,形成了最早的民歌——劳动号子的雏形。

20世纪70年代以前,在紧张、繁忙的黄河抢险一线,在河道堤防、水利设施修建工地,常常响起高亢激昂的抢险号子、土硪号子。随着科学技术的日益进步和黄河治理开发事业的迅速发展、机械化程度的不断提高,黄河防洪工程建设的技术手段已发生了很大的变化,传统的抢险场面和修堤筑坝方法已逐渐淡出黄河历史舞台。

2007年3月5日,黄河号子入选河南省第一批省级非物质文化遗产。2008年6月7日,黄河号子入选第二批国家级非物质文化遗产。

二、太极拳

太极拳发源于黄河北岸温县清风岭中段陈家沟村,被称为"中国第一哲拳"。它以传统武术为表现形式,力图通过养生修炼、肌体锻炼以达到人体心理、生理的和谐平衡以及与他人、与社会、与自然的和谐发展。它承载着太极文化之血,联系着河洛文化之脉,缔结着中原文化之根,蕴含着中华文化之魂。太极拳完美体现了阴阳相依、动静结合、刚柔相济的运动规律,是中华武术及东方文明的绝世瑰宝。历经300多年的文化积淀与传承发展,如今的太极拳已经成为中国文化的一种符号象征,它展示了中华民族的伟大创造力,也见证了华夏文化传统的独特价值。改革开放以来,陈家沟尚武之风得以恢复发展,涌现出了一大批闻名遐迩的太极拳师,他们往来于世界各大洲,传播太极拳文化,在不同的国家之间、民族之间,架起了一座座友谊的桥梁。现今这一武学瑰宝已广播150多个国家和地区,全世界习练太极拳者1.5亿人,成为全球参与人数最多的武术和健身运动。

20世纪80年代以来,太极拳以其独特的魅力更为世人所推崇,被国家旅游局列为特种旅游项目,成为发展河南旅游业的两个"拳头"产品之一。自1992年第一届中国温县"国际太极拳年会"成功举办以来,每年来到陈家沟寻根问祖、拜师学艺、健身养生、感受太极文化的游客络绎不绝。2006年5月,太极拳被列入首批国家级非物质文化遗产名录;2007年,温县被正式命名为"中国武术太极拳发源地"和"中国太极拳文化研究基地"。

三、董永传说

董永传说起源于距武陟县城西20千米处的小董村。相传董永生于公元前14年农历二月初三,自幼丧母,家境贫寒。期间因时局动荡,加之董父疾患缠身,年仅12岁的董永拉车载父,沿途乞讨,受尽苦难,未让老父受到任何委屈,终于从外地回到武陟小董村。一年后董父病故,为买棺葬父,董永卖身小董村东的傅村傅员外家给其推磨拉碾。从此,董永宁做"磨道驴"也要买棺葬父和辛苦奉养继母的行为感动着世人,甚至连他每晚披着星月、踩着晨露也要回家照顾继母的必行小路上的小草,据说也被感动得早上向东倒,晚上向西倒,为的是不再牵绊董永疲惫的脚步。当地人也因被董永的孝行所感动,至今仍保留着董永走过的小路和当时傅员外家的石狮、石马以及董永用过的石磨、石碾。

有关董永的美丽传说,源于董永和一个叫张七姐的故事。绿林好汉张老田之女张七姐是南方人,人长得很是水灵。其父张老田是农民起义军中的一个将领。受父亲影响,张七姐也是侠甘义胆。起义军失败后,张七姐从南方逃至武陟避难,在武陟爱上了被世人传颂的孝子董永。二人遂在大樊村槐荫树下私定终身,结为连理,并拿出其父劫来的贡品黄绫替董永赎身,托言是众姐妹一夜之间织成的。于是美丽善良的张七姐和她侠义救夫的故事,便因民间口头传说化腐朽为神奇,变张七姐为玉皇大帝的女儿七仙女,其父"张老田"也变成"老天爷",演绎出了"牛郎织女""七夕相会""槐荫记""天仙配"等诸多美丽传说。

2006 年 5 月,国务院公布其为第一批国家级非物质文化遗产。

四、怀梆

怀梆是我国古老的地方剧种之一,因源于明代怀庆府而得名,至今已有400 多年的历史。

明代初期,随着晋陕商贾崛起以及壶关古商道的开通,秦腔、上党梆子、山西中路梆子等陕晋地方戏逐渐涌入怀川大地,为怀梆形成奠定了社会基础。明代中叶,朱载堉汲取民间音乐精华,用科学方法阐明了十二平均律并广泛应用于"郑王词曲"的演唱,更促进了怀梆的形成。在大量接受陕晋戏剧熏陶的同时,怀庆府民间艺人尝试用当地俗曲小调掺入弋阳腔、昆山腔、乱弹、梆子腔等调门,将历史故事、民间传说编成剧本并搬上戏曲舞台,在长期的表演实践中不断创新,渐趋完善,逐步形成了中国戏剧板腔体系中的怀梆。

怀梆唱腔念白均以中原音韵的怀庆府方言、语调发音吐字,通晓明白,不事奢华,口语化、大众化的特点明显突出。其唱腔以梆为板,曲调古朴明朗,激越高亢。怀梆乐队由打击乐和民族管弦乐组成,俗称"软硬家伙",后逐步有西洋乐器汇入伴奏。表演方面,怀梆生旦净末丑行当齐全,广泛吸收说唱、歌舞、武术杂技等姊妹艺术,以唱、念、做、打为主要表演手段,形成了严谨的表演程序和完整的梆子戏体系。

2006 年 5 月,国务院公布其为第一批国家级非物质文化遗产。

五、四大怀药种植与炮制

"四大怀药"乃怀山药、怀地黄、怀牛膝、怀菊花四种药用植物的总称,因焦作古为覃怀、怀庆地,故名。焦作地区"四大怀药"种植已有 3000 年的历史。

焦作地处黄沁河冲积平原,得天独厚的自然条件以及千百年来怀川人民由实践总结和积累的独特的"四大怀药"的种植和炮制工艺,使其在形成了独有的外观和质地的同时,以其独特的药效和滋补作用蜚声海内外,对于其药效和滋补作用,历代中药典籍都给予高度评价。1914 年,在美国旧金山举办的"万国商品博览会"上,"四大怀药"作为国药展出,备受各国医药学家的赞誉和称道。1962 年,国家从《本草纲目》中记载的 1892 种中药材中优选出 44 种作为"国宝之药",在国家公布的地道药材名录中,"四大怀药"名列河南地道药材之首。

2008 年 6 月,国务院公布其为第二批国家级非物质文化遗产。

六、高抬火轿

高抬火轿是由朱载堉在古人抬花轿的基础上创立的。早在宋代,生活在丹河、沁河流域的怀川人就有抬花轿闹新春的习俗,观者如潮,有广泛的群众基础。明代布衣王子朱载堉赋予了抬花轿新的艺术生命,完成了其从粗俗到雅俗共赏的艺术升华。

明代开国皇帝朱元璋第九世孙朱载堉在辞去爵位后,隐居在覃怀丹水旁的九峰山下著书立说,其间他常布衣束巾,深入民间,除解群众疾苦外,也有意废除世俗等级观念。当他了解到民间轿夫和唢呐艺人同被称为"下九流"时,就想通过某种艺术形式来改善民间艺人的社会地位。在对当时盛行在覃怀大地抬花轿迎新春及踩高跷、吹唢呐等多种民间艺术研究基础上,朱载堉成功设计了高抬火轿这一形式独特的民族民间舞蹈。

高抬火轿发源于沁阳市山王庄镇万善村。明清时期,万善村分五大社,高抬火轿的主要表演者多居万南社区,故又称南社火轿。历经 400 余年发展演变,高抬火轿已成为百里怀川群众喜闻乐见的一种民间舞蹈。

2008 年 6 月,国务院公布其为第二批国家级非物质文化遗产。

七、二股弦

二股弦起源于武陟县大司马村。明嘉靖年间,大司马是东至燕赵、西通关洛的交通要道,河边码头货栈林立,街上钱庄店铺比邻,鼎盛之时所建庙宇多达 13 座,座座雕梁画栋,家家香火旺盛,且庙会、社火常年不断。于是,旱船、高跷、小车,经担唱的缸调、经调,说书唱的坠子、唠子,莲花落及驻扎的山西会馆带来的迷糊(眉户)等各种民间艺术齐聚庙会,竞技比试,互相学习。期间有个叫苗丁的人,把经调和民间小调融合,以庙里劝善经文里的故事为题材给予重新编排并演出,因所用的伴奏乐器为二股弦,故称其戏为二股弦戏。

二股弦戏共有 5 个曲牌、18 个唱腔板式,皆为庙会上所唱之调。二股弦唱腔、曲牌完全是大司马村土生土长,其主要剧目也是由社会生活故事、宗教故事整理创编,如刘全砍柴、李翠莲上吊、唐王游地狱等,原汁原味的方言小调、浓郁厚重的地方风情,使其本土魅力十足,大受欢迎。且二股弦戏对后来产生的怀梆、豫剧有很大影响,并得以传承发展至今。

2008 年 6 月,国务院公布其为第二批国家级非物质文化遗产。

八、当阳峪绞胎瓷烧制技艺

绞胎瓷又名透花瓷,由两种或两种以上不同颜色瓷泥采用独特的绞胎手工技法相间糅合制胎成型、焙烧而成。其源于唐,兴于宋,千余年来在焦作境内世代相传,因主要产于焦作当阳峪窑群区域,故俗称"当阳峪绞胎瓷"。当阳峪绞胎瓷以太行山特有的矸石为制瓷原料,制作流程有选土、炼泥、调色揉泥、制胎(拉坯、编花、贴片、镶嵌等)、修胎、阴干、打磨、施釉、焙烧(柴或煤)等30 多道工序。因瓷器花纹由胎而生,内外相通,里外相透,一胎一面,不可复制,也被称为"编出来的瓷器",是世界上唯一一种表里如一的瓷器。当阳峪绞胎瓷制作技艺的特征为:胎变和窑变相结合的陶瓷产物;多色瓷泥相间糅合而成;瓷器的纹饰内外通透,且变化多样,如羽毛、席编、菊花、自然纹等。当阳峪绞胎瓷工艺复杂,每道工艺要求极其严格,尤其是在手工制胎的编花和高温烧造过程中不同泥料各项系数的把握都强调精准,故成品率低,但这也正是其极具艺术价值和收藏价值的缘由之一。

当阳峪绞胎瓷因其瓷质韧性强、敲击声音清脆悦耳、独树一帜的绞胎制作技法,在北宋年间就闻名遐迩,当阳峪也因此被誉为"绞胎瓷之乡"。

2014 年 11 月,国务院公布其为第四批国家级非物质文化遗产。

第三节　诗　文

逸诗

[先秦]佚名

俟河之清,人寿几何?

兆云询多,职竞作罗。

河激歌

[先秦]佚名

升彼河兮而观清,水扬波兮冒冥冥。

祷求福兮醉不醒,诛将加兮妾心惊。

罚既释兮渎乃清,妾持楫兮操其维。

蛟龙助兮主将归,呼来棹兮行勿疑。

孟津铭

[汉]李尤

洋洋河水,赴宗于海。

经自中州,龙图所在。

黄函白神,赤符以信。

昔在周武,集会孟津。

鱼入王舟,乃往克殷。

大汉承绪,怀附遐邻。

邦事来济,名贡厥珍。

宴饮诗

[魏]司马懿

天地开辟,日月重光。

遭逢际会,奉辞遇方。

将扫逋秽,还过故乡。

肃清万里,总齐八荒。

告成归老,待罪武阳。

河阳县作

[晋]潘岳

日夕阴云起,登城望洪河。

川气冒山岭,惊湍激岩阿。

归雁映兰畴,游鱼动圆波。

鸣蝉厉寒音,时菊耀秋华。

引领望京师,南路在伐柯。

大厦缅无觌,崇芒郁嵯峨。

总总都邑人,扰扰俗化讹。
依水类浮萍,寄松似悬萝。
朱博纠舒慢,楚风被琅玡。
曲蓬何以直,托身依丛麻。
黔黎竟何常,政成在民和。
位同单父邑,愧无子贱歌。
岂敢陋微官,但恐忝所荷。

在怀县作(二首)

[晋]潘岳

其一

南陆迎修景,朱明送末垂。
初伏启新节,隆暑方赫羲。
朝想庆云兴,夕迟白日移。
挥汗辞中宇,登城临清池。
凉飙自远集,轻襟随风吹。
灵圃耀华果,通衢列高椅。
瓜瓞蔓长苞,姜芋纷广畦。
稻栽肃芊芊,黍苗何离离。
虚薄乏时用,位微名日卑。
驱役宰两邑,政绩竟无施。
自我违京辇,四载迄于斯。
器非廊庙姿,屡出固其宜。
徒怀越鸟志,眷恋想南枝。

其二

春秋代迁逝,四运纷可喜。
宠辱易不惊,恋本难为思。
我来冰未泮,时暑忽隆炽。
感此还期淹,叹彼年往驶。
登城望郊甸,游目历朝寺。
小国寡民务,终日寂无事。
白水过庭激,绿槐夹门植。

信美非吾土，只搅怀归志。
眷然顾巩洛，山川邈离异。
愿言旋旧乡，畏此简书忌。
只奉社稷守，恪居处职司。

讽谏诗

［晋］赵整

昔闻孟津河，千里作一曲。
此水本自清，是谁搅令浊。

杂诗

［唐］王维

家住孟津河，门对孟津口。
常有江南船，寄书家中否。

河阳桥送别

［唐］柳中庸

黄河流出有浮桥，晋国归人此路遥。
若傍阑干千里望，北风驱马雨萧萧。

孟津

［唐］胡曾

秋风飒飒孟津头，立马沙边看水流。
见说武王东渡日，戎衣曾此叱阳侯。

河清县河亭

［唐］韦庄

由来多感莫凭高，竟日衷肠似有刀。
人事任成陵与谷，大河东去自滔滔。

西归渡丹河

［唐］元稹

今朝西渡丹河水，心寄丹河无限愁。

共到庄前竹园下,殷勤围绕故山流。

丹水
［唐］杜牧

何事苦索回,离肠不自裁。
恨身随梦去,春态逐云来。
沈定蓝光彻,喧盘粉浪开。
翠岩三百尺,谁作子陵台。

赠崔秋浦（三首选一,节选）
［唐］李白

河阳花作县,秋浦玉为人。
地逐名贤好,风随惠化春。

清浊贯河赋
［唐］许尧佐

河之并济兮,惟秩其平。济之贯河兮,势若相倾。非刚克无以见其柔立;非甚浊无以彰其至清。是以灵源浚发,柔德兼呈。徒观其流波委注,秀色澄澈。冲融而浊水遥开,鼓怒而洪流直截。遂使还淳之士,疑二气之初分;策功之臣,惊带兮中裂。既处浊而不染,每含贞而自洁。苟与和光者殊致,宁与涅泥者无别。是以霍波激,崩腾势翻。济水与河水相辉,光容易识;清流与浊流不杂,质性难论。苟征之于变化,可察之于本源。于以表德,于以辨类。方九折而横流,启重泉而直至。故以盘涡浑晓日之辉,叠镜写晴峰之翠。绝河而去,孰与我争先;导沇斯来,孰谓我奚自。若乃冲虚是玩,迅激难俦。广可涉兮,思航苇于寒渚;清可挹也,欲缨濯于夕流。贯长川之浸浸,委清浪之悠悠。然下流绵邈,愿表清而不浊;上善昭融,故守和而不同。故可扶正直之纯志,助润泽之成功。动涟漪于回浦,翠光景于微风。且淮之清兮滨于夷,江之远兮界于楚。岂若贯大川以扬波,临大都而分渚。含清浊而独秀,求匹敌而谁与?苟河清之可期,愿朝宗而为侣。

夏侯彦济武陟尉
［宋］欧阳修

风烟地接怀,井邑富田垓。

河近闻冰坼,山高见雨来。

官闲同小隐,酒美足衔杯。

好去东篱菊,迎霜正欲开。

别覃怀幕府诸君(二首选一)

［金］元好问

太行酿秀在山阳,嵇阮经行旧有乡。

林影池烟设清供,物华天宝借余光。

承平故事嗟犹在,雅咏风流岂易忘!

稍待秋风入凉冷,百壶吾欲醉筹堂。

木兰花慢

复用前韵,代友人宋子冶赋

［元］白朴

望丹东沁北,淡流水、绕孤村。对几树疏梅,十分素艳,一曲芳樽。谁堪岁寒为友,伴仙姿、孤瘦雪霜痕。翠竹森森抱节,苍松落落盘根。铜瓶水满玉肌温。此意与谁论。渐月冷芸窗,灯残纸帐,夜悄衡门。伤心杜陵老眼,细看来、只似雾中昏。赖有清风破鼻,少眠浮动吟魂。

北门观涨

［元］许衡

雨水添新涨,陂湖没旧痕。

人迷堤口路,船上树头村。

岁事知前误,秋耕未可论。

谁怜徭役外,天亦吝深恩。

过沁园有感

［元］耶律楚材

昔年曾赏沁园春,今日重来迹已陈。

水外无心修竹古,雪中含恨庚梅新。

垣颓月树经兵火,草没诗碑覆劫尘。

羞对覃怀昔时月,多情依旧照行人。

过妙乐塔

〔明〕赵贞吉

洪流千古意,孤塔往来心。

寂寂留双槿,花开不计春。

孟县道中(二首选一)

〔明〕谢榛

村家农事毕,积雨漫成河。

白聚野凫净,红垂秋柿多。

年华仍浪迹,转调是劳歌。

一诵鹡鸰赋,归钦向薜萝。

谁是神仙(二首)

〔明〕陈王庭

一

叹当年,披坚执锐,扫荡群氛,几次颠险!

蒙恩赐,枉徒然,到而今,年老残喘。

只落得《黄庭》一卷随身伴,闲来时造拳,忙来时耕田。

趁余闲,教下些弟子儿孙,成龙成虎任方便。

欠官粮早完,要私债即还,骄谄勿用,忍让为先。

人人道我憨,人人道我颠,常洗耳,不弹冠。

二

笑杀那万户侯,兢兢业业不如俺。心中常舒泰,名利总不贪。参透机关,识破邯郸,陶情于渔水,盘桓乎山川,兴也无干,废也无干;若得个世景安康,恬淡如常,不忮不求,听其自然,哪管他世态炎凉,成也无干,败也无干。谁是神仙? 我是神仙!

司马城晓望

〔明〕虞廷玺

荒城怀古视平芜,三国争雄一丈夫。

坚壁不为巾帼战,运谋深与老瞒图。

风吹野草眠黄犊,瓦落宫墙叹白驹。

终有玄孙成帝业,当时生走亦何愚。

游金山寺谒韩文公墓

[明]王宾王

渴龙饮河紫金岭,饮罢城西卧不醒。

岭头有寺废无僧,古佛日唊嵩邙影。

夕阳老柏郁秋云,行人指是昌黎坟。

我往拜之凌数涧,丹荔黄蕉思奠君。

君昔诋佛声不朽,投纸驱鳄如驱狗。

扫罢秕糠归天上,一丘付与狐狸守。

牧人牧犊牧其旁,那知土内眠山斗。

吁噫嘻,日没众星繁,凤死群乌欢。

文衰今日过八代,安得唤起挽狂澜!

癸亥杂诗(八首选二)

[明]何瑭

一

故园门巷枕黄河,散乱牛羊草满坡。

两岸夕阳行客棹,一犁春雨老农蓑。

拨醅酒熟衰颜醉,击缶声喧稚子歌。

一别天涯几芳草,梦回茅屋月明多。

二

目穷郊野遍芳菲,清晓登楼转夕晖。

风撼上阶花影乱,雨滋穿土草芽肥。

采芝商岭人何处,种菊浔阳事已非。

同学故人偏自得,海鸥沙际共忘机。

武陟怀古

[明]刘咸

虹桥百尺控南滩,沁水微茫野色寒。

明月院荒春草满,法云寺古暮钟残。

山涛废墓谁能识,樊哙遗城自可叹。

偶过向村闲纵目,犹闻风笛上林端。

由宁郭抵清化镇即事(二首)

[明]王世贞

一

阴沟清泚复湾环,桃李成荫桑柘间。

道是江南好风景,举头如戟太行山。

二

夹溪修竹带青葱,便拟移家住此中。

却忆乡园浑未乏,不知何事厌江东。

何编修瑭

[明]何景明

中州产名俊,河内天下士。

平生饱藜藿,学道历壮齿。

至朴敛华蔚,徽文陋雕绮。

守渊安可窥,驰辩讵能止。

洞悟超先机,微言析玄理。

曲高难为和,行独寡知己。

古辙多蓁芜,非君谁予起。

过河内作(节选)

[明]杨慎

晨行河内道,旷然清客心。

太行北麓近,丹流东逝深。

从芳金碧岸,总翠映遥林。

蒲梢递余馥,柿叶垂繁阴。

客行虽云苦,对此一开襟。

古风美乐土,兹情验于今。

元臣郭守敬规引黄河
溉孟田数万庙因同主簿王
君西至野戍潘岳祠相势

[清]刘凡

黄河天上水,瓴建下惊涛。

共举如云锸，分流作雨膏。
观成思往事，虑始在吾曹。
莫效潘怀县，悠悠叹二毛。

河决后填淤肥美友人藉
资为买田宅夏日遣奴子
往视黍豆归报有作

[清] 鲁一同

宝剑不下壁，妻孥使人愁。
中岁忽无家，出处长悠悠。
此邦人事熟，亦有良田畴。
况多素心侣，结念栖林邱。
百亩费百金，感此友谊周。
去岁金堤决，鸡狗随东流。
死为沙与虫，生为鹄与鸠。
哀号市田宅，黠者仍掉头。
安知吾子孙，异日免此不？
春风裂厚土，吹椒空髑髅。
久行无人烟，林燕声噍啁。
不耕亦已种，黍菽何油油。
常恐秋心溢，覆辙追前辀。
萧条江南东，战地无人收。
夷虏尚翻覆，兵食劳前筹。
艰难愧一饱，郁结怀九州。
大哉生民初，粒食谁与谋？

河工四汛诗

[清] 麟庆

桃汛

涨暖桃花阅茨防，金堤宛转束流长。
垂杨遥映春旗绿，秀麦低连汛水黄。
竹箭波翻飞羽急，皮冠人到献獭忙。
书生自问无长策，仗节深惭服豸章。

伏汛

风轮火伞日无休,来往通堤大道头。

黄绽野花沿马路,绿纷细草衬龙沟。

关心水势逢金旺,屈指星期近火流。

获藏豆花将次到,先时修守费前筹。

秋汛

节交白露又巡行,秋水弥漫望里平。

搜底不同桃浪暖,盖滩已见狄苗生。

长堤梭织劳参伍,列堡环排肃弁兵。

传语通工休玩愒,大家踊跃待霜清。

凌汛

河冰冻合朔风粗,策马巡行历旧途。

夹岸积凌全涨白,沿堤插柳半涂朱。

桩排雁齿参差挂,垛比鱼鳞上下铺。

预祝安澜来岁庆,殷勤修守勖兵夫。

筑堤苦

〔清〕陶澂

筑堤苦,三日筑成五丈土。束薪为楗土为辅,身千人畚锸百人杵。

勉力向前各俯偻,不尔恐遭上官怒。晓来并筑临河洲,纷纷筑者当前头。

岂知再决不可收,饥魂弱魄沈中流。沈中流,筑堤苦。新堤不成还责汝,我心忧伤泪如雨。

题贾鲁故宅

〔清〕曹玉珂

贾鲁治黄河,恩多怨亦多。

百年千载后,恩在怨消磨。

羊报行

〔清〕张九钺

羊报者,黄河报汛水卒也。河在皋兰城西,有铁索船桥横亘两岸,立铁柱刻痕尺寸以测水。河水高铁痕一寸,则中州水高一丈,例用羊报先传警汛。其法以大羊空其腹密缝之,浸以茼油,令水不透。选卒勇壮者缚羊背,食不饥丸,腰系水签数十,至河南境,缘溜掷之。流如飞,瞬息千里,河卒操急舟于大溜候之,拾签知水尺寸,得预备抢护。至江南,营弁以舟飞邀报卒登岸,解其缚,人尚无恙,赏白金五十两,酒食无算,令乘车从容归,三月始达。余闻而壮之,作羊报行。

报卒骑羊如骑龙,黄河万里驱长风。

雷霆两耳雪一线,撇眼直到扶桑东。

鳌牙喷血蛟目红,攫之不敢疑仙童。

须郎出没奋头角,迅疾岂数明驼雄。

河兵西望操飞舵,羊报无声半空堕。

水签落手不知警,一点掣天苍鹘过。

紧工急埽防尺寸,荥阳顷刻江南近。

卒兮下羊气犹腾,遍身无一泥沙印。

辕门黄金大如斗,刀割犉肩觥沃酒。

回头笑指河伯迟,涛头方绕三门吼。

黄河五堤咏(五首)

[清]李衍孙

遥堤

去河远筑以备大涨曰"遥堤"。

凭处亘地轴,蜿蜒宁计里。

何处鱼鳞屋,陡觉鳌背起。

愿巩千百年,黄流不到此。

缕堤

逼河流(所筑)曰"缕堤"。

黄河易停沙,恃此一束力。

东注建瓴势,犀利划南北。

敬告阳侯乡,勿谓太相逼。

夹堤

地当水之冲,虑缕堤不保,复作一堤于内以防未然,曰"夹堤"

截流拟当关,扼要见控制。

夹辅相与长,唇齿得其势。

夭矫双游龙,攫爪入云际。

月堤

夹堤有不能绵亘规而附于缕堤之内,形若月之半,曰"月堤"。

夹堤与缕堤,直趋无支蔓。

有时善因依,一曲作铜堰。

月蹙修眉长,浑睹湘妃怨。

格堤

夹堤与缕堤相比而长,缕堤偶溃,奔涛骇浪将长驱两堤之间而不可遏,故又筑一堤横阻于中,曰"格堤",一名"横堤"。

谁赍千金璧,怒蛟挟船走。

奔马两堤间,疑听飓风吼。

移来夸娥山,早塞瞿塘口。

清化镇

[清]爱新觉罗·弘历

清化近覃怀,沟渠引丹水。

顿觉风物佳,西成颇丰美。

趿马路无尘,熙皞乐井里。

高树柿垂丹,疏林枫染紫。

矮屋曲篱间,绿竹黄花绮。

就溪翻水碓,碾出长腰米。

芃芃麦被陇,饼饵明春指。

前者山田旱,忉忉愁无已。

加蠲今岁租,庶冀民瘼起。

都无两日程,稔秋乃异彼。

老幼多豫色,吾亦生欢喜。

喜愁非无恒,因民岂为己。

次许良竹坞待月

[清]包燮

山阳区沃壤,满地青琅玕。

雅与淇园近,欣从别墅看。

重过清化访九峰寺（六首选二）

[清]鄂容安

一

再经竹坞郡，更问九峰禅。

地在无尘境，人来不住天。

举头山是月，到眼树兼泉。

且欲寻诗句，东桥思渺然。

二

闻钟不见寺，寺在竹林间。

风雪初开霁，烟霞深闭关。

逢源参净妙，有路许追攀。

此意谁应会，山僧只破颜。

送刘进士凡知孟县

[清]朱彝尊

百里雷封古孟州，铜章出宰最风流。

一湾清济通王屋，千树秋花绕县楼。

别后酒枪携伴去，到来诗卷许吾酬。

三年报最寻常事，腰折眉摧不用愁。

武陟怀古

[清]牛自新

木栾雄镇傍城阿，艺祖当年从此过。

两岸绿杨环沁水，一原芳草蔚黄河。

山涛祠古莺花老，天乙坟荒岁月多。

妙乐塔前聊纵目，清风岭上有悬萝。

陟城晚眺

[清]杜之丛

斜日高城俯大荒，河山萦绕气苍苍。

孟行北指环三晋，黄沁东流入大梁。

到处若榴垂结子，谁家沉李摘盈筐。

旷观风物落霞晚，空际归鸦几簇忙。

沁堤晚望

［清］赵国栋

长堤晚望最堪佳，红日沉西树影斜。
沁水几枝疏柳映，南山一带暮烟遮。
微风习习千重翠，瑞色层层万片霞。
遥睇四边云极目，夕阳原上有啼鸦。

戊子清明后马曲观古槐

［清］郑鸿

连村烟树郁苍苍，野寺人来正夕阳。
百尺高柯坚铁石，千年老干饱风霜。
根经盘错才方大，身历兴衰寿更长。
他日此间宜却暑，携琴同坐绿阴凉。

游山公祠

［清］王文田

胜地虹桥枕沁流，高贤祠宇傍荒丘。
冲怀迥出金兰上，文藻惟余石墨留。
西晋衣冠归蔓草，南山桥梓对长楸。
萧萧日暮风惊竹，犹似当年汗漫游。

邢丘遗址

［清］周大律

姬公孙子今何在，此地空存土数丘。
千载庙廊秋色老，万家乡廓暮云收。
残烟远锁行山树，蔓草深藏溴水鸥。
晋悼会盟无觅处，下泉风发两悠悠。

忆温泉

［清］张射斗

散步温泉泽畔东，暖风随浪水溶溶。
金花时泛碧波里，玉蕊常生绿沼中。
月印川心知道体，絮飞柳岸识春融。
西江此派应相近，信在渔郎一棹通。

第四节 碑 文

一、宋重建商王庙大殿之记

夫得天下有道,得其民斯得天下矣;夫得其民有道,待其心斯得民矣。故非特爱戴于一时而成千古之淳风,非特安保于一代而为万世之钦崇也。道行广而无外,德施久而无泯,历代数多,继世幽远,真贤圣之君,安能至于是哉!有覃怀郡沁阳之东鄙,据大河有陵,陵上起于严祠,其日旧矣,故号曰商王神也。其王之始也,封宋之盛美,遂致隆平。故上则应于天心,下则应于民望,至于昆虫草木,无不被泽。其陵之左有瞳名曰南陵,陵之右有瞳名曰商村。东有孟津之口,名曰宋家渡,西北连沁阳之地,号曰万岁乡。故知王者之迹,因以名乡。其神之福也。应顺于民心,四时序,五谷丰,风雨节,寒署时。昔于庆历八载,黄沁大溢,洪波倒岸,摧至陵下。居民忧成怀山之虞,负为鱼腹之苦。四方□□,不期来集,躬伸度恳,祷于神者。因见危岸之际,流水交光,灼然拒敌,其水立□复故。则知神之所赐可谓不轻,而□□□民之心,可谓不忧而欢矣。自庆历逮今,凡五十余岁,豆笾弗绝,内外安息,远者近者,莫不赖焉。绍圣纪号四年,继有居人都维那主王昱、王思等,纲益领众人,乐崇新制,信言既发,群心协从。前宇之隘,则益之以广,材故之朽则革之以新,复见殿宇岑魏,□□翼舒,烟飞碧瓦,欲敌秋光,江亘飞梁,如吞暮雨。神仪有赫,绘事无遗,所谓王君之图始,众人之乐成也。

迄于我圣朝,光宅函夏,治崇尧舜,奄有八纮。威加四海,以礼齐民,修仁来远,庙貌致严,岂敢有遗,垂于礼经,载于祀典,考其□则无滥,享之仪,穷其本则乏虚受之仪。功既告成,居人纪辞为请,反熟其事迹,不获多让,聊书琬琰,用谨岁月云尔。

大宋绍圣四年岁次丁丑六月癸未朔初九日辛卯志。书字人牛宗庆,镌字人王士清。

二、怀庆路武陟县商村创建商汤王庙三门记

敕授卫辉路儒学教授嘉平王承式撰、获吕后进张陟篆额、乡里李氏世荣书丹。

距武陟县东三十五里有巨陵,载有商汤王庙,在宋,其日旧矣。以雩则应,庆历八载,河沁会溢,水洞洑陵下,民仓卒无所依,不期而集神庭者以千数,哀

祷捍御,旋见涯涘火光交流水势立杀,且去民脱垫溺之苦,咸感神佑。岁时豆笾加礼略不少。宋绍圣间,居民王昱等顾殿之卑隘,遂广而大之。皇元元贞初商村陈兴等协力创构神门巨楹,前植名木什百,本方列可观,像设西庑从神一躯。皇庆中,重修□□,别有记载,不复详着,庙貌始完且肃过者俨然起敬。泰定改元,人曰商村李世荣介士子张陟造卫郡頖庠合辞谓仆曰:门之落成,迄今三十有年矣,不刊之乐石,则兴建岁月曷以示来者,叙而纪之,非执事其孰可辞,再三弗获已。按《商书》誓言诰之文,葛伯仇饷,夏桀暴虐,率为重役以穷民力,严刑以残民,生咨胥怨曰:时日曷丧,予及女皆亡。盖托日指桀,欲其亡之甚也。王遂兴吊伐之,师救民于水火之中,王师之未加者则怨望奚独后,予其所往者,妻孥相庆曰:待我后来其复生矣。当是时,天下之爱戴,归往于商者如此。王崩,去今数千载,其在天之灵,昭如日星,民之所欲意必从之。故旱祷则雨水,吁救溺顾,罹其凶害,弗忍荼毒,即御灾捍患,有若于生存者,其无疑矣。民感其哀矜,故激切之至,咸曰:虽以吾侪肉为醢,血为浆,犹未答王之德也。于是,乃为作诗道舆情之恳恳以备祭神之歌焉。俾归而并刻之,其辞曰:

天命神虬,开创有商,继生聪明,率循典章,勇智既锡,表正万邦;殄葛伐桀,厥罪以彰,三孽敢曷,四海来王,拯溺救焚,濯热以凉;兆民允怀,没世不忘,千载而下,赫赫有光,苏旱以霖,易歉以穰;笾豆芳馨,获展蒸尝,万舞罗陈,简简锵锵,绥我思成,锡祜无疆。

大元泰定元年岁次甲子已巳月丙辰朔壬午日维那陈兴等立石,获吕吴琮玉刊。

三、高大参重修古阳堤记

怀庆地名河内,以其在黄河之北、沁河之南。黄河去郡城稍远,沁河逼近郡城,穿断北关,而北关顾在沁之两涯。沁源来自山西,穿太行而南下,在济源、河内之交斜倚东注,过郡城东北角,陡折而南。前人建国域,民正取此一湾形势风水。郡城东北三十里为丹河,出山处播为十八沟以灌田,会于丹、达于沁亦在此境。河陡折,则水多旁溢;群沟汇趋,则旧道弗能容。夏秋泛涨,壅沁倒流,决堤崩城,恒由于此。老氓相传,八十年前为成化壬寅,古堤不固,水入城,漂没人畜房屋甚众;太守日照陈公筑堤于水退之后。又三十余年,为正德乙亥,太守郯城周公重加修筑,修撰何先生《碑记》可考。至嘉靖丁巳四十余年,水旋堤薄,决于上流,而南下绕于城,南关被害,文定公书院百楹止余一室。水退人安,其旧守土者恐劳民,但塞其罅隙而已。又十三年,隆庆庚午夏,大旱,河内参政内江高公来自吏部,分守河北,驻节怀庆,躬率父老士民祈祷,洽旬,骤雨如注者五日,河复决于旧隙。公立城上,督九衢百姓填塞南门,城中得免于难。公曰:"不一劳者不永逸。"乃相其高下之宜,察其缓急之处筑堤。起自回龙庙下,达丹沁会流之股凡几里几百步,佥夫几千几百名,人乐趋事,时加稍食。始于是年秋九月,不两月而告成。府官均任其责,而河内尹康侯用贤,尤贤于所事。既竣,康侯欲纪之于石,以示久远,遣使请记于山东。愚闻之,先民有言:"燕雀处堂,不如鸥鹯之御雨也。"御雨于雨,绸缪何及! 故曰:"迨天之未阴,雨水未至,而修堤防者以之。"孙武有言:"善战者无智名,无勇功。"为民父母不见有所施为,而功自告成者以之。乃若官,为传舍肥瘦,若秦越,有感于凡事豫立也。畚锸未动,嗷嗷已作,有感于不动声色而事有终也,岂独为纪成绩而已乎?《传》曰:"作事者法。"

四、重修沁河堤记

怀庆府城北二里而远,有河曰沁。河乘高趋下,怒流湍悍可畏。河之南有堤,盖以防其患也,始筑年月无考。成化年间,堤渐陵夷。十八年夏秋之交,霖雨大作,河暴涨,决堤毁城。日照陈公,时守怀庆,征徒役修筑之。迄今余三十年,复渐陵夷。比年,夏秋之交每霖雨,河水暴涨,辄至城下。太守郯城周公,乃经画区处。计堤之当修筑者,西起回龙庙,东过真武庙,长凡三百一十丈有奇。起工于正德十二年正月,讫工于是年四月。太守公又令沿堤种树千余株,为护堤设也。既落成,嘱记成绩于石,示久远云。

五、重浚济水千仓渠碑文

昔先王导川,所以燮宣令阴阳之气,而利民生也。百川莫大于四渎,四渎有济。其□异者有二:盖岳之数五,阳也;渎之数四,阴也。□□水则性沉下而多伏流,尤为阴中之阴焉。且渎之为言独也,不因众流独能入海也。济水之流甚微,乃亦自达于海,夫以质之□□与性之最阴,而卒以自达,此其所以异也。济之流合今汶济之源,出于沇。《禹贡》所谓导沇水东流为济。释之者曰:发于王屋山下者是也。先王祭川,先源后委,故昔人重焉。有千仓渠者,盖引济水之脉,旋折而东南穿郡城而入,阛阓间以出,凡以使征□明之沉者,阳者以疏其气,而便民之挹注也。后以柏乡镇,欲专厥利,别浚土流塞其下流,使郡中万灶,不得食此水之利者百有十年矣。萌此有欲开复故道者,率为中沮。余之初至也,绅士耆老咸言其不便,且曰:"是流之塞也,郡之人咸多血病。"余曰:"然",夫人之□于天□也,上气禀乎阳,血禀乎阴,阴阳交得及应中和。今禀郡处太行之南,山之阳也;居大河以北,水之阳也。二阳之间,故赖济水□至

□□调之。今此水不入郡城，是为阳亢焉，病复矣疑乎？用是申请，上台谋于河令，共襄其事，尚恐工□□□□主其奸，乃以河邑之粮额与旧渠之里数，相维铢两□尺多寡，匀派额征若干，则限地若干，是以下夫之徭不戒，集而畚锸之具不索。而□□□□之仲春，竣于是年之季夏。□之郡民取水郊外者，皆得负户而汲焉。壤不苦燥，人不苦疾。胥于是乎在矣。是役之初兴，或有以久废□迹，□□维艰引水入郡，恐柏乡镇之不得专利为尤者。昔箕子有言：鲧堙洪水，汩陈五行。堙者塞其流也，五行即阴阳也。下流塞，而阴阳乖乱，其敢不尽心乎？昔者召信臣之□□香山之堤，郑国之渠，苟有利于斯民，必不惮于创始。况古迹是求故道，适是优尚何□计焉。且吾闻之，急病让□，长者之谊，以邻为壑，君子所讥。范文正公，捐其私宅以为学舍，识者韪之。彼其地而有君□长者，其人也必乐与□□共其利，否则太守固当以一郡之利为利者也，安敢私一乡战。工既成，因勒于碑，以纪其事。

六、重修广济利丰河渠碑记

沁水自晋境折入济源之枋口，昔人引以灌田其来旧矣。顾渠口初未审形势之便易酒淤，遂通塞不常，时有兴废。明万历庚子间，大司马凤翔袁公应泰令河内，相度水势，凿山为洞，置闸司启闭，引水出洞口，滔滔汩汩，东南流历济、河、温、武四县界。又数分支流，以资遍溉，名曰"广济洞渠"。其役甚众，其虑始甚周，其落成甚艰，而其永济乃甚溥。其下又有利仁、丰稔渠，用济广济之不及，而膏腴沃壤几尽境内。越数十载，渠渐淤塞，仅存涓涓细流，而泽不下究。邑侯孙公目击心伤，谋为疏浚之举。初有虑鸠工之难者，侯曰："否！因名之所利而利之其强者，吾以公服之其奸者，吾以明察之其愚而弱者，吾以均恤之苟有利于斯人，劳怨其奚辞？"工既肇，庶民子来踊跃趋事，猾者无所施其巧，朴者无所爱其力。自广济正渠以暨各支渠，并利仁、丰稔诸渠咸浚，深广如旧式，未三月而告成事，浸灌之利大饶而用不争。余尝稽晋安平献王司马孚，为魏野王典农将，具表言"枋口木门朽败，易以方石，溉田滋广。"唐贞元二年，陇西公李元淳刺怀州，开渠七十余里。史又称温造为河阳节度使，太和五年，浚古秦渠枋口堰，役工四万，溉济源、河内、温、修武四县田数千顷。可见枋口渠自秦有之，当时以木为渠口，司马献王乃易之以石。犹易湮淤，至袁公凿为洞，功乃益大，利乃益溥耳。天下事往往振迅于创始，而后乃因循凌替，故继起之功贵焉。今凿山开洞前有袁公，不有公之力任疏浚，则袁之泽渐至湮没，故兹役也。公于河内永利济，实有大功于袁公也，工始于顺治十五年十月初二日，讫于本年十二月二十日，役夫三万人。侯名灏，字湛一，己丑进士，顺天之大兴人。

七、清康熙四十年(1701)治河条例

康熙三十九年七月十四日,准工部开咨,都水清吏司案呈奉本部送工科,抄出该本部等衙门,会复河道总督张题前事等因。康熙三十九年六月十七日题,本月十三日,奉旨监奉条陈河工弊端,详悉切要,极其周备,着九卿、詹事、科道会同速行确议具奏,钦此。钦遵于七月初一抄出到部,该臣等会议,得河道总督张疏,称恭惟皇上圣明在上轸,念国计民生,不惜数百万帑金,修治河工,至圣至德,古今德罕觏。为臣子者,不能仰体圣意,频年以来,劳费罔效,上廑圣怀。臣恭承圣训遍历河工查勘,见土堤皆用虚土堆成,惟将陡坦微硪并未如式夯筑,排椿多非整木,签钉不深,一遇浪击逐至欹斜塌卸。其石工修砌不坚,抹缝不密,与予估丈尺不符。挑河不挑挖深通,竟将积土堆积于岸,以本土即作河底微挖坏,至水长大雨盈益即报成。河水涸露本相,又捏报淤塞,此种情弊悉由条例不严,督率不力,故尔分工人员领帑到手,任意花销以至工无实效,帑多虚糜。今之估书参之舆论,谨酌条议则二,为我皇上陈之,等因条奏,前来查。

一堤工之宜坚筑也。筑堤取土或于百丈之外或于里余之外,最近之土亦应二十丈及十五丈之外,此定例又今见现筑各堤。于堤根取土,且于近堤一带,先挖下一二尺并将周围铲平以作假堤,希图虚冒钱粮。又旧例,每堆土六寸为之一皮夯杵三遍以期其坚实,行硪一遍以期其平整,层层夯硪故坚固而经久。今见各堤,俱无夯杵,止有石硪,又自底至顶俱用虚土堆成,惟将顶皮陡坦,微硪一遍,一经雨淋冲刷则坍塌损坏崩溃继之。自今以后,加帮之堤,将原堤重用夯杵密打数遍,极其坚实,而后于上再加新土。创筑之堤,先将地平夯深数寸,而后于上加土建筑,层层如式,夯硪务其坚固。不许近堤取土,亦不许挖伤民间坟墓。该道厅督率该管营弁,不时往来巡查,如有近堤取土饰作假堤、夯硪不坚挖伤坟墓者,即将该夫先行惩处,仍将承筑官揭报以凭参究,如不揭报,经臣察出,将该道厅一并纠参。

一椿工之宜用整木也。运河中河,顶冲刷湾之处,水势湍激,恐其汕刷工堤。估且整木签钉排桩,估用整柴,丁头镶压,以资捍御。今见排桩,俱系一木二截,浮签浅土,所镶柴束,俱系一柴二截,一过雨淋水涨,桩木欹斜胀折,柴草随水漂淌。嗣后排桩工程,购木到工,该道厅先赴工围验,是否与原估之尺寸相符。勒令承筑人员,桩用整木签钉,入地甚深,帚用整柴镶压,极其坚固。如敢仍前,将木柴截用修筑不坚,旋修旋坏,该道厅不时指名揭报,以凭参拿追究。如或瞻徇情面,同容隐,经臣监工察出,一并纠参,仍将该汛员弁,咨斥究治。

一龙尾帚之宜停也。臣遍查河工,见顶冲大溜之处,用丁头帚密钉大木排桩深埋入土,亦属有益。至平常工程,概用龙尾帚稀钉排桩,浅埋浮土,一遇风浪即行塌卸,虚糜帑金,应行停止。

一石工之修砌宜得法也。湖河石工各估册内,有马牙梅花等桩,有面里、丁头等石,有铁锭、铁锔汁、米炭柴等料,各匠夫役工食,以及祭祀之类,无一不备。若照估办料依法修砌,自能坚固永久,安有旋砌旋倒之事?臣遍阅湖河修砌石工之处,不惟石块碎小不足尺寸,而且錾凿草率,参差不平,虽有石灰而不见过筛捣杵堆贮,桩木率皆一木数截,零星之砖不足原估尺寸,三砖不能抵二砖之用。铁锭铁锔,则全未之见也。嗣后一切石工,无论马牙、梅花等桩,皆用整木深钉,务期极其坚深。无论面里、丁头等石皆照原估置办,錾凿极其平整,石灰须重筛,筛过多用米汁调和,捣杵极其胶粘,满灌而入,使之无缝不到。又用铁锭铁锔联络上下,合为一片。凡有石工,将兴备料到工,该道厅先验料物,次勘工程。如料物或不堪短少,石灰米以及修砌草率,有一于斯立,即指名揭报,以凭摘工参究。若徇庇容隐,经臣监工察出一并参究,并将该汛员弁咨斥究惩。

一帚工之宜核实也。岁抢各工,虚冒之弊全在工程,以平报险,用料以少报多,本年修理次年估销、帚个新陈相因,其中易于牵混,虚开冒报,是以岁抢钱粮有增无减。嗣后报险呈样一到,该道亲行查勘,果系险工,即令动料抢修。一面估计申报河臣,以凭稽查。如系假捏,即以谎报题参,如该道徇隐,经臣亲行查出,将该道一并题参。

一挑河之积弊宜除也。挑浚无论大河,引河旧例,止挑河而不筑堤者,每土一方估用银九分,以挑河之土而复筑成堤者,每方估用银一钱六分,所估原有赢余,若照估挑挖,自然河深堤坚而无淤垫坍塌之患。不谓分工人员领帑到手,任意花销,河身微微挑挖不及原估十之三四,堤用虚土堆成,不肯如式夯硪,且将挑出之土堆于临河堤上,使堤岸高耸,以作假河之尺寸。甚至工未及半帑金告匮,自知亏空难掩,故将临水之处有意挖开,引水入于河身,报称淹没。及至水退涸出,报称淤垫侵帑,误工莫此为甚。嗣后挑河之土,尽堆于原估堤上,层层夯硪成堤。不许估计散土,以滋高假河之弊。挑河人员务须照估挑挖,宽深倘复蹈前辙花费钱粮,潦草工程以及引水淹漫虚报淤垫者,挑过土方用过钱粮,概不准销弄外,仍以侵冒误工严参拿问,等语查以系奏除河工积弊,坚固堤岸等事要务均应如该督所题。

一黄河淤垫之曲处宜取直也。恭奉上谕将黄河曲处挑挖,使直水流畅快则泥沙不淤,仰见我皇洞悉治河良法,因询河官,何以不即遵行。据称挑挖引河需费钱粮甚多,挖后引水大溜始能成河,若逢缓水,必致沙淤,例应追赔。是以人心惧缩,不敢挑挖。臣思河工虚应故事,挑挖不深理应赔修,若实心任事,挑挖深宽,偶致淤垫者,此非人力之罪应请免其赔修等语。查工部并无黄河曲处挑直淤垫赔修之例,止有钦奉上谕事。案内九卿会议,董安国所挑未完,引河准其动帑,挑筑河工告成,将用过钱粮准销如何不成,就钱粮不准开销等因在案。今该督既称挑挖黄河曲处,若实心任事,挑挖深宽,偶致淤垫者,此非人力之罪应免其赔修等语。嗣后凡黄河曲处挑挖引河,如果实心任事,挑挖深宽,偶致淤垫者,该督亲勘,保题到日,准免其赔修。

一河工用人宜立劝惩之法也。治河浚筑之功,首在得人,而人才必须鼓舞,方能奋发勉励以图报效。臣请河工官员有实心任事,不避劳怨,不侵帑金修防坚固者,工成之日请优叙即用。行事讹诈,怠玩推诿,虚冒钱粮,工程不坚固者,一经参罚请严加治罪等语。嗣后河工官员有实心任事,不侵帑,修防坚固者,该督开明实绩,保题到日,见任以应陞之缺即用,候补者,以应补之缺即用,其怠玩推诿,虚冒钱粮,工程不坚固者,该督题参到日,革职拿问追究。

一夫役之宜优恤也。河工兴举,须用民力,如挑河筑堤。雇夫动至数千,曝日之下,风雨之时,手操畚锸,不敢自逸。虽有雇值帑金止可糊口,工成之日,照所给印票该地方官查验,免其桴项差徭,以酬其劳等语,应如该督所奏。河工夫役,工成之日,照所给印票。该地方官查验,免其桴项,差徭可也。

康熙三十九年七月初三日题,本月初四日,奉旨:依议速行,钦此。钦遵抄出到部,拟合就行,为此合咨。前去查照本部等衙门会复,奉旨内事理,钦遵施行等因。到部院准此。撮合就行,为此案即该道官吏,照依咨案备,奉旨内事理,便转行所属厅营各官,一并钦遵勿违。

八、嘉应观御碑文

朕抚临凤宇,寰夜孜孜。以经国安民为念。惟兹黄河,发源高远。经行中国,纡回数千里,与淮、沁、泾、渭、伊、洛、沂、泗合流以入于海。古称河润九里,其顺轨安澜、滋液渗漉,物蒙其利。然自武陟而下,土地平旷,易以泛滥,其来已久。频岁南北提岸冲决,波浸所及,田畴失业,而横突运河,为漕艘往来之患,其关于国计民生甚巨。屡下谕旨,亟发帑金修筑堤防,期于洒沈澹灾,成底定之绩。夫名川大渎。必有神焉主之。诗云:"怀柔百神,及河高岳"。朕思龙为天德,变化莫测,云行雨施,品物咸亨。又能安水之性,使行地中,无惊涛沸浪之虞,有就下润物之益。特命河臣于武陟建造淮黄诸河龙王庙,祗申秩祭,以祈庥佑。《礼记·祭法》曰:"圣王人制祭礼也,能御大灾则祀之,能捍大患则祀之。"乃者水循故道,不失其性,自春徂秋,经时历汛,靡有衍溢,中州兆庶,离垫溺之忧,获丰穰之乐,所谓御灾捍患,有功烈于民者,至明且著。斯庙之建,诚有合于古法矣。河臣请为文以纪,刻诸丰碑。朕用推本龙德而明澄礼经,以示永久,岁时戒所司,奉牲牷酒醴,恪恭祀事,以邀福于神。其继自今,风雨有节,涨潦不兴,贻中土之阜成,资兆民之利济,以庶几永赖之勋,是朕敬神勤民之本怀也夫!

雍正二年九月初二月敬节

九、新筑斜堤纪略

乾隆二十六年辛巳秋七月壬子,淫雨,山水暴下,丹、沁并涨。是时,黄水也陡长,南贾口不能泄沁入河,沁水漫决古阳堤,灌北城。又东决寻村堤二百七十八丈七尺,夺溜由清风岭入黄。钦差户部左侍郎裘公日修驰驿履勘,奏上发帑四万两,借给里民修筑,分十年带还。于是,知府沈荣昌集河、武两邑士民宣上恩德,分别工程多寡缓急,河内借帑二万三千两,武陟借帑一万七千两,选公正绅士、耆民经管出人,分司工料。定议乘冬涸趱筑寻村决口,俾大溜复归南贾口故道,次筑古阳堤三百四十四丈。其镇海寺坍卸石堤八十二丈,及两岸残缺处不可胜计,皆补葺之。但古阳堤既恐沙根走溜,而北岸涨滩通流南冲,大为城北之害,乃于堤外加筑斜堤二百三十七丈,俱护以埽工;西起马坡村,东止回回村。又于西起处,筑挑水坝三十丈,周围镶埽,用以街北岸之水,为南岸重门保障。其武陟陶村、木栾店等十四处残缺三千三百七十七丈,亟须修补。石荆村筑月堤三百丈,大樊村筑月堤三百丈,均于十月开工议上,荷大中丞胡公宝瑔躬临勘示,士民踊跃趋工,于腊底大段告成。自春融至夏,复加培宽厚葳事。河内丞嵇凤朝,昼夜工所,实始终之。

是役也,仰荷皇仁矜恤民艰,是以人心感动,费省而工倍。然沁河沙底虚松,见诸奏牍。自洪水泛滥,水去沙停,东北沿堤民地皆为沙碛,筑堤之土远购数里外。而河身日高,培土益费。则平时之督率堡夫积蓄土方,劝谕村民预贮青稍秫秸,为随时培补修葺之计,可不加之意与?

十、清嘉庆二年(1797)德政碑文

万北里图,资丹水灌溉,种竹者多,虽土地所宜,实民生攸赖。向衙署间有需用,俱在竹厂采买,于民间毫无滋垫。其摊买园户之弊,不过十余年,来后遂

接踵成风,民生重困。经前升任道宪康出示禁饬。五十九年,萧辉煌、刘绍德等具禀府宪,蒙批:仰河内县严饬,毋任滥派滋事。六十年,冯梓、娄中理等具禀,道宪蔡,蒙批:准出示严禁。冯馨宜、王觐光具禀。藩院陈,蒙批:候移河北道严查究革抄粘存。刘敬之、娄中理等又公恳路天,复蒙赏示存案,永远垂禁。前朱天,今费天,经历二任,悉体。

上宪鸿仁存恤,闾阎毫无滋派,是历年绩弊顿革于一朝也。第恐日久岁湮,弊端复启,且惧我民于各宪深恩与邑父母所以苏民困而恤民业者,不能遍观而尽识也。爰敕贞珉,并将历次各示扎饬,详列于左,以垂不朽。

钦命河南分守彰、卫、怀三府兼管水利、河务、驿务、兵备道康:为严禁事,照得河内县境内竹园颇多,凡有种竹之家,日用饮食赖此养生。本道闻得每年春夏之交,胥役人等假借官用名色,封禁竹园,恣意砍伐,折钱需索,种种弊端殊堪痛恨。该县衙门即偶尔需用,自必发与价值,断无以口腹之好,累及小民之理。实缘衙役人等遇事生风,藉端需索。合行出示晓谕,自示之后,尔等有竹园者,情愿卖笋,照依应得价值听其自便外,如有衙役强买及假借名色封禁竹园需索使费者,许尔等赴该管衙门具控,如不准理,许赴本道衙门控告,各宜凛遵毋违。特示。

钦命河南分守彰、卫、怀三府兼管水利、河北河务、驿务、兵备道加五级记录十次蔡:为严禁砍伐竹园,以安民业事,照得河内县万北乡一带地方民稠地狭,全赖种竹养生,各衙门官用竹竿,自当赴市公平采买。今本道访得,向来县署营汛,各衙官用竹竿,胥役等公然向园户索取,不惟有竹之家受其砍伐之害,即沿途递送小民亦多搬运之累。种种兹弊,殊属不合。虽经前道屡次示禁,恐日久因循,合再出示严禁。为此示仰河邑军民、胥役人等知悉:自示之后,文武正佐各衙门遇有官用竹竿,俱照依价赴市公平采买,不得擅向园户索取,倘有不肖胥役故蹈前辙,藉端砍伐需索,许该园户等即会同乡保地指名,赴该管衙门具禀,若不准理,赴本道及该府衙门呈控,各宜凛尊勿违。特示。扎怀庆府六十年八月初十日准。

布政司咨开为受累难支公恳严饬事:本年七月二十五日,据河内县园户生员冯馨宜、王觐光呈称云云,河邑园户千秋焚感等情。据此除呈批示外,拟合抄单移咨,为此合咨贵道,请烦查照,希即严查究革,弗任胥役借端扰累,致滋讼端,仍希将查禁缘,俟覆施计,移抄单一纸等因准此。查衙门取用园竹滋累小民,业经本道出示严禁。嗣又据园户等呈控前来,复经批行该府,查禁具报各在案,迄今日久,未据遵办,缘由具覆,以致园户等复行上控,可见从前该府并未遵批查禁,各衙门仍然出票取竹,致累园户,大属不合。兹准前因,合再抄单扎饬,扎到该府查照,准咨事理,即使实力严查究革,务使周知。嗣后凡各衙门需用竹竿,俱各照依旧例,仍赴集市公平采买,毋任公书混行出票,滥向园户索取,致滋民累,倘敢阳奉阴违,一经查出,定行严拿重究,仍将查禁缘由,先行具报,以凭咨覆。

藩司,毋得迟延。速速,此扎。扎怀庆府六十年八月初十日准。

布政司咨开为受累难支公恳严饬事:据河内县园户生员冯馨宜等呈控各衙门违禁不遵,混行出票索取园竹,滋累小民等因禀司移道准此,当经转饬,查禁具报在案,迄今多日,未据详覆,殊属迟延,合行扎催,扎到该府,速即查照。先令文内事理,严行查禁,务期弊端永绝,毋任阳奉阴违,致滋扰累,仍查禁缘由立即详覆,以凭察核,移咨销案,毋得再迟,切速切速。此扎。

正北路总保:阎高飞、李元康、朱和梅、郭永合、杜全贵、秦克宽。保长:乔龙舟、蔡全寅、毕克宁、秦继贤、尚德顺、刘瑞福、王继先、王有礼、原存仁、贺朝封、王士德。万北园户绅士:王应元、李中理、冯梓、刘绍德、娄中礼、窦隆元、冯植、刘敬之、贺殿英、王瑞明、刘景清、贺冠军、王致中、冯械、李锦、刘鹏扬、王学书、岳宏举、贺光宗、窦占鳌、张希科、王文林、崔大玉、刘义林、张正已、贺宣化、王学舜、郭俊升、王位中、乔抡元、贺殿杰、王家芝、傅七通、郭大祥、王源、毕士宏、娄以朋、李清儒、毕尔瞻、窦生睿、冯锡、焦麟趾、沈鹤龄、张希若、冯林、□□□、王□□、刘仲礼、贺万年、张君达、武有信、韩进锐。

邑庠生何玉书书丹并撰
皇清嘉庆二年柒月榖旦

十一、欧阳公祠德政碑记

盖闻地利莫先于界,水利莫要于沟渠。故郑当时之穿谓(渭)水,苑仲淹之海塘,李长史引雷徒之渠而灌溉日多,赵尚宽修信臣之渠而荒莱皆沃,兴利除害,犁然备陈。然而不得其人,则事不能举。以国家纳税输租之地,侵夷为泥于沙塞之墟。岂汛导之无力,实经营之熟任。此欧阳贤侯所由输念灾区,因势利导,而大有造于吾民也,我万北四图下六甲后十里店等村,地势卑凹,土性燥烈,旱则赤地,涝则为横流,岁丰所入尚不足维正之供,偶遇荒欠,饥寒谁恤?官催课急,则迁徙逃亡,靡所定止,甚且割地与人不受值,而胥吏复因缘为奸。是以土荒地旷,户口雕残,居此者,几不知有生乐。益公私交困,非伊朝夕矣。我邑侯欧阳公下车以来,循行阡陌,问民疾苦;有不便者,辄更之。星驾所及,见污莱盈野,触目怆怀,辄召父老而悉其故,慨然曰:河内者称富庶区,岂此乡地独不毛?何荒废苦是?谓非守土之责耶?于是又明三十项,收入沁阳书院,相厥地势,因时制宜。开支河四道,倬高者,以资灌溉,下者,以便宜线。后十里店开凿泉河二道,泉源起于村之西北,迄于村南,注诸运。前十里店开凿泉河一道,泉源起于太堡庄之原,由村西之村南,注诸运。磨头村开凿泉河一道,泉源起于二十里铺之原,李家窑之村西,至于村南,入于老武河之下游,经磨头村、朱庄、董庄、注水运。长各百余丈、数百丈不等,宽具丈余。五旬未匝,厥工告成。河而旱勉,波臣不复肆共虐,公乃召流云给朱、种,使耕废地,薄其差徭,时或有偶笑之者,公不顾,期年而民无失业,野无间田,桑麻匝地来黍油油,居民室家相庆。父以告其子,兄以语其弟,谓公实活我,相率拜子堂下,而公且谦让未也。夫美不自美,良有司蛊(惠)心乃职也。击址歌功,食德思报,吾齐小人,感激之诚也。于是建祠立石,于是建祠立石,既以表我公之经尽,亦以杜后之纷争,后之耕斯土者,举亩为云,决渠为雨,以乐畎亩,以祝馨香,亦庶以颂,公德于勿衰云。谨直书而记其事,并列条规于左。

计开条规八则:

一、所交官地成熟者,每年每亩出租钱三百文,收表之后,均向礼房交兑。

二、设立庄头,轮流催办,每年每亩出薪水钱三十文。

三、催租差役,每年每亩出饭钱二十文。

四、书办笔费,奉官面论,由官酌给,不许地户备出。

五、祠内设立文学一所,奉官面论,每年由官酌请塾师,于课租内拨给钱四十千文,以资修善。

六、禁地由各庄头抬伸垦,随时具禀,三年后照成熟纳租,不准隐瞒遗漏。

七、成熟亩地,由各首事、庄头随时稽查,不得仍前荒废,如有荒废责令赔纳。

八、祠内每年定于十一月十九日首事、庄头议,带分资齐至祠内,扫室焚香议叙公事,对之有无,酌年之丰歉为之。

大清同治十三年十一月初十日

钦加五品衔赏戴兰翎孙克明撰文

生员尝戴兰翎邵飞英书丹,全村公立

十二、1951 年武陟县修堤纪念碑文

黄沁历年为害我区,每决口数十万人惟难,生命不保,财产荡尽,良田变沙荒,村舍尽冲没,妻离子散,流离他乡,民不堪其苦。解放后,在共产党与人民政府领导之下,奋力堵塞大樊决口加强堤防,安全渡过数年大汛,现中央人民政府为保护千百万人民的长期安全,乃决定进一步增强堤防,布置蓄洪、滞洪、修建分洪堰闸。我区除分滞洪任务外,修堤土方为6百万公方。由博爱、武陟、修武、获嘉、新乡、原阳、延津等7县担任。共动员民工174000人,均情绪奋发,踊跃争先。8日至15日左右,即完成任务,武陟县动员参加民工2244人,由县长张哲夫同志任指挥部主任,刘明朗、郭义保任副主任。王毅夫、洪波同志任正副政治委员,亲自率领上堤,对群众进行了深入的政治动员,在保卫生产、充实国防增强抗美援朝力量的号召下,开展了热烈的爱国主义竞赛,每工平均效率由二方提高到四方,涌现了大批修堤模范。如傅村、大樊、古樊等模范村平均效率达到5.3方/工,大樊赵法杰、傅村宋明德,硪工队平均每日1800平方米。充分表现了劳动人民伟大力量与高度热情。这次修堤任务的完成,将使黄河进入新的历史阶段,两岸人民将永远摆脱洪水灾害,待以安全生产,争取丰收,走向富裕。这是由于毛主席及中央人民政府的英明领导及广大人民的伟大劳动与参加复堤干部医务各方面工作人员的努力而实现的特此纪念。

新乡专区治黄指挥部主任　于健

副主任　韩培诚

田绍松

政治委员　刘刚

十三、人民胜利渠开闸灌地30周年纪念碑文

人民胜利渠,是中华人民共和国诞生后,在黄河下游兴修的有历史以来第一个大型灌溉工程。从此,揭开了开发利用黄河中下游水利资源的序幕,结束了"黄河百害,唯富一套"的历史,标志着人民革命和治黄事业的胜利,显示了人民群众的智慧和力量,故命名为"人民胜利渠"。

人民胜利渠,是在中国共产党和人民政府的领导下,由黄河水利委员会规划设计,于1951年3月破土兴建,1952年初第一期工程竣工,同年4月12日启闸放水,10月31日毛泽东主席亲临渠首视察,鼓舞了灌区人民。经过30年的努力,使此套灌溉工程日臻完善,现已初步形成灌排并举,渠井结合,工程配套,旱涝保收的大型灌渠。渠首位于武陟县境内秦厂大坝上,东邻黄河大桥,南对巍巍邙山,绿树成荫,花果满园,初设计引水40立方米/秒。由于闸后加固,闸前淤高,总干桥部分桥闸扩建,最大引水量增大90立方米/秒。总干渠自渠首而北,至新乡市入卫河,全长52.7公里,担负灌溉、排涝、发电和济卫多重任务。渠越黄河大堤处建5孔防洪闸1座,以下设跌水3处,一号跌水建发电站一座,装机625千瓦,灌溉渠系由总干渠和干、支、斗、农、毛渠组成。排水渠系以卫河为总干排,东西孟姜女为干排,田间有支、斗、农、排。总干渠下

有干渠 5 条,支渠 38 条,加上斗、农渠总长 1430 余公里。灌区建沉沙池 3 处,打机井 11000 多眼。现已是渠道纵横交织、机井星罗棋布,灌溉着武陟、获嘉、新乡、原阳、延津、汲县和新乡市郊区 88 万亩农田。

忆往昔,灾害连年,岁月艰辛。看今朝,林茂粮丰,仓廪盈实。灌渠开灌前,高灌地十年九旱,大旱年赤地千里,低洼地盐碱沙荒,多雨期一片汪洋。1950 年粮食亩产年仅 177 斤,棉花 29 斤,开灌后粮食产量逐年提高,人民生活不断改善。特别是党的十一届三中全会以来,制定了正确的农业政策,推广了科学技术,充分发挥了灌区旱涝排沉改土的作用,再加其它农业措施,从 1979 年起,粮食超千斤棉过百,至今有增无减,保持稳产高产,灌区呈现一派欣欣向荣、富庶昌盛的新景象。同时,在供应新乡市天津市用水上,也发挥了应有作用。

三十年道路曲折,经验教训俱存。开灌后,加强灌溉管理,由点到面,实行计划用水,农业生产形势很好。1957 年粮食亩产达到 279 斤,棉花 53 斤。1958 年,在“左”的思想影响下,加上经验不足,采取了大引、大灌、大蓄、大灌大排、兴渠废井的错误做法,破坏了生态环境,排水系统淤死,地下水位升高,盐碱地面积由开灌时的 10 万亩,猛增到 38 万亩,实灌面积由 74 万亩,缩减到 24 万亩,粮食亩产 1961 年降到 193 斤,棉花 33 斤。党和政府领导灌区人民认真总结经验教训,采取全面疏浚排水渠系,节制引黄水量,打井架电,开发地下水源等措施,逐步扭转局面。1965 年灌渠开始恢复,粮食亩产升到 400 多斤,棉花 70 斤。在实践中总结一套“灌排并举,渠井结合,沉沙改土,科学配水”的成功经验,并提出了“处理泥沙,防治盐碱”的攻关科学项目。

展望未来,任重道远,前程似锦。今后,在党的十二次代表大会精神的指引下,需要继续完善灌排渠系,合理运用渠井,加强科学管理和技术改造,以扩大灌溉面积,保证稳定高产,为城市提供水源,并要努力向普遍实现工程规格化、大地园田化、渠道林网化、运用自动化、管理企业化的现代化灌区高标准进军,望沿黄为振兴中华的广大干部群众,续此大业,永远造福人民。

中共河南省新乡第地区委员会

河南省新乡地区行政公署

1982 年 4 月立

十四、沁河改道大桥修建纪念碑文

武陟旧名怀县、武德、两汉、魏、晋时为河内郡治所。隋开皇十六年始置武陟县,旋即裁并。唐武德四年复置,于沁南河湾处筑城建署。城有三门:东为临沁,西曰望行,南曰永赖。其北紧依沁堤,周长四里七十七步,自唐建置后,历代增修层城、谯楼、衙署、坛庙之属。公元一九三八年冬,日寇侵占武陟,人民惨遭蹂躏,公廨、居民、文物、古迹破坏殆尽,尔后,县署迁至木栾店,旧县城遂改名为老城村,原县城经一千三百一十七年之历史,今老城居民搬迁,盖因沁河之改道。沁水源出绵山,下游悬河多险,决溢频仍,为害甚烈。尤以木栾店与老城之间,河床狭窄,陡折而南,拱桥东迫,滞流不畅,洪水暴涨,危若累卵。若右堤决,则危及沁南 18 万人民之生命财产;如左堤决,则新太、京广两路段及新乡诸工业城市将为汪洋;倘黄沁并溢,则华北平原俱受威胁。据县志记载,县城初建,城基高于堤岸,后因泥沙淤积,河床渐高,城内大部水渍,常年不涸,河水暴涨,更有灌穴之虑。故清道光年间即有迁城之议,然清王朝及历届反动政府不顾人民死活,迁城之举,终未果行。全国解放后,党和人民政府连年加固堤防,清除障碍,杜绝决溢之患。党的十一届三中全会后,为确保人民生命财产安全,防患于未然,经多方查勘,决定由杨庄村开一新河道,水流逶迤东南,经老城与下游故道相接。堤距由三百三十米扩为八百米,裁湾取直,水流畅通;且北岸有新旧二堤及悬河高滩作屏障,实为长久之计,方案拟定,报水利电力部批准,于一九八一年三月开工,百余日新河道右堤告成,堤长二千四百一十七米。一九八二年六月底,又筑成左堤三千一百九十五米,险工堤段千六百四十二米及坝垛十六座,两堤共做土方二百七十二万四千立米,石方二万三千二百立米。与此同时,老城、东关,西关全部居民及南关、杨庄部分居民迁出河道区,共迁出公私房屋四千八百七十九间,政府以巨款资助,建设新村三处,老城居民迁至原老城西南一千米处为城西新村;南关居民迁至原老城正南五百米处为南关新村;东关居民迁居至原老城东北五百米处之旧河道右滩为东关新村;西关居民则分别迁入木栾店、韩原村、西马曲、东石寺等村镇。近五千居民安居乐业,各得其所,当斯时也,堤工甫竣,洪水骤至,四千二百八十秒立米之洪水排空而来,浊浪滚滚,涛声震天,为百年所罕见,而两岸新堤固若金汤,改道工程成效卓著,广大群众啧啧称赞。一九八三年六月,七百五十米之沁河大桥竣工通车。搬迁、筑堤、建桥历时二年零四个月,投资近三千万元,筑堤、建桥皆为机械化施工,速度之快、质量之高,为前所未有。足以显示共产党领导之英明,社会主义制度之优越。为使后人咸知老城兴废之始末、沁河改道之缘由,激励其建设社会主义物质文明和精神文化之热情,乃树此碑。

中国共产党武陟县委员会

武陟县人民政府

公元一九八四年四月立

十五、黄河左堤堤防起点中曹坡碑

黄河自青海巴颜喀拉山喷涌而出,穿峡谷、越平原、纳百川奔腾咆哮汹涌万里注入渤海,黄河慈祥如母亲倾其甘甜乳汁,哺育繁衍万代华夏子孙,黄河雄浑如赳夫,其盖世伟力令人类顶礼膜拜,黄河神秘如少女美轮美奂,创造流溢出灿烂民族文化,黄河暴躁似巨龙桀骜不驯性情暴戾,每值汛期河水暴涨挟泥裹沙改道无常,为害甚烈,据典籍记载,黄河曾屡屡泛滥,北犯京津,南乱江淮,灾害频仍,民不聊生。新中国建立后,政府率民众齐心协力治理黄河,灭险除害,造福人民,在黄河上中游造林植草,保持水土,在黄河下游培修堤防加固险工,全面整治河道下游,沿岸民众为修堤筑坝担土运石、车拉肩扛不辞辛劳,代代相传,其大恩大德青史永垂,千里堤防固锁蛟龙,终使黄河驯顺乖觉,岁岁安澜,黄河左岸千余里堤防起始于河南孟州中曹坡,曲折蜿蜒至封丘长垣阳谷济南滨州及利津,一路九曲十八弯,阻洪水挡风沙,护卫两岸民生,万丈高楼起于垒土,千里之堤始于足下,为颂扬政府及民众治黄筑堤之丰功伟绩,特于黄河左岸堤防起始处立碑勒石以记之。

孟州市黄河河务局

杨松林　李茂山　撰文

汤景瑞　　书丹

公元一九九七年十月三十日敬立

十六、沁河口碑文

沁河是黄河重要支流之一,发源于山西省长治市沁源县霍山东麓的二郎神沟,经安泽、沁水、阳城、晋城,进入河南济源、沁阳、博爱、温县至武陟白马泉汇入黄河,全长 485 公里,落差 1844 米,流域面积 13532 平方公里。武陟县所辖沁河河道位于下游,河道长 34.011 千米,河道面积 44.9 平方千米。沁河防洪与黄河防洪息息相关,远在金朝就有黄河都巡河官居怀州兼沁水事。自明、清以来,都将沁河防洪与黄河统一管理。

沁河洪水来猛去速,善淤、善决、善徙,素有小黄河之称。据统计,沁河小董站年平均总水量 12 亿立方米,输沙量 814 万吨,含沙量 6.9 公斤/立方米。由于泥沙淤积,丹河口以下河床高出地面 2 至 7 米,在武陟县城处,河床高出县城地面 7 米。若遇黄沁河洪水并涨,黄河洪水倒灌至沁河老龙湾险工处,对沁河洪水形成顶托,水位雍高,若由此失事,将冲断京广、京九、津浦铁路,危及华北 33000 平方公里内的人民生命财产安全,是黄河之最。历史记载,从公元前 207 年至 1948 年的2155年间,沁河在武陟县决口153次,仅1939至1947年10月间就决口3次(五车口决口两次和大樊决口一次),其中大樊决口造成洪泛区面积达576平方千米,受灾村庄160余个,灾民25万余人,给沿河人民带来了沉重的灾难。

人民治黄以来,在中国共产党的领导下,黄河业务部门,紧密依靠地方政府和沿河人民,对黄沁河进行了卓有成效的治理,堵复了大樊决口,进行了三次大复堤。1972年以来,对白马泉堤段进行放淤固堤。1981年至1983年完成了杨庄改道工程,1998年至1999年对老龙湾以下堤顶进行了硬化,2016年国家批复专项资金实施了沁河下游防洪治理工程。目前,两岸堤防计161.6公里,其中武陟县境内沁河两岸堤防长度66.724千米,堤距800至1200米,险工18处,坝、垛、护岸368座,涵闸7座,加之各项非工程防洪措施,沁河防洪系统工程已初具规模,确保了沁河岁岁安澜。

十七、温孟滩移民安置区工程纪念碑文

小浪底水利枢纽,束万里黄河,拦汹涌洪水,取不竭水能,效显益彰。水库淹没所及20万群众需迁徙他乡,温孟滩移民区总面积53平方公里,随黄河水势,时水时滩,时草时田。1993年经国家计委批准,开发温孟滩区,配合河道整治,集中安置移民,以节约土地资源。从1993年开始,温孟滩作为小浪底水库最大的移民集中安置区步入实施阶段。为保护移民安置区的安全,修南、东、北三道堤线,总长53.28公里;河道整治坝垛118道,增长12.1公里,防洪标准由一年一遇提高到百年一遇。放淤改土的规模,在我国史无前例,面积为22.20平方公里,改土方量达711万立方米,淤填量为1285万立方米,工程总工期7年,总投资5.6亿元人民币。河南河务局调集全局三千余施工人员,施工机械千余台套,精心组织,精心施工,保证了工程质量,确保了移民顺利搬迁。1995年到2002年,已安置移民4.2万人。昔日荒滩,今已林茂畴绿,路网纵横,群众安居乐业,直奔小康。工程的成功实践,扩大了土地资源,改善了生态环境,保证了移民安置,受到世界银行、国家水利部、河南省人民政府的共同赞许。为昭示工程建设成就,特勒石镌碑,以示纪念。

碑文撰写:李国繁　刘月才　宋艳萍

碑文书法:汤景瑞

十八、京广铁路穿黄河左堤遗址碑文

2014年5月16日,新建郑州至焦作铁路暨改建京广铁路黄河特大桥通车,设计时速分别为250公里和160公里。兼顾高速与重载,是黄河上第一座四线铁路特大型桥梁。

2016年8月,由河南城际铁路有限公司出资,焦作河务局代建对詹店铁路口闸桥进行了拆除并将缺口堵复。工程包括堤防缺口段堵复130米(K83+947~84+077),恢复淤背区宽100米、长360米(K83+967~84+327)。2017年6月工程完工,恢复了标准化堤防,彻底消除了该处黄河大堤的防洪隐患。

京广铁路,南北动脉;万里黄河,滔滔不绝。

1905年(清光绪三十一年)11月15日,首座郑州黄河铁路大桥建成,次年4月1日,京汉铁路全线通车。铁路在武陟境内长约14公里,在詹店村东南穿越黄河左堤(K84+012)处,大堤由此出现的缺口成为黄河防洪险点。

1933年8月上旬,黄河发生两万两千立方米每秒洪水,詹店黄河大堤决开二十六米,淹没村庄十个。1957年武汉长江大桥建成通车后,京汉铁路与粤汉铁路接轨,改名京广铁路。1958年黄河发生两万两千三百立方米每秒特大洪水,黄河铁路桥遭受重创,导致京广铁路停运,满目疮痍的大桥被鉴定为不适合通行火车。当年在老桥下游五百米处兴建第二座铁路桥。为防御大洪水,在原铁路穿越黄河左堤处,建起一座两孔木质叠梁闸门。

1960年4月20日,第二座铁路桥通车,时速八十公里,实行复线运行。第一座铁路桥改为公路桥,至1987年拆除。二十世纪六十至八十年代,黄河大堤经过三次复堤加高,詹店铁路口闸急需提高标准,1984年铁路部门将木质闸门改建为钢筋混凝土结构,2010年又对铁路闸口桥拆除重建,提高闸桥防洪标准,改进了铁路与公路通行能力。

随着第三座新建黄河特大桥通车,铁路新的运行线路改在李庄跨越黄河大堤,第二座铁路桥至焦作东站间原铁路线废弃,詹店铁路口闸桥的历史使命就此结束。

京广铁路穿黄河左堤闸口遗址历经风雨,见证了中华民族百余年的荣辱兴衰和近代治黄史。遥想当年,京汉铁路的开通,打破了中国依赖水道与驿路的传统交通网络格局;六十年前,京广铁路全线贯通,连接六座省会、直辖市,以及多座大中城市,成为中国线路最长、运输最为繁忙的铁路,在国民经济建设中具有极其重要的战略地位。而黄河左堤铁路闸口的三度变迁,从一个缩影见证了中国铁路的发展以及中华民族的繁荣富强。

正是:京广穿黄左堤口,晚清至此百余秋。事非功过苍生记,立此碑石示晚俦。

河南城际铁路有限公司

焦作黄河河务局

大事记

清康熙六十年（1721）

八月 河决武陟詹家店、马营口、魏家口,当年筑钉船帮大坝,挑广武山下王家沟引河,筑秦家厂坝,堵马营等口。

清雍正元年（1723）

将武陟沁河口以下至詹店约 18 里无堤之处接筑成遥提,以防大河旁泄,同时把秦厂大堤的北尾堤接筑到遥堤,南尾堤接筑到装泽大堤,作为前卫,此即现在白马泉到詹店的临黄大堤。

本年 兴建嘉应观（俗名庙宫）,雍正三年（1725）落成。嘉应观位于武陟县二铺营东,系雍正皇帝胤禛为祭祀河神而修建的淮、黄诸河龙王庙,是豫北少有的清代宫式建筑群。

清雍正二年（1724）

加修太行堤。河督张鹏翮曾上疏,"北岸太行堤自武陟木栾店起至直隶长垣,系圣祖仁皇帝指示修筑之工",作速修筑,一律加固。

本年 增设副河道总督一人,驻武陟,专理河南河务。

清乾隆二十三年（1758）

温县知县王其华筑堤 375 丈,称为王公堤,此即县城南门外的一段堤防。

清嘉庆十九年（1814）

孟县西自崖修筑新堤一道,长 500 丈,堤外修埽,后称新小金堤,于城南原有护城堤（东西长 1260 丈）相接。

清嘉庆二十二年（1817）

在清乾隆年间,武陟县城南自东唐郭高地向东原有拦黄堰一道,嘉庆二十二年至道光二年（1822）,由于河势节节下延,接修 700 余丈,连前官方修堰共

880 余丈,道光五年(1825)又增修 500 余丈,以下尚有民修 3000 余丈,总计拦黄堰长 4000 余丈。

清道光二十三年(1843)

七月 黄河盛涨,陕州水文站出现洪峰流量为 36000 立方米/秒。

清光绪十六年(1890)

七月十六日 孟县河段大溜北移,直逼小金堤陆续塌尽,修筑新堤亦随筑随塌,其势险甚。自八月开工,翌年七月竣工,计用石二万方有奇,抛成石坝 9 道,石垛 16 个,东西长堤 435 丈,格堤 75 丈,土坝 26 丈,护沿料埽 9 段,自此民得以安,孟县各工共用银 8.9 万两。

清光绪十九年(1893)

是年 武陟县黄河水势自南岸孤柏嘴以下北趋,渐将清风岭冲刷,仅剩残岭数十步,董宋、赵庄、西岩、东岩等村房屋有塌入河中者,驾部寨墙坍塌 20 余丈,形势吃重。知县孙叔谦,详准会同委员黄履中、李肇端勘修石坝 8 道,石垛 18 个,土埝二道,用银 8.2 万两。

清光绪二十五年(1899)

九月十八、十九日 河水暴涨,直逼孟县堤身,水流冲刷,蛰卸 110 丈、宽一丈五六尺不等。

十一月 河南巡抚裕长奏请东河河防岁修节省项下拨款三万元进行兴修,至二十六年四月工竣。

清光绪二十七年(1901)

八月 始建平汉(现京广)铁路黄河大桥,至三十一年十月竣工,桥长 3015 米,102 孔。

本年 修建武陟赵庄驾部石工。

清光绪二十八年(1902)

九月二十六日 孟县小金堤护城堤溜刷吃紧,加厢、坝垛。

本年 河南河务由河南巡抚兼理,省设河防局、河道、河厅,沿河县设汛。

清光绪三十四年（1908）

四月十一日 孟县小金堤以西大溜淘刷，民田庐舍冲刷入河，自路庄以下湾尖处至贾庄，修筑磨盘坝 1 道、石垛 6 个，又石坝 1 道、石垛 2 个，再修磨盘坝 1 道，石垛 4 个，用银 2 万两。

民国

民国五年（1916）

5 月 始"自温县单庄以下，经温县苏庄、关白庄至蟒河边，修堤长 20 公里"。

民国二十一年（1932）

架设沁河西岸及黄河北岸电话线，沿河各段汛，均安设电话。

民国二十二年（1933）

8 月 9 日 黄河洪水暴涨，陕县站洪峰流量 23000 立方米/秒，温县堤防冲央 18 处，武陟县溃口 1 处。到达郑州附近"河水飞涨八尺，水面与平汉铁桥平，铁桥之七七、七八两洞为急流所冲，东移数寸。"

民国二十二年（1933）

9 月 成立黄河水利委员会，李仪祉任委员长，治理黄河出现新景象。

本年大水，河势北移，曾在赵庄（当时属温境）上下坐湾，1935 年由河南河务局投资修民埝一道，称为赵庄民埝，上自平皋，下接武陟大堤，现为温县武陟临黄大堤的组成部分。

民国二十六年（1937）

2 月 16 日 河南河务局改为河南修防处，同时将下属六个分局改为六个总段。

本年 实行"河兵制"，各汛设汛长、汛目、副目，一、二、三等兵，临时汛兵等，统一制发灰色制服，佩戴徽章。

民国三十二年(1943)

8 月 建武陟菜园闸。此为是日军侵占时所修引黄济卫灌溉工程,干渠内建筑物未竣工即行停止。

中华人民共和国

1949 年

2 月 10 日 建立冀鲁豫区黄河水利委员会第五修防处(新乡黄沁河修防处前身),下设秘书科、供给科和工程科,辖温孟、武原、阳封三个黄河修防段和武陟、温沁博两个沁河修防段,韩培成任主任。处办公地址设在武陟县大樊村,汛后又迁至武陟嘉应观(俗称庙宫)。

8 月 29 日 平原省在新乡成立平原黄河河务局。9 月 1 日,黄委会将第五修防处划归平原黄河河务局领导。

10 月 18 日 平原省人民政府决定第五修防处受新乡专署与平原黄河河务局双重领导。

1950 年

9 月 第五修防处改名为新乡黄沁河修防处。

1951 年

3 月 动工兴建引黄灌溉工程渠首闸(人民胜利渠渠首),1952 年 3 月建成,设计流量 55 米立方米/秒,是中华人民共和国成立后第一处引黄灌溉工程,当年灌溉 28.4 万亩。

1952 年

10 月 31 日 毛泽东主席视察黄河从南岸邙山来到北岸,由平原省党政军负责同志潘复生、晁哲甫等陪同,到引黄灌溉济卫工程渠首闸,毛主席详细询问了工程建设情况和灌溉效果,并亲自摇动启闭机摇把,开启一孔闸门,黄河水通过闸门流入干渠时,主席十分高兴地说:"一个县有一个就好了"。当来到黄河水入卫河交汇处时,主席高兴地说"到小黄河了"。

12 月 30 日 撤销平原省建制,新乡黄沁河修防处划归河南河务局领导。

1955 年

新乡修防处组织建国后第二次大复堤,以确保陕州流量 23000 立方米/秒洪水不发生严重溃决或改道为目标。孟县中曹坡—沁河口超设防水位高 2.3 米,沁河口—京广铁桥超设防水位 4.0 米,京广铁桥—娥湾超设防水位高 2.5 米。至 1956 年,完成土方 402.6 万立方米。

本年 修建武陟方陵排涝闸,1956 年建成,该闸位于 65+180 千米处,设计流量 18 立方米/秒,1980 年改建成扬水站,设计流量 6 立方米/秒。

1957 年

11 月 29 日 由河南省水利厅负责施工,在武陟临黄堤 78+264 千米处开工兴建共产主义闸,1958 年 6 月 15 日竣工。该闸 6 孔,设计流量为 280 立方米/秒,加大流量为 540 立方米/秒,设计灌溉面积 470 万亩,总投资 494.3 万元。

本年冬 修建詹店铁路闸,翌年 6 月竣工。

1959 年

本年冬 兴建原阳幸福闸,闸身 5 孔,引黄能力 40 立方米/秒,灌溉面积 25 万亩,于 1961 年 6 月建成。

1960 年

2 月 兴建北围堤,竣工后建立原武管理段。

4 月 建成郑州京广铁路黄河新桥,全长 2900 米,71 孔。

1962 年

1 月 25 日 恢复安阳地区建制,新乡黄河第一修防处改名为新乡黄河修防处。

1963 年

7 月 17 日 破除花园口枢纽工程拦河大坝。

1964 年

7 月 18 日 原花园口枢纽工程管理处所属原武管理段划归新乡修防处。

本年 兴建北围堤护滩工程,修坝1道。

1969 年

1月 兴建孟县白坡堵串工程,4月16日竣工。交地方管理。

1970 年

3月9日 兴建孟县化工控导工程,当年投资36万元,修连坝730米,丁坝6道,上延垛2座。

9月10日 孟县化工抢险时,支援抢险的武陟第一修防段技术员闵德延在4坝位船上用蒿探摸水深时不幸落水遇难。

10月15日 撤销原武管理段,所属工程分别由武陟黄沁河修防段和原阳黄河修防段管理。

本年 温陟修防段曹生俊、彭德钊等试制成功手推式电动打锥机,实现了维探机械化。经改进,1974年制造出"黄河744"打锥机,提高工效10倍,台班打孔400眼。1978年通过技术鉴定,荣获河南省科学大会奖。

本年始 新乡修防处开展第二次黄河大堤锥探工作,至1975年共探孔106万眼,消灭隐患1.42万处,全部采用压力灌浆。经检验证明,泥浆与老堤结合严密,无缝隙。浆体干容重1.5吨/立方米,增强了堤防抗洪能力。

1971 年

2月 温县修筑黄河滩区生产堤总长28.2千米,1975年6月,按上级要求破除生产堤口门5处,总长5480米。

4月 建立孟县黄河修防段。

9月 兴建武陟白马泉闸,翌年5月竣工。该闸位于临黄堤68+800千米处,为单孔涵洞式,设计流量10立方米/秒,加大流量为15立方米/秒,灌溉面积10万亩,实灌4.3万亩。

11月 兴建孟县逯村控导工程,当年修连坝1411米,丁坝10道。

1972 年

6月22日 新乡地区生产指挥部指示:6月起张菜园五孔闸及辅助设施移交武陟黄沁河修防段管理。

1973 年

10 月 动工兴建武陟驾部控导工程,当年修连坝 1600 米,坝 5 道,垛 2 座。

10 月 支工兴建孟县白坡闸,翌年 4 月建成,该闸位于吉利乡白坡村西,闸身 3 孔,设计流量 15 米立方米/秒,设计灌溉面积 7.5 万亩。

10 月 4 日 孟县黄河修防段接管黄河大堤。18 日新乡修防处成立"黄河石料厂筹备小组"。

1974 年

国务院同意从全局和长远考虑,黄河滩区废除生产堤,修筑避水台,实行一水一麦一季留足群众全年口粮的政策。

3 月至 7 月 加高铁桥隔堤。堤顶超 1974 年设防水位 2 米,顶宽 6 米,临坡 1:2,背河 1:3,投资 11.57 万元。

10 月 兴建孟县开仪控导工程,当年修连坝长 3040 米,拐头丁坝 26 道,投资 90.85 万元。

10 月 兴建温县大玉兰控导工程,至 12 月底,完成丁坝 27 道,连坝长 3200 米,柳石裹护,投资 74.3 万元。

11 月 4 日 孟县培修临黄大堤(0 +000—7 +500),翌年 2 月 14 日竣工,共投资 73.6 万元。

本年至 1983 年 新乡修防处进行第三次大复堤,临黄堤以防御 1983 年花园口流量 22000 立方米/秒为目标。堤防培修标准:除孟县段(0 +000—15 +545)为超当地流量 17000 立方米/秒,相应水位 2.5 米,武陟第二修防段(43 +814—65 +414)为超设防水位 3 米。

本年 温县修筑滩区迁安道路 9 条,计长 9.68 千米,投资 30 万元。

1975 年

2 月 孟县培修临黄大堤(7 +500—15 +600),4 月 15 日竣工,土方 84 万立方米,投资 65 万元。

3 月 动工重建张菜园闸。该闸位于临黄堤 86 +579 处,1977 年 10 月完成。设计流量 100 立方米/秒,灌溉面积 70 万亩。旧闸 1978 年拆除。

4 月 16 日 建立温县黄沁河修防段。

本年 建成孟县白坡扬水站,设计流量 1.68 立方米/秒,灌溉面积 3.37 万亩。

1976 年

9 月 孟县化工控导工程遭大溜顶冲,第 15～17 坝被冲残,翌年恢复。

10 月 在郑州—原阳—庙宫,原阳—封丘安设了 A－350 无线电台;在郑州—庙宫安设了 208 型电台。

本年至翌年 5 月 御坝村 169 户(1185 间房),搬离大堤 300 米外,国家赔偿 21.5 万元。

1977 年

9 月 17 日 武陟县委,针对武陟第二黄沁河修防段负责人王合仁在李马蓬扒开沁河堤排水严重失职行为,决定撤销王合仁党内外一切职务。

本年底 建立新乡修防处运输队。

1978 年

6 月 23 日 河南省人民政府颁发《河南省黄(沁)河堤防工程管理办法》

本年 孟县临黄堤 0＋450 千米处建成大王庙闸,设计流量 6 立方米/秒。

本年 建立新乡修防处施工队。

1979 年

2 月 17 日至 7 月 31 日 续建武陟驾部控导工程。该工程用桩柳占新方法,在水深 14 米的急流中,抢修第 18～24 道丁坝。

3 月 15 日 新乡修防处施工队划归河南局机械施工总队。

3 月 22 日 河南河务局批复新乡修防处由武陟庙宫迁新乡市办公。

1980 年

3 月 成立新乡修防处铲运机队。

本年 成立新乡修防处施工大队,直接领导运输队、铲运机队和灌注桩队。

1981 年

3 月 沁河杨庄改道工程开工,1982 年汛前竣工,该工程荣获 1984 年国家优质工程银质奖。

1982 年

1 月 30 日 成立张菜园引黄闸管理段,隶属新乡修防处。

6 月 9 日 成立济源沁河修防段。

6 月 26 日 河南省五届人大常委会第十六次会议通过《河南省黄河工程管理条例》。

8 月 2 日 18 时 花园口站出现 15300 立方米/秒的大洪水(8 月 2 日 21 时沁河武陟站洪峰流量 4130 立方米/秒),水位比 1958 年 22300 立方米/秒高出 0.21 米。

11 月 河南省人民政府向沿河各县市发布了《关于不准在黄河滩区重修生产堤的通知》。

1983 年

本年 撤销新乡修防处施工大队。

1984 年

本年初 新乡修防处属灌注桩队划归河南局施工总队。

1985 年

3 月 1 日 河南局批复成立"新乡黄沁河修防处建筑安装工程施工队。

9 月 17 日 花园口站 8100 立方米/秒洪峰过后,河势突变,大玉兰、驾部工程险象环生,多次出险。温孟交界处滩岸坍塌,走失孟县大堤东头 170 米。

1986 年

3 月 20 日 焦作市黄河修防处成立。根据河南省行政区划调整,经黄委黄劳字〔1986〕第 33 号批准,河南河务局以豫黄政字〔1986〕17 号文通知,调整部分修防机构,成立焦作市黄河修防处,原新乡黄沁河修防处所属的温县、孟县、济源、沁阳、博爱、武陟一段、武陟二段及张菜园闸管理段、运输队、铲运机队划归焦作市黄河修防处领导,总计人员 976 人,负责焦作市境内的黄河、沁河防洪及引水灌溉供水等任务。

6 月 19—20 日 刘玉洁带领省防汛检查组检查焦作市防汛工作。河南省副省长刘玉洁、省军区副参谋长张宗厚、黄委副主任杨庆安、省水利厅厅长齐新、河务局副局长王渭泾等一行 14 人来焦作市检查防汛工作。市委副书记杨金亮、副市长赵功佩、军分区副司令员刘连学、水利局局长丁宇武、修防处副主任郭纪孝等陪同检查组分别查看了孟县逯村工程、温孟滩、武陟白马泉管涌段、五孔闸、共产主义闸、北围堤、武陟二段的黄河堤补残、驾部控导工程以及沁河口清障等重点、险点工程。并于 20 日在武陟召开了市、县、治河部门有关领导参加的防汛工作座谈会。

6 月 30 日 焦作市黄河修防处机动抢险队组建完毕。

7 月 4—5 日 曹治坤检查黄河防汛工作。焦作市委常委、军分区司令员曹治坤，由焦作市黄河修防处副主任郭纪孝陪同，到辖区黄沁河堤防、险工、控导和涵闸等主要防洪工程处，检查了黄河防汛工作。

1987 年

2 月 12 日 郭纪孝任焦作市黄河修防处主任。经中共河南河务局党组研究决定，豫黄政字〔1987〕9 号文通知，郭纪孝任焦作市黄河修防处主任。

5 月 成立生产经营科和审计科。

6 月 19—20 日 焦作市党政军领导检查黄沁河防汛工作。市委书记武守全，市长范钦臣，副书记黄振英、杨金亮，副市长傅达，军分区司令员曹治坤、副司令员刘连学等党政军领导，在市黄河修防处主任郭纪孝的陪同下，对武陟、温县、孟县、沁阳、博爱等县的防汛准备工作及堤防、涵闸、险工、控导工程等设施进行了检查，并重点查看了河道行洪障碍和违章建筑。

6 月 26 日 五十四军首长检查黄沁河防汛工作。五十四军副军长赵国斌、军副参谋长杨志奇和地炮旅政委李明海、副参谋长张庆强一行十多人检查焦作市黄沁河防汛工作。上午，在市政府会议室，部队首长听取了市长范钦臣关于防汛工作的介绍和黄河修防处副主任郑原林关于黄沁河防汛准备的汇报。市委书记武守全，军分区司令员曹治坤、副司令员刘连学等接待了部队首长。下午，市长范钦臣和修防处副主任郑原林等陪同部队首长分别到沁河高村闸、西大原闸、杨庄改道工程和黄河白马泉险工堤段、共产主义闸、张菜园闸进行实地检查。

9 月 武陟沁河堤大樊险工试验防渗连续墙竣工。该墙长 200 米、深 25 米、宽 9.4 米。防渗连续墙是一种新型的河防工程，建成后，一方面可在现场进行模拟试验，了解渗流情况，另一方面一旦发生较大洪水，就可观察它的实际作用和效果。

1988 年

4 月　成立基建科、劳动人事科和综合经营办公室,同时撤销政工科和经营科。

6 月 6—7 日　宋照肃检查焦作市防汛准备工作。副省长宋照肃带领黄委、黄河河务局、省水利厅等部门领导和有关人员,由焦作市副市长赵功陪和黄河修防处主任郭纪孝、市水利局局长丁宇武陪同,检查了焦作市黄沁河防汛准备工作,实地查看了黄河五孔闸、詹店铁路闸口、共产主义闸、白马泉和沁河水南关、北孔、尚香、西良仕、大樊凡、杨庄改道工程,听取了焦作市和武陟县的防汛汇报。

8 月 17—20 日　刘华洲现场指导沁河防汛抢险。8 月 16 日,沁河发生1982 年以来最大洪峰,小董站实测流量 1050 立方米/秒,滩区全部上水,洪峰过后,河势迅速上提下挫,沁阳尚香、博爱留村、武陟东滑封平工堤段发生严重险情。20 日,河南河务局局长刘华洲亲自到工地察看了险情,做了具体指导。通过治黄专业队伍及当地群众近 700 人 4 个昼夜的奋战,终于战胜了洪水,保证了大堤安全。

8 月 17 日　沁河尚香险工出现严重险情。因受大流顶冲,尚香险工临河堤长约 70 米、宽 2 米、高 3 米,坝体全部蜇陷入水,经过市、县 3 个昼夜的奋力抢护,控制了险情。8 月 19 日,河南河务局局长刘华洲亲赴抢险工地具体部署,指挥抢险工作,并冒雨慰问参战干部、群众。

1989 年

5 月 29—30 日　副省长宋照肃检查焦作市防汛准备工作。副省长宋照肃带领省军区、黄委、省水利厅、黄河河务局等部门的领导和河南日报社等有关人员,由焦作市党政军领导申景仁、张松涛、刘连学和市黄河修防处负责人郭纪孝、赵子芳等陪同,检查了焦作市黄沁河防汛准备工作。实地查看了黄河张菜园闸、铁路口闸,沁河白马泉渗水段、南贾 3 号防洪坝、新左堤裂缝压力灌浆处理段、大凡混凝土薄壁墙、高村险闸、博爱虹吸、留村险工、丹河入沁口、沁阳水北关窄河段卡口,沁北自然溢洪区等黄沁河重点工程。

5 月　博爱段颁布实施《一九八九年堤防管理承包细则》。细则中明确规定了承包条件、评比检查办法、奖励与惩罚制度,并按照承包条件编制了《堤防承包管理、考核评分表》。

6 月 9 日　焦作市党政领导检查防汛工作。市长、市防汛指挥部指挥长张国荣、市委副书记郭安民、市委秘书长杜永年,由市水利局局长丁宇武、黄河修防处主任郭纪孝陪同,检查了焦作市防汛准备工作,重点查看了共产主义闸、白马泉禹王故道渗水段,武陟驾部工程出险坝岸,温县大玉兰控导工程,孟县开仪控导工程新续建的 27、28 号坝等黄河险工、险闸和薄弱堤段。

6 月 19—20 日 黄委领导检查焦作市防汛准备工作情况。黄委第一副主任元崇仁、黄河防办副主任谭宗基、河南河务局副局长叶宗笠等,在修防处主任郭纪孝、主任工程师宋松波的陪同下,对焦作市黄沁河防汛准备工作情况进行了检查,实地查看了武陟张菜园闸、詹店铁路闸口、大凡薄壁墙、沁阳村闸、滑封险工、驾部控导工程、博爱白马沟险工、博爱留村险工和温县大玉兰控导工程、孟县开仪控导工程。

7 月 23 日 河南省委书记杨析综、副省长宋照肃检查焦作市黄河防汛工作。河南省委书记杨析综、副省长宋照肃、省军区副司令员王英洲带领黄委副主任亢崇仁、河南黄河河务局副局长叶宗笠、省水利厅副厅长马德泉、省纪检委书记林英海等一行,由焦作市委书记范钦臣、市长张国荣、军分区副司令员刘连学、黄河修防处主任郭纪孝等陪同,查看了武陟辖区的黄沁河交汇处,以及白马泉管涌堤段、詹店铁路闸口和张菜园闸等工程。

1990 年

2 月 12—13 日 沁河拴驴泉水电站与引沁济蟒渠协调会召开。为认真贯彻国务院、水利部关于解决沁河拴驴泉水电站河段争议问题报告的指示精神,黄委邀请山西、河南两省水利厅在郑州召开协调会,就拴驴泉水电站给引沁济蟒送水的倒虹吸和输水隧洞尽快施工及施工期间发电、灌溉运用方式等问题达成协议。

6 月 8—9 日 五十四集团军首长察看焦作市黄沁河防洪工程。

6 月 23 日 焦作市市长张国荣带队检查焦作市防汛工作。

7 月 3 日 副省长宋照肃检查焦作市防汛准备工作。

7 月 17 日 河南黄(沁)河大堤高程不足堤段加修子堰工程完成。水利部确定的河南黄(沁)河大堤高程不足堤段加修子堰工程完成,实做土方 14.5 万立方米,加修子堰长 71.8 千米,其中焦作市黄河修防处武陟二段完成土方 3.4 万立方米,长 11.8 千米。

11 月 2 日 河南河务局所属黄河修防处、段更名。经水利部批准,河南黄河河务局所属黄河修防处、段均更名为河务局,地(市)级河务局仍为县(处)级,县(市)级河务局为副县级。郭纪孝任焦作市黄河河务局局长。

本年 完成了焦作—孟州81千米明线杆架设任务。

1991 年

4月20日 沁河拴驴泉水电站通水发电。山西省举行沁河拴驴泉水发电站通水发电剪彩仪式。该电站经过5年建成,总投资6000万元,装机容量1.75万千瓦,多年平均发电量1.2亿千瓦时。1992年3月正式并网发电。后因天气干旱、灌区用水等多种原因,电站停机。

5月29—30日 水利部领导察看黄沁河防洪工程。水利部副部长周文智、国家防总总工程师黄文宪、黄委河务局局长谭宗基、河南河务局局长叶宗笠等领导和有关人员,在焦作市委副书记郭安民、副市长孟祥堂、河务局局长郭纪孝的陪同下,察看了沁河武陟杨庄改道工程,以及大凡险工、陶村险工、南王险工、沁阳村险工和沁阳市水南关险工。

本年 安装和开通了焦作—孟州、沁阳—孟州、焦作—武陟、焦作—博爱4路、12路载波线路使焦作局的主要县局实现了有线载波网络化。

1992 年

3月20日 沁河拴驴泉水电站与引沁灌区用水管理办法签字生效。1992年1月,黄委在晋城召开山西、河南两省水利厅负责人协调会,就沁河拴驴泉水电站与引沁灌区用水管理问题达成了协议。会后,根据这次协调会纪要精神,黄委水政部门同两省用水管理首席代表认真交换了意见,经反复协商建立了用水共管小组,并制定了《沁河拴驴泉水电站与引沁灌区用水管理办法》。

4月22日 堤防专家分析沁河新右堤裂缝成因。黄委、河南河务局、焦作河务局有关堤防专家,到沁河新右堤裂缝开挖现场,对裂缝成因进行调研。专家认为,新右堤裂缝主要是在施工中使用了含水量较高的黏性土,随着时间的推移,堤身土体失水,随之产生干缩裂缝。指出新右堤裂缝严重影响着防洪安全,但仅靠压力灌浆不能解决实质性问题,因此必须采取措施彻底加固,但目前接近汛期,要采取紧急措施确保安全度汛。

6月17日 河南省省长李长春、副省长宋照肃、省军区副司令员王英洲、黄委代主任亢崇仁、省民政厅厅长杨德恭等领导与省局、市委、市局领导联合查看了焦作市黄河老田庵、驾部控导工程,白马泉淤背等重点防守工程,实地了解情况,现场解决问题。

7月18—21日 市长郭安民检查焦作市黄沁河防汛工作。

9月20日 引沁入汾灌溉工程草峪岭隧洞开工兴建。山西省临汾地区引沁入汾灌溉工程草峪岭隧洞开工兴建。该工程是在安泽县境内沁河干流上修建马连圪塔水库,开凿草峪岭隧洞,调水至汾河流域的大型自流灌溉工程,设计总工期12年。草峪岭隧洞工程是引沁灌区一期工程中的主体工程,全长19.4千米,设计过水流量为17立方米/秒,2000年12月全线贯通。

12月2—4日 《沁河水资源利用规划报告》审查会在京召开。水利水电规划设计总院在北京主持召开了《沁河水资源利用规划报告》审查会。与会专家和代表们认为,由黄委设计院编制成的规划报告基本资料可靠,重点明确,工程方案布局合理,达到了规划任务书的要求。

本年 成立焦作河务局第一机动抢险队。

1993 年

3月17日 马福照任焦作市河务局局长。经中共河南河务局党组研究决定,豫河组字〔1993〕14号文通知,马福照任焦作市河务局局长,免去其武陟县第一河务局局长职务。

5月15日 河南省省长马忠臣、省军区司令员王英洲,黄委主任亢崇仁,河南黄河河务局局长叶宗笠、副局长赵天义,河南省计经委副主任苗玉堂、省财政厅厅长夏清成、省民政厅厅长杨德恭等一行26人,在焦作市副市长娄遂荣、王士希,焦作市军分区参谋长朱正福,焦作河务局局长马福照、副局长赵子芳、总工程师宋松波等领导的陪同下,检查了焦作市的防汛准备工作,实地查看了张菜园闸、詹店铁路口闸、共产主义闸、白马泉堤段和杨庄改道工程。马省长强调,切实抓好思想、组织、工程、工具料物、抢险技术落实和领导落实,确保黄沁河安全度汛。

5月16日 黄委主任亢崇仁检查焦作市黄沁河防汛工作。黄委主任亢崇仁,河南河务局局长叶宗笠、副局长赵天义等领导,在焦作河务局局长马福照、副局长赵子芳、总工程师宋松波等领导的陪同下,查看了焦作市沁北自然滞洪区、猪龙河口、董宋涝河口、大玉兰控导、驾部控导和沁河险闸等工程。亢主任在检查中强调指出,为确保黄沁河工程的安全度汛,大玉兰控导工程、驾部控导工程1992年续建工程和沁河部分险闸围堤标准较低的要在汛前进行加固。

6月8日 国家防总检查焦作市黄沁河防汛工作准备情况。国家防总副指挥长、国家计委副主任陈耀邦,水利部副部长周文智,林业部副部长王志宝,卫生部副部长尹大奎等国家防汛总指挥部的领导一行20人,在河南省副省长李成玉,黄委主任亢崇仁,河南河务局局长叶宗笠、副局长赵天义等领导的陪同下,检查了焦作市黄河防汛工作。检查团检查了焦作市黄河大玉兰控导工程,白马泉淤背工程和詹店铁路口闸。焦作市委书记张国荣、副市长王仕尧,焦作军分区参谋长朱正富,焦作河务局局长马福照等领导陪同,市委、市政府及河务局的领导汇报了焦作市黄河防汛准备情况。

7月17日 国务委员、防总总指挥陈俊生,水利部副部长周文智等一行11人,在河南省省长马忠臣、副省长李成玉,黄委主任亢崇仁,河南河务局副局长王渭泾等领导的陪同下,检查了焦作市黄沁河防汛工作。

8月4日 沁河上游发生特大洪水。沁河上游太岳山北麓产生大暴雨,造成沁河上游发生特大洪水。孔家坡水文站4日17时洪峰流量1540立方米/秒,飞岭水文站5日1时洪峰流量2300立方米/秒,均为20世纪以来最大值。沁源、安泽两县洪水进城,南同蒲铁路和太焦铁路一度中断。受灾农田106万亩,倒塌房屋1900间,死亡30人,直接经济损失6.2亿元。

8月5日 沁河小董站出现1060立方米/秒洪峰。沁河小董站出现1982年以来最大洪水,洪峰流量1060立方米/秒。这次洪水在下游河段推进速度慢,峰值递减幅度较大,致使滩地17.5万亩庄稼受淹,直接经济损失2700万元。洪水期间,河南省副省长李成玉、黄委主任亢崇仁、河南河务局副局长王渭泾赶赴一线,部署抗洪救灾工作。

10月 小浪底枢纽工程温孟滩移民安置区河道整治工程开工。新修工程59座,其中,丁坝40道、垛18座、护岸1段,加高丁坝7道,续建工程长度6.12千米,2000年10月完成;1994年3月,小浪底枢纽工程温孟滩移民安置区放淤改土工程开工,1999年12月完工,共完成淤填土方1285万立方米,改土711.45万立方米。2003年12月温孟滩工程顺利通过水利部主持的竣工验收。

1994 年

6月3日 马忠臣检查焦作黄沁河防汛工作。黄河防总总指挥、河南省省长马忠臣,河南省军区副司令员王英洲,黄河防总副总指挥、黄委主任綦连安,河南省防指副指挥长、省政府办公厅副主任王春生,河南省农经委主任崔爱忠、河南省水利厅厅长马德全,河南河务局局长叶宗笠以及河南省农牧厅厅长常运诚等领导一行28人,在焦作市委书记张国荣、市长徐明阳、军分区政委王松章、副市长郭国明、市水利局局长刘斐然、市河务局局长马福照等领导的陪同下,检查了焦作市黄沁河防汛工作。

6月15日 焦作市五大班子领导检查市防汛工作。市委书记张国荣,市长徐明阳,市委副书记刘其文,市委常委、副市长张明亮,军分区政委王松章,人大副主任张三平,主管防汛副市长郭国明,政协副主席牛学文,市委副秘书长王保旺,市政府副秘书长宋越平,市农委主任张广庆,市水利局局长刘斐然,市河务局局长马福照等一行,实地查看了沁河杨庄改道工程新右堤裂缝段、黄河白马泉堤防渗水管涌段等重点防洪工程和刘村、方陵堤排站除涝工程。外业检查结束后在武陟举行了防汛工作汇报,张国荣书记、徐明阳市长分别做了重要讲话。

6月19日 国家防总黄河防汛检查组检查焦作市黄沁河防汛工作。由国家防总副总指挥、水利部部长钮茂生带队,铁道部工务局局长韩启孟、石油天然气总公司开发生产总调度长田学义、财务部农财司事业处干部文秋良、水利部计划司司长郭学恩、移民办公室主任赵人骧,国家防总办公室顾问周振兴等领导一行9人,在河南省副省长张洪华、省政府秘书长鲁茂升、省办公厅副主任王春生、黄委主任綦连安、副主任庄景林,河南河务局局长叶宗笠、副局长赵天义等领导的陪同下,检查了焦作市黄沁河防汛工作。

检查组由焦作市委书记张国荣、市长徐明阳、副市长郭国明、市政府秘书长齐嘉杰、市政府副秘书长宋越平、市水利局局长刘斐然、市河务局局长马福照等领导陪同,查看了焦作市沁河口南贾淤背工程。市委、市政府及河务部门的领导向检查组汇报了焦作市黄沁河防汛工作。

7月21—22日 河南省防指顾问、河南河务局原局长李献堂检查焦作市黄沁河防汛工作。

11月18日 水利部副部长张春园实地检查小浪底移民安置区放淤工程。

12月27日 焦作河务局档案管理晋升部级标准。水利部、黄委、焦作市档案局组成联合考评组对焦作河务局档案目标管理进行了考评,确认晋升为部级标准,并颁发了证书。这是黄河系统第一家晋升部级标准的单位。

1995 年

2月 焦作市黄河工程局成立。撤销"焦作市黄河河务局工程处""焦作市黄河河务局建筑安装处"机构建制,两单位人员、财产合并成立"焦作市黄河工程局"。

3月26日 国家防办黄河防汛工作组检查焦作市黄沁河防汛工作。国家防总办公室顾问周振先,黄河防总办公室副主任、黄委河务局局长王新法,河南河务局原局长刘华洲,河南省黄河防办副主任端木礼明等一行9人,在焦作市河务局局长马福照、副局长温小国、总工程师宋松波等领导的陪同下,检查了焦作市黄河武陟詹店铁路口闸、白马泉淤背工程和沁河杨庄改道工程,听取了市、县河务局的汇报。

6月10日 焦作市五大班子领导检查市防汛工作。焦作市党政军领导张国荣、徐明阳、郭安民、刘其文、李光耀、刘永乾、郭国明等领导一行,查看了丹河口、沁河杨庄改道新右堤裂缝段、黄河白马泉堤防渗水管涌段等重点防洪工程。博爱县、武陟县的领导现场汇报了本年的防汛工作开展情况。外业检查结束后在武陟县召开了防汛工作汇报会,听取了焦作市水利局局长刘斐然、河务局局长马福照关于防汛和黄沁河防汛工作汇报。

6月19日 河南省副省长李成玉重点察看了逯村、开仪控导工程及温孟滩移民安置区放淤改土工程。

7月29日 水利部副部长严克强察看了温孟滩移民安置区放淤改土工程施工现场。

7月 武陟老田庵引黄闸完工。该闸位于老田庵控导工程联坝2+800处,为3孔涵洞式,设计流量40立方米每秒,灌溉面积20万亩。

8月1日 焦作市党政领导跟踪黄河洪峰查看防洪工程。7月29日,黄河中游上段地区降大到暴雨,30日10时,黄河龙门站出现流量为7800立方米/秒本年首次较大洪峰。此次洪峰8月1日3时进入焦作市,经三门峡水库调节运用,8月1日16时到达花园口站,洪峰流量为3560立方米/秒。洪水过程中,焦作市河道有5处控导工程10道坝受大溜顶冲发生根石走失等险情。8月1日,焦作市委书记张国荣,市委副书记、代市长刘其文,副市长郭国明等领导,由市河务局局长马福照、副局长陈晓升陪同,跟踪洪水察看了温县大玉兰、武陟驾部控导工程。

8月30日 李国繁任焦作市河务局局长。经中共河南河务局党组研究决定,豫河组字〔1995〕16号文通知,李国繁任焦作市河务局局长。

12月29日 沁阳新沁河大桥建成通车。1991年4月11日河南省政府批准新沁河大桥工程项目。1993年7月21日主桥开工建设,1995年11月30日竣工。新沁河大桥位于洛常公路77+500处,全长486.21米,桥面总宽15米。

1996 年

4月26日 国家防总黄河防汛检查组检查焦作市黄沁河防汛工作。国家防总秘书长、水利部副部长周文智,国家防总成员、邮电部副部长杨贤足等一行17人,在河南省副省长张以祥,黄委副主任庄景林,河南河务局局长王渭泾、副局长赵天义和副市长郭国明,焦作市河务局局长李国繁,焦作市水利局局长刘斐然的陪同下,检查了焦作市黄沁河防汛工作。

6月17日 焦作市党政军领导检查黄沁河防汛工作。焦作市委书记张国荣、市长刘其文、政协主席李光耀、市人大副主任苏学琴,军分区司令员刘永乾、副市长郭国明、市委秘书长王德启等市党政军领导,在市河务局局长李国繁、市水利局局长刘斐然的陪同下,先后查看了沁河杨庄改道新右堤裂缝堤防加固工程、黄河白马泉堤防险段、共产主义闸、詹店铁路口闸等黄沁河重点防守工程。

6月18日 五十四集团军首长勘察焦作市黄沁河防洪工程。五十四集团军副军长蒋于华、副参谋长朱文玉等一行7人,在河南河务局副局长苏茂林,河南省黄河防汛办公室副主任马继业,焦作市河务局局长李国繁、总工程师宋松波和驻焦54772部队副部队长何长喜、参谋长张慎强等陪同下,查看了沁河杨庄改道工程、黄河白马泉堤防险段、共产主义闸、詹店铁路口闸、张菜园闸等重点防洪工程。

7月20日 沁河新右堤加固工程完工。沁河新右堤加固工程于1996年1月1日组织施工,5月31日完成主体工程,共用工24.05万工日,完成土方15.35万立方米,投资563.38万元。

8月5日 河南省委书记李长春视察王曲抗洪抢险工地。

8月10日 焦作市防指召开紧急会议部署黄沁河防汛工作。焦作市市长刘其文、副市长郭国明,市河务局、水利局,以及武陟县、温县、孟州市的党政一把手及县河务局有关负责人参加了会议。

11月18日 受国家计委委托,中国国际工程咨询公司农林项目部对温孟滩放淤改土及河道整治工程进行了概算总审查。1998年3月,国家计委计投资〔1998〕2020号进行了批复,温孟滩移民安置区工程总投资审定为5.6167亿元。

12月23日 黄委主任綦连安视察焦作河务局综合经营工作。黄委主任綦连安,在省局党组书记叶宗笠、局长王渭泾及焦作市河务局局长李国繁、副局长温小国、娄渊清等领导的陪同下,视察了焦作河务局的综合经营工作。綦主任为焦作河务局题了字"黄铁军"。

1997年

3月18日 水电部工会主席吕保柱视察焦作河务局工会基层组织建设情况。

4月25日 焦作市黄河华龙集团有限公司成立。

5月14日 中央及驻郑新闻单位到张菜园引黄闸管理处采访水资源统一管理情况。参加的新闻单位是:中央广播电台、新华社、中国环境报社、光明日报社、经济日报社、河南画报社、河南人民经济广播电台。

6月 堤防隐患探测技术应用试验开始。

6月30日 沁河杨庄改道新右堤险点三期加固工程竣工。杨庄改道新右堤险点三期加固工程,从1997年3月1日开工,于5月31日全部完成施工任务,共完成清淤挖槽土方22172立方米,回填压实土方62510立方米,铺设两布一模土工布17316平方米,投资231.47万元。

9月25日 焦作市河务局建成黄河流域首家"最新型多功能静止气象卫星云图地面接收站"。

9月 留村险工进行全面解剖。留村险工始建于1955年,计12座工程,由于工程老化,水土流失严重,再加上年久失修,坦石松动下蛰。为进一步了解工程内部情况,博爱河务局于9月底10月初对留村险工进行全面解剖,共解剖5个断面。

1998 年

4月20—26日 武陟第一河务局、博爱河务局被认定为国家一级河道目标管理单位。

6月3日 河南省副省长张涛检查焦作市防汛工作。

6月11日 蒋于华少将察看黄沁河防洪工程。中国人民解放军驻豫某集团军副军长蒋于华少将,在河南河务局副局长石春先、焦作河务局副局长温小国等领导的陪同下,察看了黄河白马泉险段。

6月21日 黄委副主任李国英检查焦作市黄沁河防汛工作。

7月11日 沁河五龙口602立方米/秒流量洪峰顺利入黄。

7月16日 黄河第1号洪峰通过焦作市。7月13日22时,黄河龙门站流量为7100立方米/秒洪峰,于15日17时流经黄河小浪底,流量为4460立方米/秒,此次洪峰于7月15日22时流经焦作市孟州市逯村河段,7月16日13时到达花园口水文站,流量为4700立方米/秒。

8月22日 沁河第二次洪峰顺利通过焦作市。8月22日凌晨,沁河上游连降大到暴雨,致使干流山西润城站出现459立方米/秒洪水,加之沿程洪水汇入后,7时18分,沁河五龙口出现626立方米/秒洪峰。22日20时30分,洪峰到达沁河武陟站,洪水流量730立方米/秒。22日23时10分,沁河第二次洪峰顺利通过焦作市,安全下泄汇入黄河。

长江洪水后,国家决定进一步加快大江大河大湖治理步伐。1998—2001年,上级共批复焦作黄沁河防洪工程土方1638.31万立方米,石方15.96万立方米,混凝土2.70万立方米,各类建设资金4.91亿元,主要用于大堤加高、大堤加培、河道整治等几类工程建设,辖区防洪工程防洪能力得到较大提高。

10月5日 沁河杨庄改道新右堤第四期加固工程开工。

10月29日 黄委主任鄂竟平察看沁河新右堤加固工程。

11月25日 国务院副总理温家宝视察武陟沁河新右堤堤防加固工程。

12月10日 沁河新右堤第四期加固工程竣工。共完成土方15.47万立方米,铺设土工膜3.33万平方米。至此,沁河杨庄改道新右堤2417米长的堤防裂缝除险加固工程全部完成。

12月20日 沁河土城堤防加固工程竣工。该工程于11月10日开工,12月20日竣工,总工期40天,共完成土方8.60万立方米,投入工日4149个,使用机械台班计1800.57个,完成总投资162.33万元。

本年 黄委确定沁河下游堤防丹河口以下左堤为国家一级堤防,右堤为二级堤防。同时,对丹河口至沁河口左堤进行全线培修或加固,对右堤的重点薄弱堤段也进行了培修。

1999 年

5月14日 詹店铁路口闸工作桥、公路桥梁位移、沉陷技术性处理报告会在武陟召开。

7月7日 河南省委常委、组织部长支树平督查焦作市黄沁河防汛工作。

11月9日 黄委下达中央财政预算内专项资金。黄委下达1999年新增中央财政预算内专项资金,部署基本建设项目投资计划54000万元,其中,河南黄河下游治理52000万元,沁河治理2000万元,主要用于堤防加固、大堤加宽、堤防截渗、堤防道路、河道整治、机淤固堤等工程项目。

2000 年

5月31日 温小国同志任焦作市黄河河务局局长。经中共河南河务局党组研究决定,豫黄党〔2000〕6号文通知,温小国任焦作市黄河河务局局长。

6月9日 河南省副省长张涛检查焦作防汛准备工作。

6月17日 武陟东安控导工程开工兴建,首期工程长500米,采用钢筋混凝土灌注桩结构。

6月19日 黄委纪检组长冯国斌来焦作市检查防汛工作。

7月3日 焦作河务局档案管理晋升国家二级标准。焦作河务局档案目标管理顺利通过水利部、黄委和河南省档案局组成的联合考评组的考评验收,晋升国家二级标准。

2001 年

5月29日 黄委副主任廖义伟检查焦作黄河防汛工作。

6月15日 河南省委副书记支树平检查焦作黄河防汛准备工作。

7月4日 河南省副省长王明义检查焦作黄河防汛工作。

7月5日 焦作市党政军领导检查黄沁河防汛工作。焦作市市长毛超峰、市委副书记杨树平、市人大主任郭安民、政协主席张明亮、焦作军分区司令员陈代云、副市长王林贺、驻焦部队某部政委刘俊峰,在市河务局局长温小国、市水利局局长张凤驰的陪同下,深入一线,重点察看了武陟第一河务局的防汛料物储备情况、小董险工改建工程施工进展情况、黄河逯村控导坝岸度汛准备情况等。

7月29日 沁河小董站出现524立方米/秒洪水。

2002 年

1月24日 焦作河务局1项科技成果获黄委进步奖。根据《黄河水利委员会科学技术进步奖励办法》有关规定,经黄河水利委员会科技进步奖评审委员会评审,以黄科外〔2002〕1号对2001年度黄河水利委员会科技进步奖获奖成果进行了颁布,其中焦作市黄河河务局温小国、李怀前、赵铁、秦龙头、崔武、孙武继、李怀志完成的"YBZ拔桩器的研制"获三等奖。

6月21—22日 李国英视察沁河。黄河防总常务副总指挥、黄委主任李国英、副主任廖义伟、副总工薛松贵带领黄委防汛办公室、规划计划局、办公室等有关部门的负责人,在河南省防指副指挥长、黄河河务局局长赵勇陪同下,专程对沁河防汛工作进行了全面检查。在听取了沁河防洪治理工作的汇报后,李国英阐述了沁河防汛的重要性,对沁河防汛准备工作和工程管理等工作的成绩给予充分肯定,提出了进一步做好沁河防汛工作的具体要求。

7月10日 陈奎元检查焦作黄河防汛工作。河南省委书记陈奎元,在省委常务副秘书长崔承东、河南河务局局长赵勇、水利厅厅长韩天径及焦作市主要领导、市河务局局长温小国、副局长崔武的陪同下,查看了焦作河务局温县黄河大玉兰控导工程,现场听取了温小国有关"调水调沙"及黄沁河防汛准备情况的汇报。

9月6日 防汛抢险组合装袋机通过水利部专家鉴定委员会鉴定。

11月8日 朱成群任焦作市黄河河务局局长。经中共河南河务局党组研究决定,豫黄党〔2002〕45号文通知,朱成群任焦作市黄河河务局局长。

12月7日 焦作河务局召开机构改革动员大会。

12月24日 焦作河务局1项科技成果获黄委进步奖。根据《黄河水利委员会科学技术进步奖励办法》有关规定,经黄河水利委员会科技进步奖评审委员会评审,以黄国科〔2002〕07号对2002年度黄河水利委员会科技进步奖获奖成果进行了颁布,其中,河南黄河河务局温孟滩工程施工管理处、焦作市黄河河务局邢天明、何平安、吕锐捷、刘敏香、靳学东、辛红、潘明发完成的"温孟滩移民安置区放淤改土工程实用管道黄河浑水沿程阻力系数研究与工程应用"获三等奖。

本年 成立焦作河务局第二机动抢险队。

2003 年

3月6日 孟州河务局实行管养分离。孟州河务局按照国务院、水利部及黄委对基层单位"管养分离"的改革总体部署,在"管养分离"内部合同承包的基础上,率先在全河实行了工程维修养护内部招投标,防洪工程维修养护"管养分离"工作迈出实质性的一步。

5月20日 黄委主任李国英检查焦作市黄沁河防汛工作。

5月21日 河南省委常务副书记支树平检查焦作市黄沁河防汛工作。

6月18日 河南河务局局长赵勇查看西气东输穿沁堤段除险加固施工现场。

7月4日 河南河务局局长赵勇检查焦作市河道清障和沁河除险加固工程。

7月23日 沁河防汛抢险演习。焦作市以检查促落实,扎实做好防大汛抗大洪各项工作,组织沿沁四县(市)群众防汛队、亦工亦农抢险队、民兵应急分队、黄沁河专业抢险队和驻焦某部队等,共1100多人,在沁河左岸博爱县南张茹堤段进行了首次大规模的沁河防汛抢险演习。

8月 成立首支沁河专业机动抢险队。焦作市沁河防汛机动抢险队由50名专业技术抢险人员组成,并陆续配备装载机、摧土机、挖掘机等抢险设备,该抢险队同黄河专业抢险队一样,由河南河务局统一指挥调用。

8月27日 沁河北金村发生重大险情。沁河五龙口发生680立方米/秒洪水,沁阳老板桥桥基阻水致使主溜在北金村险工66-3护下首顺堤行洪,在

66 – 3 护和 57 – 1 坝之间平工段,发生堤坡坍塌 66 米的重大险情。经广大军民团结奋战,27 日 21 时 30 分,险情得到基本控制;29 日晚,险情基本稳定;9 月 7 日,险情得到完全控制。

8 月 27 日 沁阳孔村发生大面积塌滩重大险情。沁河五龙口发生 680 立方米/秒洪水,沁河孔村险工上首形成斜河,顶冲该处高滩,以 4 ~ 5 米/小时的速度开始塌滩,8 月 28 日 7 时,该段塌滩长度达 205 米,宽 85 米,滩岸至临河堤脚仅 14 米。经广大军民奋力抢护,30 日,晚孔村塌滩重大险情基本得到控制;9 月 7 日,险情得到有效控制。

9 月 17 日 河南河务局局长赵勇视察沁河防洪工作。

10 月 12 日 焦作市领导检查沁河秋汛。焦作市委副书记、市长毛超峰,市委副书记杨树平,市委政法委书记郭国明,市政协副主席刘东成及市防指主要领导在焦作河务局局长朱成群的陪同下,深入沿沁四县(市)检查沁河防汛工作。

10 月 16 日 沁阳马铺险工发生重大险情。8 月 27 日,沁河发生 680 立方米/秒洪水以来,右岸马铺险工已发生较为严重的根石走失险情,随后受“华西秋雨”影响,10 月 12 日,沁河再次发 700 立方米/秒洪水(五龙口站),马铺险工先后发生坦坡和垛头坍塌、垛身墩蛰等重大险情。经过连续一周的日夜奋战,上延 1 垛、上延 2 垛和 3 垛迎溜工程根石全部抢出水面,上游临时护滩工程有效减缓了塌滩速度。10 月 15 日,在对岸采取爆破切滩措施开槽导流。10 月 16 日,河南河务局局长赵勇检查沁河抗洪抢险,市长毛超峰夜查沁河马铺抢险工地。10 月 17 日,马铺险情得到全面控制。

10 月 16 日 黄委主任李国英视察沁河马铺抢险工地。10 月 16 日 13 时,黄河防总常务副总指挥、黄委主任李国英,黄河防总办公室主任、黄委副主任廖义伟带领黄河防总办公室有关负责人,在河南省防指副指挥长、河南河务局长赵勇陪同下,检察指导沁河马铺险工重大险情抢护工作。在抢险现场,李主任在充分肯定沁阳市前期抢险组织工作的同时,要求一定要加大力度,责任到位,尽最大努力,采取一切措施遏止险情进一步扩大,确保堤防工程安全。

10 月 25 日 中央电视台报道武陟黄河标准化堤防。中央电视台在新闻联播节目中对焦作市武陟县黄河第一河务局黄河标准化堤防建设情况进行公开报道后引起社会各界的极大关注,他们分别以不同形式表达对黄沁河治理开发的关心和支持。

11 月 11 日 开始实行政府采购制度。焦作河务局《转发财政部关于全面推进政府采购制度改革意见的通知》(焦黄财〔2003〕53 号)指出,《中华人民共和国政府采购法》已于 2003 年 1 月 1 日起施行,从此,各级行政事业单位按照《中华人民共和国政府采购法》开展了政府采购工作。

11 月 18 日 焦作河务局 1 项科技成果获黄委进步奖。根据《黄河水利委员会科学技术进步奖励办法》有关规定,经黄河水利委员会科技进步奖评审委员会评审,以黄国科〔2003〕06 号对 2003 年度黄河水利委员会科技进步奖获奖成果进行了颁布,其中,焦作市黄河河务局李国繁、温小国、李怀前、秦龙头、吴中青、赵铁、文仕刚、刘爱琴完成的"(防汛抢险)组合装袋机的研制"获二等奖。

2004 年

2 月 3 日 张伟中任焦作市黄河河务局局长。经中共河南河务局党组研究决定,豫黄党〔2004〕3 号文通知,张伟中任焦作市黄河河务局局长。

3 月 焦作河务局被焦作市精神文明建设委员会授予"市级文明系统"称号。

5 月 沁阳沁河二桥建成通车。沁阳沁河二桥即紫黄公路沁河特大桥,于 2001 年 11 月 30 日开工,2004 年 5 月竣工。5 月 10 日下午,焦作市市长毛超峰查看济焦新高速公路沁河特大桥大堤防护工程建设情况。

6 月 8 日 黄委副主任廖义伟检查焦作市沁河防汛准备工作。

7 月 6 日 济南军区首长实地勘察焦作黄沁河防洪工程。济南军区参谋长李洪程、副参谋长宋普选、政治处副主任穆振河、联勤部副部长刘克勤、装备部副部长潘福根、司令部作战部部长陈文荣等一行 25 人,在黄委副主任徐乘、河南河务局局长赵勇、河南省军区副司令员刘孟合、二十集团军副军长王太顺、五十四集团军副军长马秋兴、焦作市市长毛超峰、焦作市军分区政委李随国、焦作市副市长王荣新、焦作河务局局长张伟中等陪同下,到武陟沁河口对黄沁河进行实地勘查。

7 月 12 日 河南省防汛督察组检查焦作市防汛工作。河南省委常委、省委秘书长李柏拴、交通厅厅长安惠元率领的省防汛督察组在河南河务局工会主席商家文、焦作市委书记铁代生、焦作市市长毛超峰、焦作河务局副局长花景胜等陪同下,察看了沁阳、孟州、温县的黄沁河防汛情况,并召开会议,听取了市长毛超峰关于全防汛工作开展情况的专题汇报。

8 月 18 日 河南河务局局长赵勇查勘焦作市沁河新修防洪工程。

2005 年

6月28日 河南省防汛督察组检查焦作黄沁河防汛工作。河南省委常委、秘书长李柏栓,防指成员、交通厅副厅长张全林,河南河务局工会主席商家文,水政处处长赵景玉等河南黄河防汛督察组领导在焦作市委书记铁代生、副市长王荣新、河务局局长张伟中等领导的陪同下,实地查看了焦作黄沁河防汛工作。李柏栓一行先后到达沁河马铺险工、黄河开仪和大玉兰控导等工程进行了实地查看,现场听取了河务部门防汛工作汇报。

7月1日 焦作市长毛超峰检查黄沁河防汛工作。

7月5日 焦作军分区首长到黄沁河一线查勘防汛。

9月15日 温孟滩移民安置区河道工程及放淤改土工程被中国水利工程学会授予2005年度水利工程优质奖。

9月27日 南水北调中线一期穿黄工程开工仪式在温县举行。国务院南水北调办公室副主任宁远、水利部副部长矫勇、河南省常务副省长王明义等在开工仪式上讲话。该工程穿黄隧洞段长4.25千米,单洞内径7米,设计流量265立方米/秒,加大设计流量320立方米/秒,总投资30多亿元,工期预计56个月。该工程是中国穿越大江大河规模最大的输水隧洞,是整个南水北调中线的标志性、控制性工程。

10月 焦作市批复同意焦作河务局新建25层综合楼项目。10月,焦作市人民政府经第33次会议讨论,原则同意焦作河务局综合楼立面效果图。该工程于2006年4月1日开工,2008年3日1日竣工,建筑面积20713.77平方米,建筑总高76.95米,分为主楼和裙楼两部分,其中主楼地上25层,地下1层,裙楼地上4层,地下1层。综合楼工程获得了2007年"河南省结构中州杯工程""河南省中州杯工程"等荣誉称号。

11月 新济高速公路沁河特大桥建成。新济高速公路沁河大桥位于沁河左岸26+964、右岸26+760处,建设单位为河南省公路工程公司,于2003年3月开工,2005年11月竣工通车。

2006 年

5月 根据上级关于水管体制改革方案的批复,通过水利工程管理体制改革,将县级河务局及其所属单位按照产权清晰、权责明确、管理规范的原则,分离为由河南黄河河务局焦作黄河河务局管理的武陟第一、第二河务局,温县、孟州、博爱、沁阳河务局,以及焦作河务局供水分局、焦作河务局工程维修养护公司和其他企业。

6月2日 水利部部长汪恕诚到焦作市检查黄沁河防汛工作。

7月3日 焦作市市长毛超峰冒雨检查黄沁河防汛工作。

7月8日 河南省委常委、组织部长叶冬松检查焦作市防汛工作。

7月18日 沁河防汛大规模军民联合演习在武陟举行。7月18日,沁河历史上首次大规模的军民联合防汛演习在河南武陟县举行。黄河防总常务副总指挥、黄委主任李国英,黄河防总副总指挥、河南省副省长刘新民,黄河防总办公室主任、黄委副主任廖义伟,河南省防指副指挥长、河南省军区副司令员曹建新,黄委总工薛松贵,河南省防指副指挥长、河南河务局局长赵勇,以及河南省武警总队、河南省防指有关成员单位负责人观摩演习。

8月4日 "黄河焦作老田庵控导工程坝岸变形监测研究"通过黄委评审验收。

9月28日 张王庄、东安、老田庵控导工程开工建设。黄河洪水管理亚洲开发行贷款项目河南焦作张王庄、东安、老田庵控导工程开工建设,该工程共批复概算投资20734万元,分6个标段施工,至2007年6月30日工程全部完成,共完成土方30.26万立方米,石方7.40万立方米,混凝土9.16万立方米。

11月28日 武陟机动抢险队抢险料物仓库工程通过竣工验收。该工程为焦作河务局首个亚行贷款项目,工程于2005年7月20日开工,2005年11月24日全部完成,共完成库房面积504平方米。

12月4日 水利部、黄委领导察看武陟标准化堤防建设。水利部党组成员、中纪委驻水利部纪检组组长张印忠,水利部党组成员、副部长周英,黄委主任李国英,在河南河务局副局长张柏山、焦作河务局局长张伟中的陪同下,实地考察了武陟黄河标准化堤防、沁河堤防和黄河第一观嘉应观。

12月25日 河南黄河第二期标准化堤防工程开工仪式在焦作市举行。黄委主任李国英出席,河南省省长李成玉宣布开工。本年度焦作辖区共新开工项目34项,包括亚洲开发银行项目和新一轮河道整治工程,项目总投资达3.32亿元,再次掀起工程建设高潮。

2007 年

5月23日 焦作河务局获得"省级文明单位"称号。

5月29日 国家防总检查组检查焦作黄沁河防汛工作。国家发改委主任杜鹰带领由水利部、国家防总办公室、国家发改委、总参作战部、黄委等单位组成的国家防总黄河防汛抗旱检查组,对焦作黄沁河防汛抗旱工作情况进行了实地检查。国家防总黄河防汛抗旱检查组先后查看了武陟詹店铁路闸、黄河标准化堤防建设、沁河老龙湾险工等处。检查组听取现场汇报后,分析了黄河防汛形势,并对做好今年的防汛工作提出了要求。

6月22日 河南河务局局长牛玉国检查焦作黄沁河防洪工作。

6月24日 河南省防汛督查组莅焦检查防汛工作。省委常委、组织部部长叶冬松,省交通厅副厅长李和平,省水利厅纪检组长郭永平,河南河务局纪检组长商家文等省防汛督查组一行,在焦作市委书记铁代生、市长路国贤、副市长王荣新,焦作市水利局局长张凤驰,焦作河务局局长张伟中、副局长王玉晓等陪同下,先后到孟州化工、开仪控导工程和沁阳沁北滞洪区,实地查看了工程运行情况,详细了解了调水调沙洪水过流情况和防守措施落实,以及沁河溢滞洪区的应急准备工作等。

7月25日 黄河詹店铁路闸桥上部结构全部安全拆除。

7月25日 焦作河务部门配合郑州铁路部门,将黄河詹店铁路闸桥上部最后两块T形梁进行了安全拆除,至此整个上部结构拆除工作宣告完毕。该闸桥位于黄河左堤桩号84+012(京广铁路K640+895),为京广铁路穿越黄河大堤所建的重要工程,始建于1958年,因设计标准低,行车限界不足,闸板简陋,人力启闭,操作时间长,不能满足应急防洪需要,1983年,铁路部门对该闸桥进行了改建。

7月30日 焦作市召开紧急会议部署防汛工作。15时30分,焦作市委书记铁代生紧急召开"全市防汛暨安全生产工作会",安排部署了当前沁河防汛工作,贯彻落实黄河防总、河南省防指黄河防办《关于做好当前沁河防汛工作的紧急通知》精神,安排部署迎战沁河洪水工作。

2008 年

3月29日 焦作河务局组织召开沁河沁南滞洪区研究专家咨询会。

5月7日 国家防总检查焦作沁河防汛工作。由国家财政部、水利部、国家防办、黄委有关领导组成的国家防总黄河流域防汛抗旱检查组在财政部副部长丁学东,黄河防总常务副总指挥、黄委主任李国英带领下,对焦作沁河防汛工作进行了较全面的检查,现场查看了武陟第一河务局防办建设、创新成果和沁河老龙湾险工,并听取了焦作市关于沁河防洪形势和备汛情况的汇报。

5月17日至6月9日 焦作河务局组织人力设备支援四川地震灾区救灾抢险。焦作河务局精心选拔了16名有经验、懂技术的抢险队员,调配了自卸汽车3部,装载机、平板车各1部,于18日随黄河防总抗震救灾第一机动抢险队出发。此后,焦作河务局防办再次接到赴川抗震救灾指令,又紧急调用指挥车1辆、推土机1台、卡特挖掘机1台、平板车2辆、油罐车1台(装满油)、越野车2部,并充实了16名抢险队员开赴灾区。

5月22日 黄河防总检查组检查焦作防汛工作。黄河防总检查组一行在黄委党组成员、纪检组长李春安的带领下先后来到武陟老龙湾险工和沁南滞洪区(沁河右堤65+400)现场检查焦作防汛工作。

6月4日 省委常委、组织部长叶冬松检查焦作防汛工作。

6月12日至13日 河南河务局局长牛玉国督查焦作防汛工作。

6月22日 河南河务局局长牛玉国查看焦作工程运行情况。

7月1日 焦作市委书记路国贤检查黄沁河防汛工作。

7月14日 黄河防总检查焦作市沁河防洪预案编制及演习情况。黄河防总常务副总指挥、黄委主任李国英,黄河防总秘书长、黄委副主任廖义伟一行到焦作,在市政府会议中心对焦作市沁河防洪预案进行了全方位的检查和提问。焦作市防指指挥长、市长孙立坤,市防指副指挥长、副市长王荣新、市政府副秘书长赵卫国、焦作河务局局长张伟中等市防指领导和相关县(市)防指的主要领导60余人参加了会议。

7月10日 孟州开仪黄河风景区通过水利部国家水利风景区专家组的考核验收,被列入第八批"国家水利风景区"。

8月至9月 焦作市及沿黄各县(市)积极组织开展禁止采淘黄河铁砂活动。

9月27日 焦作河务局举行新址落成搬迁典礼仪式。

2009 年

2月9日 焦作河务局2项科技成果获黄委进步奖。黄国科〔2009〕1号对2008年度黄河水利委员会科技进步奖获奖成果进行了颁布,其中,由焦作黄河河务局孟州黄河河务局宋艳萍、王世英、行作贵、师树标、安勇、穆会成、李怀志、王磊完成的"集成式多功能移动维修养护工作站"项目获一等奖;焦作黄河河务局武陟第一黄河河务局张伟中、李怀前、翟少华、孟虎生、赵铁、左照林、杨松林、原小利、王文东、何红生完成的"双向出料式泥土装袋机及装输系统的研制和应用"项目获二等奖。

3月24—25日 黄委纪检组长李春安调研政府采购工作。

4月8日 黄委副主任廖义伟调研焦作机动抢险队建设情况。

4月29日 焦作军分区首长调研黄沁河防汛情况。焦作军分区司令员阚辉、政委王继元、参谋长董建亚等专程到焦作河务局,对焦作黄沁河防汛情况进行调研,详细了解了焦作防洪形势,防洪工程基本情况,防汛准备工作开展及沁南、沁北滞洪区迁安救护等情况。

5月18日 国家防总检查焦作沁河防汛工作。水利部副部长胡四一率国家防总黄河防汛抗旱检查组在黄委主任李国英和河南河务局局长牛玉国、副局长李国繁,河南省政府副秘书长郑林,焦作市市长孙立坤、副市长王荣新等领导陪同下对焦作黄沁河防汛工作进行了检查。检查组实地查看了沁河老龙湾险工河势和焦作第一机动抢险队建设,观看了队员传统抢险技能演练,接见了抢险队员,并合影留念。

6月10日 黄委主任李国英视察沁河流域水文情况。

6月23日 黄河防总常务副总指挥、黄委主任李国英,黄委防办主任王震宇等一行突击到焦作检查黄河调水调沙工作。河南省防指副指挥长、河南河务局局长牛玉国,焦作市政府副秘书长朱玉正等陪同检查。

7月1日 河南省委常委、省委秘书长曹维新检查焦作黄沁河防汛工作。河南省委常委、省委秘书长曹维新率省委副秘书长、常委办主任王育航,省南水北调办副主任刘正才,河南河务局纪检组长商家文,省防汛通信总站站长王继新,省防汛办公室副主任于天洪等省防汛督导组领导对焦作市黄沁河防汛工作进行了检查,并强调"防汛工作无小事,要克服麻痹思想和侥幸心理,确保黄沁河安全度汛"。

8月 程存虎任焦作黄河河务局局长。经中共河南河务局党组研究决定,豫黄党〔2009〕61号文通知,程存虎为焦作黄河河务局局长、党组书记。

8月26日 水利部及直属单位普法骨干培训班开班仪式在焦作举行。水利部政法司司长赵伟、黄委副主任苏茂林、河南河务局局长牛玉国、焦作市副市长王荣新在开班仪式上分别发表了热情洋溢的致辞,对培训班的开班表示热烈祝贺。

9月16日 荣获"全国水利系统模范职工之家"称号。

9月26日 黄委原主任袁隆视察焦作河务局治黄工作。

11月13日 水利部原副部长、全国政协委员翟浩辉在黄委总工薛松贵的陪同下视察了焦作治黄工作。

年末《沁河志》出版发行。《沁河志》从沁河防洪治理、水资源开发等方面,全面反映了沁河的基本情况,记述了沁河治理开发的历史与现状,详尽而客观地记述了中华人民共和国成立以后沁河治理开发取得的巨大成就。志书上限为有历史记载以来,下限截至2006年。全书主体包括综述、概况、治理开发、防洪、水资源开发利用、文化名胜等内容,共43余万字,全面反映了沁河治理开发与管理取得的伟大成就,对于人们进一步了解、研究沁河,促进沁河的治理开发,有着重要的参考价值。

2010 年

1月7日 长江委老领导参观武陟黄河嘉应观。长江委原副主任潘天达等8位长江委原老领导在黄委工会主席郭国顺、河南河务局副局长李国繁、焦作河务局局长程存虎的陪同下参观考察了武陟黄河嘉应观。

1月22日 牛玉国察看南水北调中线穿沁工程。河南河务局局长牛玉国在李国繁副局长和有关单位负责人陪同下,来到国家重点工程——南水北调穿沁工程施工工地,详细察看了倒虹吸管身段浇铸情况,了解施工程序,检查施工质量和生产安全。

1月22日 焦作河务局1项科技成果获黄委进步奖。根据《黄河水利委员会科学技术进步奖励办法》有关规定,经黄河水利委员会科技进步奖评审委员会评审,以黄国科〔2010〕1号对2009年度黄河水利委员会科技进步奖获奖成果进行了颁布,其中,由焦作黄河河务局孟州黄河河务局、河南黄河河务局宋艳萍、行作贵、王世英、朱建奎、胡相杰、吕锐捷、师树标、郑元林、王磊、刘书民完成的"KG-60一体化栽树机"项目获二等奖。

2月5日 焦作黄河网正式开通运行。2月5日上午,焦作黄河网正式开通运行,河南河务局纪检组长商家文、局长程存虎出席剪彩仪式并致贺词,关永波局长主持仪式。焦作黄河网主要包括焦黄快讯、工程建设、基层动态、经济动态、综合报道等版块,对焦作黄河治理中的各项工作进行宣传,展现形象,凝聚人心,宣传政策。

5月15—16日 河南河务局局长牛玉国检查南水北调穿沁工程度汛工作。牛玉国实地查看了南水北调工地现场,详细查看了工程整体施工情况,询问了工程进展、下步施工计划及度汛方案等问题,实地了解施工细节,并就技术问题进行了探讨。河南河务局副局长李建培、办公室主任任海波、建管处处长何平安、防办主任周念斌参加检查;焦作市政府副秘书长朱玉正,黄河建工集团总经理林彦春,焦作河务局局长程存虎、副局长曹为民陪同检查。

6月3日 廖义伟检查焦作沁河防汛工作。黄委副主任廖义伟先后来到南水北调穿沁工程施工工地,现场听取黄河建工集团有关工程施工进度、机械人员配置、施工工艺等情况的汇报,并重点向河南河务局、焦作河务局了解工程度汛防守措施准备情况。

6月19日 黄委副主任赵勇带领规划局相关人员对基层单位基础设施建设情况进行调研。调研组一行实地查看了武陟第二河务局驾部控导管护基地,详细了解了驾部控导管护基地建设项目背景、必要性、地点、性质、内容、规模等情况。河南河务局副局长李建培、焦作河务局局长程存虎等陪同调研。

6月19日 牛玉国检查沁河防汛。河南河务局党组书记、局长牛玉国深入沁阳、温县、武陟等地检查沁河防汛工作,先后查看了沁北自然溢滞洪区、引沁入沁项目、马铺险工、南水北调穿沁工程、詹店铁路桥改建工程。

6月25日 曹维新检查焦作黄沁河防汛。河南省委常委、省委秘书长曹维新带领河南河务局纪检组长商家文、省建设厅副厅长王国清、省水利厅副厅长刘汉东,赴焦作市检查黄沁河防汛工作。曹维新秘书长一行先后实地查看了武陟县詹店镇老田庵黄河控导工程、武陟县詹店铁路口闸及南水北调沁河倒虹吸工程,并对工情河势、防汛预案等情况进行详细了解,对照防洪工程图了解各基层防汛单位的工作职责,并听取了河务部门关于黄沁河防汛预案、防汛队伍组织、料物准备等整体情况的汇报。焦作市市长孙立坤、焦作河务局局长程存虎等陪同检查。

7月5日 营救荥阳滩区被洪水围困村民。由于黄河水位陡涨(高含沙水流所致),在荥阳市黄河滩区丁村段嫩滩种地的31名村民被洪水围困。在省、市、县有关领导以及河务部门的共同努力下,受困群众安全转移。

7月5—8日 温县大玉兰抢险成功告捷。在调水调沙洪水回落过程中,黄河温县大玉兰控导工程多年不靠主溜的3~5坝,自7月5日5时起,受大流顶冲和回流淘刷共同作用同时出险,连续发生根石走失、坦石坍塌及未裹护段坝坡土体坍塌等10次险情,经过军、地、河务部门的联合抢护,7月8日凌晨4时,抢险工作告捷。

8月11日 河南河务局牛玉国局长检查沁河南水北调穿沁工程度汛工作。牛玉国一行先后来到南水北调穿沁工程右岸恢复堤防以及河道清障区现场检查工程度汛工作,实地查看工程度汛准备、防汛预案落实情况并与工程防汛有关方座谈,安排部署下一阶段度汛工作。

8月 支援舟曲抢险救灾。24日12时接到河南省防指紧急通知,要求焦作河务局必须两日内完成2000张铅丝网片的编织任务。焦作河务局及时落实人力物力,启动应急运力,严格料源质量,优化网片编织方案,加班加点,连续作战,精心编织网片圆满完成编制任务,有力地支援了舟曲抢险救灾。

8月27日 牛玉国检查焦作黄沁河防洪工程管护情况。河南河务局局长牛玉国带领防办、建管、办公室等相关部门主要负责人,先后深入孟州黄河堤防"中曹坡"左岸"0"起始点、黄庄险工,开仪、化工控导工程和温县大玉兰控导工程及武陟黄沁河防洪工程,现场察看了工程管理及维修养护情况,听取了孟州河务局负责人有关情况的汇报,看望和慰问了工程维修养护人员,对孟州河务局工程管理工作予以肯定。

9月《焦作河务局机关规章制度汇编》修订完成。《焦作河务局机关规章制度汇编》共分上、下两册,涵盖了14大项工作共计143项制度。本次汇编,焦作河务局将近5年来出台的所有规章制度进行了全面梳理和归整。

2011 年

1月11—12日 "黄河下游坝岸工程安全监测技术研究与应用"通过验收。由水利部财务司、国科司、预算中心、科技推广中心等组成的"水利部公益性行业科研专项财务验收专家组",在郑州明珠宾馆对2007—2009年水利部公益性行业科研专项资金的使用情况进行验收,由焦作河务局负责实施的"黄河下游坝岸工程安全监测技术研究与应用"项目顺利通过水利部财务验收。"黄河下游坝岸工程安全监测技术研究与应用"是2007年度水利部公益性行业科研专项,合同期限为2007年10月至2009年12月。焦作河务局作为项目实施单位,按合同要求已全部完成项目任务。

1月26日 李春安慰问困难职工。黄委纪检组长李春安先后来到温县河务局困难老职工谢贻春、武陟第一河务局在职职工岳土生和武陟第二河务局困难老职工裴捷、在职困难职工翟保红家中,走访慰问困难职工,代表委党组给他们送上慰问金和新春的祝福。

1月31日 焦作河务局1项科技成果获黄委进步奖。根据《黄河水利委员会科学技术进步奖励办法》有关规定,经黄河水利委员会科技进步奖评审委员会评审,以黄国科〔2011〕1号对2010年度黄河水利委员会科技进步奖获奖成果进行了颁布,其中,由焦作黄河河务局孟州黄河河务局宋艳萍、范伟兵、行红磊、潘剑锋、于植广、侯晓蕊、谢执祥完成的"抢险加固抛石机研制"项目获三等奖。

2月17日 牛玉国调研引黄抗旱工作。河南河务局局长牛玉国到焦作调研引黄抗旱工作,实地查看了人民胜利渠渠首闸和武嘉灌区渠首闸取水情况及清淤情况。新乡市副市长王晓然、焦作河务局局长程存虎、新乡河务局局长张伟中、河南省人民胜利渠管理局副局长岳国等陪同调研。

3月7日 孙立坤考察"引黄入焦"方案前期工作。焦作市委副书记、市长孙立坤,市委、市政府、人大、政协及军分区等主要领导,对"引黄入焦"方案前期工作进行实地考察。孙立坤一行先后实地查看了大沙河南张闸及武陟引黄补源干渠石荆节制闸情况,了解沙河流水情况及引黄补源干渠使用情况,详细听取了相关部门"十二五"规划中关于水利建设规划上报情况。

4月 郭小同荣获"全国水利技能大奖"。

5月11日 中国作协黄河采风团在焦作黄河采风。由中国作协副主席、党组成员、书记处书记高洪波带队的黄河采风团赴焦作黄河采风。中国作家协会黄河采风团先后考察了"悬河兴利第一渠"人民胜利渠、"古代人民治黄博物馆"武陟嘉应观,以及正在建设中的南水北调中线一期穿黄工地。黄委副主任徐乘、河南河务局副局长周海燕、焦作河务局局长程存虎等陪同。

5月19日 牛玉国检查南水北调穿沁工程度汛工作。河南河务局局长牛玉国带队检查南水北调穿沁工程度汛工作,在穿沁工程施工现场,听取工程项目负责人有关工程进度及度汛方案情况汇报,实地查看了工程度汛准备情况,查找度汛隐患问题,并在工程项目部主持召开座谈会,就穿沁工程度汛事宜等问题座谈讨论。

5月24日 黄委副主任徐乘率领黄河防总检查组,莅临焦作检查黄沁河防汛准备工作。

6月13日 路国贤检查焦作防汛工作。焦作市委书记路国贤、副书记王明德、副市长牛越丽,在焦作河务局局长程存虎、焦作市水利局局长燕国明等陪同下,检查了焦作防汛工作。路国贤一行先后深入博爱县大沙河贵屯险工、博爱南水北调穿越大沙河施工现场、武陟县沁河老龙湾险工等处,详细了解焦作防汛形势和焦作段黄沁河防洪情况。

6月26日 孙立坤检查焦作黄河防汛工作。焦作市市长孙立坤在防指副指挥长、副市长贾书君、牛越丽及河务部门负责同志陪同下,到黄河温县段进行了实地查看。

7月14日 刘春良检查焦作防汛工作。省委常委、省委秘书长刘春良,住房和城乡建设厅副厅长王国清,南水北调办公室副主任薛显林,河南河务局副局长李建培等一行10人,莅临焦作检查防汛工作,检查组一行先后实地查看了武陟第一河务局防汛仓库、沁河老龙湾险工、南水北调穿沁河工程等,并进行了座谈。焦作市委书记路国贤、市长孙立坤、市委秘书长田跃曾、副市长牛越丽、焦作河务局局长程存虎等陪同检查。

7月15日 荷兰堤防专家考察大玉兰控导工程。荷兰堤防安全专家组一行7人对温县大玉兰控导工程进行了考察。专家组首先听取了大玉兰控导工程历经洪水的介绍,然后对控导工程周围环境、坝体结构及坝体靠河情况进行了考察,参观了大玉兰养护基地,并就堤防安全管理等方面与我方专家进行了交流。

8月19日 孙立坤到温县督查温县工业园区审计整改情况。

8月22—23日 河南河务局巡视员赵民众带领水政处负责同志到武陟、温县、孟州等地督查审计项目整改情况。

9月 沁河流域综合规划任务书通过水利部审查。水利部水利水电规划设计总院在京召开会议,对黄河设计公司编制完成的《沁河流域综合规划任务书》进行了审查。

10月20日 陈小江莅临焦作调研。黄委主任陈小江带领委办公室、规计局、财务局、防办等部门负责人调研焦作沁河,看望慰问基层单位和施工一线干部职工。焦作市人民政府市长孙立坤、副市长牛越丽、河南河务局局长牛玉国、副局长李国繁、焦作河务局局长程存虎等陪同调研。

11月4日 焦作河务局第一次全国水利普查领导小组成立。标志着全局第一次全国水利普查工作启动。普查旨在查清全局辖区水利工程特性、规模与能力、效益及管理等情况,为流域水利发展和国家经济社会发展提供了可靠的基础水信息支撑。普查工作至2012年底基本结束,全局共普查登记水利单位12个,堤防工程252.625千米,水闸工程26处,取水口3处,泵站工程1处,治理保护河段80.31千米。

11月9日 孙立坤检查引黄入焦工程规划情况。焦作市市长孙立坤,副市长赵建军、牛越丽、胡小平,秘书长李海松来到武陟驾部引黄口、沉沙池和南张村闸,查看了武陟和焦作高新区引黄入焦工程规划情况。

11月 河南焦作武陟堤防加固工程(黄左87+250—90+432)被黄委授予"黄河防洪工程文明建设工地"。加之温县堤防道路、张王庄控导工程Ⅲ标、东安控导工程Ⅰ标、武陟堤防加固(82+500—84+000)和共产主义闸改建工程,6项工程获得该项荣誉。

2012 年

1月18日 牛玉国慰问南水北调中线穿沁工程一线职工。河南河务局局长牛玉国、副局长刘宪亮带领相关人员赴南水北调中线穿沁工程进行节前慰问,并听取了项目的进展情况及下步工作计划的汇报。焦作河务局局长程存虎、黄河建工集团董事长兼总经理林彦春陪同。

3月8日 焦作河务局与焦作市林业局签署黄(沁)河生态涵养带建设合作框架协议。焦作河务局与焦作市林业局共同签署了黄(沁)河生态涵养带建设合作框架协议。焦作河务局局长程存虎、焦作市林业局局长朱玉正分别代表单位在协议上签字。根据协议,双方将建立市、县两级协调配合的工作机制,畅通资源共享机制,加强规划设计、绿化实施、黄(沁)河湿地保护管理等方面的全面合作,使黄(沁)河防洪工程成为沿黄各地绿化成就的集中展示带,为焦作建设中原经济区经济转型示范市提供良好的生态保障。

3月17日 焦作河务局与武陟县政府签署经济转型发展合作框架协议。焦作河务局与武陟县政府经济转型发展合作框架协议签字仪式,在武陟县隆重举行。签字仪式由武陟县常务副县长秦迎军主持,武陟县委书记常鸿致辞,焦作河务局局长程存虎、武陟县县长闫小杏作为代表在协议上签字。根据协议,双方将建立协调机制,加强在黄沁河水资源开发利用与保护、黄沁河生态涵养带建设、黄沁河防洪工程建设等方面的全面合作。随后,焦作河务局、焦作市林业局、武陟县委县政府、武陟县相关单位及各乡(镇)300余人,在黄河大堤淤背区参加了义务植树活动,并现场为黄河生态涵养带示范林基地进行了揭碑仪式。

3月27日 国家发改委查勘焦作段黄河下游防洪工程初步设计。国家发改委投资项目评审中心江细柒处长一行,对焦作段黄河下游防洪工程初步设计进行现场查勘。河南河务局局长牛玉国、黄委规计局局长张俊锋、河南局副局长李国繁、焦作河务局局长程存虎、副局长李怀前陪同查勘。

3月 国家发改委印发《全国中小河流治理和病险水库除险加固、山洪地质灾害防御和综合治理总体规划》,规划将沁河下游治理列入全国中小河流治理中,初步计列投资11.4亿元。5月,设计单位开始编制《沁河下游河道治理工程可行性研究报告》(简称《可研报告》);2013年4月、5月,水利部水利水电规划设计总院对《可研报告》进行了初审和复审;2014年4月,《可研报告》经水利部部长办公会研究通过后报送国家发改委待批。

5月30日 牛玉国调研焦作供水工作。河南河务局局长牛玉国、副局长李国繁带领供水局、黄河水务公司负责人到焦作调研供水工作,重点听取了近两年焦作供水发展及新项目进展情况。焦作河务局局长程存虎、副局长李怀前陪同调研。调研结束后,牛玉国局长一行查看了温县大玉兰养护基地。

6月13日 郭国顺调研离退休管理和一线班组建设工作。黄委党组成员、工会主席郭国顺带领黄委离退局、黄河工会负责同志一行,赴焦作武陟嘉应观、老田庵等班组调研离退休管理和一线班组建设工作。河南河务局工会主席郭凤林、离退处处长陈晓升、焦作河务局局长程存虎、纪检组长刘巍、工会主席赵献军陪同调研。

6月19日 焦作市纪委书记秦海彬与焦作军分区司令员杨文耀检查指导防汛工作。检查人员先后视察了武陟沁河口、老龙湾险工等黄沁河防守重点险段和防汛物资仓库。焦作市水利局局长马国庆、焦作河务局总工李怀志、武陟县县委副书记魏国龙、副县长张志武等陪同检查。

6月26日至7月1日 中央国家机关青年"根在基层 走进一线"赴水利部黄委基层实践团一行莅临焦作。实践团实地调研了沁河杨庄改道工程、沁河口、黄河标准化堤防及防汛物料储备仓库,考察了人民胜利渠渠首和张菜园闸,参观了孟州黄河文化苑,走访慰问孟州河务局职工。并在槐树乡龙台小学举行了安康图书馆捐赠活动。黄委团委书记宋慧萍、河南河务局团委书记闫继鹏、焦作河务局纪检组长刘巍、孟州市副市长谢如峰、孟州河务局局长宋艳萍等有关人员陪同调研。

7月3日 牛玉国检查焦作防汛工作。河南河务局局长牛玉国带领河南河务局防办主任周念斌、规计处处长符建铭等莅临焦作检查指导防汛工作。牛玉国一行首先实地查看了东安控导工程,听取了市、县局防汛工作情况汇报,仔细查看了河势情况,详细了解了防汛工作部署情况,并慰问了坚守在防汛一线的职工。随后,牛玉国一行查看了老田庵控导工程和焦郑城际铁路黄河大桥工程防汛准备情况。焦作河务局副局长关永波陪同检查。

7月23日 刘春良检查焦作黄沁河防汛工作。河南省委常委、省委秘书长刘春良带领河南河务局副局长周海燕,省水利厅副厅长王建武,省住房和城乡建设厅副巡视员郭凤春等有关领导一行10人,先后实地查看了武陟县沁南滞洪区、武陟第一河务局防汛物资中心仓库等地,检查焦作黄沁河防汛工作。焦作市委书记路国贤、市长孙立坤、市委副书记王明德、市委秘书长田跃曾、副市长牛越丽、市河务局局长程存虎等陪同检查。

7月31日 刘满仓检查焦作黄(沁)河防汛工作。河南省副省长刘满仓带领河南河务局局长牛玉国、副局长李建培、省水利厅厅长王树山、省发展和改革委员会等有关部门负责人,深入焦作市检查黄(沁)河防汛工作。刘满仓一行实地察看了武陟老龙湾险工,认真听取了焦作河务局局长程存虎对焦作市防汛工作基本情况、存在问题及应对措施等方面情况的汇报,详细了解了黄沁河主汛期备汛工作开展情况。

8月2日 焦作河务局启动防汛Ⅲ级应急响应积极应对台风。21时,焦作河务局召开局长办公(扩大)会议,及时传达学习8月1日温家宝总理考察河南黄河防汛工作重要讲话精神和河南河务局防台风动员会会议精神,并就近期全力应对台风"达维",做好防汛抗洪和防台风工作进行全面安排部署。会上即宣布启动防汛Ⅲ级应急响应。

8月29—30日 全河第四届离退休职工太极拳剑比赛在焦作举办。全河第四届离退休职工太极拳剑比赛在焦作开幕。来自全河各单位的13个代表队,110余名离退休黄河职工参赛。

9月7日 焦作孟州"黄河文化苑"开园仪式隆重举行。

9月25日 荣获"全国水利系统模范职工之家"称号。

9月28日 焦作河务局圆满完成"第五届黄河国际论坛"大玉兰现场考察点接待工作。按照"第五届黄河国际论坛"组委会的安排,与会代表一行50余人到河南黄河温县大玉兰控导工程对"AGT公司洪水早期预警实验项目"现场考察,与会人员首先听取了该项目组的汇报,然后参观了监控室,最后实地考察了监测设备埋置现场,并针对项目的有关技术问题与项目组人员进行了深入探讨。

10月26—27日 博爱河务局通过国家一级水管单位复验。中国水利工程协会组成复核专家组对博爱河务局"国家一级水利工程管理单位"进行了复核验收。通过内外业的检查,专家组认为,博爱河务局所辖堤防、险工、涵闸等工程完整安全、面貌整齐美观,内业资料完整规范,符合国家一级水管单位各项考核标准,综合评分954分,顺利通过复核验收。

11月1日 黄委副主任赵勇检查焦作安全生产工作。

12月2日 国家审计署调查组进驻焦作河务局。国家审计署《黄河流域水污染防治与水资源保护专项资金审计》调查组于今日正式进驻焦作河务局。审计组将对焦作河务局2008—2010年财务收支以及水资源保护、开发、利用等水利项目专项资金管理使用情况进行审计调查。此次审计调查涉及市局本级和所属6个县局7个事业单位,以及工程局、华龙公司、安澜公司三个企业单位。

2013年

3月12—13日 2013年沁河前期基础研究工作正式启动。省局规计处、设计院在副总工温小国的带领下对沁河下游河道畸形河势及采砂情况进行现场查勘,拉开了沁河下游河道畸形河势治理及河道采砂对防洪影响研究的序幕。考察组一行查勘了沁河下游滑封、马铺、孔村等典型畸形河势及对河势影响较大的采砂场,并对河口村水库建设情况进行了考察。

3月13—14日 李春安调研焦作河务局党建工作。黄委纪检组长李春安带领委监察局有关负责人调研焦作河务局基层单位党建、党风廉政建设、作风建设和精神文明建设等工作。李春安一行先后到武陟张菜园闸管理处和焦作河务局机关与有关人员深入座谈,并赴孟州"黄河左岸堤防 0 公里桩"和"黄河文化苑"查看基层河务局黄河文化建设情况。

3月26日 国家防总检查焦作黄沁河防汛工作。国家防总防办主任张志彤在黄委副主任苏茂林、河南河务局局长牛玉国的陪同下先后来到武陟沁河口、黄河武陟詹店铁路闸口,检查焦作黄沁河防汛工作。焦作河务局局长程存虎、副局长李怀前陪同检查。

3月27—29日 牛玉国调研焦作基层河务局工作。河南河务局局长牛玉国到焦作调研基层河务局工作,看望慰问基层干部职工。调研期间,牛玉国走基层、下工地、看防汛、问民生,先后查看了武陟黄河老田庵控导工程、东安控导工程、沁河堤防加固工程、温县黄河大玉兰控导工程、孟州化工控导工程等施工现场;走访慰问了武陟老田庵、温县大玉兰、孟州化工等一线班组;检查了郑焦城际铁路跨河项目、武陟植树工作、白马泉恢复供水项目、东安应急度汛项目、温县河务局砂场管理等工作;查勘了武陟董宋涝河口。

5月22日 中央媒体"防汛备汛行"采访团采访焦作黄沁河防汛备汛工作。人民日报、新华社、经济日报、中央人民广播电台、中国日报等中央新闻媒体记者来到武陟沁河老龙湾险工采访焦作黄沁河防汛备汛工作。

6月14日 孙立坤检查黄沁河防汛工作。焦作市委书记孙立坤、副市长牛越丽先后来到武陟第一河务局防汛物资中心仓库、沁河老龙湾险工段对焦作黄沁河防汛备汛工作进行实地查看。

6月25日 焦作沁河堤防加固工程顺利通过水利部安全生产工作考核。水利部安监司司长武国堂带领水利部安全生产工作考核组,在黄委副主任赵勇、安监局局长朱广设陪同下对焦作沁河堤防加固工程进行安全生产工作考核。考核组一行首先来到沁河堤防加固工程现场,听取了项目负责人就工程概况、工程安全施工建设与管理的情况汇报,详细询问了施工现场及生活区各项安全措施的情况,并对工程施工各项安全措施落实情况进行了一一检查。

6月27日 张文深检查黄沁河防汛工作。焦作市委副书记、市长张文深、副市长牛越丽先后来到沁河武陟老龙湾险工、黄河驾部控导工程一线,对焦作黄沁河防汛工作进行实地检查。

7月19日 邓凯检查焦作黄沁河防汛工作。河南省委副书记邓凯实地检查焦作黄沁河防汛工作。在位于武陟县的沁河老龙湾险工,邓凯实地查看了沁河河势,听取了焦作市黄沁河防汛工作情况汇报,并详细询问了黄沁河水情预报和历史来水等情况。焦作市委书记孙立坤,市委常委、秘书长田跃曾,副市长牛越丽,焦作河务局局长程存虎等陪同检查。

7月 焦作河务局应急支援地方抢险。受沁河来水影响,武陟老龙湾以下大面积漫滩,洪水传递时间慢,水位表现高,蟒河受沁河洪水顶托下泄不畅,加之老蟒河堤身单薄、隐患多。7月21日5时,武陟北郭乡解封村南侧老蟒河左堤出现决口,决口长度32米,口门距蟒河入沁口约4.5千米。此次蟒河决口造成黄河左堤58+000—61+000段偎水,北郭乡黄河滩区大面积耕地受淹,涉及解封、东安、城子、余会等村,淹没农作物10000余亩,其中玉米6000余亩,经济作物4000亩,4家企业过水,气象站被淹,造成直接经济损失约2900万元。

决口险情发生后,焦作河务局李怀前等抢险专家第一时间赶到现场,研究制定堵口方案,同时,武陟第二河务局组织抢险队员50余人,出动自卸三轮车13辆,提供堵口用吨袋200个,迅速到达现场开展抢险堵口。经过6个昼夜的连续抢堵,于7月26日将决口成功堵复。

7月20日 杨文耀查勘沁河洪峰在武陟辖段推进情况。焦作军分区司令员杨文耀实地查勘沁河洪峰在武陟辖段的推进情况。杨文耀一行沿着沁河左堤,先后查看了大樊险工、大樊老口门、老龙湾险工、东关险工和沁河老桥,沿途详细询问了各险工、险段的工情、水情和此次洪水漫滩情况。

8月6日 焦作河务局召开党的群众路线教育实践活动动员会。焦作河务局召开党的群众路线教育实践活动动员会议,全面安排部署该局党的群众路线教育实践活动。河南河务局党的群众路线教育实践活动第四督导组组长卢分章、副组长张建新出席会议并讲话。

8月7日 赵勇检查焦作近期防洪工程建设情况。黄委副主任赵勇带领建管局、规计局、安监局有关负责同志实地检查焦作近期防洪工程建设情况,赵勇一行先后察看了东安控导工程和沁河堤防加固工程建设现场,认真检查工程建设质量、安全及进度情况,详细询问了解工程规模、标准和建设过程等情况,并与各参建单位负责人进行了座谈,调阅了工程建设有关资料。

8月12日 焦作市沁北引黄灌区工程定向钻穿沁倒虹吸项目正式开工。

8月27日 孙立坤检查"引黄入焦"穿沁工程建设。焦作市委书记孙立坤一行深入"引黄入焦"工程穿沁倒虹吸施工现场进行检查指导。"引黄入焦"工程穿沁倒虹吸是"引黄入焦"干渠的重要工程之一,由华龙公司承建。该工程技术要求高,施工难度大,工程采用目前国内最大推动力的1000吨FDP型水平定向钻机,从沁河北岸河底33米深处向南开凿一条近2000米长的导向孔,其穿孔深度和长度创造了同管径管线最长、埋深最大的国内纪录。

8 月 焦作河务局荣获中华全国总工会"模范职工之家"称号。

9 月 6 日 牛玉国调研焦作供水工作。河南河务局局长牛玉国、副局长徐长锁先后查看了张菜园闸、共产主义闸、白马泉闸引黄供水工程、陶村闸引沁供水工程、"引黄入焦"穿沁工程,对焦作供水工作进行了专项调研。

10 月 29 日 东安、马铺两处应急抢护工程顺利通过黄委竣工验收。在黄委防办巡视员李跃伦的带领下,由黄委防办和河南河务局防办组成的联合验收组,对黄河东安控导工程上延应急抢护工程和沁河马铺险工上延应急抢护工程进行了竣工验收。

11 月 14 日 王保存莅焦开展《河南省黄河防汛条例》立法工作调研。河南省人大常委会副主任王保存一行在河南河务局局长牛玉国、副局长徐长锁等的陪同下莅临焦作,就《河南省黄河防汛条例》立法工作开展调研,市领导张文深、王明德、李立江、牛越丽及焦作河务局局长程存虎陪同调研。

11 月 20 日 黄委劳模表彰大会,焦作河务局获 4 个省局"先进集体"、1 个黄委"先进集体"荣誉称号,15 人被评为省局劳动模范,5 人被评为黄委劳动模范。

12 月 11 日 水利部纪检组长董力调研党风廉政建设工作。水利部党组成员、中纪委驻水利部纪检组长董力一行深入武陟第二河务局,就河南河务局党风廉政建设工作进行调研,并参观了孟州黄河文化苑。黄委主任陈小江,黄委党组成员、纪检组长李春安等陪同调研,河南河务局局长牛玉国、副局长周海燕、焦作河务局局长程存虎、纪检组长刘巍等参加了座谈会。

2014 年

2 月 19 日 陈小江调研焦作河务局基层工作。黄委主任陈小江到焦作河务局武陟第一河务局进行基层河务局工作调研。调研期间,陈小江深入武陟黄河老田庵工程班组看望慰问一线职工、查看防洪工程,并在一线班组听取基层单位主要负责同志、财务负责人和所属企业负责人的情况汇报,详细了解基层单位经济运行状况和施工企业经营现状。

4 月 23 日 牛玉国检查沁河防汛工作。河南省防汛抗旱指挥部副指挥长、河南河务局局长牛玉国检查了焦作沁河防汛工作,对沁河各项防汛准备工作进行督促指导。牛玉国一行实地查看了南水北调穿沁倒虹吸工程、武陟沁河南王河势、沁北引黄灌区穿沁工程、白马泉引黄工程等。在南水北调穿沁工程和沁北引黄灌区穿沁工地,牛玉国现场听取了工程项目介绍及目前的运行管理情况,实地查看了工程建设和设备运行情况;在南王险工,听取了焦作河务局的工作汇报,要求市、县局一定要密切关注河势演变情况,制定抢险方案,确保一旦发生险情,及时快速抢护,确保度汛安全。

6月21日 李春安检查焦作沁河防汛准备工作。黄委党组成员、纪检组长李春安率领黄河防总检查组检查焦作沁河防汛准备工作。河南河务局副局长徐长锁,焦作市副市长王建修、副秘书长卢继成,焦作河务局局长程存虎等陪同检查。检查组一行对沁北自然溢滞洪区进行实地勘察,听取了沁阳市关于滞洪区基本情况与迁安救护情况的详细介绍,并对迁安救护明白卡的发放情况进行了检查落实。座谈会上,李春安对焦作沁河防汛准备工作给予了充分肯定。

7月2日 陈小江指导武陟第一河务局教育实践活动深化整改工作。黄委党组书记、主任陈小江深入党的群众教育实践活动深化整改工作联系点焦作武陟第一河务局,与该局领导班子、部门负责人及职工代表座谈交流,实地指导该局教育实践活动深化整改工作的落实情况。

7月2日 张文深检查黄(沁)河防汛工作。焦作市防指指挥长、市长张文深在焦作市副市长王建修、焦作河务局局长程存虎等的陪同下,对焦作黄(沁)河防汛工作进行实地检查。张文深一行深入温县黄河大玉兰控导工程和博爱县南水北调穿沁堤防一线,实地查看了河势和工程情况,详细了解了温县和博爱县黄(沁)河防汛准备情况,听取了相关单位防汛工作情况汇报。在大玉兰控导工程现场,巡查值守人员上岗到位、工程机械现场待命、防汛料物储备充足,受到了检查组的一致肯定。

9月4日 赵国训调研焦作河务局纪检监察工作。黄委党组成员、纪检组长赵国训一行深入焦作河务局调研纪检监察工作情况。河南河务局党组成员、纪检组长王晓东、监察处长胡俊清陪同。焦作河务局党组书记、局长程存虎,局党组成员、纪检组长刘巍及所属各单位纪检组长参加了调研座谈。座谈中,程存虎首先就焦作河务局基本概况、近年来工作开展、党风廉政建设、廉政风险防控、纪检监察组织机构建设等情况及存在问题和建议进行了汇报。与会人员结合基层单位实际情况就纪检监察工作进行了交流发言。

12月31日 焦作河务局1项科技成果获黄委进步奖。根据《黄河水利委员会科学技术进步奖励办法》有关规定,经黄河水利委员会科技进步奖评审委员会评审,以黄国科〔2014〕563号对2014年度黄河水利委员会科技进步奖获奖成果进行了颁布,其中焦作黄河河务局的1项科技成果"木桩加工一体机的研制与应用"获三等奖。

12月 焦作河务局通过全国文明单位考核验收及公示。

2015 年

2 月 12 日 赵国训调研指导焦作河务局纪检监察体制改革试点工作。黄委党组成员、纪检组长赵国训一行就纪检监察体制改革进展情况到焦作河务局进行调研,河南河务局党组成员、纪检组长王晓东陪同调研。赵国训在调研中对焦作河务局纪检监察体制改革试点工作给予了充分肯定,并为焦作河务局改革试点工作指明了目标,指出改革就是要使体制更加优化、监督更加有效、惩处更加有力、纪检监察队伍结构更加合理。

2 月 28 日 荣获"全国文明单位"称号。根据《中央精神文明建设指导委员会关于表彰第四届全国文明城市(区)、文明村镇、文明单位的决定》,焦作河务局荣获第四届"全国文明单位"荣誉称号,迈入国家级文明单位行列。

4 月 21 日 黄委副主任薛松贵调研焦作河务局基层党建工作。黄委副主任薛松贵带领黄委党建工作调研组,在河南河务局副局长姚自京、焦作河务局局长王昊等同志陪同下,深入焦作河务局、武陟第一河务局进行实地调研。调研中,薛松贵一行先后与黄河一线班组党小组、水管单位党委、市级河务局党委、机关支部及普通党员等不同层次的党组织和党员代表进行座谈交流。

5 月 14 日 黄委副主任徐乘调研焦作河务局深化水管体制改革试点工作。黄委副主任徐乘带领财务局局长苏铁以及人劳局、建管局有关人员,就焦作河务局深化水管体制改革试点工作进行深入调研。河南河务局局长牛玉国、副局长程存虎等领导陪同调研。徐乘强调改革的目标是简政放权、精简高效,终极目标是维持黄河的健康生命、实现黄河的长治久安,希望焦作河务局能够做好改革试点工作,总结与评估好改革试点工作,以改革试点经验带动全河,特别是黄河下游河南、山东两局的改革。

6 月 4 日 牛玉国调研焦作河务局基层单位班子建设和作风建设。河南河务局党组书记、局长牛玉国等领导深入武陟第一河务局、武陟第二河务局调研基层单位班子建设和作风建设。牛玉国一行走访了武陟沁河木城班组和黄河老田庵班组,查看了武陟堤防道路建设施工和武陟白马泉供水项目,查勘了武陟黄河东安河段不利河势和嘉应观河段塌滩情况。

6 月 18 日 黄河防总检查焦作市黄(沁)河防汛工作。黄河防总秘书长、黄委副主任苏茂林带队检查焦作市黄(沁)河防汛工作。黄河防总检查组一行查看了武陟沁河杨庄改道工程、孟州市大定黄河公路大桥、孟州市黄河公路大桥及连接线项目,听取了焦作市黄(沁)河防汛工作情况介绍,了解温孟滩发展建设及防汛安全情况。在温县,检查组与河南省防指、焦作市防指、温县县委县政府有关人员进行了座谈。

7月1日 宋存杰检查焦作沁河防汛工作。河南省防指副指挥长、河南省军区副司令员宋存杰带队检查焦作沁河防汛工作。宋存杰一行实地查看了武陟沁河口,听取了河务部门负责同志关于沁河防汛总体形势、工程概况、群防体系建设、防守重点地段及相关处置措施的介绍;听取了焦作军分区负责同志关于焦作境内各部队防汛认段、勘察情况,并向地方党委政府同志了解了有关防汛工作情况。

7月2日 谢玉安检查黄(沁)河防汛工作。焦作市防指指挥长、市委副书记、市长谢玉安检查了焦作市黄(沁)河防汛工作。谢玉安一行先后检查了武陟沁河老龙湾险工、武陟黄河驾部控导工程、引黄入焦工程驾部引水口门等,认真听取了有关防汛工作汇报,实地查看了河势工情,检查了备汛工作。

7月29日 陈小江调研焦作河务局综合改革试点工作。黄委主任陈小江到焦作河务局调研综合改革试点工作,召开座谈会听取改革推进情况汇报。黄委相关部门和单位主要负责同志参加调研。座谈中,焦作河务局局长王昊就综合改革试点工作进行了汇报。

8月18日 李春安调研焦作河务局信息化建设工作。黄委副主任李春安带领相关工作人员在河南河务局巡视员王震宇的陪同下对焦作河务局信息化建设工作进行调研。李春安一行深入焦作温县黄河大玉兰控导工程,实地查看了 AGT 黄河洪水早期预警系统及黄河下游坝岸工程监测技术应用情况,详细了解了两个项目的运行、维护及研究成果运用情况,并在温县大玉兰养护班组听取了焦作河务局信息化建设情况及坝岸险情报警系统项目的汇报。

10月13日 司法部、水利部检查验收焦作河务局"六五"普法工作。司法部、水利部"六五"普法验收组对焦作河务局"六五"普法工作进行检查验收。验收组一行实地查看了孟州黄河文化苑普法阵地建设情况,认真听取了关于普法工作开展情况的介绍,对焦作河务局"六五"普法工作表示肯定。

11月17日 岳中明调研指导焦作治黄工作。黄委主任岳中明到焦作河务局调研指导工作,黄委副主任赵勇参加调研。焦作河务局从近年来综合改革情况、治黄工作开展情况、治黄改革进展、党的建设和党风廉政建设、存在的困难和问题等方面进行了汇报。岳中明对焦作河务局近年来黄河治理开发保护与管理工作取得的成绩给予充分肯定。

2016 年

1月13日 河南河务局验收组检查验收焦作河务局纪检监察体制改革试

点工作。河南河务局党组成员、纪检组长王晓东率领验收组,对焦作河务局纪检监察体制改革试点工作进行了检查验收。验收组听取了焦作河务局关于纪检监察体制改革试点工作情况的汇报和下阶段深化改革工作的思路举措,研讨了试点工作中存在的问题。

3月18日 国家防总黄河流域防汛抗旱检查组莅焦检查黄(沁)河防汛工作。由水利部副部长周学文,黄委主任岳中明、副主任苏茂林,国家防总防汛抗旱督查专员王翔等组成的国家防总黄河流域防汛抗旱检查组莅焦检查黄(沁)河防汛工作。检查组一行在武陟沁河老龙湾检查沁河防汛工作及"悬河"情况。河南省政府党组成员、省委农村工作领导小组副组长赵顷霖,河南河务局局长牛玉国、副局长徐长锁,焦作市市长徐衣显、副市长王建修,焦作河务局局长王昊、副局长李怀志陪同检查。

4月12日 根据《河南河务局关于对供水局所属供水分局成建制划转的通知》(豫黄人劳〔2016〕38号)要求,将河南黄河河务局供水局焦作供水局更名为焦作黄河河务局供水局。

5月5—6日 司毅铭调研指导焦作治黄改革发展。河南河务局局长司毅铭对焦作河务局水管体制综合改革等重点工作进行了实地调研。司毅铭一行先后察看了孟州黄河开仪控导工程及防汛物资仓库、沁阳沁北自然溢滞洪区、武陟余会险工改建、东安控导续建工程、武陟白马泉引黄供水工程、武陟沁河口及黄河标准化堤防、张菜园闸和黄河老田庵控导工程。期间,在黄河下游防洪工程武陟余会险工改建及东安控导续建工程施工现场,看望慰问了工程建设人员,在开仪控导工程现场观摩了焦作河务局首届维修养护技能竞赛。司毅铭还实地察看了焦作河务局机关建设、全国文明单位创建情况。

5月11日 武陟第一河务局荣获"全国绿化模范单位"称号。

5月16日 国家环保局、河南省环保厅到孟州黄河滩区鑫河砂场进行督查河道采砂工作。督查时提出鑫河砂场位于黄河湿地保护区核心区,禁止采砂。

5月24日 沁河下游防洪治理工程建设动员大会在武陟县小董乡南王险工段隆重举行。黄委副主任赵勇、建管局局长王建中,河南河务局局长司毅铭,焦作市委常委、常务副市长杨青玖,焦作市副市长王建修等出席动员大会,河南河务局副局长李建培主持。来自焦作、济源两地的市直单位和沿沁各级政府的领导,焦作河务局、豫西河务局以及参建单位的干部职工代表参加了动员大会。

6月2日 黄河防总检查焦作黄(沁)河防汛工作。黄委副主任牛玉国带领黄河防总检查组听取了焦作黄(沁)河防汛工作汇报、温孟滩移民防护工程介绍、河南黄河应急通信保障工作汇报,实地查看了黄河坝岸险情监控报警报险系统和武陟黄河嘉应观河势工情,还就温孟滩移民安置区管理、嘉应观滩岸坍塌抢护等问题提出了指导意见。

6月2日 焦作军分区查勘防汛。焦作军分区副司令王志敏、参谋长许杰带领军分区相关人员对焦作黄(沁)河防汛工作进行了现场勘察。

6月3日 李春安带领检查组检查焦作河务局汛前水政执法工作。检查组一行实地查看了温县黄河大玉兰砂场、泛家居产业园、武陟白马泉普法长廊及武陟第一河务局水政监察大队办公场所,听取了关于采砂管理、河道管理、普法工作开展情况及水行政执法体制改革工作进展情况的汇报。

6月3日 焦作市长徐衣显深入焦作武陟县检查黄(沁)河防汛工作。徐衣显一行查看了武陟第一河务局国家防汛物资储备中心仓库和武陟黄河白马泉闸引黄供水工程,询问了黄(沁)河堤防工程特点、上游水库建设、调水调沙生产运行、滩区迁安救护以及防汛队伍演练等情况,强调要严格落实各级防汛责任制,全面排查隐患,严密防守措施,确保黄(沁)河安全度汛。

6月7日 焦作市委书记王小平检查焦作温县黄(沁)河防汛工作。王小平一行在温县黄河大玉兰控导工程33坝,现场察看了大玉兰段黄河河势、工情,听取关于焦作黄(沁)河防汛整体形势、防汛任务及备汛情况的汇报。

6月25日 国家防总检查焦作黄(沁)河防洪风险隐患排查工作。国家防总检查组倪文进一行实地查勘了沁河老龙湾险工,听取了焦作市黄(沁)河防洪风险隐患排查情况的汇报,询问了隐患整改措施、沁河防御标准、洪水漫滩及防汛值班等情况,要求确保安全度汛。

7月6日 焦作军分区政委刘新旺一行,检查温县黄(沁)河防汛工作。

7月12日 水利部督导组对黄河下游防洪工程(焦作段)预算执行情况进行督导。水利部建管司副司长朱云带领检查组实地查看了武陟余会险工改建和东安控导续建工程施工现场,详细了解了项目建设情况、预算执行、移民征迁、工程造价及施工工艺等情况。

7月19日 河南河务局局长司毅铭调研指导联系单位"两学一做"学习教育工作。司毅铭听取了焦作河务局、武陟第一河务局关于"两学一做"学习教育开展情况、单位改革发展状况及存在问题的汇报,围绕党建经费保障、党员培训、干部人才队伍建设、深化治黄改革、不利河势应对等问题进行了研讨,要求联系单位党组织要抓实"学"这一基础,抓住"做"这一关键,以党的建设新成效推进治黄事业新发展。

7月20日 焦作河务局支援地方抢险。7月20日凌晨,丹河口发生堤脚坍塌险情,焦作河务局紧急调用 15 名博爱专业抢险队员赶赴现场支援地方政府,采用捆抛柳石枕、装抛铅丝笼等方式,经过数小时的紧张抢险,险情得到控制。

8 月 1 日 《中共河南黄河河务局党组关于刘巍同志免职的通知》(豫黄党〔2016〕36 号),经中共河南黄河河务局党组 2016 年 7 月 15 日决定:免去刘巍同志的焦作黄河河务局纪检组长、党组成员、监察主任职务。

8 月 4 日 黄河下游防洪工程(河南段)焦作防洪工程第一标段荣获黄委"2015—2016 年度黄河水利建设工程文明工地"称号。根据黄委《关于公布 2015—2016 年度黄河水利建设工程文明工地名单的通报》(黄文明〔2016〕307 号),由焦作市黄河华龙工程有限公司承建的黄河下游防洪工程(河南段)焦作防洪工程第一标段荣获黄委"2015—2016 年度黄河水利建设工程文明工地"称号。

8 月 17 日 河南省人大调研组莅焦就《河南省黄河防汛条例(草案)》进行立法调研。河南省人大法制委员会副主任委员郭永清一行 7 人实地查看了黄河武陟嘉应观河段滩岸坍塌应急抢护工程、沁河口和老龙湾险工,听取了焦作黄河、沁河防汛形势、工程状况、防守责任段等情况的汇报,详细了解近几年该段河势变化、滩岸坍塌情况及工程抢护情况。调研组表示省人大常委会将把调研发现的突出问题及各级各部门提出的意见和建议充分考虑到立法过程中,切实提高《河南省黄河防汛条例》的可操作性和科学性,争取《河南省黄河防汛条例》早日颁布实施,使河南黄河防汛工作尽快从行政要求上升到法律层面。

9 月 18 日 "黄河坝岸险情监控报警报险系统"在温县河务局完成交接。

9 月 23 日 河南河务局局长司毅铭到"两学一做"联系点焦作河务局、武陟第一河务局上专题党课。司毅铭做了《坚定信念知行合一 在基层治黄实践中争创一流业绩》的主题党课,党课紧密结合河南治黄工作实际,分析了开展"两学一做"学习教育对基层组织建设、党员队伍建设的重要意义,指明了推进"两学一做"学习教育的主要任务及推进方法,对基层单位改革发展、职工生产生活条件改善等问题给予了具体指导。焦作河务局班子成员、局属各单位主要负责人、武陟第一河务局班子成员及全体党员等 70 余人参加了党课学习。

10 月 13 日 孟州恢复引黄供水工程正式通水。

11 月 9 日 薛松贵检查指导沁河下游防洪治理工程安全管理工作。薛松贵一行实地查看了武陟沁河五车口压渗平台、方陵截渗墙、南贾防洪坝改建等项目施工现场安全管理情况,听取工程建设、施工、监理单位及焦作河务局工作汇报,对施工、监理单位安全生产档案资料进行了检查指导。

11月10日 孟州沿黄"自行车观光道路"防护堤道路改建完工。该工程全长12.717千米,从温孟滩纪念亭延伸至化工防护堤,对应桩号为14+368—27+085,6月1日开工,现已全部完成。

11月23—25日 河南河务局对焦作河务局深化水管体制综合改革试点工作进行评估验收。河南河务局副局长程存虎带领验收组按照《深化水管体制综合改革试点验收实施方案》,通过听取汇报、查阅资料、现场查看、召开座谈会、发放收集改革问卷调查表等方式,对焦作河务局深化水管体制综合改革试点工作进行了深入了解和全面评估验收。验收组充分肯定了焦作河务局深化水管体制综合改革试点工作,认为改革任务基本完成、预期目标基本实现、改革成效初步显现,评价得分969.41分,总体通过验收。验收组还就综合改革试点工作中存在的问题进行了反馈,并提出了意见建议。

11月29日 武陟第二河务局张军荣获"全国技术能手"荣誉称号。

12月12日 武陟第二河务局张军等研制的"防汛抢险木桩钻孔机"获"全国水利第二届'五小'成果二等奖"。

12月28日 温县河务局省级服务型行政执法示范点通过验收。河南省法制办服务型行政执法示范点调研验收组第七组组长丁春雷一行3人,通过听取汇报、观看专题片、查阅卷宗材料、实地查看等方式,对温县河务局服务型行政执法示范点工作开展情况进行了全面细致的检查、验收。

2017 年

1月20日 焦作河务局3项科技成果获黄委进步奖。根据《黄河水利委员会科学技术进步奖励办法》有关规定,经黄河水利委员会科技进步奖评审委员会评审,以黄国科〔2017〕17号对2016年度黄河水利委员会科技进步奖获奖成果进行了颁布,其中焦作黄河河务局的3项科技成果"河南黄河防洪工程信息网络覆盖研究与应用"、"MCT-130全液压遥控割草机的研制与应用"和"HH-1黄河泥沙筛分机的研制与应用"获三等奖。

1月20日 徐衣显赴河南河务局对接工作。焦作市委副书记、市长徐衣显率队赴河南河务局对接工作,与河南河务局党组书记、局长司毅铭,巡视员王建中,副局长、总工端木礼明等座谈交流,重点围绕国道234焦作至荥阳黄河大桥及连接线、普通干线公路跨河交通项目建设和温孟滩移民安置区土地利用规划编制等工作进行了深入沟通对接,争取指导和支持。市领导刘涛、王建修、魏超杰一同参加。

1月22日 端木礼明慰问焦作河务局困难职工。河南河务局党组成员、副局长端木礼明带领工会、规计处相关负责同志先后到武陟第一河务局、焦作供水局张菜园闸、武陟第二河务局退休和在职困难职工家中进行慰问，了解困难职工生活情况，并送去了慰问金。

3月15日 赵勇检查沁河下游防洪治理工程建设。黄委副主任赵勇带队到武陟沁河下游对防洪治理工程建设情况进行检查，先后实地查看了压渗平台、险工改建、涵闸改建和截渗墙等在建项目，并在沁河下游防洪治理工程四标项目部对工程建设相关资料进行了检查。

3月16日 水利部安监司检查指导沁河下游防洪治理工程安全管理工作。水利部安监司督察专员田克军带领检查组到武陟检查指导沁河下游防洪治理工程安全管理工作。黄委安监局局长朱广设，河南河务局副局长刘培中，焦作河务局局长王昊、副局长李怀志等陪同检查。

3月21日 牛玉国调研焦作河务局经济及对口帮扶工作。黄委副主任牛玉国到焦作河务局调研经济及对口帮扶工作，先后到沁阳沁河右堤截渗墙、博爱沁河留村闸改建施工现场，实地查看了沁河下游防洪治理工程建设情况，并与沁阳市主要负责同志进行了交流。

3月22日 端木礼明调研焦作嘉应观河段不利河势。河南河务局副局长端木礼明带规计处、防办及设计院相关人员实地查看了嘉应观河段不利河势，详细了解了近年来河势发展演变情况，以及采取的应急防护措施，并在武陟第一河务局召开座谈会，分析该段不利河势的成因，讨论沁河提前入黄对该段河势造成的影响，对现有应急抢护工程的加固措施、续建工程标准及布置进行了研讨。

3月31日 河南河务局督察焦作段黄河湿地国家级自然保护区砂场整改完成情况。河南河务局副局长徐长锁带领督察组，赴孟州对中央环保督察组反馈意见整改工作完成情况进行督察，先后查看了孟州逯村河段的店上、博源两个砂石场清理完成情况，并在孟州市召开了座谈会，分别听取了焦作市、孟州市及相关部门的整改工作汇报。

4月12—14日 司毅铭调研焦作治黄工作。河南河务局局长司毅铭、副局长端木礼明带领办公室、规计处、财务处、人劳处、建管处、工程建设中心负责同志，到焦作治黄一线和基层水管单位，对焦作河务局进行"规范管理、加快发展"专题调研。

6月2日 姚文广调研焦作河务局水利综合执法改革和水政信息化建设。

黄委党组成员、副主任姚文广,水政局局长赵海祥一行,先后察看了孟州河务局、武陟第一河务局的水利综合执法改革工作进展,观摩了水政执法巡查监控系统的建设管理与使用情况,察看了法制长廊建设及黄河派出所运行情况,并就水政监察大队的机构设置与人员调剂、执法装备与办公场所落实等问题进行交流。

6月20—21日 端木礼明检查焦作黄(沁)河防汛工作。河南河务局副局长端木礼明带领省局规计处、防办、科技处、信息中心等部门主要负责人对焦作黄(沁)河防汛工作全面检查。检查组实地查看了武陟第一河务局防汛中心仓库、沁河老龙湾视频监控、北樊裁弯取直工程施工、温县黄河大玉兰控导工程、孟州开仪防汛中心仓库、沁阳北孔闸改建、沁北自然溢滞洪区及河口村水库,听取相关单位备汛情况汇报。

6月24日 徐衣显督导黄(沁)河防汛工作。焦作市防指指挥长、市长徐衣显对焦作武陟县黄(沁)河防汛工作进行了检查,在沁河老龙湾险工现场听取了武陟县黄(沁)河防洪工程建设及防汛准备情况汇报,详细询问了目前防汛工作开展情况、沁河下游防洪工程治理进展及各项度汛措施落实情况。

6月27日 焦作军分区实地勘察焦作黄(沁)河防汛工作。焦作军分区司令员杨文耀、副司令王志敏带领军分区相关人员对焦作黄(沁)河防汛工作进行了现场勘察,先后查看了武陟沁河老龙湾险工、博爱白马沟南水北调穿沁倒虹吸工程、沁阳沁河马铺险工、温县黄河大玉兰控导工程,听取了焦作黄(沁)河防汛工作基本情况、防汛任务、防汛形势、防汛存在的问题及防汛工作重点的汇报。

7月1日 端木礼明督导沁河河口村水库洪水下泄应对工作。河南河务局副局长端木礼明带领防办、规计处负责人就焦作河务局应对沁河河口村水库洪水下泄工作进行督导。端木礼明一行先后到沁阳沁河庙后闸改建施工现场、武陟沁河老龙湾险工和西大原闸改建施工现场,查看洪水过境及各单位应对情况,听取相关负责人洪水应对工作情况汇报,并就施工进度、度汛措施落实及洪水水位、传递时间等情况进行了详细了解。

7月11日 徐济超检查指导焦作市防汛工作。河南省副省长徐济超带领省政府副秘书长黄布毅、河南河务局副局长端木礼明、住建厅副厅长郭风春、水利厅副厅长吕国范、省农科院副院长房卫平等到焦作市检查指导防汛工作。

7月13日 王小平检查焦作黄(沁)河防汛工作。焦作市委书记王小平带领焦作军分区司令员杨文耀、副市长魏超杰及相关单位负责人到武陟县检查黄(沁)河防汛工作,实地查看了沁河老龙湾险工、武陟第一河务局防汛中心仓库、白马泉引黄泵站。

9月5日 程存虎调研华龙公司经营管理工作。河南河务局副局长程存虎一行到华龙公司进行调研,听取了华龙公司 2017 年项目承揽与管理、总公司与分公司管理机制、企业经营风险管理年活动开展、分支机构与僵尸项目清理情况等方面的汇报,重点了解了企业项目、财务、经济、人员等方面的管理情况。

10月19日 黄河首家省级水利科普教育基地揭牌。黄河第一家河南省水利科普教育基地"孟州黄河文化苑"挂牌仪式在孟州隆重举行。河南省水利学会副理事长郭坡与河南河务局水利分会理事长、河南河务局副局长端木礼明共同为基地揭牌。

10月20日 徐长锁调研焦作引黄(沁)供水工作。河南河务局副局长徐长锁带领供水局、水务集团负责人等相关人员,对焦作河务局引黄(沁)供水工作进行了调研。调研组先后查看了人民胜利渠管理局堤水泵站、白马泉闸直供水项目和供水点龙泉湖,听取了焦作引黄(沁)供水工程情况、近 3 年供水量和水费收入、管理情况等方面的工作汇报。

10月24日 王建中带队督导服务型行政执法及"七五"普法重点工作。河南河务局王建中巡视员带队对焦作河务局服务型行政执法建设及"七五"普法重点工作进行了督导检查。检查组观看了焦作河务局制作的普法微视频、微动画、诗歌朗诵及书法作品,听取了该局关于服务型行政执法建设及"七五"普法重点工作进展情况的汇报。

11月11日 徐衣显巡河履责。焦作市委副书记、市长、市级总河长徐衣显带领相关职能部门,巡查调研辖区黄(沁)河治理保护情况,并就推进河长制工作进行现场督导。徐衣显一行察看了沁河水域岸线管理、水污染防治、水资源保护情况及沁河防洪工程建设堤顶道路施工情况。

11月20日 端木礼明督导检查焦作河务局党风廉政建设"两个责任"落实工作。河南河务局副局长、党组成员端木礼明督导检查焦作河务局党风廉政建设"两个责任"落实情况,听取了焦作河务局工作汇报,查阅了该局落实"两个责任"、开展巡察、推进廉政风险防控、专项检查中央八项规定精神落实、信访件处置、工程再监督再检查、警示教育以及廉政文化建设等方面的资料。

11月23日 张野带队观摩南水北调焦作段维修养护项目。国务院南水北调办副主任张野带领由南水北调中、东线及部分省市调水办负责人代表组成的 100 余人观摩团,到焦作华龙公司承建的南水北调中线干线焦作处 2017 年土建日常维修养护项目进行实地观摩,现场听取了焦作管理处关于项目合同履约情况的介绍,详细查看了渠坡草皮养护、渠道外观面貌等养护项目。观摩团对该处维修养护工作给予了高度评价。

12月5日 端木礼明到博爱河务局宣讲十九大精神。河南河务局党组成员、副局长兼总工程师端木礼明带领省局科技处、局直党委等部门到党建工作联系点博爱河务局宣讲十九大精神,并对党建工作进行调研座谈。

12月26日 焦作河务局1项科技成果获黄委进步奖。根据《黄河水利委员会科学技术进步奖励办法》有关规定,经黄河水利委员会科技进步奖评审委员会评审,以黄国科〔2017〕396号对2017年度黄河水利委员会科技进步奖获奖成果进行了颁布,其中焦作黄河河务局的1项科技成果"黄河坝岸险情监控报警报险系统研究与应用"获二等奖。

12月 黄河下游河道综合治理工程可行性研究任务书获批。《黄河下游河道综合治理工程可行性研究阶段勘测设计任务书》获水利部批复。焦作河务局入围项目有:开仪、化工控导各下延2道坝,张王庄控导下延450米,驾部、东安控导各下延500米;新建嘉应观控导1000米,逯村控导24~40坝、开仪控导27~37坝、大玉兰控导1~10坝、化工控导3~41坝及上延1~10坝加高加固;白马泉2坝、3坝、4坝及秦厂大坝改建。该工程将进一步完善黄河下游防洪工程体系,为焦作黄河防洪安全提供保障。

2018 年

1月11日 焦作河务局1项科技成果获黄委进步奖。根据《黄河水利委员会科学技术进步奖励办法》有关规定,经黄河水利委员会科技进步奖评审委员会评审,以黄国科〔2017〕396号对2017年度黄河水利委员会科技进步奖获奖成果进行了颁布,其中焦作黄河河务局的1项科技成果"黄河坝岸险情监控报警报险系统研究与应用"获二等奖。

2月24日 焦作河务局获焦作市环境攻坚考核良好单位。焦作河务局荣获2017年度"焦作市环境攻坚考核良好单位"称号和6万元奖金。

3月14—16日 岳中明调研焦作治黄业务工作。黄委主任岳中明赴河南黄河基层单位调研治黄业务工作,了解机关交流干部在基层工作开展情况。调研中,岳中明实地察看了焦作南水北调穿沁工程、濮阳渠村闸改建和引黄入冀补淀工程,考察了开封黑岗口闸;分别在孟津河务局、孟州河务局、濮阳第一河务局、开封河务局召集基层部门负责人进行座谈会。

3月23日 "河小青"助力河长制暨水法宣传活动启动。"保护母亲河 青年在行动"——"河小青"助力河长制暨水法宣传活动启动仪式在焦作孟州开仪黄河文化苑举行。河南团省委副书记王笃波,焦作市副市长武磊,黄委直属机关党委常务副书记刘建明,焦作河务局党组成员、副局长李怀前出席仪式。

3月 焦作河务局建成云视讯高清视频会议系统。建成焦作黄河云视讯高清视频会议系统,开通7条专线,实现了高质量视频会议的自由发起和常态化应用。

4月3日 焦作河务局完成维修养护政府采购试点工作。完成2018年黄河水利工程维修养护政府采购试点工作。

4月20日 田学斌检查黄(沁)河防汛抗旱工作。水利部副部长田学斌率领国家防总黄河流域防汛抗旱检查组,对焦作黄(沁)河防汛抗旱工作进行了检查。检查组一行现场查看了武陟黄河嘉应观段不利河势,听取了焦作河务局关于焦作市黄(沁)河防汛抗旱工作、武陟第一河务局关于武陟嘉应观坍塌河段应急抢护、河南河务局关于黄河河南段治理工程规划的情况汇报,全面检查河南、焦作黄(沁)河河段防汛工作。

5月18日 焦作市召开防汛抗旱工作会议。焦作市召开防汛抗旱工作会议,贯彻落实省防指会议精神,分析当前防汛形势,全面部署今年防汛抗旱工作。焦作市防指副指挥长、副市长武磊,焦作市防指副指挥长、河务局局长王昊出席会议。

5月24日 武国定检查指导黄(沁)河防汛工作。河南省副省长、省防指副指挥长武国定率领省防指检查组到武陟县张菜园闸、人民胜利渠渠首和黄河下游嘉应观坍塌河段,检查指导黄(沁)河防汛工作。

5月29日 徐衣显巡查黄(沁)河。焦作市委副书记、市长、市防指指挥长、市级总河长徐衣显带领水利、河务、环保、住建等部门负责同志,深入武陟、博爱、沁阳等地河道险工险段和重点部位开展巡河,并检查防汛准备工作。

5月31日 杨文耀查勘焦作市黄(沁)河防汛工作。焦作市军分区司令员杨文耀带领军分区相关人员对焦作市黄(沁)河防汛工作进行了现场查勘。焦作河务局局长王昊、副局长李怀志陪同查勘。

6月6日 刘长春现场勘察黄(沁)河河道及险工险段。河南省军区司令员刘长春带领军地联合工作组一行,对焦作市黄(沁)河河道及险工险段进行了现场勘察。

6月13日 任正晓检查黄(沁)河防汛工作。河南省纪委书记任正晓带队检查焦作市黄(沁)河防汛工作。在武陟第一河务局中心仓库,任正晓仔细查看了国家防汛物资储备库、焦作市防汛物资储备库中各类防汛料物储备情况,对地方储备黄(沁)河防汛物资给予肯定。

6月21日 焦作河务局举办党规党纪政纪知识竞赛。焦作河务局举办党规党纪政纪知识竞赛。竞赛以书面闭卷答题形式进行,分设焦作、武陟两个考点,117名40岁以下全日制大专及以上学历青年干部参加了竞赛。

6月26日 焦作河务局获全河纪检监察系统先进集体。焦作河务局纪检组监察室被黄委授予"全河纪检监察系统先进集体"称号。同时,续友德、张建周被授予"全河纪检监察系统先进工作者"称号。

6月26日 焦作河务局获全国水利建设工程文明工地。水利部精神文明建设指导委员会于6月26日印发《关于2015—2016年度全国水利建设工程文明工地名单的通报》(水精〔2018〕3号),决定授予黄河下游防洪工程(河南段)焦作防洪工程第一标段等99个项目为2015—2016年度全国水利建设工程文明工地。

7月13日 4项成果获河南省水利科技创新成果奖。河南省水利学会2018年水利科技创新成果评选结果揭晓,焦作河务局完成的"防汛抢险联合装袋机研制与改进""黄河坝岸险情监控报警报险系统研究与改进"和"多功能钻孔机的研制与应用"三项科技成果喜获2018年度河南省水利创新成果一等奖,"河南黄河防洪工程信息网络覆盖研究与升级"一项科技成果获2018年度河南省水利创新成果二等奖。

7月14日 徐衣显再次检查黄(沁)河防汛工作。焦作市防指指挥长、焦作市市长徐衣显再次检查黄(沁)河防汛工作,这是继5月29日检查黄(沁)河防汛准备工作后,徐衣显第二次检查黄(沁)河防汛工作。

7月26日 司毅铭检查指导黄河防汛工作。河南河务局党组书记、局长司毅铭到焦作所辖温县、孟州两地检查指导黄河防汛工作。

9月19—20日 黄委水工闸门运行工技能竞赛获佳绩。在黄委举办的"第四届水工闸门运行工技能竞赛暨全国竞赛"黄委预赛中,焦作河务局取得黄委第1、3、7名和省局第1、4名的好成绩。

9月28日 岳中明调研焦作河务局基层党建工作。黄委党组书记、主任岳中明赴河南焦作河务局调研基层党建工作,强调要认真学习贯彻《中国共产党支部工作条例(试行)》,努力把黄委基层党组织建设得更加坚强有力,为治黄事业更好发展提供坚强的基层组织保障。

10月17—18日 焦作河务局三处工程全部通过黄委"示范工程"考核验收。驾部控导管护基地、方陵险工和化工控导三处工程全部通过黄委"示范工程"考核验收。黄委"示范工程"验收组对焦作河务局驾部控导管护基地、方陵险工和化工控导三处"示范工程"进行考核验收。

10月18日 崔锋周任武陟第二河务局局长。根据豫黄党〔2018〕36号,经中共河南黄河河务局党组2018年10月9日研究决定:任命崔锋周同志为武陟第二黄河河务局局长、党组书记,试用期一年。

10月23—24日 孟州河务局通过水利部国家级水管单位考核验收。

11月5日 电子政务系统升级改造工作顺利完成。焦作黄河新版电子政务系统升级改造工作顺利完成,共投资18.5万元对电子政务服务器进行更新,办公软件系统重新设计开发。

12月 支部换届选举。焦作河务局直属机关党委所属9个党支部进行换届选举,选出新一届支部班子。

12月 建成沁阳沁河砂场信息化管理系统。实现了采砂行为视频实时监控,采砂放方量的自动计量和统计,实现了越界采砂的自动报警。

2019 年

1月2日 焦作河务局2项科技成果获黄委进步奖。根据《黄河水利委员会科学技术进步奖励办法》有关规定,经黄河水利委员会科技进步奖评审委员会评审,以黄国科〔2019〕1号对2018年度黄河水利委员会科技进步奖获奖成果进行了颁布,其中焦作河务局的科技成果"黄河泥沙资源利用关键技术与应用"获特等奖、科技成果"多功能钻孔机的研制与应用"获三等奖。

1月28日 任命李杲为焦作黄河河务局局长、党组书记。(豫黄党〔2019〕5号):"经中共河南黄河河务局党组2019年1月10日研究,并征得中共焦作市委同意,决定:任命李杲同志为焦作黄河河务局局长、党组书记;免去王昊同志的焦作黄河河务局局长、党组书记职务。"

1月28日 任命陈言杰为焦作黄河河务局副调研员。《河南黄河河务局关于陈言杰任职的通知》(豫黄任〔2019〕42号):"经中共黄河河务局党组2019年5月13日研究决定,任命陈言杰为焦作黄河河务局副调研员。"

1月28日 免去李磊的焦作黄河河务局党组成员兼孟州黄河河务局局长、党组书记职务。《中共河南黄河河务局党组关于李磊同志免职的通知》(豫黄党〔2019〕19号):"经中共河南黄河河务局党组2019年4月2日研究决定,免去李磊的焦作黄河河务局党组成员兼孟州黄河河务局局长、党组书记职务。"

5月16日 完成宣传片《万里黄河在焦作》拍摄制作。全面宣传弘扬黄河文化,展示焦作黄河形象。

5月25日 徐衣显巡河并检查黄(沁)河防汛工作。焦作市委副书记、市长徐衣显在武陟县白马泉闸和黄河防汛中心仓库了解黄（沁）河防汛准备情况，要求抢抓"四水同治"机遇，加快黄河下游三座涵闸改建等防汛工程建设，完善各项备汛措施，全面提升黄（沁）河防洪能力，确保万无一失。

5月 推进"大水政"格局建设。正式印发《"大水政"格局建设工作意见》（焦黄水政〔2019〕6号），建立"一个号、一张网、一张卡、一平台"，构建了系统内部有关部门联动、密切配合的"大水政"河道管理和水行政执法格局。探索建立水行政管理与执法立体组合监管的联防联控体系，有效提升了开门治河和依法治河水平。

7月1日 南水北调穿沁倒虹吸防汛抢险应急演练在博爱白马沟险工段举行。河南省防汛抗旱指挥部副指挥长、副省长武国定，水利部南水北调司司长李鹏程，黄委副主任姚文广，河南省水利厅党组书记刘正才、厅长孙运锋，焦作市防汛抗旱指挥部指挥长、市委副书记、市长徐衣显，河南省应急管理厅厅长吴忠华，河南黄河河务局局长司毅铭，南水北调中线建管局局长于合群，焦作河务局局长李昊等现场观摩演练。

7月4日 河南省军区司令员陈兆明勘察焦作黄（沁）河防汛工作。陈兆明一行来到武陟沁河老龙湾险工，对照沁河防洪图、黄沁河防汛任务图、焦作市防汛抢险任务图，了解焦作黄（沁）河基本情况、防汛形势和防汛准备情况，听取焦作军分区防汛任务、兵力编成、任务区分等情况汇报。

7月4日 河南黄河水行政执法"96322"服务热线获河南省通信管理局批准使用。焦作河务局分别在武陟、温县、孟州、沁阳、博爱建立了"云端96322水行政报警服务平台"，推进了焦作黄河大水政格局建设。

7月11日 组织完成"焦作黄（沁）河防汛通信保障应急演练"。焦作河务局协同移动、联通、电信、铁塔四大运营商在博爱县白马沟险工参加黄委系统组织的首次"焦作黄（沁）河防汛通信保障应急演练"。焦作市副市长武磊担任总指挥长，焦作河务局局长李昊及四大运营商相关负责人担任副总指挥。

7月18日 任正晓巡查沁河并调研指导焦作防汛工作。河南省委常委、省纪委书记、省监委主任任正晓莅临焦作调研指导防汛和河长制工作，并履行河长职责实地巡查沁河。任正晓深入沁河、大沙河等进行调研，详细了解了防汛物资储备、防汛应急预案、防汛工作责任落实、工程进展等情况。

7月22日 王勇检查黄（沁）河防汛抗旱工作。国务委员、国家防汛抗旱总指挥部总指挥王勇到黄河武陟嘉应观察看河势，实地检查安全度汛等情况，河南省委副书记、省长、黄河防总总指挥陈润儿等陪同检查。

7月25日 王小平检查督导黄河防汛工作。焦作市委书记、市人大常委会主任王小平到孟州开仪控导、温县大玉兰控导,检查督导黄河防汛工作。

7月29日 武国定检查焦作防汛工作。河南省副省长武国定检查焦作黄(沁)河防汛工作。在武陟第一河务局防汛中心仓库,武国定查看了防汛物资储备,详细了解物资的种类、数量及存放环境等情况,询问武陟第一河务局单位运行、抢险队伍情况。

8月8日 王小平调研"四水同治"并督导"清四乱"工作。焦作市委书记、市人大常委会主任王小平到市区、孟州、温县等地调研"四水同治"工作,并督导温县黄河"清四乱"工作。

8月14日 王国生检查焦作黄(沁)河防汛工作。河南省委书记王国生在武陟调研期间,实地察看了武陟黄河沿堤林、坝、田、河生态体系建设,并叮嘱当地有关负责同志,要以习近平生态文明思想为指导,坚持生态优先、绿色发展,扎实做好黄河生态建设这篇大文章。

10月17—18日 司毅铭调研焦作黄河治理开发和保护工作。结合"不忘初心,牢记使命"主题教育工作安排,河南河务局党组书记、局长司毅铭对焦作河务局贯彻落实习近平总书记在黄河流域生态保护和高质量发展座谈会上重要讲话精神情况进行深入调研。

10月23日 宋秀岩督导焦作河务局"不忘初心、牢记使命"主题教育工作。第十九届中央委员会委员,十三届全国政协经济委员会副主任、中央"不忘初心、牢记使命"主题教育第十一巡回督导组组长宋秀岩一行赴武陟督导焦作河务局、武陟第一河务局第二批主题教育工作。水利部副部长叶建春、黄委主任岳中明等陪同督导。

10月25—26日 水利部组织对武陟第一河务局国家级水管单位复核验收。受水利部委托,中国水利工程协会组织验收组对武陟第一河务局国家级水利工程管理单位进行了复核验收,武陟第一河务局高分通过国家级水管单位复核验收。

11月1—2日 焦作河务局三处示范工程通过黄委考核验收。水南关班组、白马沟险工和黄河堤防69+000—74+200段三处"示范工程"全部通过黄委考核验收。

11月19日 徐衣显督导黄(沁)河"清四乱"工作。焦作市委副书记、市长徐衣显强调,要坚持生态为先、产业为基、发展为要,加快推进黄(沁)河生态保护和高质量发展。

附　录

焦作市黄(沁)河河道采砂管理办法
(焦政〔2018〕16 号)

第一条　为加强我市黄(沁)河河道采砂管理工作,保障防洪安全和水生态安全,根据《中华人民共和国行政许可法》《中华人民共和国水法》《中华人民共和国环境保护法》《河南省黄河防汛条例》《河南省湿地保护条例》等法律、法规,结合本市实际,制定本办法。

第二条　在本市辖区黄(沁)河河道管理范围内从事河道采砂及管理活动,适用本办法。

本办法所称河道采砂是指在本市辖区黄(沁)河河道管理范围内采挖砂石、取土及淘金(包括淘取其他非金属)。

因防汛抢险及省级以上黄河河务部门批准的黄河治理项目需要取土或采砂的,不适用本办法。

第三条　在河长制体制框架下,焦作黄河河务局负责牵头对全市黄(沁)河河道采砂管理进行指导和监督,编制黄(沁)河河道采砂实施方案,市国土资源、交通运输(海事)、林业(湿地)、环境保护、公安等相关部门按照各自职责,做好河道采砂监督管理工作。

河道采砂管理工作由沿黄(沁)县(市)人民政府具体负责,并成立以黄(沁)河河务、国土资源、交通运输(海事)、林业(湿地)、环境保护、公安等部门组成的领导小组(领导小组办公室设在县级黄沁河河务部门),明确各部门职责,建立联审联批、定期会商、重大问题协调、信息资源共享等联防联控机制。

黄(沁)河河务部门对采砂管理联防联控发挥牵头组织和协调指导作用,落实黄(沁)河河道疏浚规划和实施方案,负责本行政区域内黄(沁)河河道采砂许可及日常监管,打击无证采砂、私挖滥采等非法采砂行为;国土资源部门对采砂活动涉及用地出具部门意见,依法查处采砂违法用地行为;交通运输(海事)部门负责采砂使用船舶及浮动设施的检验及登记、船员培训、考试和发证,负责采砂运输车辆运输污染防治;林业(湿地)部门负责对湿地自然保护区内的河道采砂许可出具部门意见,依法查处湿地自然保护区的非法采砂破坏湿地或违反湿地保护相关规定的行为;环境保护部门对采砂活动的环境保护进行监督管理;公安部门负责依法查处河道采砂活动中的治安违法和犯罪行为,处置阻碍执行职务的违法行为和妨碍公务的犯罪行为;发展改革、农业等有关部门,按照各自职责做好河道采砂管理工作;各乡(镇)人民政府、办事处应建立健全行政村、办事处和船主的船舶安全责任制,负责采砂船舶的安全监督管理,配合各相关职能部门做好河道采砂的监督管理工作。

第四条　实施采砂许可制度,各县(市)黄(沁)河河务部门应当遵循公开、公平、公正、择优的原则,负责受理并鼓励运用市场机制依法组织采砂许可证的发放。

申请人需要提交的材料:

(一)申请书;

(二)申请人的统一社会信用代码或者居民身份证;

(三)采砂机具来历证明,使用船舶的,提供船舶所有权登记证书、船舶检验证书、船员证书;

(四)采砂公示牌和警示标志设置方案;

(五)涉及发展改革、国土资源、林业(湿地)、环保、农业、取水、规划等有关部门的,应提供行政机关或者有关部门出具的明确意见;

(六)涉及第三人合法水事权益的,应提供有关协议;

(七)应提供的其他材料。

第五条　河道采砂许可证使用省级黄河河务部门与财政部门统一印制的格式文本,有效期限为一年,有效期满或者累计采砂达到规定总量后未再次获得采砂许可的,采砂人应当终止采砂活动,将采砂机具撤离河道,按规定和要求自行清除或者平复砂石料、弃料堆体等。若超过规定期限仍未清除的,依照本办法第十二条执行。

若采砂申请人需要继续采砂的,在采砂许可证有效期届满三十日前向发证机关重新提出许可申请。

第六条　采砂人办理河道采砂许可证的,其生产活动依照国家有关规定纳入企业征信体系,对其生产过程中产生的不良信用记录及安全生产失信行为按规定进行惩戒。

第七条　黄(沁)河河道采砂实行禁采区与禁采期制度,由黄(沁)河河务部门分别予以公告。因河势变化、水工程建设、防洪抢险以及有重大水事活动等情形不宜采砂的,黄(沁)河河务部门可以划定临时禁采区或者规定临时禁采期,并予以公告。

第八条　下列区域为禁采区:

（一）堤防工程、河道整治工程、水库大坝、涵闸以及取水、排水等工程及其附属设施的安全保护范围及水文监测环境保护范围；

（二）桥梁、公路、码头、渡口、过河电缆、管道（线）、隧道等工程及其附属设施的安全保护范围；

（三）湿地保护范围内未经批准的区域；

（四）风景名胜区；

（五）饮用水源保护区；

（六）依法应当禁止采砂的其他区域。

第九条 下列时段为禁采期：

（一）黄河汛期内7月1日至8月31日；

（二）调水调沙期及严重凌汛期；

（三）预报黄河花园口站流量大于3000立方米每秒、沁河武陟站流量大于50立方米每秒时；

（四）市级以上黄河防汛指挥机构下达禁止采砂的其他时段。

第十条 焦作市黄（沁）河河道管理范围内的自然保护区应标明区界，农田应设立保护标识，饮用水源地保护区应有明确的地理界线，铁路、公路、桥梁、码头、管道、输电线路、通信电缆等设施的所有权人及管理人，应当对自身管理范围内的禁采区域设置明显的标志或界限。

第十一条 当河道采砂有碍防汛抢险时，黄（沁）河河务部门应当要求采砂人在指定时间内停止生产、拆除采砂设备，并清除因河道采砂造成的行洪障碍物；逾期不执行的，由黄（沁）河河务部门强行清除或由黄（沁）河河务部门制订清障方案，报当地防汛指挥机构强行清除，所需费用由采砂人承担。

第十二条 对河道采砂造成防洪工程损坏或者在河道内堆积弃料的，黄（沁）河河务部门应当责令采砂人限期清理并采取相应补救措施；逾期不补救或者不清理的，由黄（沁）河河务部门组织补救或者清理，所需费用由采砂人承担。

第十三条 从事河道采砂活动应当遵守下列规定：

（一）不得损坏水工程、破坏水生态环境；

（二）不得改变和损坏水文和防汛测报设施、破坏航道通航条件；

（三）严格按照河道采砂许可批准的地点、范围、开采总量、作业方式和期限进行开采；

（四）及时平整弃料堆体；

（五）砂石运输车辆必须覆盖或为自动密闭车辆；

（六）采运砂石道路应当定期清扫和洒水作业；

（七）堆砂场地采取防风抑尘、喷淋等防治措施；

（八）采砂作业或运输砂石损毁堤防、护岸和其他水工程设施的，由责任者负责修复或者承担维修费用；

（九）自觉接受黄（沁）河河务、公安、国土资源、交通运输（海事）、林业（湿地）、环境保护等部门的监督检查；

（十）法律法规有关河道采砂的其他规定。

第十四条　禁止下列行为：

（一）未取得河道采砂许可证，擅自在黄（沁）河河道管理范围内采砂；

（二）采淘铁砂；

（三）在禁采区、禁采期采砂作业；

（四）伪造、变造、出租、出借、擅自转让《河道采砂许可证》；

（五）其他违反采砂管理相关规定的行为。

第十五条　公民、法人和其他组织发现有非法采砂行为的，有权向采砂管理部门举报。

采砂管理部门应当建立举报受理制度，对社会公众举报的非法采砂行为及时查处，并对举报人的信息予以保密。

第十六条　河道采砂管理有关部门未履行相应的管理职责，导致河道秩序、生态环境损害严重，产生恶劣影响的，依照有关规定，追究相关单位及负有责任的主管人员和其他直接责任人员的责任；构成犯罪的，移交司法机关依法追究刑事责任。

第十七条　对未经批准或者未按照规定在河道管理范围内采砂、取土、淘金、弃置砂石的，依照国家法律及有关规定对当事人进行处罚；构成犯罪的，移交司法机关依法追究刑事责任。

第十八条　本办法自发布之日起施行。2005 年 9 月 19 日焦作市人民政府印发的《焦作市黄（沁）河河道采砂管理办法》（市政府令第 68 号）及 2011年 5 月 3 日焦作市人民政府印发的《焦作市人民政府关于公布规范性文件清理结果的决定》（市政府令第 10 号）中涉及《焦作市黄（沁）河河道采砂管理办法》的修改内容，同时废止。

《焦作黄河志》编纂始末

2019年9月，中共中央总书记习近平在河南考察时指出，黄河文化是中华文明的重要组成部分，是中华民族的根和魂。他强调要深入挖掘黄河文化蕴含的时代价值，讲好"黄河故事"。焦作市委高度重视《焦作黄河志》编撰出版工作，将其列入常委会2020年度工作要点。2020年3月30日，焦作市召开焦作黄河志编纂动员会，成立编纂委员会，会上对编纂小组成员进行了责任分工。4月1日，印发《焦作黄河志》编纂工作实施方案。4月3日，焦作河务局副局长李怀前主持召开黄河志编纂工作推进会。河南河务局原副总工程师温小国、研究员赵炜出席会议并对编纂工作进行了指导。随后编撰人员采取集中培训、分散办公及定期集中研究的工作方式，全力开展资料查阅、调查研究与编撰工作。

为全面掌握各方面情况，焦作河务局先后组织召开了4次座谈会。4月9日，李付龙同志组织相关部门召开财务经济工作座谈会。4月15日，副局长李怀志主持召开工程建设工作座谈会，工务科、防办、信息中心、财务科、建管部、华龙信息技术分公司等部门负责人和编纂人员参会。4月17日，工务科组织县局相关人员召开黄河志编纂材料交流会，确保材料提供翔实准确。5月11日，副局长李怀前主持召开河政管理工作座谈会，水政科、供水局、人劳科、科技科、信息中心、离退科等部门负责人、联络员及志书编纂人员参会，会议研讨了水沙资源开发利用章节初稿，对河政管理章节编纂大纲进行修改细化。

经过编写人员4个月的不懈努力，《焦作黄河志》编纂工作取得了重要的阶段性成果，形成了6篇24章、40余万字的初审稿。7月31日，《焦作黄河志》专家评审会召开，黄委黄河志总编室主任王梅枝、河南河务局办公室研究员赵炜、焦作市史志办四级调研员王明喜，以及长期研究黄河历史文化的原河南河务局局长王渭泾、原河南河务局副总工温小国，就完善和编纂好《焦作黄河志》提出了宝贵意见。

《焦作黄河志》由杨保红统稿，焦作高等师范专科学校学报编辑邓婕对全书文字进行编校把关。焦作河务局副局长李怀前对序、第六、第七、第八篇进行了把关，副局长李怀志对第一、第二、第三、第五篇进行了技术把关，副局长宋建芳对第四篇进行了技术把关，纪检组长兰永杰对纪检监察章节进行了把关。局长李杲对全书进行了终审。

兄弟单位的修志实践给了我们极大的鼓舞，其宝贵经验，给了我们很好的启示和借鉴作用。我们从《新乡地区黄河志》（未出版）、《黄河人文志》《河南黄河志》《濮阳黄河志》《郑州黄河志》《焦作文化大典》《焦作年鉴》吸取了很多丰富养分。此外，《黄河史志资料》执行主编邓红、河南河务局办公室四级调研员祖士保，焦作河务局罗国强、闵晓刚、孟虎生、刘长海、杜进军、李孟州、侯晓蕊、范丹丹、豆竹梅、朱俊荣、许发文、杨振兴、王书会、王进强、李佩、李丽丽、冯秋霞、郑建花、高峰、任秀娟、杨香荣、李苗苗、董红涛、汤理慧、乔楠楠、王帅、靳武生、阮沛霖、郭恒卓、李伟卫、杨春艳、王文海、侯军红、田甜，新乡河务局李留刚、赵真等亦为此书的顺利出版提供了很多帮助，在此深表感谢。

志书是一方之百科全书。焦作黄河涉及内容很多，而编撰者学识有限，经验不足，加之时间紧迫，纰漏错讹在所难免，恳请读者批评指正。

编　者
2021 年 3 月

《焦作黄河志》各篇章编写人

目次 篇	目次 章	题目	编写人	提供材料
		综述	李怀前	
第一篇		焦作黄河概况		
	第一章	干支流形势	余骁 陈静	杨保红 林攀
	第二章	河道变迁与灾害	杨保红	
	第三章	区域经济与跨穿河工程	杨保红 李娜	
第二篇		防洪与河道治理		
	第一章	堤防工程	杨保红	韩娟
	第二章	险工与滚河防护工程	杨保红 韩娟	赵利
	第三章	河道治理工程	杨保红 仓博	韩娟 赵利 任玉苗
第三篇		防洪		
	第一章	防汛基础工作	郝梦丹 王培燕	李栓才 刘志潜
	第二章	抗洪抢险	郝梦丹 杨保红	李栓才 林攀
第四篇		水资源开发利用		
	第一章	航运与灌溉	杨保红 郝梦丹	
	第二章	水资源管理	李娜	赵鑫
	第三章	引黄供水	杨保红 李娜	杨向阳 游婧
第五篇		建设管理与工程管理		
	第一章	建设管理	彭立新 刘婷婷 仓博	李兴敏
	第二章	工程管理	杨保红	韩娟
第六篇		机构 人物		
		机构	程居富 张博	杨保红
		人物	杨保红 程居富	
第七篇		河政管理		
	第一章	水行政执法管理	郑方圆 孙扬帆 王志伟	许壮 张衡 韩娟

目次		题目	编写人	提供材料
篇	章			
	第二章	财务审计管理	晁琳琳　慕沁滨　李　明	郝计祥
	第三章	人事劳动教育管理	许　洁　解　鑫	
	第四章	科技与信息管理	郑方圆　张兴源　李　艳	
	第五章	经济工作	马红梅	游　婧
第八篇		党群工作与文化遗存		
	第一章	党群工作	冯艳玲	汪永萍　冯　娟
	第二章	文化遗存	杨保红　郝梦丹	
		大事记	王　浩　赵　凡